Alles auf einen Blick

In diesem Buch findest du verschiedene Angebote, Physik zu entdecken. Sie führen dich ein in die physikalische Sicht der Welt und bringen dir die Denk- und Arbeitsweisen der Physik nahe. Damit du sie auf einen Blick erkennst, sind sie farblich unterschiedlich gestaltet.

Vorwissen
Hier sind in Kurzform Inhalte dargestellt, die dir bekannt sein sollten oder die du hier nachschlagen oder wiederholen kannst.

Projekte
Projekte stehen immer am Anfang eines Kapitels. Hier kannst du zu den angebotenen Fragestellungen selbständig eine Lösung erarbeiten. Mal allein, mal in der Gruppe. Keine Sorge, diese Projekte musst du nicht schon am Anfang eines Kapitels durchführen können. Meist wird dafür Wissen benötigt, das erst im Laufe des Kapitels erworben wird.

Sachtextseiten
Sachtextseiten vermitteln dir physikalische Phänomene, die den Alltag und die Geschehnisse in der Welt bestimmen. Du erkennst diese Seiten daran, dass sie auf der linken Seite mit zwei Bildern beginnen. Das linke Bild zeigt eine Situation aus dem täglichen Leben. Der Text stellt einen Zusammenhang zwischen dieser Situation und dem physikalischen Sachverhalt her. Fast immer wird ein Versuch beschrieben, der für das Verständnis ganz zentral ist. Stets gibt es eine Zusammenfassung in Form eines Merksatzes.

AUFGABEN UND VERSUCHE enthalten Übungsaufgaben und oft auch ein typisches Lösungsbeispiel. Die vorgeschlagenen Versuche kannst du in vielen Fällen ohne großen Aufwand zuhause ausführen.

Üben und Vertiefen
Diese Seiten geben dir die Möglichkeit, dein Wissen gezielt zu vertiefen. Zur Kontrolle deines Lernfortschritts findest du die Lösungen im Internet unter *www.schroedel.de*. Gib dort im Suchfeld *86971* ein.

Wiederholen und Strukturieren
Diese Seiten vermittelt dir in anschaulicher Form einen Überblick über die im Kapitel behandelten Inhalte und stellen Zusammenhänge zwischen ihnen her.

WERKZEUGE vermitteln dir wichtige Arbeitstechniken und Vorgehensweisen. Sie werden dir in vielen Bereichen der Physik, aber auch in anderen Naturwissenschaften eine große Hilfe sein, um Fragestellungen sachgerecht zu bearbeiten.

STREIFZÜGE eröffnen dir den Blick über den Tellerrand hinaus. Sie behandeln interessante technische Anwendungen oder zum behandelten Thema verwandte Naturphänomene. Oft stellen sie eine Verknüpfung zu anderen Fächern her.

DURCHBLICKE zeigen dir größere Zusammenhänge und Strukturen innerhalb der Physik auf. Sie vermitteln dir physikalische Denkweisen. Oft ermöglichen sie dir damit auch, einen Sachverhalt noch gründlicher zu verstehen.

Basiskonzepte
Auf der linken Seite hast du die Basiskonzepte der Physik kennengelernt. Weil alle physikalischen Phänomene sich mithilfe dieser Basiskonzepte ordnen lassen, sind auch die Inhalte jeder Sachtextseite mindestens einem der Basiskonzepte *System, Materie, Energie* oder *Wechselwirkung* zugewiesen. Auf den Seiten *Wiederholen und Strukturieren* wird diese Ordnung im Zusammenhang dargestellt.

Baden-Württemberg 7/8

Gymnasium

 Baden-Württemberg 7/8

herausgegeben von
Lars-Patrick May, Ingelheim
Bärbel Petersen, Beilstein

bearbeitet von
Thomas Appel, Northeim
Dr. Bernd Bühler, Bad Wurzach
Reinhard Kastner, Kappel
Lars-Patrick May, Ingelheim
Jan Mandler, Heidelberg
Bärbel Petersen, Beilstein
Thea Wolf, Herrenberg

unter Verwendung der Ausgaben
3-507-86327, 3-507-86334, 3-507-86336,
3-507-86716, 3-507-86718, 3-507-86372,
3-507-86880, 3-507-86784, 3-507-86788

beraten durch
Prof. Dr. Knut Neumann, Kiel

westermann GRUPPE

© 2017 Bildungshaus Schulbuchverlage
Westermann Schroedel Diesterweg Schöningh Winklers GmbH, Braunschweig
www.schroedel.de

Das Werk und seine Teile sind urheberrechtlich geschützt. Jede Nutzung in anderen als den gesetzlich zugelassenen Fällen bedarf der vorherigen schriftlichen Einwilligung des Verlages.
Hinweis zu § 52a UrhG: Weder das Werk noch seine Teile dürfen ohne Einwilligung gescannt und in ein Netzwerk eingestellt werden. Dies gilt auch für Intranets von Schulen und sonstigen Bildungseinrichtungen. Für Verweise (Links) auf Internet-Adressen gilt folgender Haftungshinweis: Trotz sorgfältiger inhaltlicher Kontrolle wird die Haftung für die Inhalte der externen Seiten ausgeschlossen. Für den Inhalt dieser externen Seiten sind ausschließlich deren Betreiber verantwortlich. Sollten Sie daher auf kostenpflichtige, illegale oder anstößige Inhalte treffen, so bedauern wir dies ausdrücklich und bitten Sie, uns umgehend per E-Mail davon in Kenntnis zu setzen, damit beim Nachdruck der Verweis gelöscht wird.

Druck A^2 / Jahr 2017
Alle Drucke der Serie A sind im Unterricht parallel verwendbar.

Redaktion: Dr. Sebastian Linden
Illustrationen: Salomea, Atelier Krülls, Berlin
Grafiken: Birgit und Olaf Schlierf, Type & Design, Lachendorf
Fotos: Markus Mettin, M-Momente, Offenbach
Layout und Umschlaggestaltung: LIO-Design GmbH, Braunschweig
Repro/Druck/Bindung: westermann druck GmbH, Braunschweig

ISBN 978-3-507-**86971**-4

Inhalt

Optik und Akustik

Einstieg 6

Projekt Lärm 8
Projekt Lochkamera 8
Projekt Hören und Sehen ist nicht selbstverständlich 9

Schallentstehung und Wahrnehmung
Schall und Hören 10
AUFGABEN UND VERSUCHE 11
Schwingungen 12
STREIFZUG Aufzeichnung einer Schwingung 13
AUFGABEN UND VERSUCHE 13
Von der Schwingung zum Ton 14
AUFGABEN UND VERSUCHE 15

Schallausbreitung
Schall braucht einen Träger 16
Schall braucht Zeit 18
STREIFZUG Schallgeschwindigkeit 19
AUFGABEN UND VERSUCHE 19
WERKZEUG Das Protokoll 20
DURCHBLICK Schallausbreitung im Teilchenmodell 21
Hörbereich und Lautstärke 22
STREIFZUG Eine Schnecke kommt ins Schwingen 23
Gehör und Lärm 24
AUFGABEN UND VERSUCHE 25

Licht und Schatten
Licht und Sehen 26
AUFGABEN UND VERSUCHE 27
Lichtausbreitung 28
AUFGABEN UND VERSUCHE 29
Schatten 30
WERKZEUG Lichtstrahlen erklären Schatten 32
DURCHBLICK Lichtstrahlmodell 33
AUFGABEN UND VERSUCHE 33
Licht und Schatten im Weltall 34

Licht an Grenzflächen
Reflexion und Spiegelbild 36
AUFGABEN UND VERSUCHE 39
Lichtbrechung 40

AUFGABEN UND VERSUCHE 41
STREIFZUG Von der Brechung zur Reflexion 42
STREIFZUG Lichtbrechung und Totalreflexion im Alltag 43

Bilder und Farben
Linsen 44
AUFGABEN UND VERSUCHE 45
Optische Abbildung 46
STREIFZUG
Das Auge, Fehlsichtigkeiten und ihre Korrektur 48
WERKZEUG Bildkonstruktion bei der Sammellinse 49
AUFGABEN UND VERSUCHE 49
Licht und Farben 50
STREIFZUG Infrarot und Ultraviolett 52
AUFGABEN UND VERSUCHE 53

Gemeinsamkeiten und Unterschiede bei Schall und Licht
DURCHBLICK 54

Üben und Vertiefen 56
Wiederholen und Strukturieren 58

Energie

Einstieg 60
Vorwissen 62

Projekt Mechanische Energie im Alltag 62
Projekt Energiespeicher und Energieflussdomino 63
Projekt Energiebedarf einer Familie 63

Energie und Energieübertragung
Wirkung und Erhaltung von Energie 64
STREIFZUG „What is Energy?" 65
Energieformen 66
AUFGABEN UND VERSUCHE 69
Energiewandlungen 70
AUFGABEN UND VERSUCHE 73
Energieversorgung 74
STREIFZUG Solarthermie 77
AUFGABEN UND VERSUCHE 77

Energie – Leistung – Wirkungsgrad
Energiestromstärke und Leistung 78
STREIFZUG Leistung des Menschen 80
WERKZEUG
Darstellen und Auswerten von Messergebnissen 81

AUFGABEN UND VERSUCHE	81
Energieentwertung und Wirkungsgrad	82
STREIFZUG Wirkungsgrade	84
AUFGABEN UND VERSUCHE	85
Primärenergie und Nutzenergie	86
AUFGABEN UND VERSUCHE	87

Energienutzung
Energie – Ein wertvolles Gut	88
STREIFZUG Speicherung von Energie in Kondensatoren	89
AUFGABEN UND VERSUCHE	89
Reduzierung des Energiebedarfs	90
STREIFZUG Solarzellen in vielen Anwendungen	91
AUFGABEN UND VERSUCHE	92

> **Üben und Vertiefen** — 94
> **Wiederholen und Strukturieren** — 96

Magnetismus und Elektromagnetismus

> **Einstieg** — 98
> **Vorwissen** — 100

Projekt Basteln mit Magneten	100
Projekt Bestimmung von Himmelsrichtungen	101

Dauermagnete
Magnetpole und magnetische Wechselwirkung	102
AUFGABEN UND VERSUCHE	103
Magnetisieren und Entmagnetisieren	104
AUFGABEN UND VERSUCHE	105

Elektromagnete
Magnetismus durch elektrischen Strom	106
STREIFZUG ØRSTEDS Entdeckung	107
Der Elektromagnet	108
AUFGABEN UND VERSUCHE	109
Anwendung des Elektromagnetismus: Der Elektromotor	110
AUFGABEN UND VERSUCHE	111

Magnetfelder
Magnetische Anziehung über Entfernungen	112
Das Magnetfeld der Erde	114
AUFGABEN UND VERSUCHE	115
STREIFZUG Navigation mit dem Kompass	116
STREIFZUG Magnetsinn bei Vögeln und anderen Tieren	117

> **Üben und Vertiefen** — 118
> **Wiederholen und Strukturieren** — 120

Grundlagen der Elektrizitätslehre

> **Einstieg** — 122

Projekt Elektrizität im Auto	124
Projekt Sicherheit im Haushalt	124
Projekt Licht im Wohnhaus	125

Der Stromkreis und seine Bauteile
Der Stromkreis	126
WERKZEUG Zeichnen eines Schaltplans	127
Leiter und Nichtleiter	128
AUFGABEN UND VERSUCHE	129

Strom, Antrieb und Widerstand
Die Ursache des elektrischen Stroms	130
DURCHBLICK Denken in Modellen	132
STREIFZUG Der natürliche Wasserkreislauf und der elektrische Stromkreis	133
STREIFZUG Elektrische Leitungsvorgänge	134
DURCHBLICK Antrieb, Bewegung und Widerstand	135

Stromstärke, Spannung und Widerstand
Die elektrische Ladung	136
Die elektrische Stromstärke	138
Die elektrische Spannung	140
STREIFZUG Elektrische Ströme	142
AUFGABEN UND VERSUCHE	143
Die Parallelschaltung	144
AUFGABEN UND VERSUCHE	145
Die Reihenschaltung	146
STREIFZUG Spannungsteiler	148
AUFGABEN UND VERSUCHE	149

Energietransport im elektrischen Stromkreis
Geräte – Wandler elektrischer Energie	150
AUFGABEN UND VERSUCHE	151
Elektrische Leistung und Energie	152
STREIFZUG Die Stromrechnung	153
AUFGABEN UND VERSUCHE	153
Leistung, Spannung und Stromstärke	154
AUFGABEN UND VERSUCHE	155
Stromkreise im Haushalt	156
STREIFZUG Versuche mit Kurbelgeneratoren	157
AUFGABEN UND VERSUCHE	157

Nutzen und Gefahren des elektrischen Stroms
Gefahrensituationen und Gefahrenursachen 158
STREIFZUG
Wirkungen des elektrischen Stroms auf den Menschen ... 159
Gefahren und Schutzmaßnahmen 160
AUFGABEN UND VERSUCHE 161

▌ Üben und Vertiefen 162
▌ Wiederholen und Strukturieren 164

Kinematik

▌ Einstieg 166

Projekt *Windgeschwindigkeiten* 168
Projekt *Geschwindigkeitsmessung* 168
Projekt *Bewegung im Sport* 169

Bewegungen und ihre Beschreibung
Bewegungen und ihre Beschreibung 170
Beschreibung von Bewegungen mit Diagrammen ... 172
WERKZEUG
Erstellen und Interpretieren von Diagrammen 173
DURCHBLICK *SI-Einheitensystem* 174
AUFGABEN UND VERSUCHE 175

Die Geschwindigkeit
Die Geschwindigkeit 176
AUFGABEN UND VERSUCHE 177
Durchschnitts- und Momentangeschwindigkeit 178
WERKZEUG *Umgang mit Formeln* 179
STREIFZUG *Relative Bewegung* 180
AUFGABEN UND VERSUCHE 181

Sicheres Verhalten im Straßenverkehr
Sicheres Verhalten im Straßenverkehr 182
STREIFZUG
Geschwindigkeitsmessung im Straßenverkehr 184
AUFGABEN UND VERSUCHE 185

▌ Üben und Vertiefen 186
▌ Wiederholen und Strukturieren 188

Kräfte und ihre Wirkungen

▌ Einstieg 190
▌ Vorwissen 192

Projekt *Kräfte im Brückenbau* 193
Projekt *Maschinen* 193

Trägheit und Bewegungsänderungen
Trägheit und Masse 194
AUFGABEN UND VERSUCHE 195
STREIFZUG *Bewegungslehre des ARISTOTELES* 196
STREIFZUG *Geschichte des Trägheitsgesetzes* 197

Wirkungen von Kräften
Kraft und Bewegungsänderung 198
Eigenschaften von Kräften 200
Die Wechselwirkung 202
AUFGABEN UND VERSUCHE 203
DURCHBLICK *Die Newtonschen Gesetze* 204
STREIFZUG *Isaac NEWTON* 205
Kraft und Gravitation 206
STREIFZUG *Gravitation im Weltraum* 208
STREIFZUG *Schwerelosigkeit* 209
AUFGABEN UND VERSUCHE 209
Kraft und Verformung 210
AUFGABEN UND VERSUCHE 213
Mehrere Kräfte im Zusammenspiel 214
AUFGABEN UND VERSUCHE 215
Wechselwirkungskräfte und Kräftegleichgewicht ... 216
DURCHBLICK *Anwendung von Kraftpfeilen* 217

Sicheres Verhalten im Straßenverkehr
Kräfte im Straßenverkehr 218

Einfache Maschinen
Seilmaschinen 220
AUFGABEN UND VERSUCHE 221
Hebel 222
Goldene Regel der Mechanik 224
AUFGABEN UND VERSUCHE 225

▌ Üben und Vertiefen 226
▌ Wiederholen und Strukturieren 228

Stichwörter 231
Bildquellen 234

Optik und Akustik

Bei einem Popkonzert ist die Stimmung auf dem Höhepunkt. Die Beleuchtung greift den Rhythmus der Musik auf und verstärkt dadurch die Wirkung. Augen und Ohren werden gleichermaßen angesprochen und ermöglichen dem Besucher ein tolles Erlebnis.
Auf dem Heimweg ist an einem klaren Abend bei einem Blick in den Himmel vielleicht der Mond in Form einer Sichel oder als runde Scheibe zu sehen, vielleicht auch einige Sterne.

In diesem Kapitel lernst du etwas über das Hören und das Sehen, wie Licht in unsere Augen und Schall in unsere Ohren gelangt, warum wir Gegenstände sehen und Laute hören können. Es wird geklärt, wie Schall entsteht und wie er beschrieben werden kann. Auch der Schutz vor Lärm wird angesprochen. Dass der Mond seine Form ändert, hat etwas mit Schatten zu tun. Du erfährst ebenfalls, warum sich Gegenstände in ihrer Farbe unterscheiden.

Sicherheitskleidung

Für die sichere Teilnahme am Straßenverkehr ist möglichst helle Kleidung, ein Helm, Reflektoren an Kleidung und Fahrrad und richtiges Verhalten wichtig.

Spiegelkabinett

In einem Spiegelkabinett sieht sich jeder selbst oder andere Personen mehrfach und scheinbar aus verschiedenen Richtungen. Oft ist auch nicht klar, ob eine Person beispielsweise einen Fotoapparat in der linken oder in der rechten Hand hält.

Lärm und Lärmschutz

Sehr lauter Schall kann nicht nur lästiger Lärm, sondern auch eine Gefahr für die Ohren sein. Deshalb muss bei manchen beruflichen Tätigkeiten ein Gehörschutz getragen werden. Aber wie laut ist es in der Disco oder beim Musikhören mit Kopfhörern?

EINSTIEG

1 Lies die Texte dieser beiden Seiten durch und betrachte die dazugehörigen Bilder. Schreibe zu den einzelnen Themen Fragen auf, die du dazu hast.

2 Blättere das folgende Kapitel durch. Lies die Überschriften und betrachte die Bilder. Notiere neben den Fragen aus **1** die Seitenzahlen, die deiner Meinung nach Antworten zu deinen Fragen liefern könnten.

3 Überlege und schreibe auf, was du in Experimenten untersuchen möchtest. Vielleicht hast du ja schon Ideen, wie die Versuche aussehen könnten.

Projekt Lärm

Ob etwas als störender Lärm oder als angenehmer Klang empfunden wird, hängt nicht unbedingt von der Lautstärke ab, sondern auch davon, welche Einstellung die betroffene Person zu dem Geräusch hat.

P1 a) Nehmt eine Sammlung von Tönen, Geräuschen und Stücken unterschiedlicher Musikrichtungen auf. Spielt die Ausschnitte verschiedenen Personen vor und lasst sie von ihnen bewerten. Erstellt dafür einen geeigneten Fragenkatalog. Überlegt, welche Fragen ihr den Hörern stellen wollt und welche Daten, wie beispielsweise Alter oder Geschlecht, ihr zusätzlich erheben wollt.
b) Stellt die Ergebnisse eurer Befragung anschaulich auf einem Plakat dar.

P2 a) Notiert die Geräusche, die täglich auf euch einwirken, indem ihr über einen selbstgewählten Zeitraum ein „Lärmtagebuch" führt. Dort soll die Art des Geräusches, der Zeitpunkt und die gefühlte Lautstärke sowie das zugehörige Empfinden verzeichnet werden.
b) Tragt eure Beobachtungen zusammen und diskutiert damit, welche Bedeutung Lärm und Schall in eurem Alltag haben. Berücksichtigt auch eure Empfindungen bei der Wahrnehmung.

P3 a) Manchmal sind laute Geräusche unvermeidlich. Informiert euch über Möglichkeiten des Schallschutzes in verschiedenen Bereichen. Ordnet eure Ergebnisse nach Schallschutz an der Quelle und Schallschutz beim Empfänger.
b) Erstellt einen Vortrag zum Thema „(Un)vermeidbarer Lärm – Strategien zur Lärmvermeidung und zum Lärmschutz".

Projekt Lochkamera

Die Lochkamera ist eine faszinierende, einfache Kamera, die leicht nachgebaut werden kann.

P1 Informiert euch über Aufbau und Funktionsweise einer Lochkamera.

P2 Baut entsprechend der Abbildung eine einfache Lochkamera:
- Fertigt zwei genau ineinander passende Röhren, indem ihr zwei Bögen festes Papier um eine Flasche wickelt und einzeln verklebt → **a**.
- Beklebt nun die innere Röhre vorne mit Pergamentpapier → **b**.
- Bastelt für die äußere Röhre gut passende Deckel mit Löchern unterschiedlicher Größe → **b**.
- Schiebt die Röhren ineinander und schaut von hinten hinein → **c**.

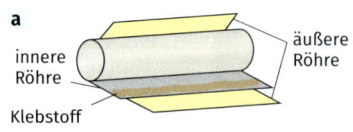
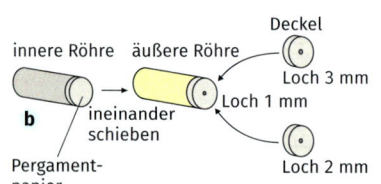

P3 Betrachtet einen hellen Gegenstand durch die Lochkamera.
a) Vergleicht das gesehene Bild mit dem Gegenstand selbst.
b) Untersucht, wie sich das Bild ändert, wenn die Lochgröße sich ändert oder wenn die innere Röhre unterschiedlich weit in die äußere hinein geschoben wird.
c) Formuliert das Ergebnis in „Je-Desto-Beziehungen".

P4 Mit einer Lochkamera lassen sich tatsächliche Fotos machen.
a) Informiert euch über notwendige Voraussetzungen und Materialien.
b) Entwickelt einen Plan zur Durchführung, um mit eurer Klasse auf diese Weise zu fotografieren.

Projekt *Hören und Sehen ist nicht selbstverständlich*

Hören und Sehen sind Fähigkeiten, die wir im Alltag für selbstverständlich halten. Es fällt schwer, sich vorzustellen, wie es wäre, wenn eine dieser Fähigkeiten nur sehr schwach oder gar nicht ausgebildet ist. Und doch gibt es viele Menschen, bei denen Letzteres der Fall ist.

P1 Das Hören ist wichtige Voraussetzung für die Sprachentwicklung. Für Menschen, die von Geburt an schwerhörig sind, stellt das Sprechenlernen eine große Hürde dar. Deshalb kommunizieren sie eher mithilfe der Gebärdensprache.

a) Erstellt eine Liste mit Gebärden, die ihr selbst in der Kommunikation untereinander benutzt.
b) Überlegt euch in der Gruppe ein Thema, das ihr in Gebärdensprache kommunizieren wollt. Recherchiert die dazu nötigen Gebärden und probiert sie aus.

c) Gehörlose benutzen das Fingeralphabet, um Eigennamen oder Fremdwörter zu gebärden.
Druckt das Fingeralphabet aus und übt das Gebärden eurer Vor- und Nachnamen.

d) Gehörlose, die mithilfe der Gebärdensprache kommunizieren, werden manchmal als „taubstumm" bezeichnet. Diskutiert in der Gruppe diesen Begriff und findet heraus, warum er von Gehörlosen als völlig unpassend angesehen wird.
e) In der Kommunikation mit hörenden Menschen lesen Gehörlose die Wörter von den Lippen ab. Überlegt euch Verhaltensregeln, mit denen der hörende Mensch dem Gehörlosen die Verständigung erleichtert.

P2 Stellt euch folgende Alltagssituationen vor, die auch blinde Menschen täglich bewältigen müssen: einkaufen, sich im Straßenverkehr bewegen, ein Abendessen kochen, Mahlzeiten einnehmen.

a) Versetzt euch in die Lage eines blinden Menschen und notiert die Probleme, die in diesen Situationen auftreten können.
b) Recherchiert, mit welchen Strategien und Hilfsmitteln blinde Menschen diese Probleme lösen.

P3 Für sehende Menschen ist die Dunkelheit eher unangenehm und manchmal sogar beängstigend.

Plant in der Gruppe ein gemeinsames Frühstück in einem völlig dunklen Raum. Beobachtet bei dieser Mahlzeit unter erschwerten Bedingungen eure Empfindungen und euren Umgang miteinander. Tauscht eure Erfahrungen später miteinander aus.

P4 Es gibt viele Sportarten, die blinde Menschen betreiben können, obwohl viele sehende Menschen meinen, dass man dazu unbedingt sehen können muss. Ein Beispiel ist Fußball. Informiert euch, wie und mit welchen Hilfsmitteln ein solches Fußballspiel absolviert wird. Vielleicht gibt es an eurer Schule die Möglichkeit, es mit einem präparierten Ball selbst auszuprobieren.

P5 „Nicht Sehen trennt von den Dingen. Nicht Hören von den Menschen." (Immanuel KANT, 1724–1804). Diskutiert in der Gruppe über dieses Zitat und über seine Bedeutung. Formuliert eure eigene Meinung dazu.

Schall und Hören

1

2

Schall ist auf der Erde immer und überall gegenwärtig. Mit Schall wird alles Hörbare bezeichnet, dabei gibt es Unterschiede zwischen der menschlichen Wahrnehmung und der der Tiere. So hören etwa Fledermäuse oder Elefanten Geräusche, die der Mensch nicht wahrnehmen kann.

Schall begegnet uns beispielsweise bei der Verständigung, beim Fernsehen, im Straßenverkehr, beim Gesang der Vögel und in der Musik. Der Gitarrenspieler zupft beim Spielen an den Saiten der Gitarre und erzeugt damit Schall →1.
Die Gitarre ist damit zu einer **Schallquelle** geworden. Eine Fahrradklingel, ein Wecker, unsere Stimmbänder, Lautsprecher, Handys und Stimmgabeln können ebenfalls zu Schallquellen werden. Sie senden Schall aus. Körper, wie unser Ohr oder ein Mikrofon, die Schall wahrnehmen, heißen **Schallempfänger** →3.

Der Teil der Physik, in dem die Enstehung, Ausbreitung und Wahrnehmung von Schall untersucht wird, heißt **Akustik**.

Schallentstehung
Im zentralen Versuch wird die Schallentstehung beim Tönen eines Lautsprechers mithilfe von Styroporkügelchen sichtbar gemacht →2. Sie tanzen wild auf der Membran, was auf eine Bewegung schließen lässt. Diese Bewegung der Membran ist mit dem Finger spürbar.

Weitere Beispiele, bei denen die Entstehung von Schall beobachtbar ist:
- Eine angezupfte Gitarrenseite schwingt, während sie Schall aussendet.
- Wenn beim Sprechen die Hand an den Kehlkopf gelegt wird, so sind nicht nur Worte zu hören. Es ist auch ein Vibrieren am Kehlkopf zu fühlen.
- Eine Stimmgabel, die angeschlagen wird, sendet ebenfalls Schall aus. Beim Berühren ist zu spüren, dass die Zinken vibrieren. Wird sie in Wasser eingetaucht, so spritzt das Wasser auf →4.

Schallquelle als Sender → Schall → Schallempfänger

3

4

System

Die Entstehung von Schall ist offensichtlich mit der Hin- und Herbewegung eines Körpers verknüpft. Auch andere Schallquellen wie eine Trommel oder eine Glocke lassen sich zu solchen Hin- und Herbewegungen anregen. Bei einer Blockflöte zeigt in die Öffnung geblasener Rauch, dass es die Luft ist, die sich hin- und herbewegt. All diese Bewegungen heißen **Schwingungen**.

Das Ohr als Schallempfänger nimmt diese Schwingungen auf und wandelt sie in elektrische Signale um, die durch Nerven an das Gehirn geleitet werden. Dort entsteht der Höreindruck →5.

Bei der Schallentstehung ist also immer ein schwingender Körper oder ein schwingender Teil eines Körpers beteiligt. Da diese Schwingungen aber zu schnell ablaufen und zu geringe Ausmaße haben, sind sie meist mit dem Auge nicht wahrnehmbar. Hilfsmittel wie Styroporkügelchen oder Wasser jedoch können sie sichtbar machen →2, →4.

Schwingende Körper können Schall aussenden. Sie sind Schallquellen. Zur Wahrnehmung des Schalls wird ein Schallempfänger benötigt.

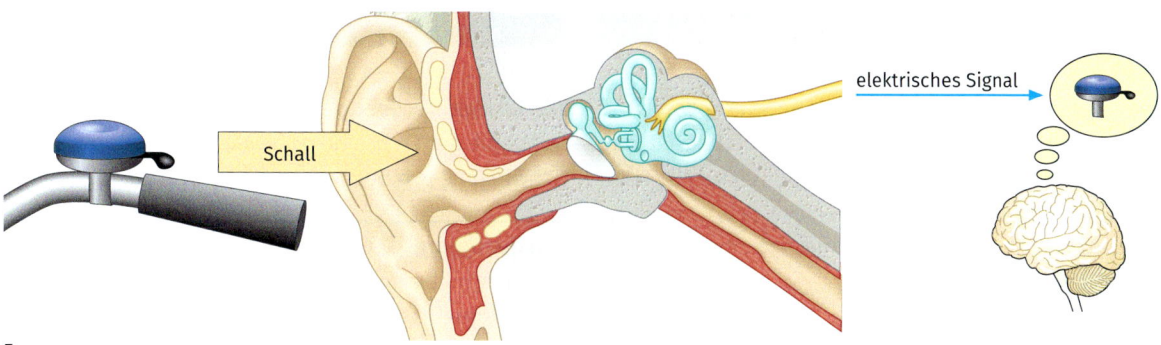

5

AUFGABEN UND VERSUCHE

A1 Nenne mindestens zehn Verben, die Schall beschreiben. Gib jeweils eine dazugehörige Schallquelle an.

A2 a) Nenne zehn Schallquellen und unterteile sie zum Beispiel in Musik, Sprache und Lärm.
b) Erläutere für einige von ihnen eine Möglichkeit, die Hin- und Herbewegung sichtbar oder spürbar zu machen.

V1 a) Fülle Wasser in ein Glasgefäß. Schlage die Zinken einer Stimmgabel oder einer großen Gabel an und halte sie ins Wasser →4.
b) Beschreibe und erkläre deine Beobachtung.

V2 Nimm einen Tischtennisball und befestige daran mit Klebeband einen dünnen Faden. Knote ihn so fest, dass er frei hängt →6. Du kannst hierfür beispielsweise Stativmaterial verwenden.

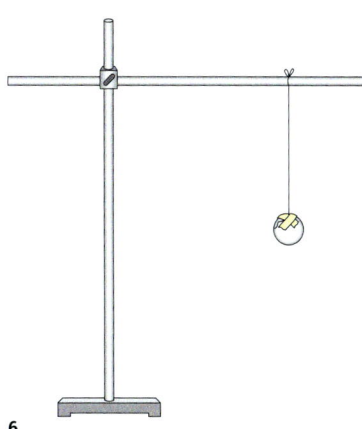

6

Schlage eine Stimmgabel an und halte eine Zinke ganz nah an den Tischtennisball. Beschreibe und erkläre, was du beobachtest.

V3 Nimm ein biegsames Lineal und halte es so auf einem Tisch fest, dass es noch über die Tischkante ragt →7.
Lenke das überstehende Ende aus und lasse es dann los. Variiere die Länge des überstehenden Endes. Beschreibe deine Beobachtungen.

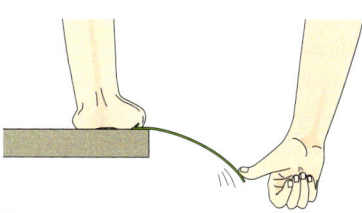

7

System, **W**echselwirkung

Schwingungen

1

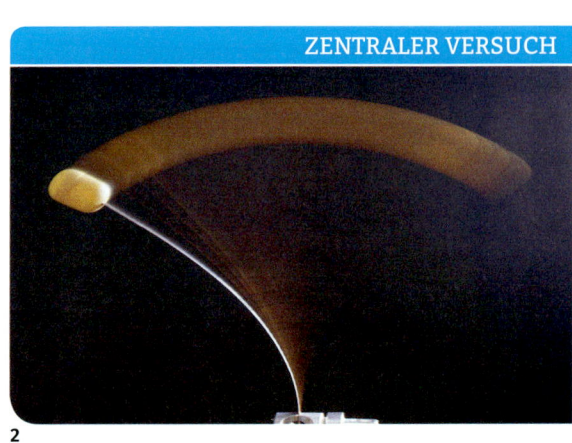

ZENTRALER VERSUCH

2

Eine fliegende Hummel nehmen wir häufig durch ein „Brummen" wahr →1. Dafür verantwortlich ist das Schwingen ihrer Flügel. Um Töne und Geräusche nach Tonhöhe oder Lautstärke zu unterscheiden, ist es wichtig, solche Schwingungen mit messbaren Größen zu beschreiben.

Dazu wird im zentralen Versuch zunächst eine langsam schwingende Blattfeder betrachtet →2. Nach dem Auslenken aus der **Ruhelage** schwingt die Blattfeder hin und her; dabei geht sie immer wieder durch die Ruhelage. Ein kompletter Durchgang *Ruhelage → ganz nach links → Ruhelage → ganz nach rechts → Ruhelage* wird als Periode bezeichnet. Die maximale Auslenkung von der Ruhelage bis zum Umkehrpunkt wird **Amplitude** genannt.

Die Zeitdauer für eine Periode lässt sich durch Abstoppen mit einer Uhr messen. Diese Zeit wird **Schwingungsdauer T** genannt.

Die Schwingungsdauer lässt sich experimentell genauer bestimmen, indem die Zeit nicht für eine einzelne Periode gestoppt wird, sondern für mehrere. Werden für 20 Durchgänge 30 Sekunden gemessen, so beträgt die Schwingungsdauer $T = \frac{30\,s}{20} = 1{,}5\,s$.

Bei schnell schwingenden Körpern ist die Schwingungsdauer sehr klein. Die Anzahl der Schwingungen in einer Sekunde ist groß. Solch schnelle Schwingungen lassen sich auch durch die Zahl der Perioden in einer Sekunde beschreiben. Die Zahl der Schwingungen in einer Sekunde wird **Frequenz f** genannt.

Die Einheit der Frequenz ist das Hertz. Eine Schwingung mit der Frequenz *ein Hertz* bedeutet, dass *eine* Schwingung pro Sekunde ausgeführt wird.

Schwingungsdauer
Das Formelzeichen ist T.
Die Einheit ist 1 s (Sekunde)
Außerdem wird benutzt:
Millisekunde: $1\,ms = \frac{1}{1000}\,s$

Frequenz
Das Formelzeichen ist f.
Die Einheit ist 1 Hz (Hertz) = $\frac{1}{s}$
Außerdem wird benutzt:
Kilohertz: $1\,kHz = 1000\,Hz$

Eine Lautsprechermembran, die mit einer Frequenz von 1000 Hz schwingt, vollführt 1000 Schwingungen in einer Sekunde.
Die Schwingungsdauer beträgt in diesem Fall

$$T = \frac{1\,s}{1000} = 0{,}001\,s = 1\,ms.$$

Aus der Frequenz f lässt sich somit die Schwingungsdauer T leicht berechnen und umgekehrt:

$$T = \frac{1}{\text{Frequenz}} = \frac{1}{f} \quad \text{und}$$
$$f = \frac{1}{\text{Schwingungsdauer}} = \frac{1}{T}.$$

Schwingungen sind gekennzeichnet durch die Größen Amplitude, Schwingungsdauer T und Frequenz f.

System

STREIFZUG *Aufzeichnung einer Schwingung*

Um Schwingungen genau zu untersuchen, wäre es gut, wenn sie graphisch dargestellt werden könnten. In der Physik gelingt dies mit einem Trick: Sie werden räumlich auseinander gezogen. Der folgende Versuch verdeutlicht dies: Ein mit Sand gefüllter Sack wird mit einer Schnur und Stativmaterial an einem rollbaren Tisch aufgehängt. Durch ein kleines Loch kann unten Sand herausrieseln.

Wird der Sandsack nach links ausgelenkt, so beginnt er zu schwingen. Auf dem Boden ist allerdings nur ein Strich aus Sand zu erkennen →3. Erst wenn der Wagen mit konstanter Geschwindigkeit geschoben wird, entsteht ein Bild der Schwingung →4. Ist die Bewegung des Wagens gleichmäßig und wird die zur Spurentstehung benötigte Zeit gestoppt, so können aus dem Schwingungsbild die Amplitude, die Schwingungsdauer und die Frequenz ermittelt werden. Dazu wird in das Bild eine Zeitachse eingezeichnet →5. Das Schwingungsbild zeigt, dass die Schwingungsdauer jeder einzelnen Periode gleich groß ist →5. Die Amplitude wird immer kleiner. Dies verwundert nicht, da der Sandsack von der Luft gebremst wird und der Faden an der Aufhängung reibt. Daher nimmt die maximale Auslenkung im Laufe der Zeit ab.

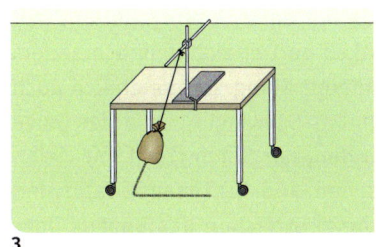
3

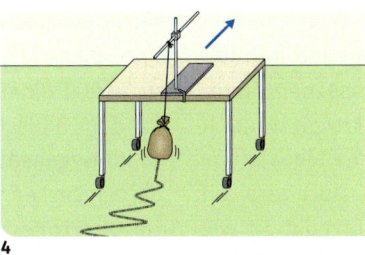
4

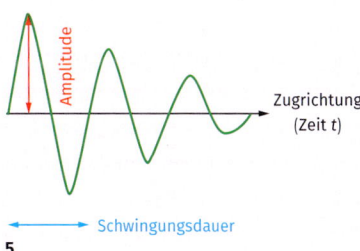
5

AUFGABEN UND VERSUCHE

AUFGABENBEISPIEL

Eine Blattfeder schwingt in 15 Sekunden 30-mal hin und her. Bestimme die Schwingungsdauer T und die Frequenz f.
Lösung:

$$T = \frac{\text{Zeit für alle Schwingungen}}{\text{Anzahl der Schwingungen}} = \frac{15\,\text{s}}{30}$$
$$= 0{,}5\,\text{s}.$$

$$f = \frac{\text{Anzahl der Schwingungen}}{\text{dafür benötigte Zeit}} = \frac{30}{15\,\text{s}}$$
$$= 2\,\text{Hz}.$$

Oder:
$$f = \frac{1}{T} = \frac{1}{0{,}5\,\text{s}} = 2\,\text{Hz}.$$

Die Schwingungsdauer T der Blattfeder beträgt 0,5 s. Sie schwingt mit einer Frequenz f von 2 Hz.

A1 a) Recherchiere, wie oft ein Kolibri, eine Fliege, eine Biene, eine Hummel, eine Wespe und ein Vogel im Flug die Flügel pro Sekunde schlägt.
b) Gib jeweils Frequenz und Schwingungsdauer an.

A2 Berechne die Schwingungsdauer und Frequenz einer Blattfeder, die für 18 Perioden 24 Sekunden braucht.

A3 Berechne für die folgenden Schwingungsdauern die zugehörigen Frequenzen:
5 s; 2 s; 0,2 s; 0,004 s.

V1 Hänge ein Wägestück an einen circa 1 m langen Faden, lenke dieses Pendel ein wenig aus und lass es schwingen.
a) Bestimme Amplitude, Schwingungsdauer und Frequenz des Pendels.
b) Untersuche, ob die Amplitude einen Einfluss auf die Frequenz der Schwingung hat.
c) Untersuche, ob die Länge des Fadens, also die Pendellänge, Auswirkungen auf die Schwingungsdauer hat. Probiere mindestens fünf verschiedene Längen aus. Kürze dazu den Faden schrittweise um 10 cm. Trage deine Messergebnisse in eine Tabelle ein und stelle die Ergebnisse grafisch dar.
d) Untersuche, ob die Masse des Wägestücks Auswirkungen auf die Schwingungsdauer hat.

Von der Schwingung zum Ton

1

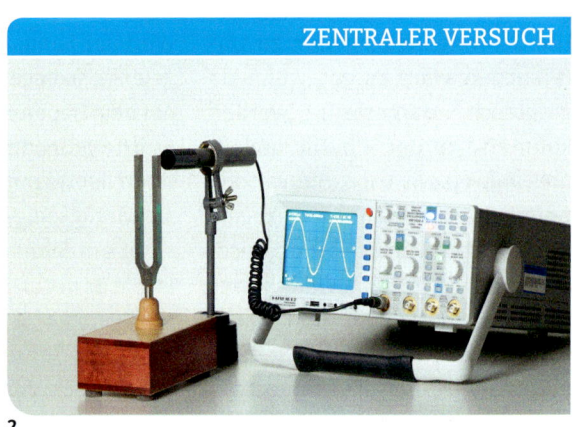

ZENTRALER VERSUCH

2

Töne und Klänge, wie sie beispielsweise von Musikinstrumenten erzeugt werden, lassen sich mithilfe eines Oszilloskops und eines angeschlossenen Mikrofons sichtbar machen →1, →2. Das Mikrofon wandelt den ankommenden Schall in elektrische Signale um, die zum Oszilloskop geleitet werden. Dort wird auf einem Leuchtschirm ein Leuchtpunkt erzeugt. So wie die Sandspur im Streifzug auf Seite 13 erzeugt dieser Leuchtpunkt im zentralen Versuch auf dem Bildschirm ein Bild der Schwingung →2. Aus diesem Schwingungsbild lassen sich die Größen Schwingungsdauer, Frequenz und Amplitude bestimmen. So können zum Beispiel verschiedene Töne mittels der Schwingungsbilder miteinander verglichen werden →4.

Töne, Klänge, Geräusche und Knall haben unterschiedliche Schwingungsbilder →4.

Wird der gleiche Ton auf einer Stimmgabel und auf einer Geige gespielt, so hört er sich dennoch anders an. Er hat einen anderen **Klang**. Das zeigt sich auch auf dem Bildschirm. Das Schwingungsbild der Geige ist im Gegensatz zu dem der Stimmgabel mit vielen kleinen Zacken versehen →4d. Die Ursache dafür sind die **Obertöne**, die beim Streichen des Bogens über die Saite immer mit entstehen →3. Sie haben eine viel höhere Frequenz und sind leiser als der Grundton. Sie begleiten den Grundton und bestimmen den charakteristischen Klang des Instruments. In dieser Vielfalt von Klängen liegt der Reiz der Musik.

Auch die Stimmen von Menschen weisen große Unterschiede im Schwingungsbild auf. Mithilfe dieser Verschiedenartigkeit lassen sich Stimmen eindeutig wiedererkennen, was etwa der Polizei bei der Identifizierung von Tatverdächtigen anhand von Tonaufnahmen hilft.

3

> Ton, Klang, Geräusch und Knall unterscheiden sich in ihren Schwingungsbildern.
>
> Allgemein wird die Lautstärke durch die Amplitude, die Höhe durch die Frequenz beschrieben.
>
> Speziell für den Ton gilt: Je größer die Amplitude, desto lauter ist er. Je größer die Frequenz, desto höher klingt er.

System

Schwingungsbilder

a) Ein reiner **Ton**, wie er zum Beispiel von einer Stimmgabel erzeugt wird, hat als Schwingungsbild eine regelmäßige Schwingung.
Es lassen sich hohe und tiefe Töne voneinander unterscheiden. Tiefe Töne besitzen eine größere Schwingungsdauer und folglich eine kleinere Frequenz als hohe Töne.
Auch die Lautstärke lässt sich auf den Bildern unterscheiden. Die leisen Töne haben eine kleinere Amplitude als die lauten.

b) Ein **Geräusch**, wie das Rasseln eines Schlüsselbundes, wird durch viele verschiedene Schwingungen mit unterschiedlichen Schwingungsdauern und Amplituden erzeugt.

c) Bei einem **Knall**, wie beim Platzen eines Ballons, erscheint dagegen nur eine kurzzeitige Auslenkung. Diese ist aber sehr heftig.

d) Ein Ton, der auf einer Geige gespielt wird, erzeugt einen Klang.

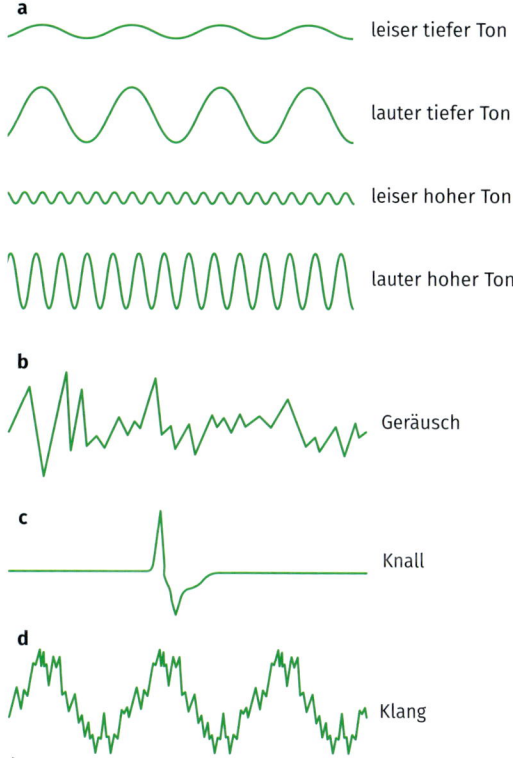

4

AUFGABEN UND VERSUCHE

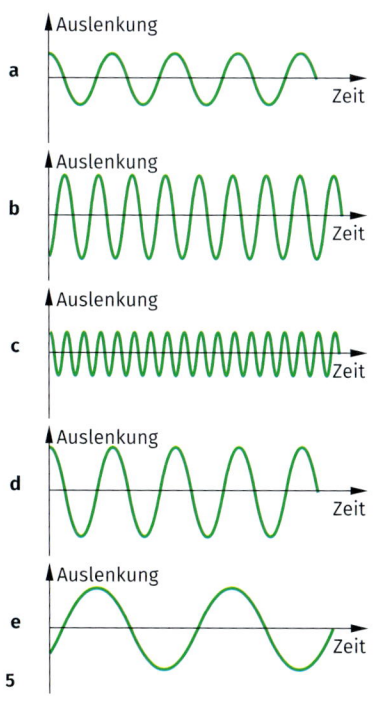

5

A1 Vergleiche die Schwingungsbilder →**5a** bis **5e**.
Formuliere Sätze wie
„Ton **5a** ist leiser als …",
„Ton **5b** ist höher als …"
und begründe deine Aussagen.

V1 Experimentiere mit einem Smartphone und einer geeigneten App:
a) Nimm unterschiedliche Töne von verschiedenen Musikinstrumenten auf. Bestimme jeweils die Frequenzen der Töne.
b) Vergleiche Klangbilder unterschiedlicher Instrumente bei gleicher Frequenz.
c) Nimm denselben gesprochenen Satz von verschiedenen Personen auf und vergleiche.

V2 Dosenlaute
Bohre in eine unten offene Dose seitlich je ein Loch und stecke einen circa 1 m langen Holzstab hindurch. Verknote an beiden Enden eine Nylonschnur und spanne sie mit einem dreieckigen Holzkeil. Dein Aufbau sollte etwa aussehen wie der in Abbildung →**6**.
a) Formuliere, wovon die Tonhöhe abhängt.
b) Verändere während des Spielens die Tonhöhe und spiele ein „Lied".

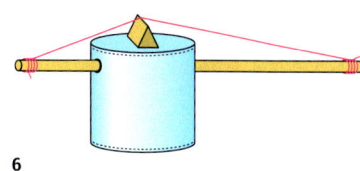

6

System

Schall braucht einen Träger

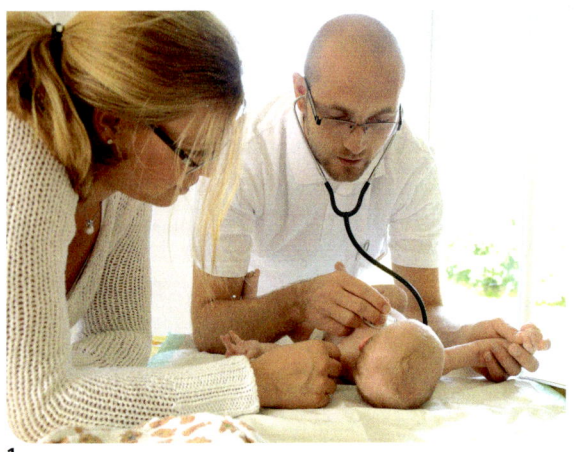

1

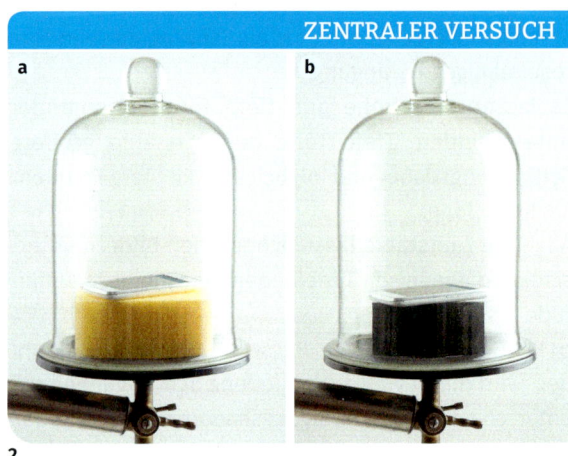

ZENTRALER VERSUCH

2

Ein Arzt benutzt ein Stethoskop um die Geräusche aus dem Körperinneren zu hören: Den Herzschlag, das strömende Blut und Atemgeräusche →1.
Wer das Ohr an die Wand hält, kann erfahren, was im Nebenzimmer gesprochen wird.

Verständlich werden diese Schallwahrnehmungen durch den zentralen Versuch, bei dem ein laut klingelndes Handy auf einem Schwamm unter einer Glasglocke liegt →2. Beim Herauspumpen der Luft verstummt das Klingeln nach und nach. Wird die Glocke langsam belüftet, ist das Klingeln wieder hörbar und wird immer lauter. Damit der Schall vom Handy zum Ohr übertragen werden kann, muss etwas da sein, das ihn von der Schallquelle zum Schallempfänger gelangen lässt. Die Luft ist hier zur Schallübertragung notwendig. Ohne einen **Träger** gibt es offenbar keine Schallübertragung.

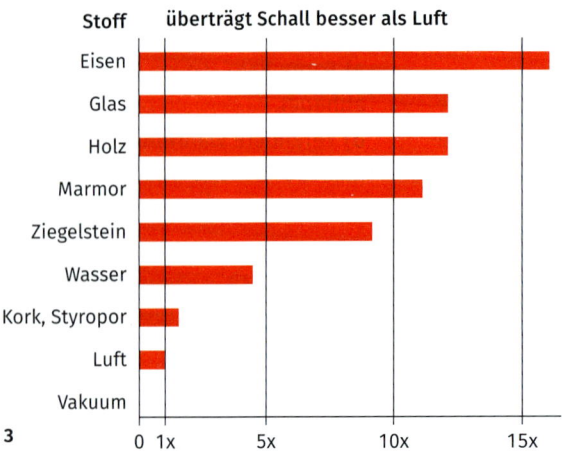

3

Wird das Handy im Experiment auf eine Metallunterlage statt auf den Schwamm gelegt, reduziert sich die Lautstärke beim Entlüften kaum. Der Schall kann jetzt über das feste Metall zur Luft und dann zum Ohr gelangen. Meistens ist es die Luft, die den Schall an unser Ohr trägt. Aber auch andere Körper können Schall übertragen, viele sogar besser als Luft. In ihnen kann sich der Schall schneller ausbreiten →3.

> Schall braucht einen Träger, um von der Schallquelle zum Schallempfänger zu gelangen.

Schallausbreitung
Die Ausbreitung von Schall kann mithilfe eines Vergleichs besser verstanden werden:
Stößt in einer wartenden Schülerschlange ein hinten stehender Schüler gegen einen vor ihm Stehenden, so kann auch der Gestoßene fallen und den vor ihm Stehenden anstoßen – was sich nach vorn weiter fortsetzt. Die Störung hat sich ausgebreitet, ohne dass sich die Schüler in der Schlange von ihrem Platz weg bewegt hätten.

So wie eine Schülerschlange aus einzelnen Personen besteht, nämlich den Schülerinnen und Schülern, so besteht die Luft ebenfalls aus einzelnen Teilchen, den Luftteilchen.
Die Ausbreitung einer Störung in Luft kann nun ähnlich beschrieben werden. Bei vergleichsweise langsamen Bewegungen wie beim Laufen und Radfahren werden die Luftteilchen zur Seite geschoben.

System, **W**echselwirkung

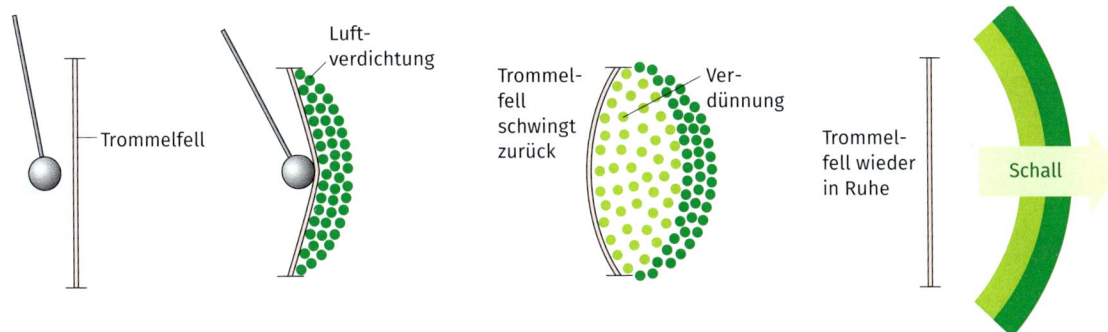

4

Bei einem Schlag auf eine Trommel aber werden die Luftteilchen so schnell angestoßen, dass sie nur wenig zur Seite ausweichen können. Hinter dem Fell der Trommel wird die Luft zusammengedrückt. In diesem Bereich ist die Luft dichter als in ihrer Umgebung →4. Diese Luftteilchen stoßen nun ihrerseits die vor ihnen liegenden Luftteilchen, die dadurch verdichtet werden. Die Verdichtung wandert also immer weiter von dem Trommelfell weg, ohne dass die einzelnen Luftteilchen dabei mitwandern.

Schwingt das Trommelfell zurück, so entsteht eine Stelle, in welcher die Luft mehr Platz zur Verfügung hat, eine Luftverdünnung. In diese strömt Luft aus der nächsten Luftschicht wieder hinein. Wie die Luftverdichtung pflanzt sich auch die Luftverdünnung fort. Sie läuft hinter der Verdichtung her: Der Trommelschlag gelangt so zum Ohr. Dabei werden aber keine Luftteilchen transportiert, sondern sie bewegen sich nur an ihrem Ort etwas vor und zurück.

Die Luftverdichtungen und -verdünnungen laufen kugelförmig von der Quelle weg →6. Deshalb ist Schall im ganzen Raum zu hören.

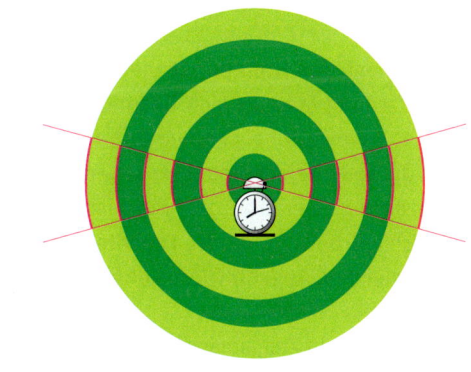

6

Die Ausbreitung in anderen Stoffen verläuft ganz ähnlich. Nur sind es dort nicht die Luftteilchen, die hin und her schwingen und die Störung weitergeben, sondern die Teilchen des betreffenden Stoffes. Diese sind in festen und flüssigen Stoffen viel dichter beieinander als in Luft und sind teilweise miteinander verbunden. Daher übertragen diese Stoffe den Schall auch besser. Der Grafik lässt sich entnehmen, wievielmal besser bestimmte Stoffe Schall übertragen als Luft →3.

Dies erklärt auch warum der Arzt mit dem Stethoskop so gut die Geräusche aus dem Körperinneren hören kann →1. Auch das Lauschen an der Wand um Gespräche im Nachbarzimmer zu hören beruht darauf.

Schall wird an festen Materialien, zum Beispiel an einer Wand, wie Licht an einem Spiegel reflektiert.

Die Schraubenfeder verdeutlicht den Vorgang →5. Wird sie an einem Ende kurz vor und zurück bewegt, so läuft diese Störung über die ganze Feder. Die einzelnen Windungen bleiben aber an ihrem Ort, sie werden nur kurzzeitig aus ihrer Ruhelage ausgelenkt.

Schall läuft von einer Schallquelle nicht nur in eine Richtung weg, sondern breitet sich auch seitlich aus. Denn die Luftteilchen stoßen nicht nur jene Teilchen an, die in Schlagrichtung liegen.

> Mit jedem Hin und Her eines schwingenden Körpers entstehen abwechselnd Verdichtungen und Verdünnungen in der Luft, die sich von der Quelle weg in alle Richtungen ausbreiten. Das ist Schall.

5

Schall braucht Zeit

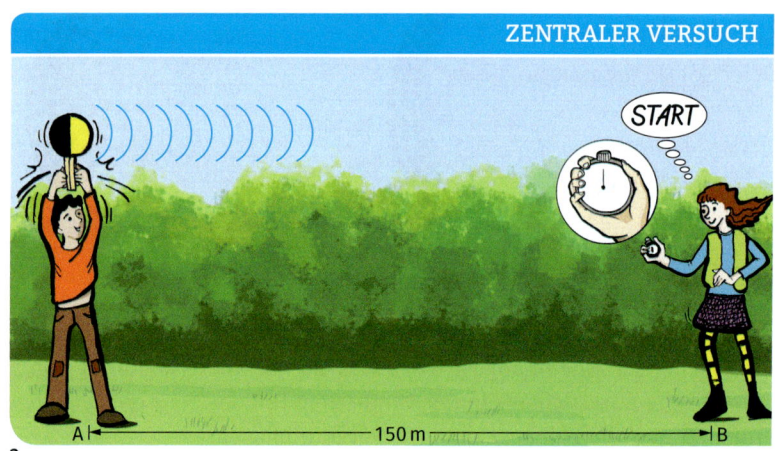

ZENTRALER VERSUCH

Ein Feuerwerk ist der Höhepunkt vieler Feste. Aus sicherer Entfernung lässt es sich besonders gut beobachten →1. Dabei fällt bei genauer Betrachtung auf, dass zuerst die Leuchterscheinung zu sehen und dann erst das zugehörige Geräusch zu hören ist. Weil sich Licht sehr schnell bewegt, ist die Leuchterscheinung praktisch im gleichen Augenblick zu sehen, in dem sie entsteht.

Schall dagegen braucht Zeit, um von einem Ort zu einem anderen zu gelangen. Das ist verständlich, denn die von der Schallquelle erzeugten Stoßprozesse in der Luft brauchen Zeit, um sich in alle Richtungen auszubreiten.

Im zentralen Versuch und in Abbildung →3 werden zwei Möglichkeiten gezeigt, die **Schallgeschwindigkeit** in Luft zu bestimmen. Bei der ersten Möglichkeit stoppt die Person B die Zeit zwischen dem Sehen und dem Hören des Zusammenklappens der Starterklappe →2. Dies ist die Zeit, die der Schall für den Weg von A nach B braucht. Die beiden Personen müssen dazu mindestens 150 m voneinander entfernt sein.

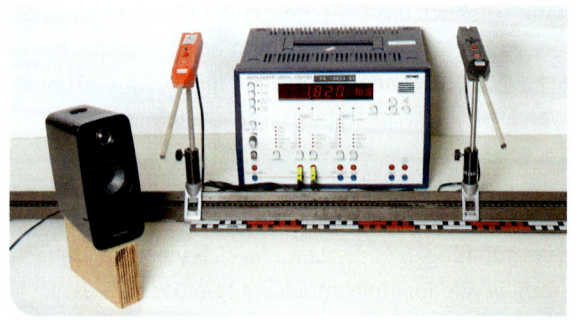

Für die Schallgeschwindigkeit, das heißt für die Strecke, die der Schall in einer Sekunde zurücklegt, erhält man mit dieser Methode Werte zwischen 250 und 370 $\frac{m}{s}$.

Die zweite Möglichkeit ist die Verwendung einer technischen Messapparatur →3. Ein elektronisches Kurzzeitmessgerät wird gestartet, wenn der ausgesandte Ton auf das linke Mikrofon trifft. Kommt der Ton beim rechten Mikrofon an, wird die Uhr gestoppt. Die mehrfache Durchführung des Experiments ergibt einen Mittelwert der Schallgeschwindigkeit von etwa 340 $\frac{m}{s}$.

Stoff	Weg, den Schall in 1 s zurücklegt
Luft	340 m
Wasser	1485 m
Holz	1300–5500 m
Beton	3000–4500 m
Glas	4200–5900 m
Eisen	5950 m
Marmor	5300 m

Diese Messung kann auch mit einem anderen Schallträger, etwa mit einer Eisen- oder Holzstange, durchgeführt werden. In diesem Fall wird das Schallsignal durch einen Schlag mit einem Hammer auf eines der Stangenenden erzeugt. Es wird dann festgestellt, dass die Schallgeschwindigkeiten in Eisen und Holz deutlich größer sind als in Luft →4.

> Die Schallgeschwindigkeit in Luft beträgt 340 $\frac{m}{s}$.
> In Festkörpern und in Flüssigkeiten ist die Schallgeschwindigkeit deutlich größer.

System

STREIFZUG *Schallgeschwindigkeit*

Wie kann die Entfernung eines Gewitters bestimmt werden?

Bei einem Gewitter fließen kurzzeitig gewaltige elektrische Ströme von einer Wolke zu einer anderen oder von einer Wolke zum Erdboden. Dadurch wird die Luft in Bruchteilen von Sekunden auf etwa 30 000 °C erhitzt. Sie leuchtet hell auf, wir sehen einen grellen Blitz →5.

Durch die Temperaturerhöhung dehnt sich die Luft im Blitzkanal explosionsartig aus. Es entsteht ein kurzer scharfer Knall. Ist der Blitz sehr nah, dann ist dieser Knall sofort zu hören. Ist der Blitz weit entfernt, ist der Donner erst später zu hören, denn der Schall braucht Zeit, um voran zu kommen.

5

Dies kann genutzt werden, um die Entfernung des Gewitters abzuschätzen. Die Schallgeschwindigkeit beträgt 340 $\frac{m}{s}$. Also legt der Schall in drei Sekunden ungefähr einen Kilometer zurück. Werden beim Aufleuchten des Blitzes die Sekunden bis zum Hören des Donners gezählt und wird das Ergebnis anschließend durch drei geteilt, so ist damit die ungefähre Entfernung des Gewitters in der Einheit Kilometer bestimmt.

Wurde beispielsweise zwischen Blitz und Donner langsam bis 15 gezählt, so erhalten wir:

$15 : 3 = 5$.

Das Gewitter ist also etwa 5 km entfernt.

Allgemein gilt:

$$\frac{\text{Anzahl der gezählten Sekunden}}{3} = \text{Entfernung des Gewitters in Kilometern}$$

AUFGABEN UND VERSUCHE

A1 a) Im Gebirge ist an vielen Stellen ein Echo zu hören. Erläutere seine Entstehung.
b) In großen, leeren Räumen hören wir dagegen einen unangenehmen Nachhall, wenn wir sprechen. Erkläre den Unterschied.
c) Nimm an, das Echo eines kurzen Knalls sei nach drei Sekunden zu hören. Berechne die Entfernung der schallreflektierenden Wand.

V1 Lausche einer Radiosendung im Nachbarzimmer, ohne dein Ohr an die Wand zu halten. Halte dann ein Trinkglas mit der Öffnung an die Wand und drücke dein Ohr an den Glasboden.
Erkläre deine Beobachtungen.

V2 Notiere jeweils deine Beobachtungen und erkläre sie:
a) Lege einen tickenden Wecker auf eine Tischplatte und halte dein Ohr an die Tischplatte.
b) Wiederhole den Versuch, lege aber unter den Wecker Styropor oder Schaumstoff.
c) Halte an den Wecker ein Ende einer Holz- oder einer Stativstange. Halte das andere Ende der Stange an dein Ohr.

V3 Verbinde zwei leere Plastikbecher oder Blechdosen mithilfe einer Schnur. Bohre hierzu in die Böden der Becher je ein Loch, stecke die Schnur hindurch und verknote sie →6.

6

a) Sprich in den einen Becher hinein. Notiere, ob dein Partner oder deine Partnerin am anderen Becher deine Worte gut hören kann.
b) Miss die maximale Entfernung, über die ihr euch gut verständigen könnt.
c) Erkläre, warum die Schnur gespannt sein muss.

WERKZEUG Das Protokoll

Vorbereitung
- Denke zunächst nach, welches Ergebnis der Versuch haben könnte. Damit ist eine **Vermutung** entstanden.
- Schreibe die Vermutung als Aussage oder als Frage auf.
- Fertige eine Zeichnung des Versuchs unter Verwendung der Vorgaben an. Vorgabe kann ein Foto im Buch sein, eine Zeichnung auf einem Arbeitsblatt, ein Tafelbild …
- Schreibe auf, welche Geräte ihr benötigt.

Durchführung
- Schreibe kurz auf, was ihr genau gemacht habt.

Beobachtung
- Schreibe übersichtlich auf, was du gesehen oder gemessen hast.
- Beschränke dich dabei auf die Dinge, die für die Aufgabenstellung wichtig sind.
- Eine Tabelle, eine Skizze oder ein Diagramm sind hilfreich.

Auswertung und Ergebnis
- Berechne mithilfe der Messdaten die gesuchte Größe.
- Vergleiche das Versuchsergebnis mit der Vermutung, die du vor Beginn des Versuchs formuliert hast.
- Formuliere das Ergebnis.
- Schreibe einen erklärenden Satz dazu.

Aufgabe
- Schreibe die Aufgabenstellung auf, eventuell auch als Frage.

Fehlerbetrachtung
- Überlege, was zu Fehlern geführt haben könnte, ohne dass du sie ändern kannst.
- Schreibe mögliche Fehler auf.
- Überlege und formuliere, wie du den Versuch verbessern kannst.

Protokoll zum Versuch „Messung der Schallgeschwindigkeit"

Aufgabe: Messe, wie schnell der Schall ist.

Vorbereitung:
- Vermutung: Der Schall braucht für 100 m genau 1s.
- Geräte: Starterklappe, Bandmaß, Stoppuhr, mindestens 150 m gerade Strecke.
- Sicherheit: Nicht auf einer öffentlichen Straße durchführen!

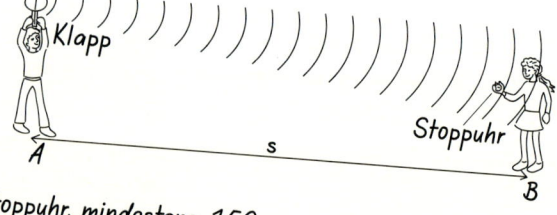

Durchführung:
- Bevor die Messung durchgeführt wird, wird der Ablauf mehrfach ausprobiert. Die Zeitspanne, die gemessen werden soll, ist nämlich sehr klein.
- Person B stellt sich mindestens 150 m von Person A entfernt auf.
- Person A betätigt die Starterklappe. Person B stoppt die Zeit zwischen dem Sehen und dem Hören des Zusammenklappens der Starterklappe. Dies ist die Zeit, die der Schall für den Weg von A nach B braucht.
- Mit dem Bandmaß wird die genaue Entfernung ermittelt.

Beobachtung:
- Je weiter A und B voneinander entfernt sind, desto leichter lässt sich die Zeit stoppen.
- Weil bei jedem Mal leicht andere Zeiten gemessen werden, wird der Versuch mehrfach durchgeführt.

Gemessener Weg: s = 300 m

Messung Nummer	1	2	3	4
Zeit t in s	1	1,1	0,9	1

Auswertung und Ergebnis:
- Der gemessene Weg ist s = 300 m. Die gestoppte Zeit ist t = 1s. Die Schallgeschwindigkeit ist also $v = \frac{s}{t} = 300\,\frac{m}{s}$. Die Vermutung war also falsch. Der Schall ist schneller als vermutet.

Fehlerbetrachtung:
- Die zu messende Zeitspanne ist sehr kurz. Person B muss sehr schnell reagieren, dies kann zu Fehlern führen.
- Verbesserungsvorschlag: Streckenlänge vergrößern.

DURCHBLICK *Schallausbreitung im Teilchenmodell*

In den Naturwissenschaften werden komplizierte Sachverhalte mithilfe von **Modellen** anschaulich dargestellt und erklärt. Ein Modell ist eine vereinfachte Darstellung der Wirklichkeit, die dazu dient, einen bestimmten Aspekt zugleich möglichst richtig, anschaulich und vereinfacht zu beschreiben. Es ist eine Abbildung der Wirklichkeit, die sich nur auf bestimmte Eigenschaften der Wirklichkeit beschränkt. Die Auswahl dieser Eigenschaften richtet sich danach, was das Modell erklären soll.

1

Ein Modellauto gibt selbst Einzelheiten der Autokarosserie richtig wieder →1. Es vermittelt aber keinerlei Informationen über die Eigenschaften von Motor, Bremsen und Fahrwerk.
Zur Erklärung der Schallausbreitung wurde das Modell „Schülerschlange" benutzt. Mit seiner Hilfe kann die Ausbreitung einer Störung in eine Richtung verstanden werden, aber nicht die in alle Richtungen. Deshalb wird ein weiter reichendes Modell zur Erklärung der Schallausbreitung benötigt, das **Teilchenmodell**. Es vermittelt eine einfache Vorstellung vom Aufbau der Materie:
Alle Stoffe bestehen aus kleinen Teilchen, zwischen denen leerer Raum ist. Sie können als kleine Kugeln dargestellt werden.
In **gasförmigen Körpern** bewegen sich die Teilchen frei und regellos in alle Richtungen in dem Raum, der ihnen zur Verfügung steht →2. Für die Teilchen gilt:
- Ihre Abstände voneinander können variieren.
- Zwischen ihnen gibt es keine Anziehungskräfte.

Bei der Schallentstehung werden die Teilchen kurzzeitig verdichtet, wodurch in der Nachbarschaft Verdünnungen entstehen. Diese Störungen breiten sich in alle Richtungen, also kugelförmig, aus. Da die Teilchen weit voneinander entfernt sind, braucht es hierfür recht viel Zeit und die Schallausbreitung ist vergleichsweise langsam.

In **flüssigen Körpern** sind die Teilchen leicht gegeneinander verschiebbar. Die Abstände voneinander sind sehr gering. Eine vom Schallsender verursachte Störung breitet sich daher rasch aus.

In **festen Körpern** befinden sich die Teilchen auf festen Plätzen sehr dicht beieinander. Sie können sich nur wenig hin und her bewegen. Vorstellbar ist der Vorgang einer Störung mithilfe des Stahlkugel-Experiments →3. Wird durch das Loslassen der linken ausgelenkten Kugel ein Aufprall verursacht, breitet sich diese Störung aus. Schon nach sehr kurzer Zeit ist ein Wegschwingen der rechten Kugel zu beobachten. Ähnlich verhält es sich bei der sehr schnellen Schallausbreitung in festen Körpern.
Im Teilchenmodell wird also verständlich, warum sich Schall in unterschiedlichen Stoffen mit unterschiedlicher Geschwindigkeit ausbreitet.
Aber auch das Teilchenmodell hat seine Grenzen. Es erklärt beispielsweise nicht die magnetischen Eigenschaften mancher Stoffe, ihre Farbe oder ihren Geruch.

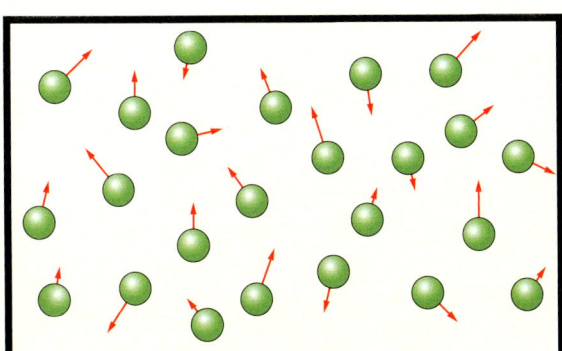

2

3

Hörbereich und Lautstärke

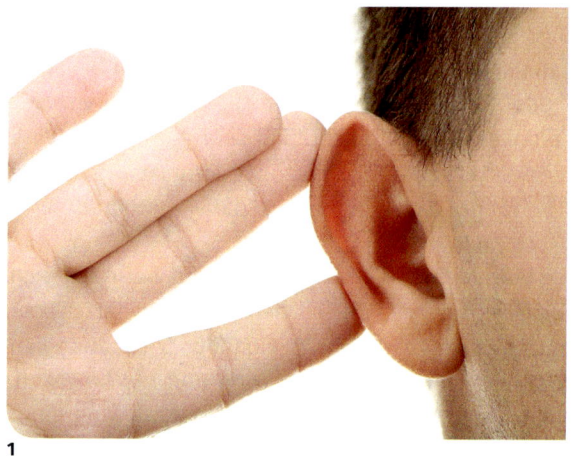

1

2

Hörbereich

Das Ohr ist unser Schallempfänger →1. Die Zahl der „Verdichtungen" der Luft, die unser Ohr in einer Sekunde empfängt, wird durch die Frequenz des Schalls angegeben. Das menschliche Ohr kann sehr viele, aber nicht alle Frequenzen wahrnehmen.

Der wahrnehmbare Frequenzbereich kann in einem Gehörtest mit einem Tongenerator ausgemessen werden →2. Dabei zeigt ein Oszilloskop auch die Frequenzen, die nicht mehr wahrgenommen werden können. Der Bereich der Frequenzen, den wir hören können, wird als **Hörbereich** bezeichnet. Er erstreckt sich von etwa 16 Hz bis 21 000 Hz. Dieser Bereich gilt allerdings nur für Kinder. Im Alter nimmt der Hörbereich jedes Lebensjahrzehnt um etwa 2000 Hz ab. Deshalb können zum Beispiel manche ältere Menschen das Zirpen der Grillen nicht mehr hören.

Der Hörbereich von Tieren unterscheidet sich von dem der Menschen →3. Der Unterschied im Hörverhalten von Mensch und Hund wird bei speziellen Pfeifen für Hunde genutzt: Der Hund hört die Töne im Ultraschallbereich der Pfeife sehr gut, der Mensch dagegen sehr schlecht oder gar nicht →3.

> Der Hörbereich des Menschen liegt zwischen 16 Hz und 21 000 Hz. Der Frequenzbereich darunter wird Infraschall, der darüber Ultraschall genannt.

Lautstärke

Wie laut oder wie leise ein Ton oder ein Geräusch wahrgenommen wird, hängt nicht nur von der Schallquelle ab, sondern auch stark vom jeweiligen Hörempfinden des einzelnen Menschen. Ein jüngerer Mensch nimmt Schall anders wahr als ein älterer. Sehr hohe Frequenzen werden nur von Kleinkindern wahrgenommen. Weitere Faktoren wie Schwerhörigkeit durch Unfall oder Krankheit beeinflussen ebenfalls das Hörempfinden.

Wie laut der Mensch Schall wahrnimmt, hängt auch von dessen Frequenz ab. Besonders gut ist die Wahrnehmung im mittleren Hörbereich, bei Frequenzen von 300 Hz bis 5000 Hz. In diesem Bereich gibt zum Beispiel ein Handy den Schall an das Ohr weiter. Die Empfindlichkeit ist bei tiefen oder höheren Frequenzen dagegen deutlich schlechter.

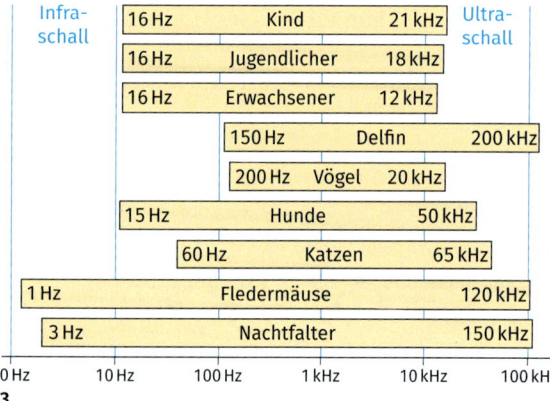

3

System, **W**echselwirkung

Beim Hören von Musik kommt es schnell zu verschiedenen Ansichten über die Lautstärke, da das subjektive Empfinden eben sehr unterschiedlich ist.

Zur objektiven Beurteilung, wie laut oder wie leise eine Schallquelle ist, gibt es Messgeräte, die den **Schallpegel** bestimmen →4. Mithilfe eines Mikrofons wird der Schall dabei aufgenommen und in ein elektrisches Signal umgewandelt. So ist es beispielsweise möglich, die Lärmbelastung am Arbeitsplatz objektiv zu bestimmen. Die Lautstärke wird dabei in der Einheit **Dezibel** (dB) angegeben. Ihre Skala ist nicht linear. Sie wurde so gewählt, dass die Lautstärke mit möglichst kleinen Zahlwerten angegeben werden kann.

Die untere Hörschwelle liegt bei 0 dB, während die Schmerzgrenze bei etwa 120 dB bis 130 dB liegt →5.

Lautstärke
Die Einheit ist 1 dB

Lautstärke

0 dB	Reiz- oder Hörschwelle
10 dB	sehr leises Blätterrauschen
20 dB	Flüstern
30 dB	schwacher Straßenlärm
40 dB	normale Unterhaltung
50 dB	normale Lautsprechermusik
60 dB	Fernseher auf Zimmerlautstärke
70 dB	starker Verkehrslärm
80 dB	Hauptverkehrsstraße, Schreien
90 dB	lautes Autohupen
100 dB	ungedämpftes Motorrad
110 dB	stärkster Fabriklärm, Flugzeug (100 m entfernt)
120 dB	Presslufthammer (1 m entfernt)
130 dB	Schmerzgrenze

4 Schallpegelmessgerät

5

STREIFZUG *Eine Schnecke kommt ins Schwingen*

Der von einer Schallquelle ausgesendete Schall wird im äußeren Ohr von der trichterförmigen Ohrmuschel eingefangen und durch den Gehörgang in Richtung Trommelfell geleitet.
Das Trommelfell, ein hauchdünnes Häutchen, kommt dabei ins Schwingen, was sich im Mittelohr auf die Gehörknöchelchen Hammer, Amboss und Steigbügel überträgt. Die Schwingungen werden auf die Membran des ovalen Fensters und von dieser auf die Flüssigkeit in der Schnecke des Innenohrs übertragen →**6**.

In der Schnecke sitzen ungefähr 18 000 feine Haarzellen, die die Flüssigkeitsschwingungen in elektrische Impulse umsetzen →**7**. Diese werden dann über den Hörnerv ins Gehirn geleitet. Dauerlärm und zu große Lautstärken zerstören unwiederbringlich die feinen Haarzellen in der Schnecke. Dies kann auch durch laute Musik bei der Benutzung von Kopfhörern erfolgen.

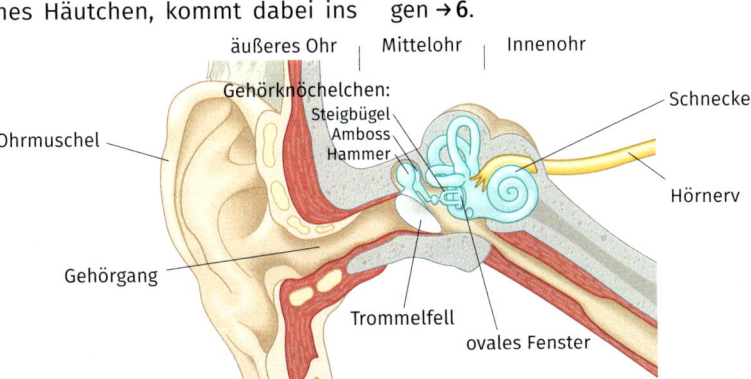

6

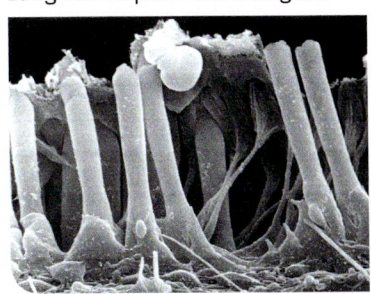

7 Haarzellen

System, **W**echselwirkung

Gehör und Lärm

1

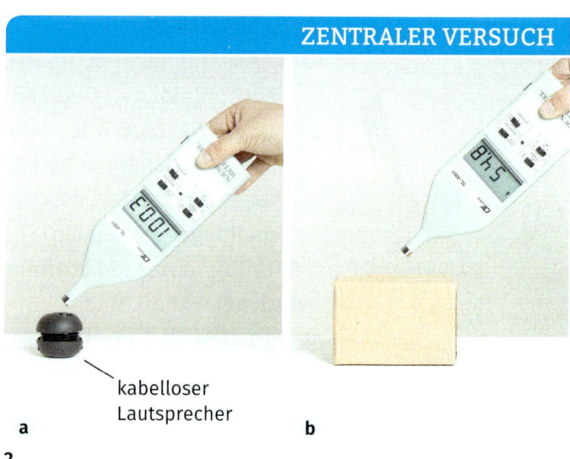

a kabelloser Lautsprecher b

2

Das Gehör – ein wichtiges Sinnesorgan

Eine Sportveranstaltung ist für manche der Höhepunkt der Woche →1. Doch das Erlebnis birgt Gefahren für das Gehör.

Die Ohren sind ein wichtiges Sinnesorgan. Ohren verfügen über keinen natürlichen Schutz vor schädigendem Lärm. Zudem sind sie 24 Stunden am Tag „auf Empfang". Anders als die Augen, die vor zu großer Lichteinstrahlung durch das Senken der Augenlider geschützt werden, lassen sich die Ohren nicht schließen.

Das Gehör dient der sozialen Kommunikation, der Orientierung und warnt vor Gefahren. Häufig wird seine Bedeutung dem Menschen erst bewusst, wenn das Gehör nicht mehr funktioniert. Hörschwierigkeiten können die Kommunikation mit anderen Menschen beeinträchtigen und das Bewegen etwa im Straßenverkehr gefährlich machen.

Lärm

Ein Geräusch wird als Lärm empfunden, wenn es das Sprechen miteinander, die Freizeitaktivitäten, die Erholung oder das Wohlbefinden beeinträchtigt. Lärmempfinden ist subjektiv. Es ist von innerer Einstellung, Gewohnheit, Stimmung, Gesundheitszustand, Alter und Tageszeit abhängig.

Dabei kommt es nicht nur auf die Lautstärke an. Schon geringe Schallpegel können zu einer vermehrten Ausschüttung von Stresshormonen führen. Dadurch werden Stoffwechselvorgänge im Körper beeinflusst, womit der gesamte Organismus Schaden nehmen kann.

Da mit dem Lärm Gesundheitsrisiken einhergehen, gibt es Regeln, die vor Schäden schützen sollen. Und es gibt Grenzwerte für Schall, die helfen, die Risiken besser einzuschätzen. Dazu dient eine objektive Lärmmessung mit einem Schallpegelmessgerät wie sie im zentralen Versuch dargestellt ist →2a. Durch eine Ummantelung des Lautsprechers wird der Lärm reduziert →2b.

Beispiele für Grenzwerte:
- In Wohngebieten dürfen nachts 30 dB nicht überschritten werden.
- Bei Belastungen von 80 dB und mehr über einen längeren Zeitraum hinweg treten Gehörschäden auf. Solche Werte können auch beim Musikhören über Kopfhörer auf das Ohr einwirken. Arbeitnehmern, die über eine längere Zeit diesem Schallpegel ausgesetzt sind, muss vom Arbeitgeber ein Gehörschutz zur Verfügung gestellt werden.
- Für Diskotheken, Pop- und Rockkonzerte gelten 93 dB im Publikumsbereich als Höchstgrenze. Werden sie überschritten, müssen Gehörschutzmittel mit einer Schalldämmung ans Publikum ausgegeben werden →3.

3

Schädigung des Gehörs

Zu hohe Schallpegel zerstören Sinneszellen im Innenohr. Besonders junge Menschen setzen sich beim Hören von lauter Musik starker Beschallung aus. Ein taubes Gefühl im Ohr oder ein Ohrengeräusch nach einem lauten Schallereignis deuten auf eine Überlastung des Gehörs und eine mögliche Schädigung hin.

Nach dem Auftreten dieser Symptome benötigt das Ohr auf jeden Fall eine Erholungspause, damit die vorhandene Überreizung der Nerven abgebaut werden kann.

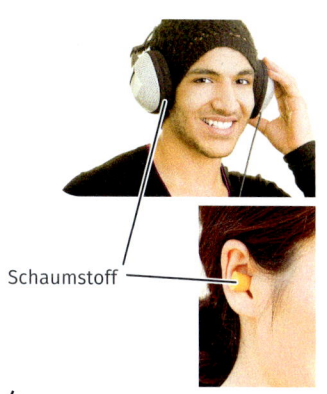

Schaumstoff

4

Untersuchungen zeigen, dass beim Dauerhören von zu lauter Musik mit vielen Bässen die Aufnahmefähigkeit für tiefe Frequenzen geschädigt wird; gleiches gilt für laute, hohe Töne wie etwa von Maschinen und von Flugzeugtriebwerken.

Lärmschutz

Wenn die Entstehung von Lärm nicht vermieden oder der Abstand zur Schallquelle nicht vergrößert werden kann, dann muss ein Gehörschutz getragen werden. Für Gehörstöpsel oder Gehörschutzkapseln werden weiche Stoffe verwendet, etwa Schaumstoff → 4.
Diese Stoffe absorbieren einen großen Teil des auftreffenden Schalls, sodass nur noch wenig zum Trommelfell vordringen kann. Dies ist **passiver Lärmschutz**.

Aktiver Lärmschutz versucht die Ausbreitung des Schalls zu vermindern. Im zentralen Versuch wird als „Lärmquelle" ein kabelloser Lautsprecher verwendet, der auf einer Tischplatte liegt. Er ist laut zu hören → 2a. Wird Schaumstoff zwischen Lautsprecher und Tischplatte gelegt, so sinkt der Lärmpegel, weil der Tisch nicht mehr zum Mitschwingen angeregt wird. Die Tischplatte dient nicht mehr als große, Schall abstrahlende Fläche.
Eine befriedigende Reduzierung der Lautstärke gelingt erst, wenn das Gerät in ein Paket gepackt wird, das mit zusätzlichem schalldämmendem Material ausgekleidet und verschlossen wird. Die direkte Schallausbreitung in der Luft ist damit unterbunden → 2b.

AUFGABEN UND VERSUCHE

A1 Recherchiere und überlege, welche Konsequenzen sich aus dem zentralen Versuch → 2 zum Lärmschutz für den Bau und die Aufstellung von Industriemaschinen ergeben. Verwende bei der Recherche die Suchwörter „Kapselung von Maschinen". Notiere deine Ergebnisse und bereite eine Präsentation vor.

A2 Schreibe in einem Wochenprotokoll auf, wann dein Gehör besonderen Belastungen ausgesetzt ist. Überlege dir Abhilfen.

A3 Bestätige die Aussage „Schall, der stört, muss nicht schädigen. Schall, der schädigt, muss nicht stören." durch Alltagsbeispiele.

A4 Nenne Vor- und Nachteile bei der Verwendung von Kopfhörern anstelle von Lautsprecherboxen.

A5 a) Nenne prinzipielle Möglichkeiten, sich vor Lärm zu schützen.
b) Beschreibe den Einsatz von Materialien, die beim Lärmschutz helfen können.

V1 Bestimme mit einem Schallpegelmessgerät an den Kopfhörern vom Smartphone:
a) die maximal mögliche Lautstärke.
b) deine „Lieblingslautstärke". Vergleiche die gemessenen Werte mit jenen der Tabelle auf S. 25, → 5.
c) Informiere dich, ob dein Smartphone eine eingebaute Lautstärkebegrenzung besitzt. Es gibt dazu eine EU-Richtlinie. Überprüfe, ob sie eingehalten wird.

V2 Führe den Versuch → 2 mit einem Gerät deiner Wahl durch. Benutze dazu den Schallpegelmesser aus der Physiksammlung oder eine Smartphone-App.
a) Protokolliere den Schallpegel des Gerätes an mehreren Orten in verschiedenem Abstand.
b) Wiederhole die Messungen an jeweils den gleichen Orten bei jedem Lärmvermeidungsschritt.
c) Überlege dir weitere Möglichkeiten, den Lärm abzukapseln, und probiere sie aus.
d) Erkläre und bewerte deine Beobachtungen.

System, **W**echselwirkung

Licht und Sehen

1

2 ZENTRALER VERSUCH

Der Schlagzeuger wird von Scheinwerfern angestrahlt, sein Publikum kann ihn in der ansonsten dunklen Konzerthalle gut sehen →1.
Die Scheinwerfer sind **Lichtquellen**, sie senden Licht in den Raum. Auch die Sonne, der Laserpointer, eine Lichterkette oder eine brennende Kerze sind Beispiele für Lichtquellen. Körper, die Licht aufnehmen, wie etwa unser Auge oder eine Kamera, heißen **Lichtempfänger** →3. Der Teil der Physik, in dem Licht untersucht wird, heißt Optik.
In einem völlig verdunkelten Raum kann keiner etwas sehen. Die Gegenstände im Raum werden erst dann für einen Betrachter sichtbar, wenn Licht von draußen in den Raum fällt oder wenn eine Lampe eingeschaltet wird.

Sehen bedeutet immer, dass Licht in das Auge des Betrachters fällt. Der zentrale Versuch verdeutlicht den Sehvorgang →2. Im Versuch sieht der Betrachter die eingeschaltete Lampe, weil sie Licht aussendet, das direkt ins Auge fällt. Doch er sieht auch alle anderen Gegenstände im Raum, auch die Lampe, die nicht eingeschaltet ist. Alle diese Gegenstände werden von der Lampe beleuchtet und werfen das Licht in alle Richtungen in den Raum zurück. Dieser Vorgang heißt Streuung. Ein Teil dieses Lichtes fällt in das Auge des Betrachters. Das Auge als Lichtempfänger nimmt das Licht auf und wandelt es in elektrische Signale um, die durch Nerven an das Gehirn geleitet werden. Dort erst entsteht das Bild des Gegenstands, der das Licht gesendet hat. Der Betrachter sieht die Gegenstände →4.

> Ein Gegenstand ist für einen Betrachter sichtbar, wenn Licht von ihm in das Auge des Betrachters fällt. Dabei kann der Gegenstand selbst Licht aussenden oder er kann, wenn er beleuchtet wird, auftreffendes Licht streuen.

3

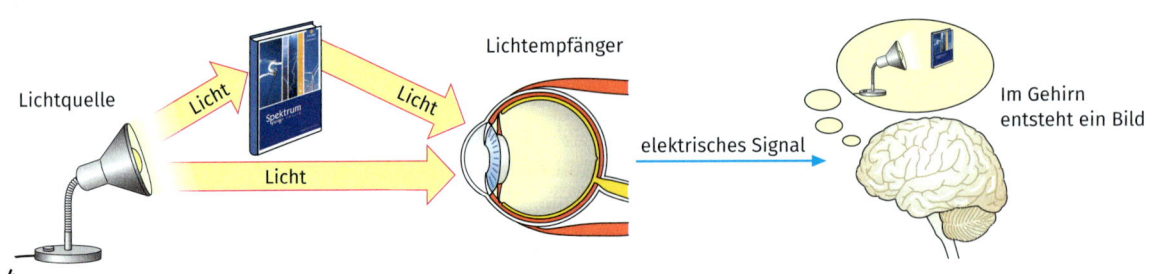

4

Wechselwirkung, **S**ystem

Licht macht Gegenstände sichtbar

Wird ein Gegenstand von einer Lichtquelle beleuchtet, so streut er das Licht in alle Richtungen in den Raum. Ein Teil des Lichtes fällt in das Auge eines Betrachters; dieser sieht den Gegenstand. Aber auch alle anderen Betrachter im Raum sehen den Gegenstand, da auch in ihr Auge Licht vom Gegenstand trifft.

Der Weg, den das Licht dabei genommen hat, ist allerdings für die Betrachter nicht zu erkennen. Sie sehen nur die Gegenstände, von denen das Licht in ihre Augen gelangt, nicht das Licht selbst. Dies verdeutlicht der Versuch mit einer Taschenlampe → **5**.

Das Licht der Taschenlampe ist auf den Tisch gerichtet. Dort ist ein heller Fleck zu sehen. Zwischen Taschenlampe und Tisch kann der Weg des Lichtes allerdings nur erahnt werden → **5a**. Fällt das Licht in einen Becher, so ist auch der helle Fleck nicht mehr zu sehen. Es ist jetzt schwer zu beurteilen, ob die Lampe überhaupt eingeschaltet ist → **5b**. Erst wenn feine Wassertröpfchen in den Lichtweg gesprüht werden, wird der Weg des Lichtes sichtbar → **5c**.

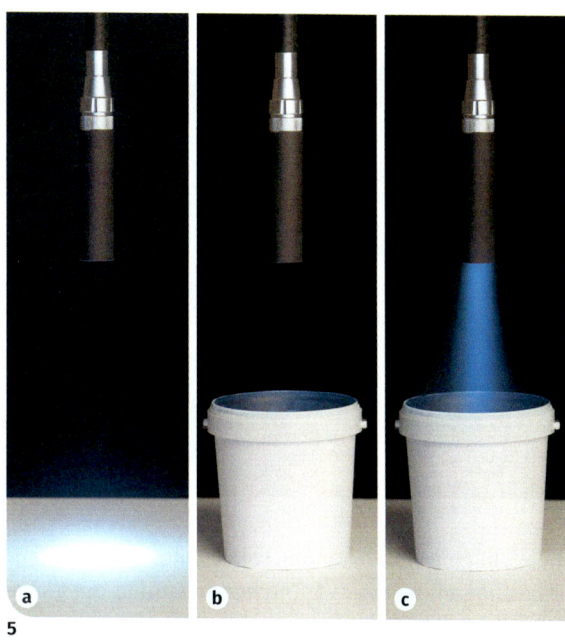

5 Die Wassertröpfchen streuen das Licht der Taschenlampe in alle Richtungen. Ein Teil davon fällt in das Auge des Betrachters, der so den Lichtweg erkennen kann.

AUFGABEN UND VERSUCHE

A1 Informiere dich, ob die folgenden Himmelskörper und Himmelserscheinungen Lichtquellen oder beleuchtete Körper sind: Sonne, Mond, Sterne, Komet, Polarlicht, Planeten → **6**.

6

A2 Folgende Redensarten sind im Alltag häufig zu hören: „Ein Auge auf etwas werfen", „die Person hat einen stechenden Blick", „Blicke austauschen…". Vergleiche diese Redensarten mit der Vorstellung vom Sehvorgang in der Physik und verdeutliche die Widersprüche.

A3 Bei einer Lasershow ist das Laserlicht über weite Strecken sichtbar → **7**.

7

Erkläre, warum bei solchen Shows Nebel- oder Dunstmaschinen eingesetzt werden.

V1 Untersuche den Zusammenhang zwischen der Oberflächenbeschaffenheit eines Gegenstandes und seiner Sichtbarkeit. Dazu brauchst du eine möglichst helle Taschenlampe und verschiedenartige Gegenstände.
a) Beleuchte nacheinander in einem dunklen Raum die verschiedenen Gegenstände.
b) Erstelle eine Tabelle, in der du die Gegenstände und ihre jeweilige Sichtbarkeit notierst.
c) Beurteile, ob die Sichtbarkeit davon abhängt, ob der Gegenstand rau oder glatt, hell oder dunkel ist.
d) Beleuchte nacheinander ein helles und ein dunkles Blatt Papier. Stelle fest, bei welchem Blatt die Streuung intensiver, also der Raum heller ist.

Lichtausbreitung

1

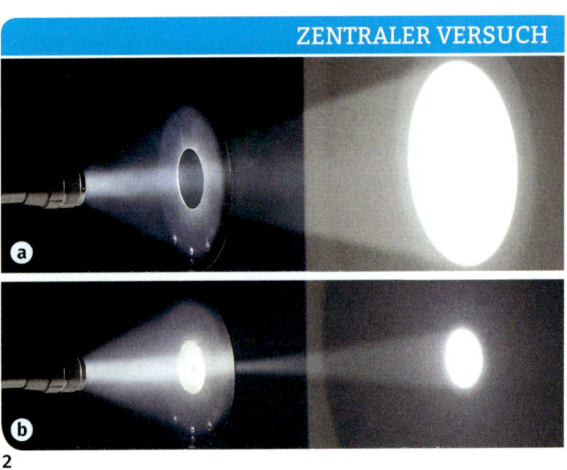

2

Bei nebligem Wetter können solche Bilder der Sonnenstrahlung entstehen → **1**. Die hellen Stellen am Waldboden zeigen an, wo das Sonnenlicht zwischen den Bäumen hindurch auf den Boden trifft. Aber auch der Weg, den das Licht dabei nimmt, wird sehr gut sichtbar. Die Wassertröpfchen in der Luft machen das möglich. Dabei fällt auf, dass das Licht sich nicht auf krummen oder geknickten Bahnen ausbreitet, sondern **geradlinig**.

Auch bei der Taschenlampe im zentralen Versuch wird der Weg des Lichtes durch Nebeltröpfchen sichtbar gemacht → **2**. Das Gehäuse der Taschenlampe bewirkt, dass die Lampe nicht in alle Richtungen strahlt, sondern ein seitlich begrenztes **Lichtbündel** aussendet. Es trifft auf eine **Lochblende**, dies ist ein Schirm mit einer Öffnung in der Mitte. Bei der größeren Öffnung ist hinter der Lochblende wieder ein Lichtbündel zu erkennen, allerdings mit einem kleineren Durchmesser → **2a**. Beide Lichtbündel zeigen von der Seite betrachtet eine geradlinige Begrenzung.
Wird die Öffnung der Lochblende kleiner, so wird das Lichtbündel schmaler → **2b**. Wird die Blende noch schmaler, so stellt es fast nur noch eine gerade Linie dar. Es wird dann von einem **Lichtstrahl** gesprochen.

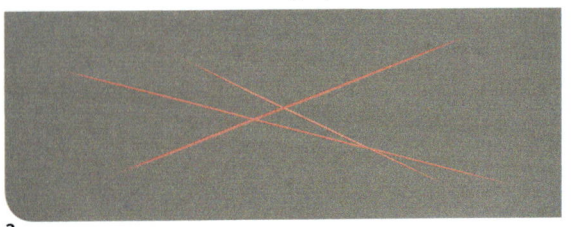

3

Auch Laser senden Lichtbündel aus. Diese sind jedoch so dünn, dass sie der Vorstellung von einem Lichtstrahl sehr nah kommen → **3**.
Das Modell des Lichtstrahls erweist sich als gutes Hilfsmittel beim Zeichnen von Lichtbündeln. Es reicht, die beiden Randstrahlen des Bündels zu zeichnen. Sie zeigen an, in welche Richtung sich das Licht einer Lampe ausbreitet → **4**.

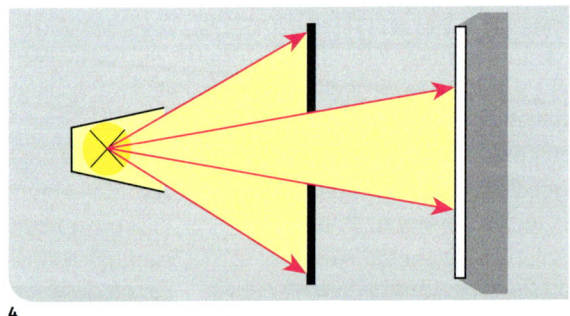

4

Bei den Laserstrahlen → **3** fällt noch etwas Charakteristisches für die Lichtausbreitung auf: Lichtbündel durchkreuzen sich, ohne sich dabei gegenseitig zu stören. Bei sich kreuzenden Wasserstrahlen aus mehreren Gartenschläuchen ist das anders.

> Licht breitet sich geradlinig aus. Lichtbündel haben gerade Begrenzungslinien und durchkreuzen sich ungestört. Lichtstrahlen dienen in Zeichnungen als Hilfsmittel, um die Richtung anzugeben, in die sich das Licht einer Lichtquelle ausbreitet.

System

Licht unterwegs

Das Licht ist unvorstellbar schnell. In einer Sekunde legt es eine Strecke von 300 000 km zurück, das ist in etwa die Entfernung von der Erde zum Mond. Es verwundert daher nicht, dass auf der Erde niemand merkt, dass das Licht für seine Ausbreitung Zeit braucht. Ein Ereignis, zum Beispiel ein Feuerwerk, und die Beobachtung des Ereignisses finden bei so kleinen Entfernungen nahezu zeitgleich statt.

Seit EINSTEIN ist bekannt, dass sich nichts und niemand schneller bewegt als das Licht. Keine Geschwindigkeit ist größer als die Lichtgeschwindigkeit!

Das Sonnenlicht durchquert auf seinem Weg zur Erde einen Teil des Weltalls, also leeren Raum. Das bedeutet, dass Licht für seine Ausbreitung im Gegensatz zum Schall keinen Träger braucht.

> Das Licht legt in einer Sekunde eine Strecke von etwa 300 000 km zurück. Bei der Lichtausbreitung ist kein Träger notwendig. Licht kann sich auch im luftleeren Raum ausbreiten.

Das Licht, das die Sonne aussendet, erreicht die Erde erst acht Minuten später. Von weiter entfernten Himmelskörpern im Weltall benötigt das Licht natürlich noch viel länger. So braucht das Licht vom Polarstern bis zur Erde 470 Jahre, von unserer Nachbargalaxie, dem Andromedanebel, ist es sogar zwei Millionen Jahre unterwegs →5! Beim Betrachten dieser Himmelskörper kann es sein, dass aufgrund der langen Reise des Lichts diese schon lange nicht mehr existieren. Der Blick ins Weltall ist also immer ein Blick in die Vergangenheit.

5

AUFGABEN UND VERSUCHE

A1 Übertrage die Skizze in dein Heft →6. Zeichne die Lichtbündel der Lichtquelle L und konstruiere die Bereiche auf den verschiedenen Schirmen, die beleuchtet werden.

A2 Bei einem entfernten Gewitter wird der Donner etwas später wahrgenommen als der Blitz, weil der Schall Zeit braucht, um die Strecke bis zum Betrachter zurückzulegen. Begründe, warum es bei der optischen Wahrnehmung des Blitzes so gut wie keine Zeitverzögerung gibt.

V1 a) Fertige aus Pappe drei Lochblenden mit dem Durchmesser 2 cm, 3 cm und 5 cm an. Stelle sie nacheinander zwischen eine kleine Glühlampe und einen Schirm aus weißer Pappe →7.
b) Miss jeweils den Durchmesser der Lichtkreise auf der Pappe.
c) Übertrage für jede Lochblende den Aufbau in der Seitenansicht in dein Heft. Halbiere dazu alle Maße. Zeichne das jeweilige Lichtbündel mit ein.
b) Bestätige die Größe deiner gemessenen Lichtkreise durch die Zeichnung.
e) Formuliere einen Zusammenhang zwischen Blendengröße und Durchmesser der Lichtkreise.

6

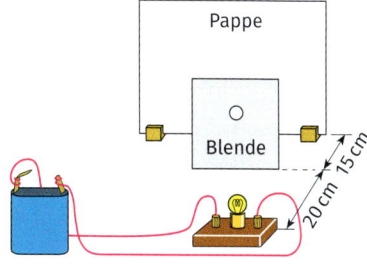

7

Schatten

1

2

Schatten einer punktförmigen Lichtquelle
In der Kunst wird häufig mit Licht und Schatten experimentiert, um die Betrachter der Kunstwerke ins Staunen zu versetzen. Ein scheinbar willkürlich zusammengesetztes Gebilde aus Metallteilen, von einer Lampe bestrahlt, erzeugt ein überraschendes Schattenbild → **1**. Drei Dinge sind für das Entstehen eines scharfen Schattens nötig: eine kleine, sehr helle Lichtquelle, auch **Punktlichtquelle** genannt, ein Gegenstand, der dem Licht „im Weg" steht und eine helle Fläche.

Der Gegenstand stellt ein Hindernis für die Lichtausbreitung dar, im Raum dahinter ist es deshalb dunkel. Dieser dunkle Raum wird **Schattenraum** genannt. Ein hinter dem Gegenstand platzierter Schirm wird nur noch teilweise beleuchtet. Es ist ein scharf umrissener Schatten zu erkennen: das **Schattenbild** → **3a**. Zum Vergleich: Ein Regenschirm stellt für die vom Himmel fallenden Regentropfen ein Hindernis dar. Die Person unter dem Schirm wird nicht nass, sie befindet sich im „Schattenraum". Die trockene Bodenfläche unter dem Schirm entspricht dem Schattenbild → **3b**.

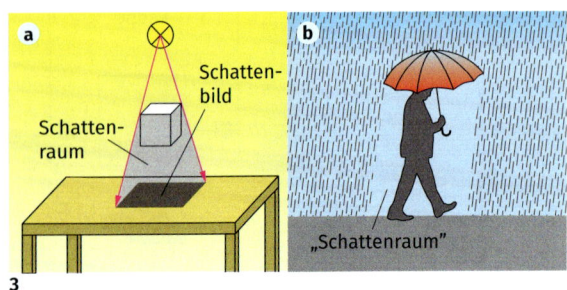

3

Mit dem Wissen über die geradlinige Lichtausbreitung lässt sich das Zustandekommen eines Schattenbildes leicht erklären. Die Punktlichtquelle sendet Licht auf geradlinigen Bahnen in alle Richtungen. Ein Teil des Lichtes trifft auf den Gegenstand, ein Teil läuft an ihm vorbei zum Schirm und erhellt diesen. Die am Gegenstand entlang streifenden Lichtstrahlen zeigen auf dem Schirm die Grenze zwischen Schattenbild und Helligkeit an.

Die Größe des Schattenbildes hängt von den Abständen zwischen Gegenstand, Lichtquelle und Schirm ab. Die blaue Kugel im zentralen Versuch hat ein größeres Schattenbild als die rote, weil sie sich näher bei der Lichtquelle befindet → **2**.

> Punktlichtquellen erzeugen scharf umrissene Schattenbilder von Gegenständen. Die Größe des Schattenbildes hängt vom Abstand des Gegenstandes zur Lichtquelle und zum Schirm ab.

Das Schattenbild ist kein genaues Abbild des Gegenstandes → **2**. Es zeigt weder seine Farbe noch seine Oberflächenbeschaffenheit. Außerdem liefert der räumliche Gegenstand ein ebenes Schattenbild, wodurch auch die Form verändert abgebildet wird. So haben zum Beispiel Kegel und Kugel manchmal das gleiche Schattenbild: einen Kreis. Dadurch sind Künstler in der Lage, Gegenstände im Schattenbild zu verfremden. Aus alten Metallteilen wird ein menschlicher Schatten → **1**!

Schatten bei zwei Punktlichtquellen

4

Schatten bei ausgedehnten Lichtquellen

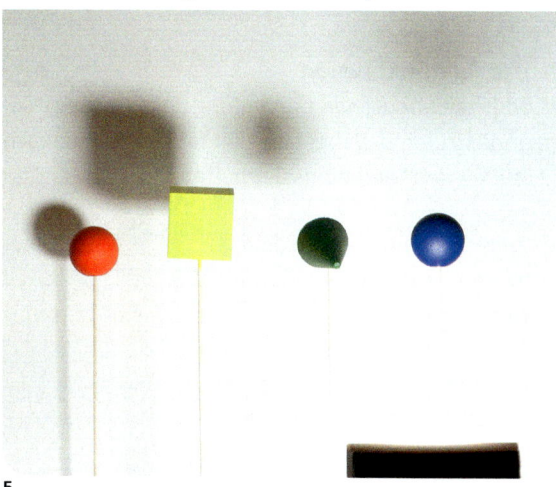

5

Wird ein Gegenstand von zwei oder mehr Punktlichtquellen beleuchtet, so entstehen mehrere Schattenbilder, die sich auch überlagern können →4.
Auch hier sind es die am Gegenstand entlang streifenden Lichtstrahlen, die die verschiedenen Schattenbereiche auf dem Schirm voneinander trennen →6.
Jede Lichtquelle erzeugt einen eigenen Schattenraum. Wo sich die beiden Schattenräume überlagern, kann kein Licht eindringen. Dieser dunkle Bereich heißt **Kernschatten**. Daneben liegen Schattenbereiche, in die Licht einer Lampe eindringen kann. Dort ist es zwar nicht hell, aber es ist auch nicht ganz dunkel. Diese Bereiche werden **Halbschatten** genannt. Außerhalb der Halbschatten ist der Schirm hell.
Je nach Abstand des Gegenstands von den Lampen und von der Wand kann der Kernschatten auch wegfallen und es entstehen nur zwei Halbschatten.

Wird ein Gegenstand von einer ausgedehnten Lichtquelle, beispielsweise von einer Leuchtstoffröhre beleuchtet, so entstehen unscharfe Schatten →5.
Die Leuchtstoffröhre kann als eine Aneinanderreihung vieler Punktlichtquellen betrachtet werden. Hinter dem Gegenstand entsteht daher eine Vielzahl von Schattenbereichen. In den Kernschattenbereich dringt von keiner Stelle der Röhre Licht ein. In die Schattenbereiche daneben kann jeweils Licht von einem Teil der Röhre eindringen. Deshalb ist dieser Bereich nicht überall gleich grau, sondern wird mit zunehmender Entfernung vom Kernschatten immer heller →7.

Zwei Punktlichtquellen können einen Kernschatten und zwei Halbschatten erzeugen.
Eine ausgedehnte Lichtquelle erzeugt einen Kernschatten, der zu beiden Seiten nach außen hin immer heller wird.

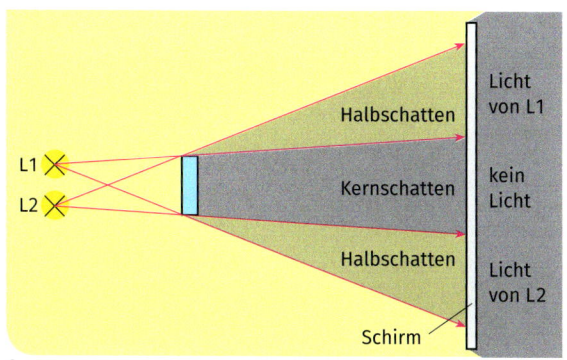

6

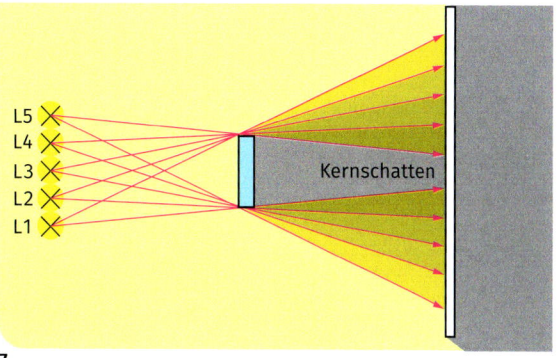

7

Wechselwirkung

WERKZEUG Lichtstrahlen erklären Schatten

Schattenkonstruktion
Mit der zeichnerischen Darstellung des Lichtwegs durch Strahlen lässt sich das Schattenbild eines Gegenstandes konstruieren. Dabei ist es einfacher, den Versuchsaufbau aus der Vogelperspektive zu betrachten und mit vereinfachten Symbolen zu arbeiten.

- Zunächst wird die Anordnung aus der Vogelperspektive aufgezeichnet.
- Dann werden vom Zentrum der Glühlampe aus die beiden Randstrahlen gezeichnet, die den Schattenraum begrenzen. Sie berühren den Gegenstand an seinen Begrenzungen.
- Dann werden die Verlängerungen der Randstrahlen bis zum Schirm gezeichnet. Sie bilden die Ränder des Schattenbildes auf dem Schirm.

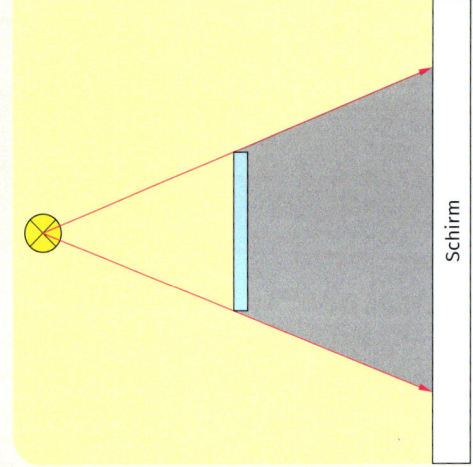

Schattenvorhersage
Nun soll eine Vorhersage getroffen werden, wie der Schattenraum von zwei Lichtquellen aussieht. Dazu muss die obige Konstruktion für jede der beiden Lichtquellen durchgeführt werden.

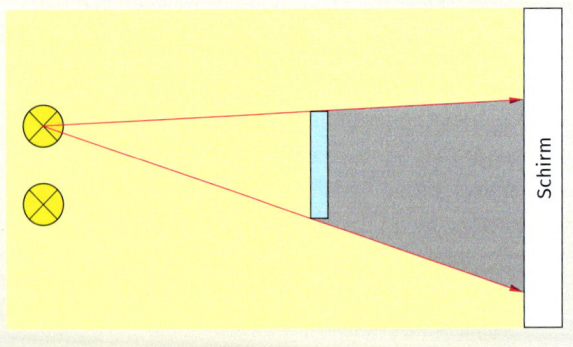

Bild auf dem Schirm
Der Schattenraum besteht jetzt aus drei Schatten.
- Die beiden äußeren Schatten sind gleich dunkel und werden als Halbschatten bezeichnet.
- Der mittlere Schatten ist völlig dunkel. Hier überlagern sich die Schatten beider Lichtquellen. Dieser Bereich wird Kernschatten genannt.

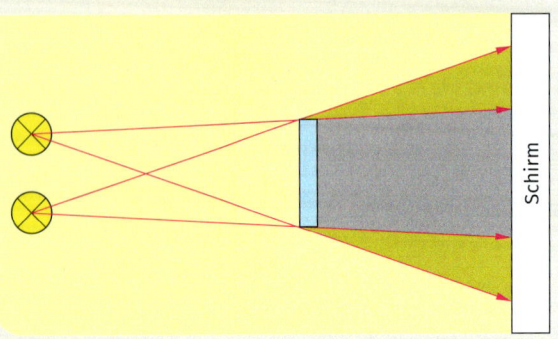
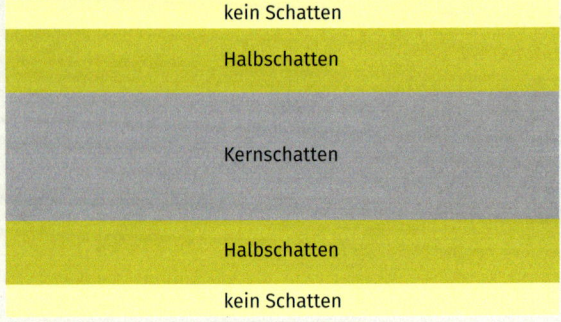

DURCHBLICK *Lichtstrahlmodell*

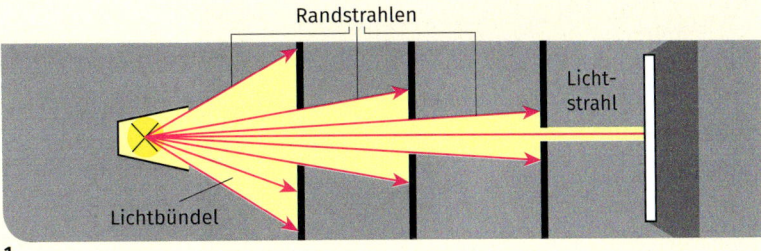

1

Der Lichtstrahl hat sich als zeichnerisches Hilfsmittel beim Konstruieren von Schattenbildern bewährt. Es genügt, die Randstrahlen zu zeichnen, die von der Lichtquelle ausgehend am Gegenstand vorbei laufen, um eine Vorhersage des Schattenbilds treffen zu können. Auch ein begrenztes Lichtbündel kann durch das Zeichnen der Randstrahlen dargestellt werden.
Fällt ein solches Lichtbündel nacheinander durch Lochblenden, deren Öffnungen immer kleiner werden, so wird es dünner, bis sein Durchmesser verschwindend gering ist. Dann kann das Lichtbündel durch eine gerade Linie dargestellt werden → **1**.

Eine solche gerade Linie ist in der Mathematik als Halbgerade oder Strahl bekannt. Ein Strahl ist ein mathematisches Hilfsmittel. Er kann mit Bleistift und Lineal gezeichnet werden. Dies gilt auch für Lichtstrahlen in der Physik. Sie sagen nichts über das Wesen des Lichts aus, sie sind lediglich ein zeichnerisches Hilfsmittel, um die Lichtausbreitung anschaulich darzustellen.

Eine derart vereinfachte Darstellung von einem komplizierten Sachverhalt wird in der Physik Modell genannt.
So gesehen ist der Begriff „Laserstrahl" eigentlich nicht richtig. Auch ein Laser sendet ein Lichtbündel aus. Dieses Lichtbündel ist aber so dünn, dass es der Modellvorstellung des Lichtstrahls tatsächlich sehr nahe kommt.

AUFGABEN UND VERSUCHE

A1 Das Auto strahlt mit seinen beiden Scheinwerfern ein Hinweisschild an → **2**.
a) Erstelle zunächst eine maßstabsgetreue, vereinfachte Zeichnung in deinem Heft.
b) Finde durch Konstruktion heraus, wie breit das Schattenbild an der Hauswand ist.
c) Ermittle in einer weiteren Zeichnung die Breite der Schatten, wenn das Auto 3 m vorwärts fährt.

A2 Übertrage die Skizze mit den genauen Maßen in dein Heft → **3**.
a) Konstruiere das Schattenbild, das von den zwei Hindernissen und den zwei Lampen erzeugt wird.
b) Bezeichne die verschiedenen Abschnitte auf dem Schirm von oben nach unten mit 1, 2, 3 … 7.
c) Erläutere zu jedem Abschnitt, um welche Art von Schatten es sich handelt und von welchen Lampen dort Licht ankommt.

V1 **a)** Baue den Versuch unten so nach, dass ein Kernschatten und zwei Halbschatten entstehen → **4**.
b) Nimm anschließend eine dritte Kerze dazu. Erzeuge möglichst viele Schatten. Erläutere, worauf du achten musst.
c) Konstruiere in deinem Heft das Schattenbild bei drei Kerzen, orientiere dich bei den Maßen an deiner Versuchsanordnung.
d) Zeichne das Schattenbild auf dem Schirm in der Draufsicht.

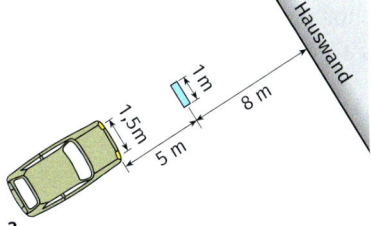

2

3

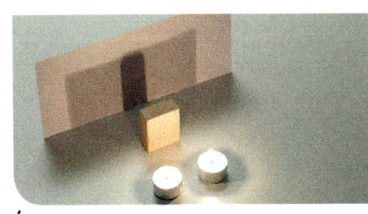

4

Licht und Schatten im Weltall

1

ZENTRALER VERSUCH

2

Sonne, Mond und Erde

Die Erde dreht sich in einem Jahr einmal um die Sonne, immer in Begleitung des Mondes, der sich in etwa 28 Tagen um die Erde bewegt. Außerdem dreht sich die Erde um ihre eigene Achse, die durch Süd- und Nordpol verläuft. Die Sonne als natürliche Lichtquelle beleuchtet Erde und Mond.

Der tägliche Wechsel von Tag und Nacht, die Phasen des Mondes sowie die Mond- und Sonnenfinsternisse sind faszinierende Phänomene →1. Sie alle lassen sich mit der Bewegung von Erde und Mond und den dabei entstehenden Schatten erklären.

Die Mondphasen

Im zentralen Versuch wird die Bewegung des Mondes um die Erde mit einer Gruppe von Schülerinnen und Schülern symbolisch nachgestellt →2.

Die am Boden sitzende Gruppe stellt die Erde dar, der von einem Schüler hochgehaltene Ball den Mond. Dieser wird von einem Projektor, der als „Sonne" fungiert, beschienen. Eine Mondhälfte ist hell, die andere Hälfte bleibt dunkel. Läuft nun der Schüler mit dem „Mond" um die Gruppe herum, so sehen die Beobachter auf der „Erde", je nach Stellung des Mondes zur Erde, unterschiedlich viel von der beleuchteten Seite des Mondes.

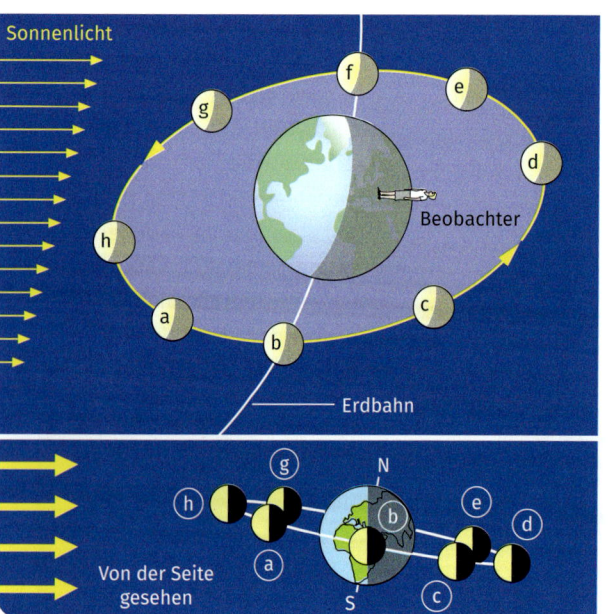

3

Die daraus resultierenden **Mondphasen** sind in den Abbildungen →3 und →4 dargestellt.

In Stellung a ist von der Erde aus lediglich der äußere Rand des Mondes als Sichel zu sehen.

In Position b und f ist von der der Erde zugewandten Mondseite nur die Hälfte zu sehen. Es ist Halbmond.

In Stellung c ist bereits mehr als die Hälfte der Mondseite zu sehen. In Stellung d schließlich ist die gesamte der Erde zugewandte Mondoberfläche zu sehen, es ist Vollmond. In Stellungen e bis g ist immer weniger vom Mond zu sehen, bis in Stellung h von der Tagseite der Erde aus nur die unbeleuchtete Mondoberfläche zu sehen ist. Dies wird als Neumond bezeichnet.

> Die Mondphasen beschreiben, welcher Teil der beleuchteten Mondhälfte von der Erde aus beobachtet werden kann.

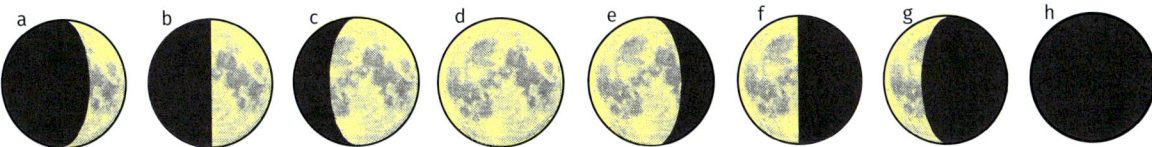

4 Mondphasen

Sonnenfinsternis

Bei der Bewegung des Mondes um die Erde kann die Situation eintreten, dass der Mond genau zwischen Sonne und Erde hindurch zieht. Dann ist auf der Tagseite der Erde ein seltenes Naturschauspiel zu sehen: Eine Sonnenfinsternis. Der wandernde Mond wirft seinen Kernschatten auf die Erde →5. Jeder, der sich in diesem Bereich befindet, beobachtet eine totale Sonnenfinsternis. Der Mond schiebt sich vor die Sonne und es wird am hellen Tag fast so dunkel wie in der Nacht →7. Im Bereich des Halbschattens wird die Sonne nur teilweise vom Mond verdeckt. Dieses Phänomen wird partielle Sonnenfinsternis genannt.

Mondfinsternis

Befindet sich in der Vollmondstellung die Erde genau zwischen Sonne und Mond, so wirft sie ihren Schatten auf den Mond. Der Mond wird nun gar nicht mehr von der Sonne beleuchtet, und ist daher von der Nachtseite der Erde aus nicht mehr zu sehen. Es gibt eine totale Mondfinsternis →6.

Auch eine totale Mondfinsternis ist ein relativ seltenes Ereignis, ebenfalls wegen der Neigung der Mondbahn gegenüber der Erdbahn. Sie kommt ein bis zwei Mal im Jahr vor, kann allerdings dann von der ganzen Nachtseite der Erde aus beobachtet werden.

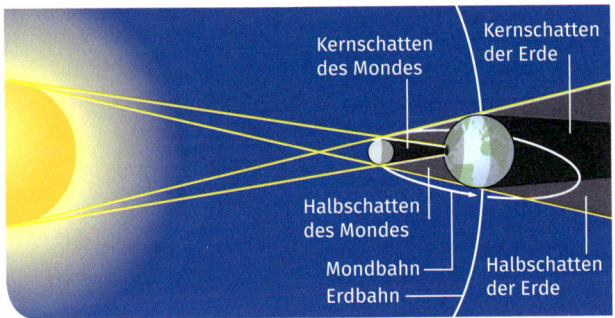

5 Sonnenfinsternis

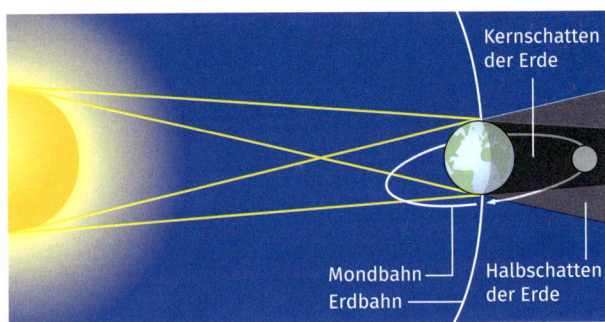

6 Mondfinsternis

Eine totale Sonnenfinsternis ist nur sehr selten zu beobachten, in Deutschland erst wieder am 3.9.2081. Das liegt daran, dass die Mondbahn gegenüber der Erdbahn geneigt ist. Dadurch liegen Sonne, Mond und Erde in der Neumondphase selten genau auf einer Linie. Außerdem ist der Kernschattenbereich bei einer totalen Sonnenfinsternis nur etwa 300 km breit, so dass nur ein kleiner Teil der Weltbevölkerung sie beobachten kann.

Eine Sonnen- oder eine Mondfinsternis tritt ein, wenn Sonne, Mond und Erde auf einer Linie liegen. Bei einer Sonnenfinsternis befindet sich der Mond zwischen Sonne und Erde und wirft seinen Schatten auf die Erde. Bei einer Mondfinsternis befindet sich die Erde zwischen Sonne und Mond und wirft ihren Schatten auf den Mond.

7

Wechselwirkung

Reflexion und Spiegelbild

1

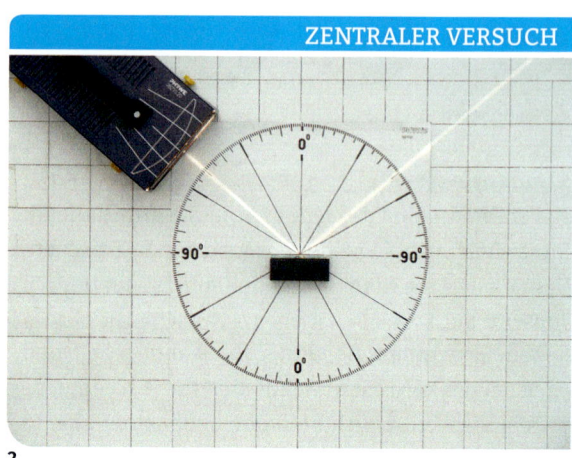

ZENTRALER VERSUCH

2

Das Reflexionsgesetz

Von der Sonne angestrahlte Gebäude mit Glasfenstern können fast genauso blenden, wie wenn das Sonnenlicht direkt ins Auge treffen würde →1. Die daneben liegenden Fenster zeigen den Effekt nicht. Sie erscheinen dem Betrachter als graue Flächen. Offenbar wirft das eine Fenster das Licht der Sonne genau in die Richtung des Betrachters. Wechselt dieser den Standort, so kann es sein, dass er durch ein anderes Fenster geblendet wird.

Fällt Licht auf eine glatte Fläche, wie Glas, Wasser oder Metall, so wird es in eine ganz bestimmte Richtung zurück geworfen. Dieser Vorgang wird **Reflexion** genannt.

Der zentrale Versuch zeigt, welchen Weg das reflektierte Lichtbündel nimmt →2. Ein sehr feines Lichtbündel fällt streifend an einem Schirm entlang auf einen Spiegel und wird dort reflektiert. Zunächst fällt auf, dass sowohl das einfallende als auch das reflektierte Lichtbündel auf dem Schirm zu sehen sind. Beide Lichtbündel liegen also in einer Ebene. Es ist die Ebene, die vom Schirm gebildet wird.

Der Schirm ist, ähnlich wie ein Geodreieck, mit einer Gradeinteilung versehen. Wird die Lampe nun so justiert, dass das einfallende Lichtbündel den Spiegel genau dort trifft, wo die Nulllinie der Winkelscheibe den Spiegel berührt, so können links und rechts dieser Linie die Winkel abgelesen werden.
Folgende Begriffe werden vereinbart →3:

- **Einfallslot:** Hilfslinie zur Messung der Winkel. Sie verläuft durch den Auftreffpunkt des Lichtbündels auf den Spiegel und steht senkrecht zum Spiegel.
- **Einfallswinkel α:** Winkel, den das einfallende Lichtbündel mit dem Einfallslot bildet.
- **Reflexionswinkel β:** Winkel, den das reflektierte Lichtbündel mit dem Einfallslot bildet.

In Konstruktionsskizzen werden die Lichtbündel vereinfacht als Lichtstrahlen gezeichnet. Wird im zentralen Versuch der Einfallswinkel α variiert und der zugehörige Reflexionswinkel β gemessen, so stellt sich heraus, dass die beiden Winkel immer gleich groß sind.

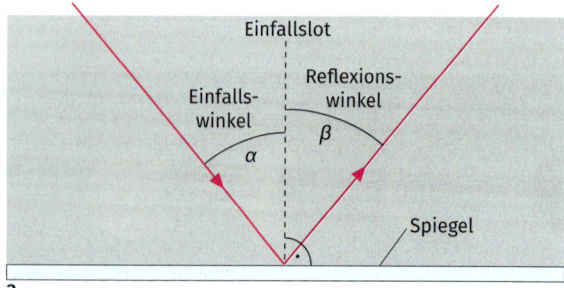

3

Reflexionsgesetz
Einfallswinkel und Reflexionswinkel sind gleich groß: $\alpha = \beta$.
Einfallendes Lichtbündel, Einfallslot und reflektiertes Lichtbündel liegen in einer Ebene.

Wechselwirkung

Reflexion, Streuung und Absorption

Das Reflexionsgesetz gilt auch für unebene Oberflächen wie die Hauswand und die Rollos →1. Allerdings gilt es jeweils nur für ganz kleine Stückchen der Oberfläche, die für sich genommen winzige, glatte Flächen sind. Jedes Stückchen reflektiert das auftreffende Licht nach dem Reflexionsgesetz. Verschiedene Stückchen haben allerdings unterschiedliche Orientierungen und reflektieren daher das Licht in verschiedene Richtungen →4. Die Hauswand und die Rollos als Ganzes werfen also das auftreffende Licht in alle Richtungen zurück. Dieser Vorgang wird **Streuung** genannt.

Sowohl glatte als auch unebene Oberflächen werfen immer nur einen Teil des auftreffenden Lichtes zurück, ein Teil wird „geschluckt". Dieser Vorgang heißt **Absorption**. Je dunkler ein Körper ist, desto höher ist der Anteil des absorbierten Lichtes.

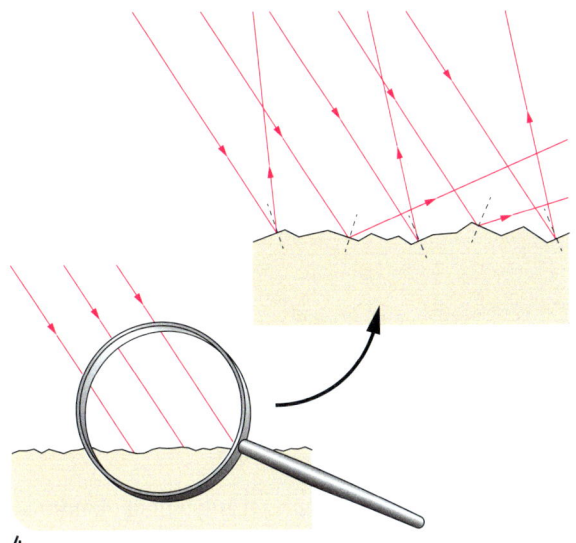

4

Das Spiegelbild

Die Eigenschaft von glatten Flächen, auftreffendes Licht zu reflektieren, ist eng verbunden mit der Eigenschaft, dass sich Gegenstände oder Personen in glatten Flächen spiegeln. Ruhige Wasseroberflächen, eine Schaufensterscheibe, ein Spiegel im Bad oder die polierte Metalloberfläche eines Autos sind Beispiele für glatte Flächen, bei denen Spiegelbilder der jeweiligen Umgebung entstehen.

Spiegelbilder haben seit jeher etwas Faszinierendes, nicht nur für den kleinen Jungen, der sein Spiegelbild neugierig und interessiert betrachtet →5.

In seiner linken Hand hält der kleine Junge ein Spielzeug, sein Spiegelbild dagegen hält dieses in der rechten. Dies ist ein Phänomen, das jeder beim Blick in den Spiegel beobachtet.

In der Alltagssprache heißt es dann: „Ein Spiegel zeigt alles seitenverkehrt". Mit einem Würfel wird der Frage nachgegangen, ob der Spiegel wirklich links und rechts vertauscht →6. Die Zahl Vier auf der linken Würfelseite befindet sich auch beim Spiegelbild links, die Zwei auf der oberen Seite des Würfels bleibt im Spiegelbild oben. Die Sechs auf der Vorderseite des Würfels allerdings ist im Spiegelbild nicht zu sehen, dafür zeigt das Spiegelbild die Eins. Die Sechs befindet sich, für den Betrachter verborgen, auf der Rückseite des Würfels.

> Beim Spiegelbild sind nur vorne und hinten vertauscht. Rechts und links sowie oben und unten bleiben gleich.

5

6

Lage des Spiegelbilds

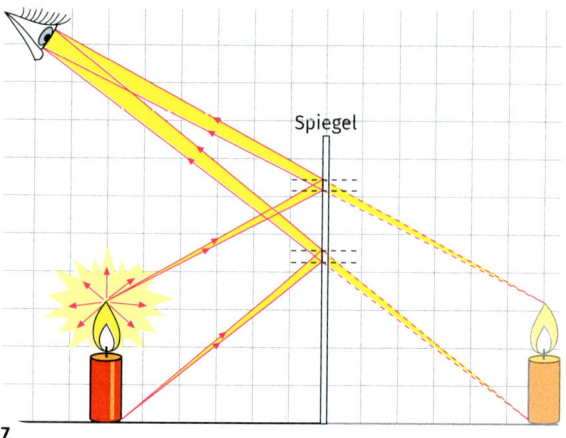

7

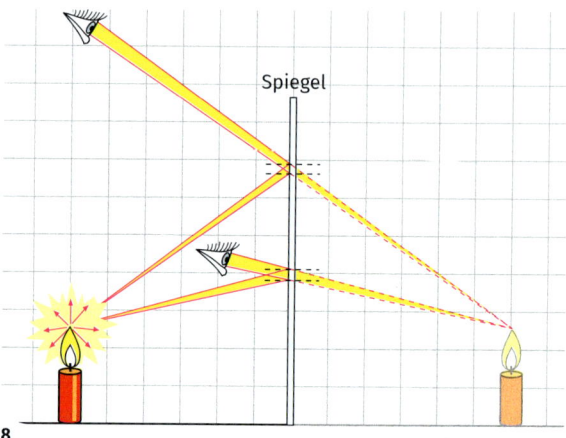

8

Beim Blick in einen Wandspiegel entsteht der Eindruck, dass das Spiegelbild sich hinter dem Spiegel befindet, an einem Ort also, wo sich definitiv nichts befinden kann. Das Spiegelbild ist kein reales Bild, wie etwa das Foto eines ist. Es ist ein **virtuelles Bild**; das heißt, es ist ein scheinbares Bild. Um dies zu verstehen, ist es wichtig zu klären, wie das Spiegelbild entsteht.
Eine Kerze, vor einem Spiegel stehend, sendet Licht in alle Richtungen aus → 7. Ein Teil des Lichts gelangt auf direktem Weg ins Auge, ein anderer Teil auf indirektem Weg nach der Reflexion am Spiegel. Dieses Lichtbündel wird am Spiegel nach dem Reflexionsgesetz zurückgeworfen und gelangt ins Auge. Auge beziehungsweise Gehirn „kennen" aber nur Licht, welches sich geradlinig ausbreitet. Deshalb scheint das Licht von einem Punkt hinter dem Spiegel zu kommen. Dort, wo sich die nach hinten verlängerten Ränder des Lichtbündels schneiden, „sehen" wir das Spiegelbild der Kerze.
Die Konstruktion zeigt, dass Kerze und Spiegelbild gleich weit vom Spiegel entfernt sind. Die Lage des Spiegelbildes ist auch in der Draufsicht des Würfels vor dem Spiegel gut zu erkennen → 9.

Wird die Konstruktion des Spiegelbildes für verschiedene Betrachter an unterschiedlichen Orten durchgeführt, so zeigt sich, dass das Spiegelbild der Kerze für alle an der gleichen Stelle erscheint → 8.

Gegenstand und Spiegelbild liegen gleich weit vom Spiegel entfernt, ihre Verbindungslinie steht senkrecht zur Spiegelebene.
Die Lage des Spiegelbildes ist unabhängig vom Ort des Betrachters.

Spiegel für große und kleine Leute

Damit sich eine Person ganz im Spiegel sehen kann, muss Licht von Fuß bis Haarspitzen in ihre Augen gelangen. Diese Bedingung ergibt nach dem Reflexionsgesetz zwei Dreiecke, deren Spitzen die Ober- und Unterkante des Spiegels festlegen → 10. Wird bei einer 1,80 m großen Person von einer Augenhöhe von 1,70 m ausgegangen, so muss die Oberkante des Spiegels 1,75 m hoch hängen. Die Unterkante muss bei 85 cm Höhe sein, halb so hoch wie die Augenhöhe der Person.

9

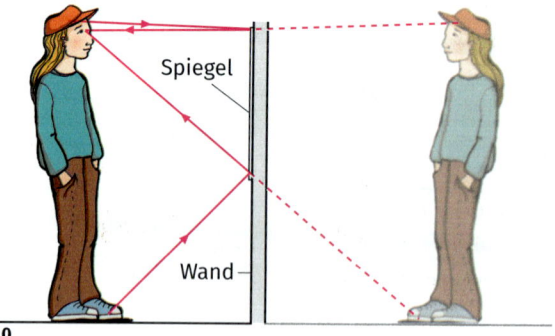

10

● **W**echselwirkung

AUFGABEN UND VERSUCHE

A1 Die kleine Katze sieht ihr Spiegelbild wohl eher als einen Artgenossen → 11.

11

Es ist eine besondere Fähigkeit des Menschen, das Spiegelbild mit der eigenen Identität in Verbindung zu bringen. Informiere dich über den „Spiegeltest", mit dem in der Forschung untersucht wird, ob ein Tier in der Lage ist, sein Spiegelbild mit sich selbst in Verbindung zu bringen. Fasse die Ergebnisse zu einem Bericht zusammen.

A2 Auf der Motorhaube von Einsatzfahrzeugen, wie Polizei, Rettungsdienst oder Feuerwehr, ist die Aufschrift oft in Spiegelschrift zu lesen → 12. Begründe dies.

12

V1 Schreibe deinen Namen und deine Anschrift in Spiegelschrift in dein Heft. Kontrolliere mit einem kleinen Spiegel die Lesbarkeit.

V2 Brennt hier wirklich eine Kerze unter Wasser → 13?

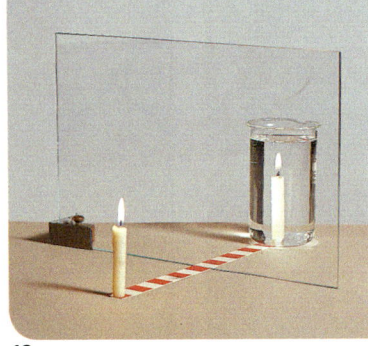

13

a) Baue den Versuch nach.
b) Fertige eine Skizze in der Draufsicht an und erkläre damit deine Beobachtung.
c) Untersuche, ob die Spiegelbildflamme am gleichen Ort bleibt, wenn du sie von einer anderen Position aus betrachtest.

V3 Entwerfe auf einem Blatt Papier ein Labyrinth, ähnlich wie dem in der Abbildung → 14. Versuche nun, mit einem Bleistift das Labyrinth zu durchlaufen. Dabei darfst du nur auf das Spiegelbild schauen, nicht auf die Vorlage.
Welche Strecken fallen dir besonders schwer? Erkläre dies.

14

V4 Stelle dich vor einen großen Spiegel.
a) Bewege deine linke Hand nach oben, nach unten, nach rechts, nach links, nach vorne und nach hinten. Beschreibe, von *deiner* Position aus betrachtet, die Bewegungsrichtung deiner „Spiegelhand".
b) Bewege deine rechte Hand zum linken Ohr. Beschreibe, was dein Spiegelbild macht. Erkläre diesen scheinbaren Widerspruch.

V5 Lege folgende Gegenstände nebeneinander auf einen Tisch:
- einen Spiegel,
- ein Stück Alufolie,
- ein Stück verknitterte Alufolie,
- ein weißes Blatt Papier.

Dunkle nun den Raum ab und beleuchte die Gegenstände nacheinander mit einer Taschenlampe. Beschreibe und erkläre deine Beobachtungen.

V6 Die Spalte eines Kamms trennen das Licht einer Taschenlampe in Lichtbündel auf, die unter verschiedenen Winkeln auf einen Spiegel treffen → 15.
Als Unterlage wird ein weißer Pappkarton benutzt, auf dem die Lichtwege mit Bleistift und Lineal nachgezogen werden können. Überprüfe mit dem Geodreieck für die verschiedenen Einfallswinkel das Reflexionsgesetz.

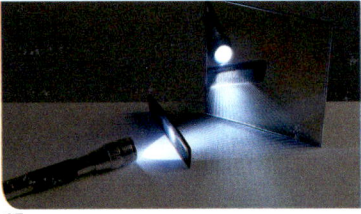

15

Lichtbrechung

1

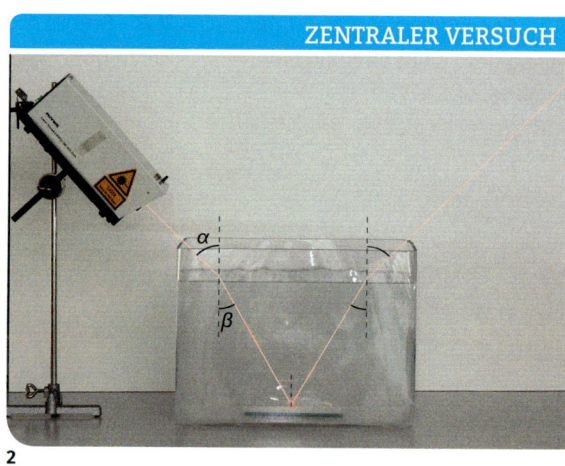

ZENTRALER VERSUCH

2

Licht an der Grenzfläche Luft-Wasser

Das Paddel scheint beim Eintauchen ins Wasser einen Knick zu bekommen, so dass der im Wasser befindliche Teil des Paddels an einem höheren Ort zu sein scheint, als es in Wirklichkeit der Fall ist → **1**.

Zur Erinnerung: *Einen Gegenstand sehen* bedeutet, dass Licht von ihm in das Auge des Betrachters fällt. Der Teil des Paddels, der sich unter Wasser befindet, wird von der Sonne angestrahlt und wirft das Licht in alle Richtungen zurück. Dieses Licht muss allerdings die Grenzfläche zwischen Wasser und Luft durchlaufen. Offenbar erfährt das Licht auf dem Weg vom Paddel zum Auge an der Wasseroberfläche eine Richtungsänderung. Dieser Vorgang heißt **Lichtbrechung**.

Der zentrale Versuch zeigt den Lichtweg eines schmalen Lichtbündels, das von Luft in Wasser übergeht und, nach Reflexion an einem Spiegel auf dem Boden des Wasserbeckens, von Wasser in Luft → **2**. An der Wasseroberfläche wird ein Teil des Lichtbündels reflektiert, der andere Teil dringt in das Wasser ein und erfährt dabei eine Richtungsänderung.

Für die Angabe des Winkels ist das Einfallslot als Hilfslinie wieder sehr nützlich. Der **Einfallswinkel α** und der **Brechungswinkel β** werden immer zwischen dem jeweiligen Lichtbündel und dem Einfallslot gemessen → **2**. Der Versuch zeigt beim Eintritt in das Wasser eine Brechung zum Lot hin, beim Austritt vom Lot weg. Bei senkrechtem Lichteinfall tritt keine Brechung auf. Wie bei der Reflexion zeigt sich auch bei der Lichtbrechung, dass einfallendes und gebrochenes Lichtbündel sowie Einfallslot in einer Ebene liegen → **2**.

Nun lässt sich der „Knick" im Paddel erklären: Ein Lichtbündel, das vom Paddel ausgehend in das Auge des Betrachters trifft, hat an der Wasseroberfläche eine Richtungsänderung vom Lot weg erfahren. Das menschliche Gehirn aber setzt aufgrund von Erfahrungen die geradlinige Lichtausbreitung voraus. Der Ort, an dem das Paddel zu sein scheint, ergibt sich aus der Verlängerung der Randstrahlen des gebrochenen Lichtbündels → **3**.

Lichtbrechung findet nicht nur an der Grenzfläche zwischen Luft und Wasser statt, sondern bei jedem Übergang von einem durchsichtigen Stoff in einen anderen durchsichtigen Stoff. Der Stoff, in dem der kleinere Winkel zum Lot vorliegt, wird als **optisch dichter** bezeichnet, der Stoff mit dem größeren Winkel als **optisch dünner**. Wasser und Glas sind optisch dichter als Luft.

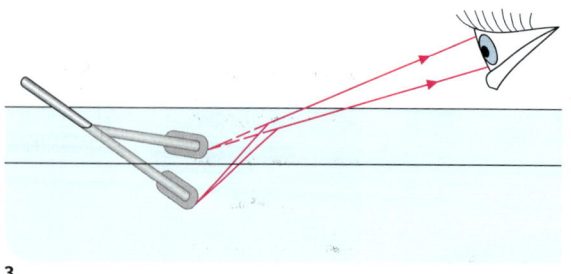

3

Licht an verschiedenen Grenzflächen

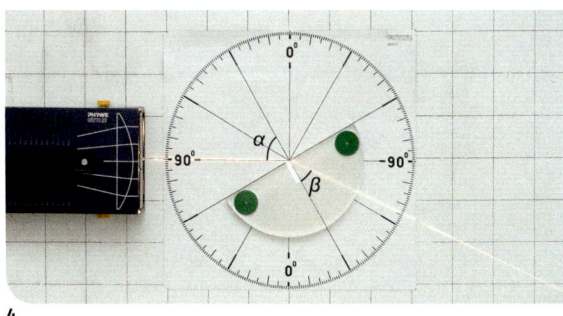

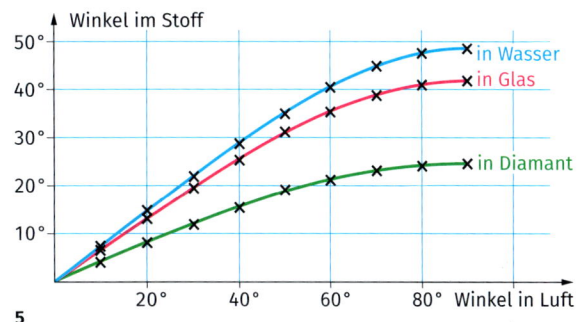

4

5

Um den Zusammenhang zwischen Einfallswinkel und Brechungswinkel genauer zu untersuchen, wird ein halbkreisförmiger Glaskörper benutzt →4. Dieser hat den Vorteil, dass der Austritt des Lichtbündels auf der kreisrunden Seite immer genau senkrecht zur Grenzfläche erfolgt. Daher findet dort keine zweite Brechung statt, wodurch das Ablesen des Brechungswinkels an der Gradskala ermöglicht wird.
Im Diagramm ist jedem Winkel in Luft der zugehörige Winkel in Glas zugeordnet →5. Es zeigt ebenfalls die Winkelpaare für andere Stoffe, wie Wasser und Diamant. In letzterem ist die Brechung am stärksten.

Ein Lichtbündel wird beim Übergang
- vom optisch dünneren zum optisch dichteren Stoff zum Einfallslot hin gebrochen: $\alpha > \beta$.
- vom optisch dichteren zum optisch dünneren Stoff vom Einfallslot weg gebrochen: $\alpha < \beta$.

Einfallendes Lichtbündel, Einfallslot und gebrochenes Lichtbündel liegen in einer Ebene.
Trifft das Lichtbündel senkrecht auf die Grenzfläche zweier durchsichtiger Stoffe, so findet keine Brechung statt.

AUFGABEN UND VERSUCHE

A1 Ein Lichtstrahl fällt von Luft in einen Diamant ein. Der Brechungswinkel im Diamant beträgt 10°.
Bestimme den Einfallswinkel.

A2 Sind die Leitersprossen unter Wasser wirklich näher zusammen als über Wasser →6? Erkläre.

A3 Ein Laserstrahl fällt von der Seite auf ein Glasprisma →7. Beim Durchlaufen des Prismas wird er zweimal gebrochen.
a) Übertrage die Skizze in dein Heft und konstruiere den Lichtweg.
b) Bestimme, wie stark der Lichtstrahl insgesamt abgelenkt wird.

V1 Die linke Tasse scheint leer zu sein. Wird Wasser hinein gegossen, so erscheint plötzlich eine Münze →8.
a) Führe den Versuch selbst durch. Experimentiere mit verschiedenen Blickwinkeln und Wasserhöhen.
b) Erkläre das Erscheinen der Münze mithilfe einer Skizze.

6

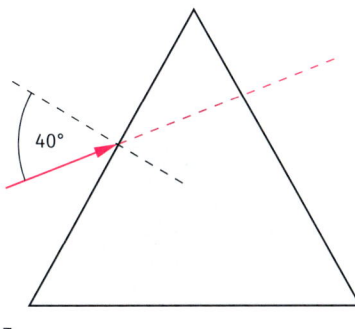

7

8

Wechselwirkung

STREIFZUG *Von der Brechung zur Reflexion ...*

Totalreflexion

Von der Lampe, die sich unter der Wasseroberfläche befindet, gehen mehrere Lichtbündel aus. Sie treffen unter verschiedenen Winkeln auf die Grenzfläche von Wasser nach Luft. Die inneren Lichtbündel werden zum Teil reflektiert und zum Teil gebrochen, die äußeren werden nur reflektiert und gehen nicht von Wasser in Luft über.
Dieses Phänomen heißt **Totalreflexion**.

Grenzwinkel der Totalreflexion

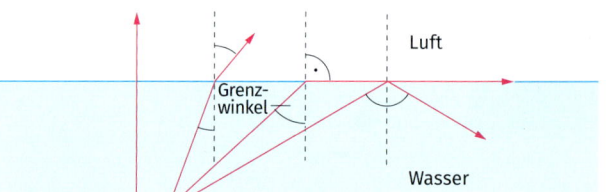

Beim Übergang von Wasser nach Luft wird ein Lichtbündel vom Lot weg gebrochen. Bei zunehmendem Einfallswinkel vergrößert sich auch der Brechungswinkel, bis er schließlich den Wert 90° erreicht. Das Lichtbündel verlässt das Wasser streifend an der Oberfläche entlang. Wird der Einfallswinkel noch größer, so kann das Lichtbündel das Wasser nicht mehr verlassen: Es wird total reflektiert. Der Einfallswinkel, von dem an Totalreflexion auftritt, heißt **Grenzwinkel** α_G.

Dieser Grenzwinkel lässt sich im Diagramm auf Seite 41 ablesen. Für Wasser beträgt er beim Übergang in Luft 48,6°, für Glas 41,8° und für Diamant 24,6°.

Damit Totalreflexion an einer Grenzfläche auftritt, müssen zwei Voraussetzungen erfüllt sein:
- Das Licht muss vom optisch dichteren Medium kommend auf die Grenzfläche treffen.
- Der Einfallswinkel muss größer sein als α_G.

Vom Lichtleiter zur Glasfasertechnik

Tritt ein Lichtbündel in einen gebogenen Glasstab ein, so trifft es immer wieder mit einem großen Einfallswinkel auf die Grenzfläche von Glas nach Luft und wird dort total reflektiert. Auf diese Weise verbleibt das Licht im Lichtleiter und tritt nicht seitlich aus. Dies wird in der Glasfasertechnik genutzt.

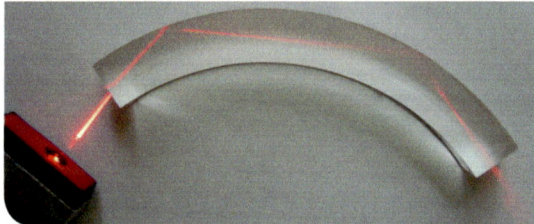
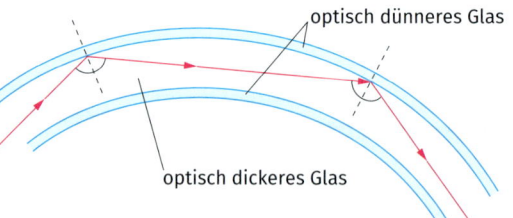

Glasfasern sehen aus wie sehr dünne Angelschnüre und sind fast genauso elastisch. Sie bestehen meist aus zwei Glassorten. Der Kern aus optisch dichterem Glas ist von einer Schicht aus optisch dünnerem Glas ummantelt. Dadurch wird Licht fast ohne Verluste durch das Kabel geleitet, weil an der Grenzfläche der beiden Glassorten nahezu immer Totalreflexion auftritt. Dadurch ist es möglich, Nachrichten oder Daten in Form von optischen Signalen zu übertragen.

... Lichtbrechung und Totalreflexion im Alltag

Nasse Straße

An heißen Tagen erscheinen weiter entfernt liegende Straßenabschnitte manchmal nass. Diese Täuschung entsteht durch Brechung und Totalreflexion an Grenzflächen zwischen unterschiedlich warmen Luftschichten. Die Luft direkt über der Straße hat eine höhere Temperatur als die darüber liegende: Je kühler die Luft, desto größer ist ihre optische Dichte. Das vom Himmel kommende Licht tritt also von einer optisch dichteren in eine optisch dünnere Luftschicht ein. Bei flachem Lichteinfall findet an der Grenzschicht Totalreflexion statt. Der Himmel spiegelt sich an der Straßenoberfläche, so dass der Eindruck entsteht, die Straße sei nass.

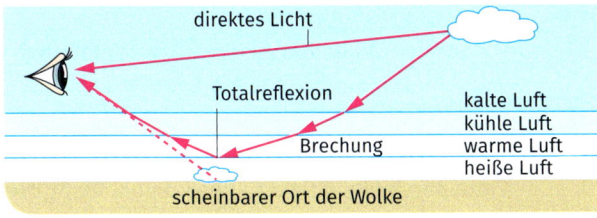

Luftspiegelungen wie die nasse Straße werden auch **Fata Morgana** genannt. Die Spiegelung selbst ist real, nur die Interpretation des Betrachters ist eine Täuschung.

Endoskop
Mit einem Endoskop können medizinische Untersuchungen im Körperinneren ohne Operation durchgeführt werden. Die Übertragung von Bildern aus dem Körperinnern erfolgt über Glasfaserkabel, die aus tausenden Glasfasern bestehen.

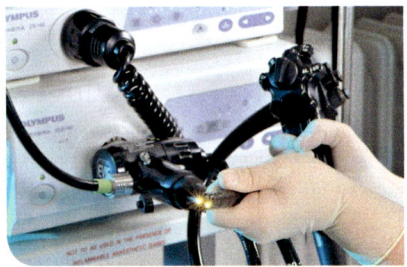

Es sind mindestens zwei Glasfaserkabel erforderlich. Das eine dient zur Beleuchtung, das andere überträgt die Bildinformation. Meist ist noch ein Hohlkabel daneben angebracht, durch das spezielle Werkzeuge eingeführt werden können, sodass sogar Operationen durchgeführt werden können.

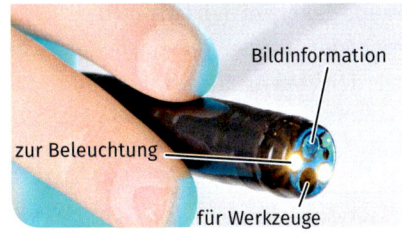

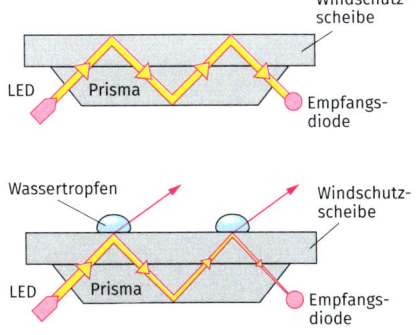

Regensensor Mit Regensensoren können im Auto die Scheibenwischer der Stärke des Regens angepasst werden. Manche solcher Sensoren sitzen innen an der Frontscheibe und arbeiten nach folgendem Prinzip: Das Licht einer LED wird über ein Prisma und die Scheibe mittels Totalreflexion zur Empfangsdiode geführt. Regentropfen heben die Totalreflexion auf, wodurch ein Teil des Lichts aus der Scheibe austritt. Daher hängt die empfangene Lichtmenge vom Regen ab. Ein Elektronikmodul erzeugt aus der Veränderung der Lichtmenge ein Signal zur Steuerung der Scheibenwischer.
Andere Regensensoren funktionieren nach anderen Prinzipien.

Linsen

1

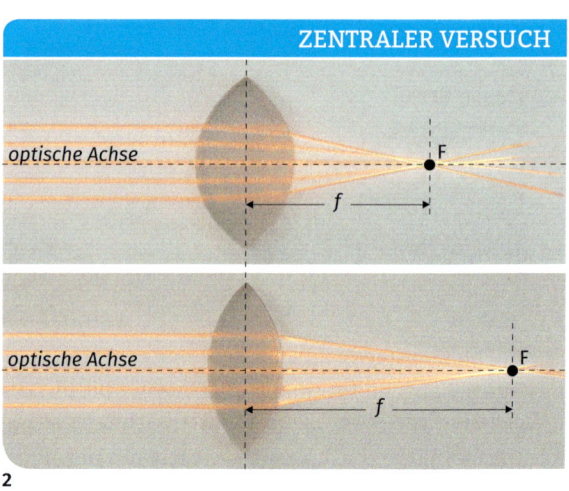

2

Mit viel Geduld und einer ruhigen Hand kann an einem sonnigen Tag ein Bild auf Holz entstehen → 1. Einziges Hilfsmittel bei dieser besonderen Technik: eine Lupe. Die Lupe hat die Eigenschaft, das auftreffende Sonnenlicht zu bündeln. Auf der Holzplatte entsteht eine Stelle, die besonders hell ist. Dort ist die Temperatur so hoch, dass die obere Holzschicht verkokelt. Mit etwas Geschick kann also die Lupe, auch Brennglas genannt, als Zeichenstift benutzt werden.

Die Lupe gehört zu den **Linsen**. Dies sind durchsichtige Körper aus Glas oder Kunststoff mit gewölbten Flächen. Es werden zwei Arten von Linsen unterschieden → 3:
- **Sammellinsen:** Linsen, deren Mitte dicker ist als ihre Enden. Sie haben die Eigenschaft, auftreffendes Licht zu bündeln.
- **Zerstreuungslinsen:** Linsen, deren Mitte dünner ist als ihre Enden. Sie haben die Eigenschaft, auftreffendes Licht zu zerstreuen.

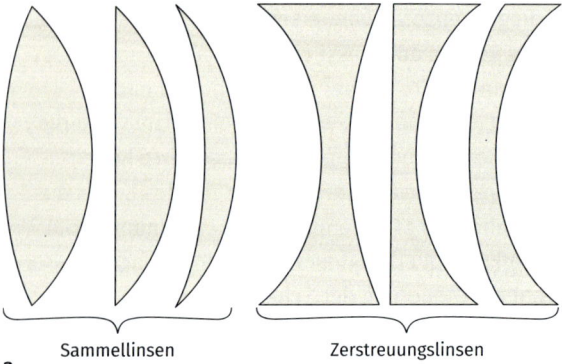

Sammellinsen   Zerstreuungslinsen

3

Fällt ein Lichtbündel auf eine Linse, so wird es zweimal gebrochen. Beim Eintritt in die Linse wird es zum Einfallslot hin gebrochen, da es von Luft in Glas übergeht. Beim Austritt aus der Linse wird das Lichtbündel zum zweiten Mal gebrochen, dieses Mal vom Einfallslot weg, da es von Glas in Luft übergeht. Bei dieser zweifachen Lichtbrechung erfährt das Lichtbündel eine Richtungsänderung.
Im zentralen Versuch wird der Lichtverlauf durch zwei Sammellinsen untersucht → 2. Es zeigt sich:
- Lichtbündel, die parallel zur optischen Achse einfallen, laufen nach der zweimaligen Brechung alle durch einen Punkt. Dieser Punkt heißt **Brennpunkt F**. Der Abstand des Brennpunktes zur Mitte der Linse wird **Brennweite f** genannt.
- Je stärker die Krümmung der Linse ist, desto kleiner ist die Brennweite.

Die Lichtquelle kann links oder rechts der Linse stehen, die Linse hat auf jeder Seite einen Brennpunkt.

Brennweite
Das Formelzeichen ist f.
Die Einheit ist 1 m (Meter)

Sammellinsen bündeln parallel zur optischen Achse einfallendes Licht in einen Punkt, den Brennpunkt F.
Der Abstand von der Mittellinie der Sammellinse zum Brennpunkt heißt Brennweite f.

Wechselwirkung

Verwendung von Linsen

Linsen werden vielfältig eingesetzt. Einige Beispiele für ihre Verwendung sind:
- Brillen und Kontaktlinsen,
- Teleskope und Ferngläser,
- Mikroskope und Lupen,
- Objektive einer Kamera.

Oft werden in optischen Geräten mehrere Linsen miteinander kombiniert, die dann als Linsensystem ein bestmögliches Bild liefern sollen.

Die für uns wichtigste Linse aber ist die Linse im Auge. Ihre Krümmung und somit auch ihre Brennweite ist flexibel, je nachdem ob der Blick in die Ferne geht oder ob ein Gegenstand in Augennähe betrachtet wird.

Brechung scheibchenweise

Sammellinsen bündeln einfallendes Licht. Dies kann erklärt werden, indem die Sammellinse gedanklich in kleine Glasteile zerlegt wird, in denen jeweils Brechung stattfindet → 4. Einfalls- und Brechungswinkel sind bei den verschiedenen Glasteilen unterschiedlich groß, da das Einfallslot jeweils unterschiedlich gerichtet ist.

Beim obersten und beim untersten Glasteil hat das Licht den größten Einfallswinkel und wird daher dort stärker gebrochen als bei den näher zur Mitte liegenden Glasteilen. Am mittleren Glasteil findet keine Brechung statt, da das Licht dort senkrecht eintritt.

Wird die Linse geeignet geschliffen, so treffen sich alle gebrochenen Lichtbündel der einzelnen Glasteile in einem Punkt.

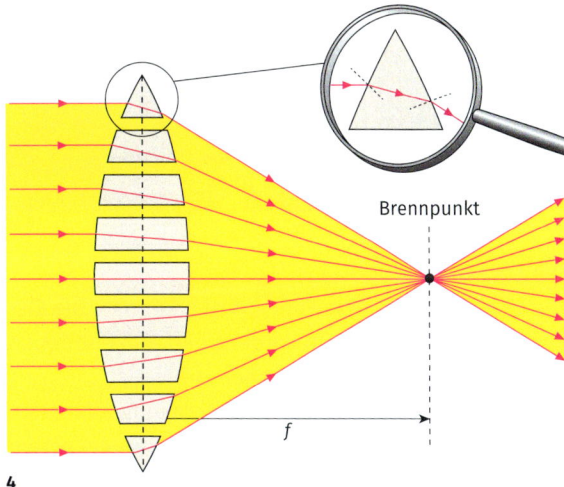

4

AUFGABEN UND VERSUCHE

A1 a) Beschreibe und erkläre den Zusammenhang zwischen der Krümmung einer Sammellinse und ihrer Brennweite.
b) Hinter welcher Abdeckung befindet sich die stärker gekrümmte Sammellinse → 5? Begründe deine Antwort.
c) Beschreibe, was sich bei der oberen Abbildung verändern würde, wenn sich hinter der Abdeckung eine Zerstreuungslinse befinden würde.

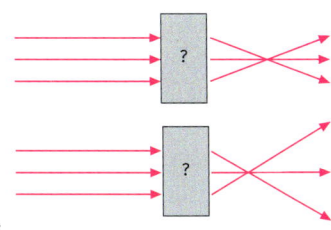

5

A2

Viernheim, 4. August

Weggeworfene Glasscherben Ursache für Waldbrand

Bei einem der größten Waldbrände in den letzten Jahrzehnten standen gestern gegen 15:00 Uhr bei Viernheim fast 20 000 Quadratmeter Wald in Flammen.
Zunächst ging die Polizei von Brandstiftung aus, doch nun hat sie offenbar die Ursache gefunden.
[...]   (tw)

Erkläre, wie das Feuer entstanden sein könnte.

A3 In der Naturfotografie werden für weit entfernte Motive Teleobjektive verwendet → 6. Informiere dich über die Brennweite von so genannten Superteleobjektiven.

6

V1 a) Teste mit verschiedenen Lupen und Brillengläsern im Sonnenlicht die Brennglaswirkung an einem Blatt Zeitungspapier. Achtung: Setze dabei eine Sonnenbrille auf.
b) Bestimme für jedes Glas die Brennweite.

Wechselwirkung

Optische Abbildung

1

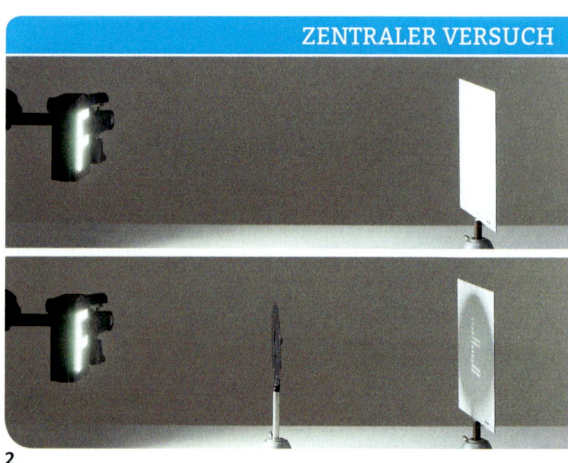

2

Die Lochkamera

Die Eishalle ist auf dem Foto gut zu erkennen. Die Eisläufer, die die Kamera im Vordergrund aufgenommen hat, lassen sich aber nur erahnen →1.

Das Foto wurde mit einer **Lochkamera** aufgenommen. Die Lochkamera besteht im Wesentlichen aus einem dunklen Kasten. Die Rückwand im Innern ist mit einer fotoempfindlichen Schicht versehen und dient als Film. In die Vorderseite des Kastens wurde ein kleines Loch gebohrt →3. Mithilfe einer Lochkamera war es ab dem 14. Jahrhundert erstmals möglich, Bilder nicht nur durch Malerei zu erzeugen. Die Technik des Fotografierens wurde aus dieser Idee entwickelt.

Der zentrale Versuch stellt die Lochkamera auf einfache Weise nach: In einem abgedunkelten Raum befindet sich ein leuchtender Gegenstand vor einem Schirm →2. Dieser ersetzt den Film in der Lochkamera. Dann wird eine Lochblende zwischen beide gestellt. Der Versuch zeigt:
- Ohne Lochblende ist der Schirm gleichmäßig hell.
- Mit Lochblende entsteht auf dem Schirm ein umgekehrtes und seitenverkehrtes, relativ lichtschwaches Bild des Gegenstands.
- Wird die Blendenöffnung vergrößert, so wird das Bild zwar heller, aber auch unscharf.

Es ist nicht verwunderlich, dass ohne Lochblende keine Abbildung entsteht: Jeder Punkt des Gegenstands wirft Licht in alle Richtungen, so dass an jeder Stelle des Schirms Lichtbündel von allen Gegenstandspunkten ankommen. Der Schirm ist gleichmäßig hell.

Mit der Lochblende wird erreicht, dass von jedem Gegenstandspunkt nur ein begrenztes Lichtbündel durch die Blende fällt und auf dem Schirm einen hellen Fleck erzeugt. Aus all diesen hellen Lichtflecken entsteht das Bild →4. Nun wird auch der Zusammenhang zwischen Blendengröße und Bildschärfe deutlich: Je kleiner die Blende ist, desto kleiner werden die hellen Flecken und desto schärfer wird das Bild. Allerdings trifft bei kleinerer Blendengröße weniger Licht auf den Schirm. Das Bild wird dunkler.

Für ein gelungenes Foto mit der Lochkamera muss also die Blende möglichst klein und die Belichtungszeit entsprechend lang sein, damit genügend Licht einfällt.

3

Wechselwirkung

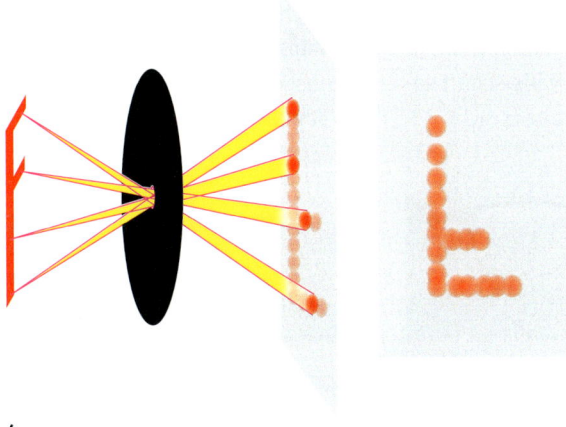

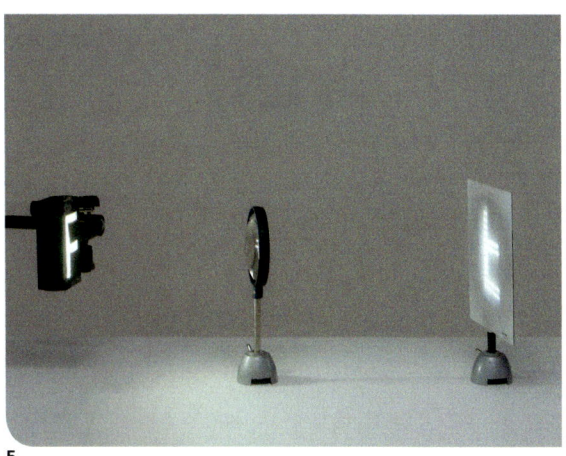

4

5

Während dieser langen Belichtungsphase sollte das Objekt sich nicht bewegen. Bei der Eishalle kein Problem! Aber die vielen Eisläufer, die sich während der Belichtungszeit bewegen, sind nur schemenhaft zu erkennen →1.

Eine Lochkamera erzeugt ein umgekehrtes und seitenverkehrtes Bild von einem Gegenstand.
Je kleiner die Lochblende ist, desto schärfer, aber auch lichtschwächer ist das Bild.

Linsen machen bessere Bilder
Moderne Kameras, auch die Handykamera, benutzen Linsen (Objektive), um möglichst scharfe, lichtstarke Bilder zu machen. Auch das menschliche Auge wäre ohne Linse nur eine einfache „Lochkamera": Die Pupille als Lochblende, die Netzhaut als Schirm.
Erst die Linse bewirkt, dass das Bild auf der Netzhaut scharf wird. Und sollte es wegen einer Sehschwäche nicht scharf sein, sorgen ebenfalls Linsen, nämlich in Form von Brillen oder Kontaktlinsen, für ein besseres Ergebnis.

Im zentralen Versuch wird die Blende durch eine Linse ersetzt →5. Auf dem Schirm entsteht wie bei der Lochkamera ein auf dem Kopf stehendes und seitenverkehrtes Bild, das aber wesentlich heller und schärfer ist als das Bild der Lochkamera. Allerdings ist das Bild nur bei einer ganz bestimmten Anordnung von Gegenstand, Linse und Schirm scharf. Im Gegensatz zur Lochkamera kann es bei bestimmten Positionen der Linse sogar passieren, dass kein Bild auf dem Schirm zu sehen ist. Offenbar wird das gesamte Licht, das zum Beispiel von einem Punkt P des Gegenstands auf die Linse fällt, von dieser im Bildpunkt P' gesammelt →6. Zu jedem Gegenstandspunkt gibt es auf dem Schirm den entsprechenden Bildpunkt. Im Gegensatz zur Lochblende gibt es nun keine unscharfen Lichtflecke mehr, sondern scharfe, helle Lichtpunkte. Auf dem Schirm entsteht so Punkt für Punkt ein scharfes und helles Bild des Gegenstands.

Eine Sammellinse erzeugt ein umgekehrtes, seitenverkehrtes und scharfes Bild von einem Gegenstand.

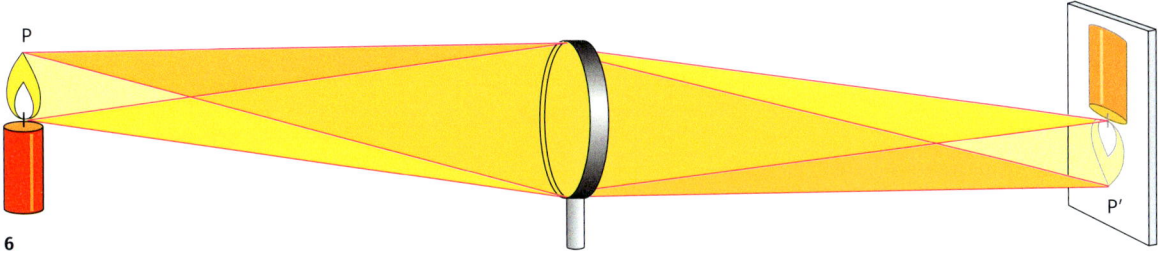

6

Wechselwirkung

STREIFZUG *Das Auge, Fehlsichtigkeiten und ihre Korrektur*

Aufbau des Auges

Im Auge ist auf dem weißen Hintergrund ein breiter, farbiger Ring mit einem dunklen Kreis in der Mitte erkennbar. Der farbige Ring ist die Regenbogenhaut, die auch Iris genannt wird. Sie bestimmt die Augenfarbe. Der dunkle Kreis ist die Pupille →1.
Den weiteren Aufbau des Auges stellt die Abbildung dar →2.

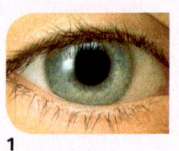
1

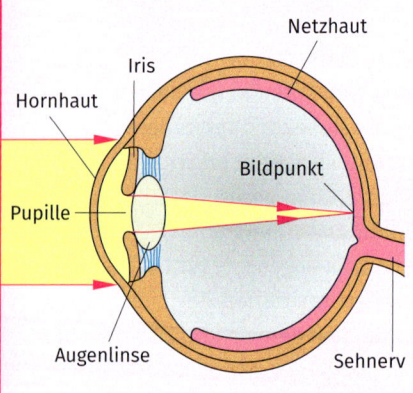
2

Die Pupille ist eine Öffnung, durch die das Licht ins Auge eindringen kann. Durch die variable Größe der Pupille wird die Menge des ins Auge einfallenden Lichts gesteuert.
Auf der Netzhaut entsteht ein umgekehrtes, seitenverkehrtes und verkleinertes Bild vom betrachteten Gegenstand, ähnlich wie bei der Lochkamera.
Hornhaut, vordere Augenkammer, Augenlinse und Glaskörper bilden ein Linsensystem. Dieses bewirkt, dass das Bild auf der Netzhaut scharf ist.
Über den Sehnerv ist das Auge mit dem Gehirn verbunden, hier findet die eigentliche Wahrnehmung statt.

Kurzsichtigkeit

Ein Mensch ist kurzsichtig, wenn er Gegenstände in der Nähe scharf sehen kann, in der Ferne aber nicht →3.

3

Bei kurzsichtigen Menschen vereinigen die Lichtbündel sich bereits vor der Netzhaut zu kleinen Bildpunkten und laufen dann wieder auseinander. Das scharfe Bild entsteht daher vor der Netzhaut. Auf der Netzhaut überlagern sich Bildflecke zu einem unscharfen Bild. Entfernte Gegenstände nimmt der kurzsichtige Mensch daher nur verschwommen wahr.

Kurzsichtigkeit kann mit einer Brille oder mit Kontaktlinsen korrigiert werden. Um die notwendige Vergrößerung der Brennweite zu erreichen, werden Zerstreuungslinsen verwendet →4.

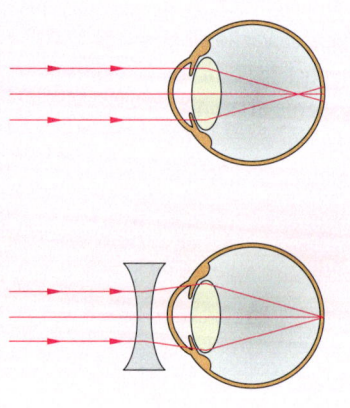
4

Weitsichtigkeit

Ein Mensch ist weitsichtig, wenn er Gegenstände in der Ferne scharf sehen kann, in der Nähe aber nicht →5.

5

Bei weitsichtigen Menschen vereinigen die Lichtbündel sich erst hinter der Netzhaut zu kleinen Bildpunkten. Dort würde das scharfe Bild entstehen, während sich auf der Netzhaut Bildflecke zu einem unscharfen Bild überlagern. Bei entfernten Gegenständen muss der weitsichtige Mensch deshalb mithilfe des Augenmuskels die Linsenkrümmung steigern, um ein scharfes Bild zu erhalten. Bei nahen Gegenständen geht dies nicht mehr, es ist eine Brille nötig.

Um die notwendige Verkleinerung der Brennweite zu erreichen, werden Sammellinsen verwendet →6.

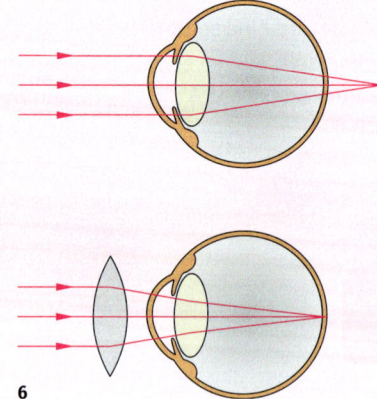
6

WERKZEUG Bildkonstruktion bei der Sammellinse

Um mit einer Linse ein scharfes Bild zu erhalten, zum Beispiel in optischen Geräten wie Mikroskop oder Fernrohr, ist es wichtig, die richtige Position der Linse bezüglich Gegenstand und Schirm vorhersagen zu können. Dazu ist es notwendig, den Lichtweg durch die Linse konstruieren zu können.

Zur Vereinfachung wird die zweifache Brechung des Lichtes an den beiden Grenzflächen der Linse durch eine einzige an ihrer gedachten Mittellinie ersetzt. Lichtbündel werden mithilfe von Lichtstrahlen gezeichnet. Senkrecht zur Mitte der Linse verläuft eine Hilfslinie, die optische Achse → 7.

Von drei besonderen Lichtstrahlen ist bekannt, wie sie hinter der Linse verlaufen. Mit diesen Lichtstrahlen lässt sich der Ort des Bildpunktes P′ ermitteln:

- Ein zur optischen Achse paralleler Lichtstrahl verläuft nach der Brechung durch den Brennpunkt (Parallelstrahl).
- Ein Lichtstrahl durch den Brennpunkt läuft nach der Brechung parallel zur optischen Achse (Brennstrahl).
- Ein Lichtstrahl, der durch den Schnittpunkt der Linsenmitte mit der optischen Achse verläuft, wird nicht gebrochen (Mittelpunktstrahl).

Je zwei dieser Strahlen reichen aus, die Lage jedes Bildpunktes zeichnerisch zu ermitteln. Der dritte Strahl dient der Kontrolle.

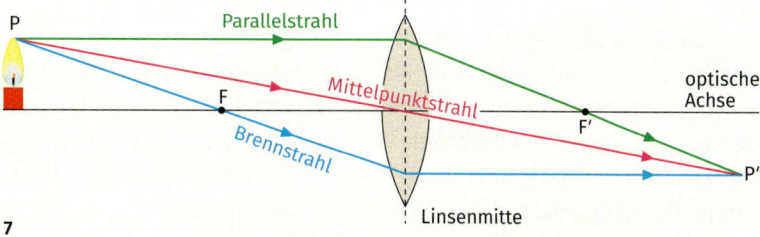

7

AUFGABEN UND VERSUCHE

A1 Erkläre anhand einer Skizze, warum das Bild, das eine Lochblende erzeugt, seitenverkehrt ist und auf dem Kopf steht.

A2 Ein Bauklotz wird mit einer Linse auf einen weißen Schirm abgebildet. Die Linse mit 6 cm Brennweite wird dazu im Abstand von 14 cm vor den Schirm gehalten. Die Bildgröße beträgt 6 cm.
a) Konstruiere den Strahlengang maßstabsgetreu.
b) Bestimme aus der Zeichnung die Höhe des Bauklotzes.

A3 Konstruiere das Bild einer Kerze der Höhe 3 cm, die im Abstand von 9 cm vor einer Linse mit der Brennweite 5 cm steht → 8.

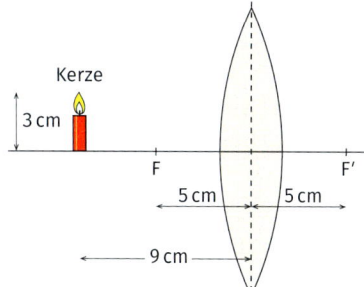

8

A4 Abbildung → 9 zeigt eine Camera Obscura.
a) Informiere dich über Aufbau und Funktion einer Camera Obscura.
b) Schreibe einen Bericht über die Verwendung der Camera Obscura in der Malerei des Mittelalters.

V1 Bestimme wie folgt die Brennweite von verschiedenen Lupen.
a) Erzeuge mit der Linse ein Bild, miss den Abstand des Gegenstands von der Linse sowie den Abstand des Bildes von der Linse und notiere die Werte in einer Tabelle.
b) Ermittle jeweils die Brennweite durch Konstruktion und ergänze die Tabelle um diese Werte.

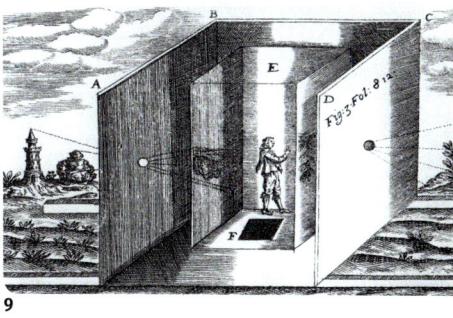

9

Licht und Farben

1

ZENTRALER VERSUCH

2

Das Spektrum des weißen Lichts

Das Sonnenlicht fällt durch eine kleine Kristallkugel, die vor dem Fenster hängt, und zaubert dabei unzählige kleine „Regenbögen" auf die Wände →1. Der Schliff der Kugel macht es möglich, dass aus dem weißen Licht der Sonne die bunten Farben des Regenbogens werden. Beim richtigen Regenbogen sind es die Wassertropfen, die dies bewirken.

Wenn Licht durch Glas oder Wasser hindurch fällt, wird es bekanntlich zweimal gebrochen. Im zentralen Versuch wird die Brechung von weißem Licht an einem Prisma untersucht, da dieses das auftreffende Licht besonders stark bricht →2.
Nach dem Durchgang durch das Prisma fächert sich das Licht in viele Einzelfarben, die **Spektralfarben**, auf. Das gesamte Farbband wird **Spektrum** genannt. Es reicht von Rot über Grün bis Violett. Offenbar werden die Einzelfarben beim Durchgang durch das Prisma unterschiedlich stark gebrochen. Der violette Anteil wird am stärksten gebrochen, der rote am wenigsten stark.

Die Spektralfarben sind bereits im weißen Licht enthalten. Werden nämlich alle Einzelfarben mit einer Sammellinse zu einem Fleck auf dem Schirm gebündelt, so entsteht wieder die Farbe Weiß →3.

Fehlt auch nur eine Farbe im Spektrum, so fügen sich die übrigen nicht mehr zu Weiß zusammen. Wird zum Beispiel Rot aus dem Farbenbündel ausgeblendet, indem ein Kartonstreifen in das aufgefächerte Lichtbündel gehalten wird, so ergeben die verbleibenden Spektralfarben zusammen die Mischfarbe Grün auf dem Schirm.

> Durch Brechung kann das weiße Licht in seine Spektralfarben zerlegt werden. Treffen alle Spektralfarben zusammen, entsteht wieder die Farbe Weiß.

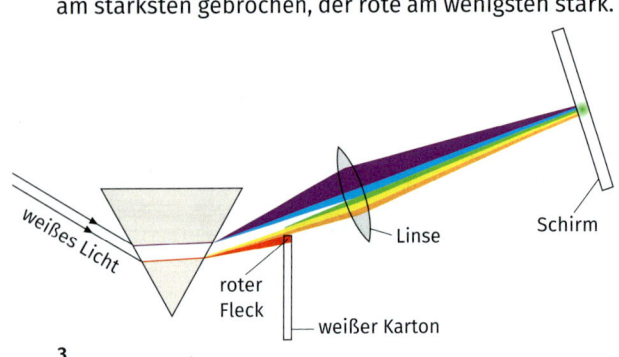

3

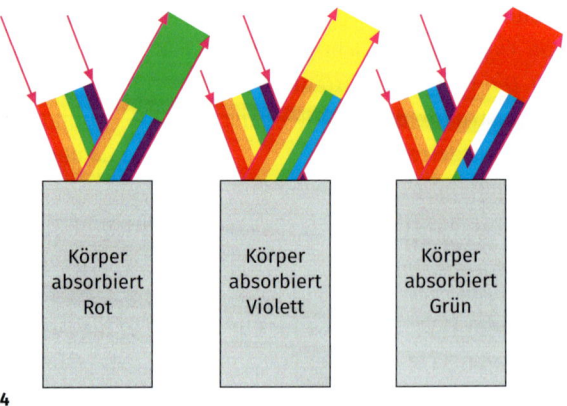

4

Wechselwirkung

ausgeblendete Spektralfarbe

Mischfarbe des Rests

5

Farbigkeit von Gegenständen

Wird ein Körper mit weißem Licht beleuchtet, so streut er das Licht in alle Richtungen. Allerdings werden die im weißen Licht enthaltenen Spektralfarben nicht alle gleichermaßen zurückgeworfen. Manche können absorbiert werden. Wird zum Beispiel die Farbe Rot absorbiert, während alle anderen gestreut werden, so hat der Körper die Mischfarbe Grün →**4**.

Je nachdem, welche Spektralfarbe absorbiert wird, ergeben sich verschiedene Mischfarben →**5**.

Auch die Lichtquelle kann den Farbeindruck eines Gegenstandes beeinflussen.

Eine reife Tomate im Sonnenlicht wird als rot wahrgenommen, weil sie die Farbe grün absorbiert →**6a**.

Wird sie mit grünem Licht bestrahlt, kann sie kein Licht zurückwerfen: Sie wirkt grauschwarz →**6b**.

Fällt gelbes Licht auf die Tomate, so streut sie gelbes Licht; der Farbeindruck ist gelb →**6c**.

6

Die Farben von Körpern entstehen dadurch, dass der Körper eine oder mehrere Spektralfarben absorbiert. Die gestreuten Spektralfarben ergeben zusammen eine Mischfarbe. Streut der Körper gar kein Licht, so sieht er schwarz aus.

Farbaddition

Ein farbenprächtiges Motiv auf einem Bildschirm, unter einer Lupe betrachtet, zeigt an jeder Stelle eine Kombination von drei Farben: Rot, Grün und Blau →**7**.

An weißen Stellen des Farbbildes sind die blau-

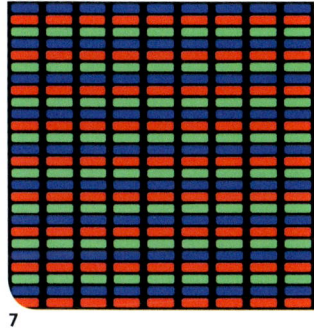

7

en, grünen und roten Stäbchen gleich hell, an anderen Stellen sind sie unterschiedlich hell. Offenbar setzt sich das gesamte Farbbild aus diesen drei Farben zusammen. Ein Versuch mit drei Lampen eben dieser drei Farben bringt Klarheit.

Ein rotes, ein blaues und ein grünes Lichtbündel werden so auf eine weiße Wand gerichtet, dass sie sich in kleinen Gebieten überschneiden. In diesen Schnittgebieten erscheinen neue Farben: Der rote Kreis und der grüne addieren sich zu Gelb, Blau **8** und Grün addieren sich zu Cyan, Rot und Blau zu Magenta.

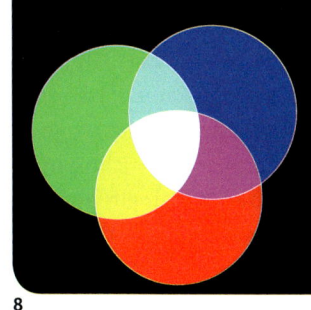

In dem Schnittbereich, in dem sich alle drei Farben addieren, entsteht der Gesamteindruck Weiß →**8**. Je nach Helligkeit der drei Lampen ergeben sich im Überschneidungsbereich weitere Farben.

Jede Farbe entsteht aus der Überlagerung der drei Grundfarben Rot, Grün und Blau.
Dieses Phänomen wird **Farbaddition** genannt.

Wechselwirkung

STREIFZUG   *Infrarot und Ultraviolett*

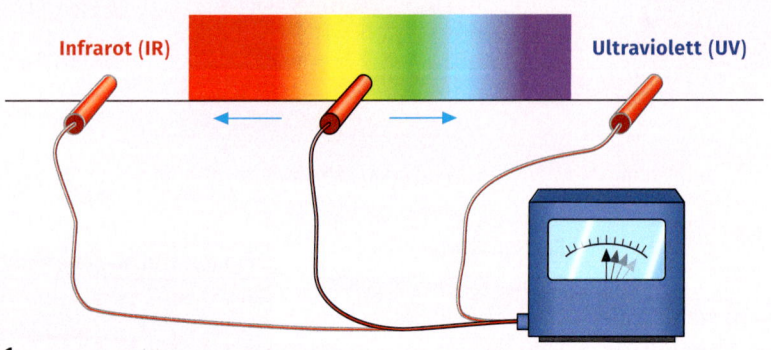

Wird bei der Untersuchung des Farbspektrums der Sonne ein lichtempfindlicher Sensor links und rechts neben das sichtbare Spektrum gehalten, so misst der Sensor einen Wert, obwohl das menschliche Auge dort gar nichts mehr wahrnimmt → **1**.

Offensichtlich gibt es Licht auch außerhalb vom sichtbaren Rot oder Violett. Der Bereich jenseits des roten Randes wird **Infrarot (IR)** und der jenseits des violetten Randes **Ultraviolett (UV)** genannt. Der Mensch kann diese „Farben" nicht sehen, weil das Auge für diesen Farbbereich nicht empfindlich ist. Aber mit einem anderen Sinnesorgan, nämlich der Haut, wird dieses Licht spürbar.

Infrarotes Licht
Ein Heizkörper sendet IR-Licht in Form von Wärme aus. Dies lässt sich zwar mit den Augen nicht feststellen, aber auf der Haut wird die Wärme spürbar.
Alle Körper senden IR-Licht aus. Je höher ihre Temperatur ist, desto höher ist die Intensität dieser Strahlung. Wärmebildkameras sind in der Lage, mit IR-Licht Bilder zu erzeugen.

Mit einer solchen Kamera lassen sich zum Beispiel Aufnahmen von Gebäuden erstellen. Die Kamera erkennt Temperaturunterschiede in der Gebäudefassade und setzt sie farblich in ein Bild um → **2**. So lässt sich feststellen, welche Bereiche wärmer sind als andere. Dies erlaubt Rückschlüsse auf Mängel in der Wärmeisolierung des Gebäudes. Warme Zonen werden je nach Temperatur gelb bis rot dargestellt, kühle Zonen grün bis blau.

Auch Bewegungsmelder nutzen das IR-Licht. Die Temperatur eines Menschen ist immer deutlich höher als die seiner Umgebung. Der Bewegungsmelder registriert den Menschen und schaltet dann zum Beispiel eine Lampe ein.

Ultraviolettes Licht
Auch das UV-Licht wird von unserer Haut registriert. In geringem Maße aufgenommen bräunt es die Haut. Zuviel UV-Licht kann allerdings Hautschäden von leichter Rötung bis hin zum Sonnenbrand verursachen. Langfristig kann die Folge von zu viel UV-Licht Hautkrebs sein. Auch die Augen können durch intensives UV-Licht geschädigt werden.

Aufgrund der überwiegend negativen Auswirkungen von UV-Licht auf den Menschen ist ein vorsichtiger Umgang mit der natürlichen und der künstlichen UV-Strahlung, vor allem in Solarien, dringend erforderlich.

Waschpulver und Textilien sind häufig mit optischen Aufhellern versehen, die bewirken sollen, dass weiße Kleidung strahlend weiß aussieht. Optische Aufheller wandeln UV-Licht in sichtbares Licht um, wodurch der Gelbstich verringert wird. Dadurch wirken weiße Textilien in der Sonne oder bei künstlichem UV-Licht, zum Beispiel unter einer Schwarzlichtlampe weißer. Dies wird ebenfalls beim Schwarzlichttheater genutzt → **3**.

AUFGABEN UND VERSUCHE

A1 Informiere dich im Biologiebuch oder im Internet über die Entwicklungsgeschichte des Auges. Skizziere und beschreibe dazu das Grubenauge, das Lochauge, das Blasenauge und das Linsenauge.

A2 Die Augen von Tieren sind häufig auf die jeweilige Lebenssituation abgestimmt. Recherchiere und verdeutliche dies an den Beispielen Eule, Zebra, Löwe, Chamäleon → **4**.

4

A3 Erkläre, warum ein weitsichtiger Mensch seine Brille als Brennglas benutzen kann, ein kurzsichtiger jedoch nicht.

A4 Mit UV-Licht lässt sich die Echtheit von Geldscheinen überprüfen. Informiere dich, wie dies funktioniert und stelle das Ergebnis in einem Kurzvortrag zusammen.

A5 Ein Regenbogen ist ein faszinierendes Naturereignis → **5**. Er kann beobachtet werden, wenn sich Wassertropfen in der Luft befinden und der Betrachter mit dem Rücken zur Sonne steht.
a) Informiere dich, wie ein Regenbogen entsteht.

5

b) Beschreibe und erkläre den Weg des Lichtes nach dem Eintritt in einen Wassertropfen.
c) Fertige dazu eine Skizze an.

V1 An der Stelle, wo der Sehnerv aus dem Auge austritt, besitzt die Netzhaut keine lichtempfindlichen Sinneszellen. Dort kann also kein Bild auf der Netzhaut entstehen. Diese Stelle wird „blinder Fleck" genannt → **6**.

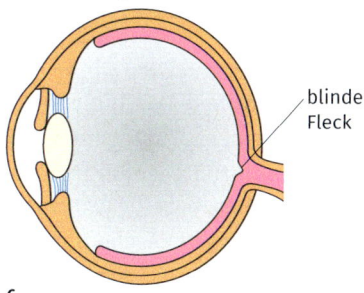

6

Mit folgendem Versuch mit Kreuz und Kreis oben auf dieser Seite lässt er sich nachweisen:
- Halte das Physikbuch in Armlänge vor dein Gesicht.
- Schließe nun das linke Auge und schaue mit dem rechten Auge auf das Kreuz. Bewege langsam das Buch auf dich zu.
- Wiederhole den Versuch mit dem anderen Auge.

Beschreibe und erkläre deine Beobachtungen.

V2 Male auf eine Pappscheibe einen Farbkreis, bestehend aus den Spektralfarben, die in der richtigen Reihenfolge reihum angeordnet sind → **7**.

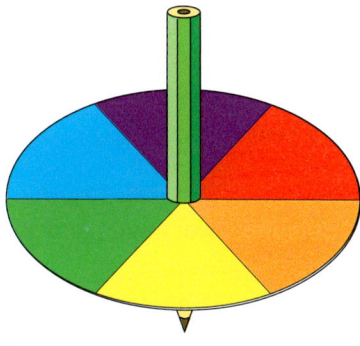

7

Stecke einen spitzen Bleistift durch die Mitte und lasse den Farbkreisel möglichst schnell rotieren. Beobachte ihn dabei von oben. Erkläre deine Beobachtungen.

V3 Besorge dir eine weiße und eine farbige Lampe.
a) Beleuchte zunächst verschiedene Gegenstände, beispielsweise ein grünes Blatt, einen roten Pullover, ein gelbes T-Shirt ... mit einer weißen Lampe, danach mit der farbigen. Notiere, in welcher Farbe der Gegenstand jeweils erscheint.
b) Erkläre, wie seine Farbe zustande kommt.

DURCHBLICK *Gemeinsamkeiten und Unterschiede von Licht und Schall*

Licht und Schall haben viele Gemeinsamkeiten, von denen einige in der Tabelle auf der nächsten Seite gegenübergestellt sind. Ähnlichkeiten in zwei ganz verschiedenen Sachgebieten gibt es oft in der Physik. Wenn diese Ähnlichkeiten bekannt sind oder auch nur vermutet werden, dann kann Bekanntes aus dem einen Gebiet gezielt im anderen gesucht werden. So hilft das Wissen über die Ähnlichkeiten zweier Sachgebiete, Fragen zu stellen, Lücken zu finden oder Untersuchungsverfahren zu entwickeln. Bei der Betrachtung verschiedener, aber ähnlicher Gebiete unter einem bestimmten Blickwinkel ergeben sich häufig gemeinsame Gesichtspunkte, die beide Sachgebiete besser verstehen lassen.

1. Beispiel: Ausbreitung von Licht und Schall

Damit eine Lampe zu sehen ist, muss von der Lampe als Sender Licht ins Auge gelangen. Das Auge ist der Lichtempfänger → **1**.

Damit eine Fahrradklingel zu hören ist, muss von der Klingel als Sender Schall ins Ohr gelangen. Das Ohr ist der Schallempfänger → **2**.

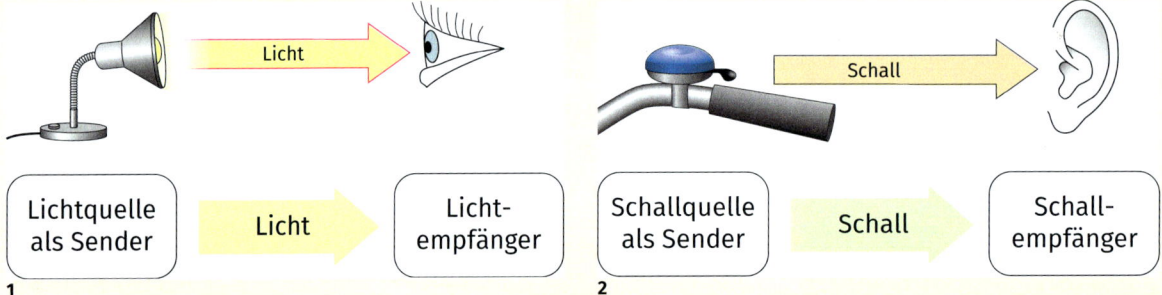

1 / 2

2. Beispiel: Zwei Augen und zwei Ohren ermöglichen eine räumliche Wahrnehmung

Zwei Augen – Entfernungen sehen
Beim Menschen sind die beiden Augen nach vorne ausgerichtet und liefern somit eine Überlappung des Sehbereichs. Dies hat den Vorteil, dass die Augen einen Gegenstand aus unterschiedlichen Blickwinkeln sehen. Das linke Auge sieht einen Gegenstand ein kleines bisschen anderes als das rechte Auge. Die Winkel, unter denen der Gegenstand gesehen wird, sind für jedes Auge unterschiedlich. Die beiden Fotos einer Schraube geben die beiden Bilder wieder, die das linke und das rechte Auge sehen – sie sind deutlich verschieden → **3**! Diese 3-dimensionale Erfassung hilft dem Gehirn, die Entfernung des Gegenstands abzuschätzen.

Zwei Ohren – Richtungen hören
Durch die seitliche Anordnung der beiden Ohren am Kopf sind wir Menschen rundum gut empfänglich für Geräusche. Das hilft uns zum Beispiel, Gefahren frühzeitig wahrzunehmen. So kann uns bereits ein kleines Rascheln in Alarmbereitschaft versetzen, ohne dass wir genau wissen, woher es kommt.

Zusätzlich kann durch diese Anordnung der Ohren die Position eines Geräusches sehr gut und schnell geortet werden. Denn von der Seite kommender Schall erreicht immer ein Ohr früher als das andere. Befindet sich zum Beispiel die Schallquelle links von uns, so nimmt das linke Ohr ein Geräusch ein kleines bisschen früher wahr als das rechte. Der Schall hat zum rechten Ohr ein längeres Stück Weg zurücklegen müssen als zum linken. Dafür hat er mehr Zeit benötigt. Aus der unterschiedlichen Laufzeit des Schalls errechnet das Gehirn die Richtung der Schallquelle erstaunlich präzise. Dabei betragen die Unterschiede in der Laufzeit weniger als eine tausendstel Sekunde.

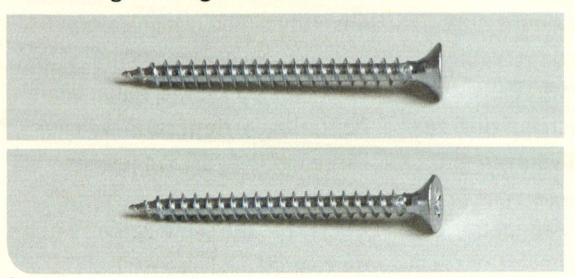

3

	Licht	Schall
Träger	benötigt keinen Träger. Es breitet sich auch ohne Materie im Raum aus, zum Beispiel im Weltall.	benötigt einen materiellen Träger.
Ausbreitung	breitet sich von einer punktförmigen Quelle geradlinig in alle Richtungen aus. Mit zunehmender Entfernung wird die Helligkeit/die Lautstärke schwächer.	
	Die Lichtgeschwindigkeit ist sehr groß. Licht legt in einer Sekunde etwa 300 000 km zurück.	Die Schallgeschwindigkeit ist in unterschiedlichen Stoffen verschieden groß. In Luft ist sie $340\,\frac{m}{s}$.
		Die Ausbreitung ist mit dem Teilchenmodell erklärbar.
Reflexion	wird an glatten Flächen zurückgeworfen.	
Absorption	wird je nach Beschaffenheit einer Fläche mehr oder weniger stark absorbiert.	
	Je dunkler die Fläche ist, desto mehr Licht wird absorbiert.	Je rauer und poröser die Fläche ist, desto mehr Schall wird absorbiert.
Schatten	wirft hinter lichtundurchlässigen Körpern Schatten.	hat keinen scharfen Schatten, ist auch hinter Hindernissen zu hören.
	Bei zwei Lichtquellen bilden sich Kern- und Halbschatten, bei mehreren Lichtquellen ein Schatten, der von der Mitte nach außen hin kontinuierlich heller wird.	
Wahrnehmungsbereich	Der Sehbereich und der Hörbereich des Menschen sind begrenzt.	
	Sehbereich: weißes und farbiges Licht	Hörbereich: 16 Hz bis 21 000 Hz
	außerhalb des Sehbereichs: Infrarot, Ultraviolett	außerhalb des Hörbereichs: Infraschall, Ultraschall

Licht und Schall haben also vieles gemeinsam. Viele Beobachtungen und Beschreibungen, aber auch manche Vorstellungen und Gesetzmäßigkeiten lassen sich von Licht auf Schall oder von Schall auf Licht übertragen. Dabei fallen Unterschiede oder fehlende Teile auf. Dies lässt sich ganz gezielt weiter untersuchen, um die noch bestehenden Lücken zu schließen.
Die Fragestellungen rechts und noch viele mehr ergeben sich aus diesen Überlegungen.

- Gibt es auch bei Licht „Frequenzen"?
- Gibt es unterschiedliche Lichtgeschwindigkeiten in verschiedenen Materialien?
- Gibt es höhere Geschwindigkeiten als die Lichtgeschwindigkeit? Was bewegt sich so schnell?
- Gibt es auch bei Schall einen „Schatten"?
- Gibt es ein Modell, mit dem die Ausbreitung von Licht erklärt werden kann wie die Ausbreitung von Schall mit dem Teilchenmodell?

Üben und Vertiefen Akustik und Optik

Auf dieser Seite findest du zu allen Themen des Kapitels Aufgaben in drei Anforderungsbereichen. Die jeweiligen Aufgaben **1** sind in der Regel zum Wiedergeben, **2** zum Anwenden und **3** zum Vernetzen oder Vertiefen der Themen.

A Schallentstehung und Wahrnehmung

Bei Tonaufnahmen mit einem Mikrofon und einem Computer sind die folgenden Schwingungsbilder A – D entstanden → **1**.

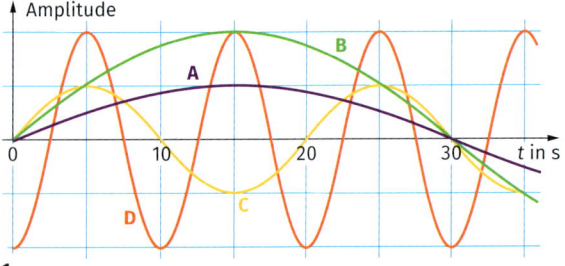
1

A1 Erkläre, durch welche Größen der Schwingung die Lautstärke und die Tonhöhe beschrieben werden.
A2a Ordne die dargestellten Töne jeweils nach ihrer Lautstärke und ihrer Tonhöhe. Begründe kurz.
A2b Bestimme aus dem Diagramm jeweils die Frequenz f und die Schwingungsdauer T.
A3 Zeichne in zwei verschiedenen Diagrammen das Schallbild des tiefsten und des höchsten Tons, den Menschen hören können. Achte auf die Achsenbeschriftung.

B Physikalische Aspekte des Hörvorgangs und des Sehvorgangs

B1 Nenne je fünf verschiedene Beispiele für Schallquellen und Lichtquellen.
B2a Beschreibe, wie sich in Luft Schall von einer Trommel zum Ohr ausbreitet. Verwende dazu die Begriffe Schallquelle, Schallträger und Schallempfänger.
B2b Beschreibe den Sehvorgang beim Betrachten eines Gegenstands. Verwende dazu die Begriffe Lichtquelle, Streuung und Lichtempfänger.
B3 Zwei Astronauten auf dem Mond fällt bei ihrem Spaziergang das Funkgerät aus. Beschreibe eine Möglichkeit, wie sie sich dennoch mit normaler Sprache miteinander verständigen können. Erkläre.

C Hörgewohnheiten und Hörschädigung

2

C1 Gib den Frequenzbereich an, den das menschliche Ohr wahrnehmen kann. Nenne Tiere, die weitere Frequenzen wahrnehmen können und erkläre, um welche „Töne" es sich handelt.
C2 Beschreibe Beispiele, wo
• Lärm stört, aber nicht schädigt;
• Lärm schädigt, aber nicht stört.
C3 Interpretiere und erkläre die Szene → **2**.

D Licht und Schatten im Lichtstrahlmodell

D1 Konstruiere und beschrifte die Schattenbereiche, die auf dem Schirm bei Beleuchtung des Gegenstands durch die Lampen L1 und L2 entstehen → **3**.

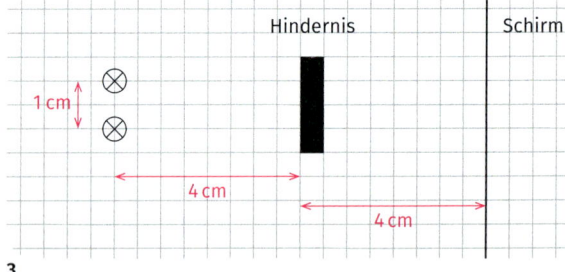
3

D2a Zeichne in der Mitte zwischen L1 und L2 eine dritte Lampe L3. Konstruiere die Schattenbereiche.
D2b Beurteile für jeden Schattenbereich, ob und von welcher Lampe dort jeweils Licht eintrifft.
D3 Beurteile und begründe, wie sich die Schattenbereiche auf dem Schirm verändern, wenn zwischen L1 und L2 immer mehr Lampen angebracht werden, bis schließlich ein Lichtband entsteht.

E Optische Phänomene im Weltall

E1 Beobachte und skizziere den Mond über einen Zeitraum von mehreren Wochen. Fasse deine Beobachtungen in einer Tabelle zusammen.

E2a Erkläre anhand einer Skizze, wie eine Sonnenfinsternis entsteht. Beschrifte in deiner Skizze die Himmelskörper und die jeweiligen Schattenbereiche.

E2b Finde heraus, wie du feststellen kannst, ob der sichtbare Teil des Mondes gerade zunimmt oder abnimmt.

E3 Recherchiere die Häufigkeit des Auftretens einer Sonnen- beziehungsweise einer Mondfinsternis in Deutschland. Erkläre die unterschiedliche Häufigkeit.

F Streuung, Absorption und Reflexion

F1 Beschreibe, was mit den Begriffen Streuung, Absorption und Reflexion von Licht an Gegenständen gemeint ist.

F2a Beschreibe das Reflexionsgesetz mithilfe einer Skizze. Beschrifte die Skizze mit den Begriffen Einfallswinkel, Reflexionswinkel und Einfallslot.

F2b Zeige in einer Skizze, dass auch die Streuung des Lichts an unebenen Oberflächen mit dem Reflexionsgesetz erklärt werden kann.

F3 Eine Person möchte sich von Kopf bis Fuß in einem Spiegel betrachten können, der an einer Wand befestigt ist. Zeige durch Konstruktion, dass Lage und Höhe des Spiegels unabhängig davon sind, in welcher Entfernung zum Spiegel sich die Person befindet.

G Beschreibung der Lichtbrechung

G1 Beschreibe, was mit einem Lichtbündel passiert, wenn es auf die Grenzfläche zweier durchsichtiger Stoffe trifft. Unterscheide zwei Möglichkeiten.

G2a Zeichne den weiteren Verlauf eines Lichtbündels, das, ausgehend von einem Unterwasserscheinwerfer, unter einem Winkel von 30° auf die Wasseroberfläche trifft. Benutze dazu das Diagramm auf Seite 41.

G2b Untersuche den weiteren Verlauf von je zwei Lichtbündeln, die unter einem Einfallswinkel von 40° beziehungsweise 50° von Glas in Luft übergehen. Benutze dazu das Diagramm auf Seite 41.

G3 Tritt ein schräg einfallender Laserstrahl durch eine dicke Glasplatte, so wird er parallel verschoben. Erkläre dies mithilfe einer geeigneten Skizze und beschreibe, welchen Einfluss die Dicke der Glasplatte auf das Maß der Parallelverschiebung hat.

H Bildentstehung bei Lochkamera und Linse

H1 Beschreibe den Aufbau einer Lochkamera und verdeutliche ihre Funktionsweise mithilfe einer Skizze.

H2a Eine 10 cm hohe Kerze wird mit einer Lochblende auf einen Schirm abgebildet. Sie steht 80 cm vor der Blendenöffnung, der Schirm befindet sich 25 cm hinter der Blendenöffnung. Konstruiere das Bild in einer Skizze im Maßstab 1:10.

H2b Die Blendenöffnung wird durch eine Linse mit der Brennweite 40 cm ersetzt. Finde durch Bildkonstruktion in einer zweiten Skizze heraus, an welcher Stelle der Schirm nun stehen muss, damit das Bild scharf ist.

H3 Überlege, ob das Foto vom Brandenburger Tor mithilfe einer Lochkamera oder beispielsweise mit einer Handykamera aufgenommen wurde →4. Begründe das Ergebnis deiner Überlegungen.

4

I Zerlegung von weißem Licht in Farben

I1 Beschreibe, was auf einem hinter einem Prisma stehenden Schirm zu beobachten ist, wenn weißes Licht schräg auf das Prisma fällt.

I2 Erläutere, wie der Farbeindruck „gelb" eines gelben T-Shirts zustande kommt.

I3 Fällt Sonnenlicht durch Regentropfen hindurch, so wird es zwei mal gebrochen. Recherchiere, wie dabei ein Regenbogen entstehen kann.

J Vergleich von Licht und Schall

J1 Wird aus einiger Entfernung die Explosion einer Feuerwerksrakete betrachtet, so fällt auf, dass der Knall mit einer merklichen Verzögerung wahrgenommen wird. Erkläre dies.

J2 Vergleiche den Hörvorgang mit dem Sehvorgang und beschreibe Gemeinsamkeiten sowie Unterschiede.

J3 Stelle Anwendungsmöglichkeiten von Ultraschall sowie von infrarotem „Licht" in der Medizin zusammen.

Wiederholen und Strukturieren *Optik und Akustik*

Ton, Geräusch, Knall
→ Seite 15

Amplitude – Lautstärke
Frequenz – Tonhöhe
→ Seite 12

Schallausbreitung
- in alle Richtungen
- braucht einen Träger
- Schallgeschwindigkeit
→ Seite 16–19

Schwingung
→ Seite 12–15

Schallaufzeichnung
→ Seite 14

Schallquelle als Sender → Schall → **Schallempfänger**

OPTIK UND AKUSTIK

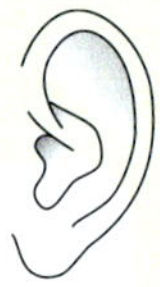

Das Ohr
→ Seite 22–23

Lautstärke
- Hörschädigung
- Messung der Lautstärke
→ Seite 22–25

Hörbereich bei Mensch und Tier → Seite 22

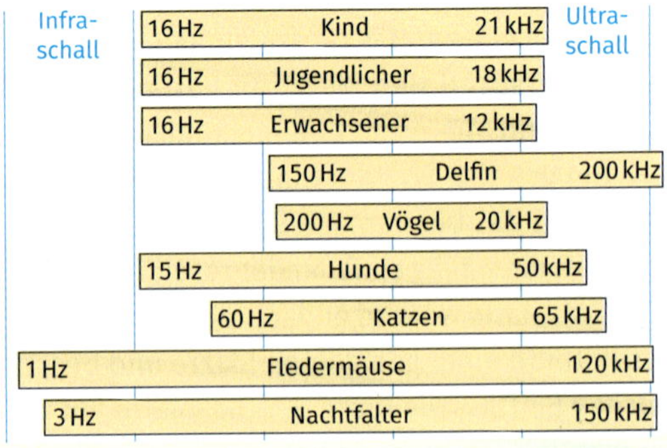

Infraschall			Ultraschall
	16 Hz	Kind	21 kHz
	16 Hz	Jugendlicher	18 kHz
	16 Hz	Erwachsener	12 kHz
	150 Hz	Delfin	200 kHz
	200 Hz	Vögel	20 kHz
	15 Hz	Hunde	50 kHz
	60 Hz	Katzen	65 kHz
1 Hz		Fledermäuse	120 kHz
3 Hz		Nachtfalter	150 kHz

Lärm und Lärmschutzmaßnahmen
→ Seite 24–25

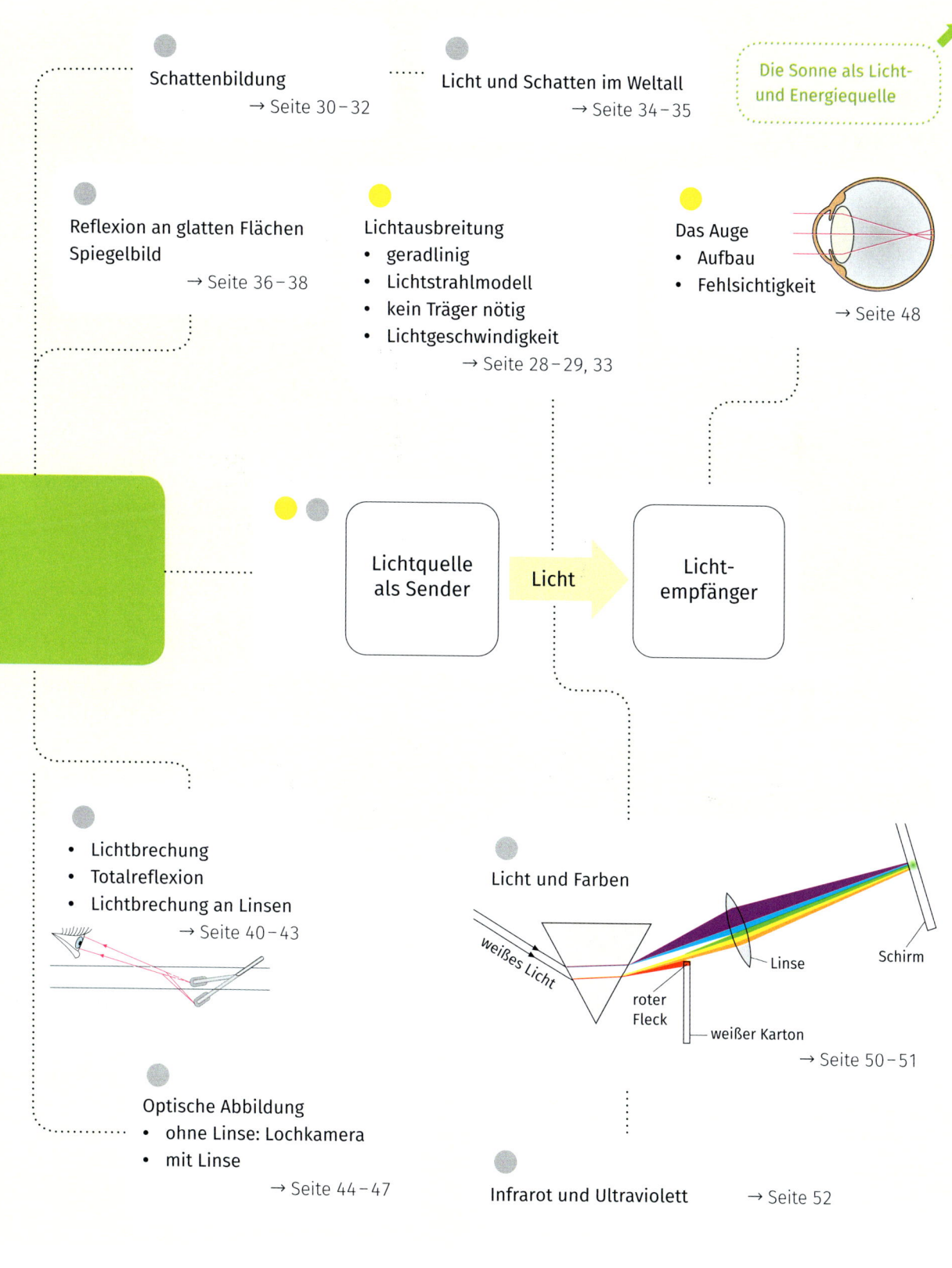

Energie

In der Welt ist immer und überall Energie vorhanden. Der Wecker und der Föhn werden mit Energie betrieben. Das Frühstück dient der Energieaufnahme. Für den Weg zur Schule, ob zu Fuß, mit dem Fahrrad, mit dem Bus oder mit der Bahn, ist Energie nötig. Ohne Energie funktionieren keine Heizungen, Computer und keine in der Natur ablaufenden Vorgänge. Zum Beispiel das Pflanzenwachstum oder der natürliche Wasserkreislauf wären ohne Energie von der Sonne nicht möglich.

In diesem Kapitel lernst du, was du dir unter Energie vorstellen kannst, wie sie gemessen wird und wie Energie transportiert werden kann. Außerdem wirst du verschiedene Erscheinungsformen der Energie kennenlernen, mit deren Hilfe du zum Beispiel beschreiben kannst, wie physikalische Geräte und Maschinen arbeiten.

Der Begriff der „Energie" ist vom griechischen *energeia* abgeleitet und bedeutet „Wirksamkeit".

Wasserräder

Bei Wasserrädern wird die Bewegungsenergie des fließenden Wassers genutzt, um in einem Sägewerk die großen Sägeblätter oder beim Mühlrad den Mahlstein anzutreiben, mit dem das Korn zu Mehl verarbeitet wird.
Schon immer versucht der Mensch, die in der Natur zur Verfügung stehende Energie zu nutzen, sei es wie hier fließendes Wasser, Wind, Kernenergie oder fossile Brennstoffe.

Eine geniale Erfindung?

Eine Herdplatte erhitzt Wasser, dessen Dampf ein Windrad antreibt, welches wiederum ein Lämpchen und die Herdplatte mit Energie versorgt.
Ist das ein Prozess, der, solange Wasser im Kolben ist, immer weiter laufen kann und bei dem Licht entsteht? Zum einen kannst du an diesem Experiment sehr gut den Weg der Energie verfolgen und ihre Erscheinungsform beschreiben, zum Beispiel Wärme, Bewegung, Elektrizität, Licht. Zum anderen stellt sich die Frage, warum dieses Gerät nicht auf vielen Nachttischen zu finden ist. Licht zum Lesen ist nützlich und zu trockene Zimmerluft ist nicht sehr gesund. Zur Klärung dieser Fragen sind Begriffe wie Energiebilanz und Wirkungsgrad sehr hilfreich.

Free-Fall-Tower

Fahrgeschäfte wie der Free-Fall-Tower, die einen besonderen Nervenkitzel versprechen, gehören zu den großen Attraktionen auf Jahrmärkten und in Vergnügungsparks. Zuerst wird der Passagierbereich bis zu seinem höchsten Punkt gezogen, dann fällt er wie ein Stein hinunter, bevor er unten sanft abgebremst wird. Und schon geht es wieder hinauf…

EINSTIEG

1 Lies die Texte dieser beiden Seiten durch und betrachte die dazugehörigen Bilder. Schreibe zu den einzelnen Themen Fragen auf, die du dazu hast.

2 Blättere das folgende Kapitel durch. Lies die Überschriften und betrachte die Bilder. Notiere neben den Fragen aus **1** die Seitenzahlen, die deiner Meinung nach Antworten zu deinen Fragen liefern könnten.

3 Erstelle eine Liste mit verschiedenen Jahrmarkt-Fahrgeschäften. Welche machen besonders Spaß? Notiere, wie sich diese bewegen.

Vorwissen

Masse

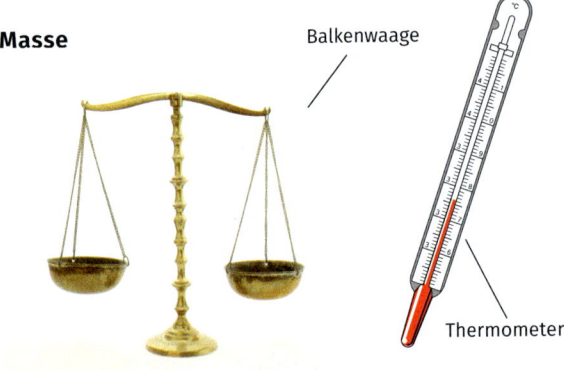

Balkenwaage

Thermometer

Jeder physikalische Körper besitzt Masse. Sie kann mit einer Balkenwaage bestimmt werden. Ihr Formelzeichen ist m und ihre Einheit ist das **Kilogramm**, das eine Basiseinheit im SI-System ist.

Außerdem wird benutzt:
Gramm: 1 g = 0,001 kg
Tonne: 1 t = 1000 kg

Bezugsniveau

Viele physikalische Größen werden in Bezug auf einen speziellen Punkt gemessen, der Bezugspunkt oder Bezugsniveau heißt. Für Höhenangaben wird in der Regel der Meeresspiegel als Bezugsniveau genommen. Bei Temperaturmessungen nach CELSIUS ist der Punkt, an dem Wasser gefriert, der Bezugspunkt (0 °C).

Energie

Die Energie ist eine wichtige Größe in der Physik. Ihr Formelzeichen ist E und ihre Einheit ist das Joule (1 J). Außerdem wird benutzt:
Kilojoule: 1 kJ = 1000 J
Megajoule: 1 MJ = 1000 kJ = 1 000 000 J

Energie wird an ihren Wirkungen erkennbar. Sie tritt in verschiedenen Erscheinungsformen auf und kann mit Hilfe von Übertragungsketten transportiert werden.

Projekt Mechanische Energie im Alltag

Die mechanischen Energieformen und ihre Wandlungen bestimmen viele Prozesse des täglichen Lebens. Hierbei kann der Spaß, wie bei Spielzeug oder auf dem Spielplatz, aber auch die Bewältigung von Tätigkeiten im Alltag im Vordergrund stehen.

P1 a) Erstellt eine Übersicht von mechanischem Kinderspielzeug, bei dem Energie gewandelt wird. Ergänzt hierzu die Vorschläge
• „Auto mit Aufziehmotor"
• „Flugzeug mit Gummimotor"
um eigene Beispiele.
b) Erklärt, wo jeweils Energie zu finden ist und in welchen Erscheinungsformen sie sich jeweils zeigt.

P2 Auf Spielplätzen gibt es viele Spielgeräte, die auf dem physikalischen Prinzip der Energieerhaltung beruhen.
Filmt mit eurem Handy zwei Spielgeräte und erklärt dazu, in welcher Weise Energie beteiligt ist.

P3 a) Vor der Erfindung des Elektromotors wurden viele Maschinen mechanisch angetrieben. Erkundigt euch, zum Beispiel im Internet oder in einem Museum, wie diese Antriebe aufgebaut waren. Was geschah dabei aus energetischer Sicht?
b) Auf vielen Baustellen wird die Energiewandlung bei Maschinen genutzt. Stellt auf einem Plakat dar, wo auf einer Baustelle mechanische Energie zu finden ist

Projekt *Energiespeicher und Energieflussdomino*

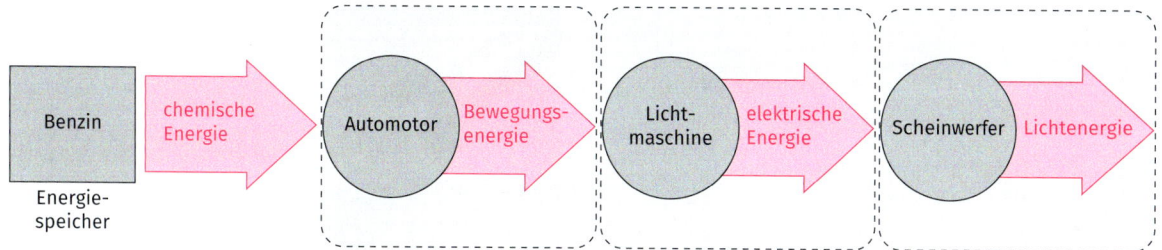

Energie ist auf verschiedene Arten speicherbar und kann auf unterschiedliche Weise transportiert werden.

P1 a) Notiert zunächst verschiedene euch bekannte Möglichkeiten zur Speicherung von Energie.
b) Notiert dann zu jeder Möglichkeit, auf welche Weise die Energie gespeichert wird.

P2 Betrachtet das obige Energieflussdiagramm.
a) Beschreibt zunächst alle im Diagramm auftretenden Darstellungen und notiert den Weg der Energie in euren Worten.
b) Erstellt dann, ausgehend von anderen Energiespeichern (zum Beispiel aus P1), weitere Energieflussdiagramme, bei denen möglichst viele verschiedene Energieformen beteiligt sind.

P3 Entwickelt in der Gruppe ein Energieflussdominospiel.
a) Fertigt hierzu 20 bis 30 gleich große Papierspielkarten an, die aus zwei Hälften bestehen: Links ist der Energiewandler im runden Kreis gezeichnet, rechts der Pfeil mit der herausgehenden Energieform.
b) Verteilt die Karten unter euch und spielt Domino. Es passt nur das zusammen, was auch physikalisch funktionieren kann.

Projekt *Energiebedarf einer Familie*

Um das Leben wie gewohnt zu gestalten, ist den gesamten Tag über Energie erforderlich. Die Wohnräume sollen warm, die Wäsche gewaschen, die Lebensmittel gekühlt sein, das Auto soll fahren, …
Dabei wird ständig Energie benötigt, meist in elektrischer oder thermischer Form.

P1 Erstellt zu einem eurer Zimmer eine Tabelle der Geräte, bei denen die Wirkung von Energie beobachtbar ist. Sortiert sie nach den auftretenden Energieformen und nach der Größe des Energiebedarfs (Angabe auf dem Gerät). Hierbei soll auch die Betriebszeit beachtet werden.

P2 Ermittelt die Kosten für den jährlichen Energiebedarf eines Haushalts. Sucht hierzu zunächst einen Haushalt aus, bei dem ihr gut an die Daten kommt die ihr benötigt.
a) Lasst euch die Rechnungen für die elektrische Energie und für die Heiz- und Warmwasserkosten erläutern. Schätzt zudem die jährlichen Ausgaben für das Fahrzeug ab, falls eines vorhanden ist. Berechnet so die Gesamtkosten für den Energiebedarf eines Jahres und stellt die Aufteilung der Kosten in einem Kreisdiagramm dar.
b) Vergleicht anschließend den von euch ermittelten Energiebedarf mit dem durchschnittlichen Energiebedarf einer Familie in Deutschland.

P3 Notiert eine Woche lang täglich die Energiezählerstände eures Wohnhauses oder eurer Wohnung.
a) Berechnet daraus die benötigte Energie für die einzelnen Tage und stellt die Ergebnisse grafisch dar.
b) Formuliert mögliche Ursachen für Schwankungen.
c) Erstellt einen Plan, wie in diesem Haushalt der Energiebedarf gesenkt werden kann.

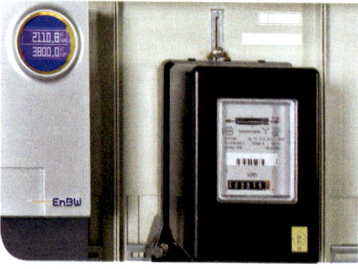

Wirkung und Erhaltung von Energie

1

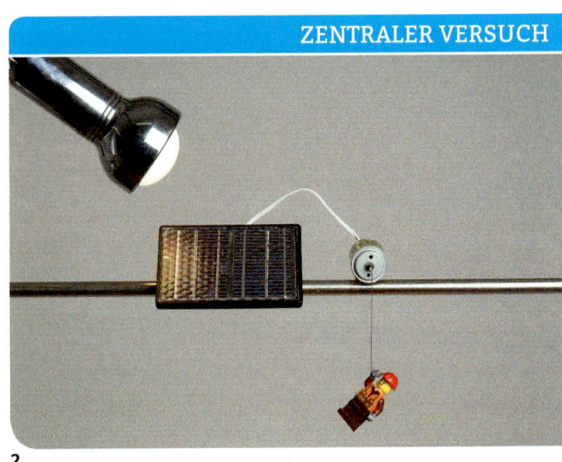

2 ZENTRALER VERSUCH

Ein Segelboot wird durch den Wind vorangetrieben →1. Ein Ladegerät lädt den Handyakku, wenn es an die Steckdose angeschlossen wird. Die Nahrung ermöglicht es uns, Sport zu treiben oder andere Tätigkeiten auszuführen.
Diese Dinge scheinen zunächst nicht miteinander zusammenzuhängen. Genauer betrachtet haben sie aber eines gemeinsam: In allen drei Fällen wird eine *Wirkung* erzielt.

Dies wird im zentralen Versuch weiter untersucht. Hier ist eine Reihe von Geräten zu sehen, die aufeinander Einfluss nehmen →2. Dabei wird immer etwas bewirkt:
- Die an die Steckdose angeschlossene Lampe leuchtet und bestrahlt eine Solarzelle.
- Die Solarzelle treibt einen Motor an.
- Der Motor zieht eine Figur nach oben.

Die beschriebenen Wirkungen sind sehr verschieden und haben doch etwas Wichtiges gemeinsam: Sie geschehen nicht von selbst und beliebig lange. Sondern sie brauchen etwas, das sie verursacht und antreibt. Dieses „Etwas" ist **Energie**.
Die Energie kann über die Steckdose geliefert, vom Licht übertragen oder per Kabel an den Motor geleitet werden. Sie ist in der erhöhten Lage der Figur ebenso zu finden wie im Wind, der das Segelboot antreibt →1. Trotz dieser unterschiedlichen Erscheinungs- und Transportformen ist sie jedoch immer ein und dieselbe Energie.

Energie ist beinah überall vorhanden. Dabei tritt sie meist nicht direkt in Erscheinung, sondern ist erst an ihrer Wirkung erkennbar:
- Ein Motor versetzt ein Auto in Bewegung.
- Eine Herdplatte erwärmt einen Kochtopf.
- Wasser fließt einen Hang hinab und treibt dadurch ein Wasserrad an.

3

Am Beispiel des wippenden Vogels wird noch eine andere Eigenschaft der Energie deutlich →3. Wird der Vogel einmal angestoßen, so schwingt er immer weiter. Zwar sinkt die Amplitude mit der Zeit. Seine Energie jedoch ist nicht verloren, sondern nur an die Umgebung übergegangen. Denn die Luft wurde ihrerseits vom Vogel in Bewegung versetzt und die Stange durch Reibung erwärmt. Wenn dieser Versuch im Vakuum durchgeführt wird, schwingt der Vogel viel länger.
Dieses Prinzip, dass keine Energie verloren geht, wird als **Energieerhaltung** bezeichnet.

> Energie ist nötig, damit Vorgänge ablaufen. Die Energie wird an ihrer Wirkung erkannt und geht nicht verloren.
> Sie ändert nur ihre Erscheinungsform.

STREIFZUG „What is energy?"

Energieerhaltung

In seinen „Lectures on Physics" geht der amerikanische Physiker und Nobelpreisträger Richard FEYNMAN auf die Frage ein: „What is energy?" →4.

4

Da er sich nicht in der Lage sieht, das Wesen der Energie genau zu erklären, benutzt er im Text ein Modell. Er vergleicht darin die Energie mit 28 Bauklötzchen, die ein Junge namens Denis in seinem Kinderzimmer hat, und beschreibt gewisse Parallelen zwischen ihnen und der Energie. Beispielsweise bleibt die Anzahl der Bauklötze immer erhalten. Es sind konstant 28, egal wie gut Denis sie versteckt. Selbst ein trickreiches Verstecken in schmutzigem Wasser oder das Werfen aus dem Kinderzimmerfenster kann die Gesamtzahl von 28 Bauklötzchen nicht ändern.

Mit diesem Beispiel versucht FEYNMAN ein Gefühl für das wichtige physikalische Prinzip der Energieerhaltung zu vermitteln.

Die Energie in einem System muss, wie die Anzahl der Bauklötzchen, immer gleich bleiben. Fehlt ein Bauklötzchen im Zimmer, also Energie in einem System, kann die Energie nicht verschwunden oder vernichtet worden sein. Sie ist immer noch da, aber beispielsweise in ein anderes System übergegangen, so wie die Bauklötzchen beispielsweise aus dem Fenster geflogen sind.

Am Ende seiner Geschichte schreibt FEYNMAN zusammenfassend:

> It is important to realize that in physics today, we have no knowledge of what energy *is*.
> We do not have a picture that energy comes in little blobs of a definite amount. It is not that way. However, there are formulas for calculating some numerical quantity, and when we add it all together it gives "28" – always the same number.

Erscheinungsformen der Energie

Neben dem Energieerhaltungssatz ist eine weitere Eigenart der Energie bemerkenswert – ihr Auftreten in verschiedenen Erscheinungsformen.

Um dies zu verstehen, wird wieder ein Modell herangezogen. In diesem Fall soll die Energie mit Wasser verglichen werden, welches sich in einem Eimer befindet. Zunächst kann mit Hilfe dieses Modells wiederum gut die Energieerhaltung verdeutlicht werden: Die Menge des Wassers im Eimer ist immer konstant. Fehlt etwas Wasser, muss es beispielsweise aus dem Eimer in ein anderes Gefäß gegossen worden sein. Steht der Eimer für längere Zeit in einem warmen Zimmer, scheint aber der „Wassererhaltungssatz" verletzt zu sein: Es fehlt Wasser im Eimer – es ist verdunstet!

Ein genauerer Blick zeigt: das Wasser ist nicht weg, sondern in einen anderen Zustand, den des Wasserdampfs übergegangen. Wasserdampf ist somit neben der flüssigen eine weitere Erscheinungsform von Wasser. Eine dritte Erscheinungsform ist sofort klar: Eis. Eis ist als fester Körper ebenfalls eine Erscheinungsform von Wasser.

In allen drei Fällen wird deutlich: Obwohl Wasserdampf, Wasser und Eis unterschiedlich aussehen und unterschiedlich auftreten, handelt es sich doch um ein und dasselbe – um Wasser.

Diese Erkenntnis und diese Modellvorstellung lassen sich gut auf die Energie übertragen. Obwohl es nur eine Energie gibt, kann sie in verschiedenen Erscheinungsformen auftreten:

- In der Bewegungsenergie eines schnell fahrenden Autos.
- In der Spannenergie eines zusammengedrückten Gummiballs.
- In der thermischen Energie eines heißen Lagerfeuers
- Und in vielen mehr ...

Sie bleibt aber immer Energie.

Energieformen

1

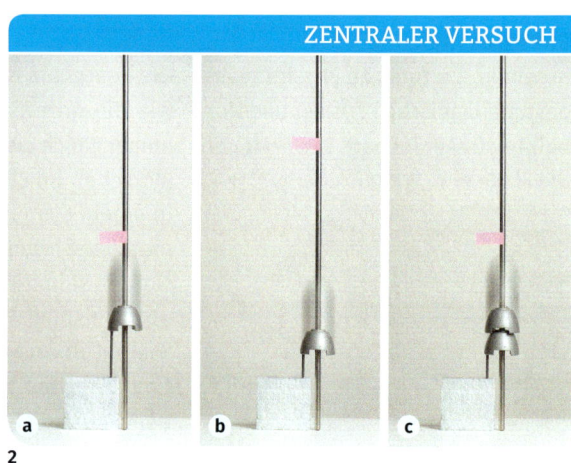

2 ZENTRALER VERSUCH

Lageenergie

Seit der Antike sind Wurfmaschinen bekannt, die etwa bei der Belagerung von befestigten Städten verwendet wurden →1. Sie konnten Geschosse über eine große Distanz werfen. Wenn die Halterung gelöst wird, so fällt das Gegengewicht rechts nach unten, wodurch das Wurfgeschoss vom linken Wurfarm abgeworfen wird.

Die Wirkung wird am Flug des Geschosses oder am Aufprall gegen eine Steinmauer sichtbar, also muss auch hier Energie beteiligt gewesen sein. Aus der Wurfweite des Geschosses oder aus dem Schaden der Mauer lässt sich auf die Energie des Geschosses schließen. Um dem Geschoss so viel Energie wie möglich mitzugeben, wird die Energie eines möglichst schweren Gegengewichts benutzt, die dieser dadurch erhalten hat, dass er vom Boden, seinem Bezugsniveau, in eine höhere Lage gehoben wurde.

Auch heutzutage wird dieses Prinzip genutzt. Wenn ein Hang abgestützt werden soll, zum Beispiel beim Bau einer Tiefgarage, dann werden Eisenplatten in den Boden getrieben. Diese Arbeit verrichtet eine Pfahlramme, bei der ein schwerer Klotz immer wieder auf den Pfahl herunterfällt und ihn so in den Boden treibt →3.

3

Die Energie, die ein Körper aufgrund seiner erhöhten Position abgeben kann, wird **Lageenergie** genannt. Im zentralen Versuch wird genauer untersucht, von welchen Größen die Lageenergie abhängt →2.
Ein fallender Tonnenfuß treibt Nägel in einen Styroporklotz →2a. Aus ihrer Eindringtiefe lässt sich schließen, wie groß die Lageenergie des hochgehobenen Tonnenfußes war. Versuchsreihen zeigen:

- Je größer die Höhe h ist, aus der der Körper fällt, desto weiter wird der Nagel in das Styropor hineingedrückt →2b. Bei doppelter Höhe geht der Nagel auch etwa doppelt so tief hinein; also ist die Lageenergie in diesem Fall auch doppelt so groß gewesen. Es gilt $E \sim h$.
- Je größer die Masse m des Körpers ist, desto tiefer dringt der Nagel ein →2c. Fallen zwei Tonnenfüße mit insgesamt doppelter Masse m aus der ursprünglichen Höhe herab, so haben sie die doppelte Lageenergie. Also gilt $E \sim m$.

Diese beiden Proportionalitäten können zu einer zusammengefasst werden: $E \sim m \cdot h$.
Mithilfe eines Proportionalitätsfaktors, der Ortsfaktor g genannt wird, folgt daraus als Gleichung für die Lageenergie $E_{Lage} = m \cdot g \cdot h$. Messungen ergeben für g einen Wert von etwa $9{,}81 \frac{J}{kg \cdot m}$.

> Die Energie eines Körpers, der sich in der Höhe h über einem gewählten Bezugsniveau befindet, heißt Lageenergie. Für sie gilt: $E_{Lage} = m \cdot g \cdot h$.

Energie

4

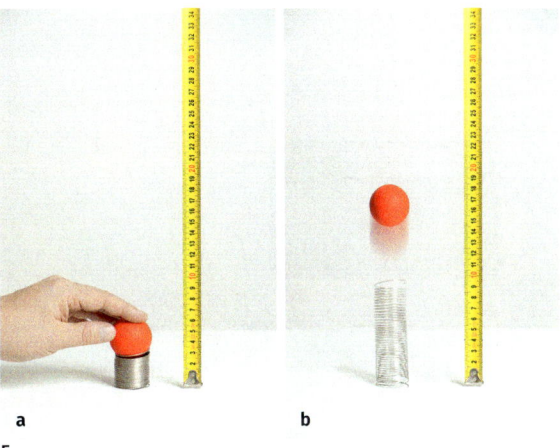
5

Bewegungsenergie

Wird das Vorderrad eines Fahrrads durch mehrmaliges Anstoßen in schnelle Drehung versetzt, kann mit einem Dynamo eine Lampe betrieben werden. Beim Abstoppen mit der Hand wird diese unangenehm heiß. Beides zeigt, dass Energie im Reifen stecken muss.
Da ein ruhender Reifen die Handfläche nicht erwärmt, muss die Energie in der Bewegung des Reifens stecken. Sie heißt daher **Bewegungsenergie**.

Im Versuch wird die Bewegungsenergie des Fahrradreifens über einen Dynamo zur Fahrradbeleuchtung abgeleitet →4. Wird der Dynamo gegen den drehenden Reifen gedrückt, so leuchtet die Fahrradlampe kurz auf und das Rad hält nach ein bis zwei Umdrehungen an. Die Bewegungsenergie des Vorderrads wurde über den Dynamo zur Beleuchtung des Fahrrads genutzt. Wird das Vorderrad kontinuierlich angetrieben, so ist bei entsprechender Fahrgeschwindigkeit eine dauerhafte Fahrradbeleuchtung möglich.
Die Bewegungsenergie ist auch in vielen Alltagssituationen von Bedeutung, zum Beispiel:
- Beim Bowlingspiel müssen die Kegel nicht nur möglichst genau, sondern auch ausreichend fest getroffen werden, damit sie umfallen.
- Knautschzonen beim Auto müssen so konzipiert werden, dass die Bewegungsenergie eines Aufpralls durch die Verformung aufgefangen wird.

> Die in einem bewegten Körper enthaltene Energie heißt Bewegungsenergie.

Spannenergie

Wird ein Ast gebogen oder eine Bogensehne gespannt, so schnellen sie beim Loslassen in ihre Ausgangsposition zurück. Eine landende Trampolinspringerin wird nach dem Kontakt wieder weit nach oben gefedert →6.

6

Alle beschriebenen Beispiele haben gemeinsam, dass zunächst Energie in der Spannung eines elastischen Gegenstands gespeichert wird; diese Energieform wird daher **Spannenergie** genannt.
Im Versuch wird eine Feder mit einer Kugel zusammengedrückt und dann losgelassen →5. Mit Hilfe der Messlatte wird festgestellt, dass die Kugel umso höher springt, je stärker die Feder zusammengedrückt wurde. Somit führt eine höhere Stauchung zu einer größeren Wirkung. Dies ist typisch für die Spannenergie. Sie taucht im Alltag auch an anderen Stellen wie bei Kinderspielzeug auf. Lageenergie, Bewegungsenergie und Spannenergie werden in der Physik als **mechanische Energie** bezeichnet.

> Die in verformbaren Gegenständen gespeicherte Energie heißt Spannenergie.

7

8

Lichtenergie und elektrische Energie

Häufig treten mehrere Erscheinungsformen der Energie zugleich auf. Nur selten sind dabei ausschließlich die bisher betrachteten Energieformen beteiligt. Das wird bereits beim Fahrrad deutlich → 4. Wird der Dynamo an das sich drehende Rad gedrückt, so leuchtet die Lampe. Neben der Bewegungsenergie ist hier somit auch elektrische Energie und Lichtenergie beteiligt.

Noch deutlicher wird dies im Versuch → 7. Die sichtbare Wirkung, also die Drehung des Propellers, kann nur dadurch erklärt werden, dass Energie von der Solarzelle zum Propellermotor geleitet wird. Energie, die in einem elektrischen Stromkreis übertragen wird, heißt **elektrische Energie**. Dies funktioniert wiederum nur, weil die Solarzelle mit Licht bestrahlt wird. Somit muss auch mit dem Licht Energie übertragen werden. Sie wird **Lichtenergie** genannt. Auch Lichtquellen benötigen ihrerseits wieder Energie, um leuchten zu können:
- Zimmerlampen sind in der Regel direkt an das Stromnetz angeschlossen.
- Taschenlampen verwenden Batterien oder Akkus.
- Campinggaslampen oder Feuerzeuge führen direkt zu einer weiteren Erscheinungsform der Energie, der chemischen Energie.

> Die von Lichtquellen mit dem Licht ausgesendete Energie heißt Lichtenergie.
> Die von einem elektrischen Stromkreis übertragene Energie heißt elektrische Energie.

Chemische und thermische Energie

Kohlekraftwerke stellen Energie zur Verfügung; mit Benzin betankte Autos können über weite Strecken fahren; Kerzen können dunkle Räume erhellen. Erneut kann aus diesen Wirkungen auf das Vorhandensein von Energie geschlossen werden. In allen genannten Fällen ist dem Ausgangsstoff wie der Kohle, dem Benzin oder dem Wachs die Energie zunächst nicht anzusehen. Erst bei ihrer Verbrennung wird Energie verfügbar, die vorher als **chemische Energie** vorhanden war.

Bereits beim Fahrrad wurde klar: Das Bremsen des Reifens mit der Hand erwärmt die Hand → 4. Da Energie nicht verloren gehen kann, bei angehaltenem Reifen aber keine Bewegungsenergie mehr vorhanden ist, muss Wärme also auch eine Energieform sein. In der Fachsprache wird sie als **thermische Energie** bezeichnet.

Im Versuch wird das Wasser mit Hilfe einer Kerze erhitzt → 8. Die Temperatur des Wassers steigt an, wie am Thermometer abgelesen werden kann. Da dies ohne Kerze nicht funktioniert, muss die chemische Energie der Kerze zu thermischer Energie des Wassers geworden sein. Genutzt wird die thermische Energie häufig zur Beheizung von Wohnräumen oder in Kraftwerken.

> Die in Körpern wie Benzin oder Kohle gespeicherte Energie heißt chemische Energie. Die in Körpern aufgrund ihrer Temperatur enthaltene Energie heißt thermische Energie.

AUFGABEN UND VERSUCHE

A1 In Sport und Alltag tauchen viele Energieformen auf.
a) Nenne vier Sportarten, bei denen Spannenergie eine Rolle spielt. Erläutere jeweils, welcher Körper dabei Spannenergie besitzt und welche Energieformen insgesamt auftreten.
b) Nenne die Energieformen, die beim Skispringen auftreten.
c) Erläutere, welche Rolle Bewegungsenergie beim Bowling und Kegeln spielt.
d) Alte Uhren lassen sich entweder mit einem Schlüssel „aufziehen" oder es müssen schwere Gewichte hochgezogen werden → 9. Erläutere, wodurch diese Uhren jeweils angetrieben werden.

9

A2 Schon seit Jahrhunderten gibt es Wassermühlen. Sie nutzen Energie in derselben Form wie die modernen Windräder. Erläutere die Unterschiede, die zwischen einem Windrad und einer Wassermühle bestehen.
Gehe dabei insbesondere auf die Energieformen ein.

A3 Manche Menschen lieben es, einen Kamin im Wohnzimmer zu haben. Notiere alle Energieformen, die beim Betrieb eines Kamins eine Rolle spielen.

10

A4 a) Notiere alle Energieformen, die bei Nutzung des Spielgeräts auftreten → 10.
b) Nenne (Spiel-)Geräte mit Solarantrieb.

A5 Notiere vier Geräte, die mit elektrischer Energie betrieben werden. Ergänze zwei Geräte, die elektrische Energie liefern.

AUFGABENBEISPIEL

Der Rammklotz einer Pfahlramme mit der Masse 450 kg fällt aus einer Höhe von 3,90 m herab → 3, Seite 66.
Berechne seine Lageenergie vor dem Herabfallen.
Geg.: $m = 450$ kg
$h = 3{,}90$ m
$g = 9{,}81 \frac{J}{kg \cdot m}$
Ges.: E_{Lage}

Lösung:
$E_{Lage} = m \cdot g \cdot h$
$= 450 \text{ kg} \cdot 9{,}81 \frac{J}{kg \cdot m} \cdot 3{,}90 \text{ m}$
$\approx 17\,217 \text{ J} \approx 17{,}2 \text{ kJ}$
Die Lageenergie des Rammklotzes betrug vor dem Herabfallen etwa 17,2 kJ.

A6 Erläutere, in welchen Formen eine brennende Kerzenflamme Energie aufnimmt und abgibt.

A7 a) Berechne die Lageenergie, die eine Skirennfahrerin ($m = 53$ kg) im Starthäuschen 500 m über dem Ziel hat.
b) Gib an, in welche Energieformen die Lageenergie der Skirennfahrerin bis zum Ziel übergeht.

A8 Gib an, wie sich die Lageenergie eines Körpers verändert, wenn sich seine Höhe verdreifacht und seine Masse verdoppelt.

V1 Biege Blumendraht zu einer Schlaufe, wie es in der Abbildung gezeigt ist → 11a. Befestige sie mit Klebestreifen auf einem Styroporbrettchen → 11b. Blase ein Ei aus, verklebe ein Loch wieder und fülle etwas Wasser in das Ei. Lege dann das Ei in die Schlaufe über zwei brennende Teelichte.
a) Fährt dein Dampfboot? Beschreibe genau, was es antreibt.
b) Zähle auf, welche Energieformen beteiligt sind.

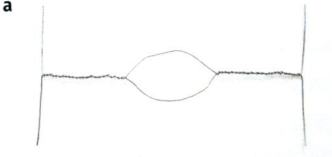

11

Energiewandlungen

1

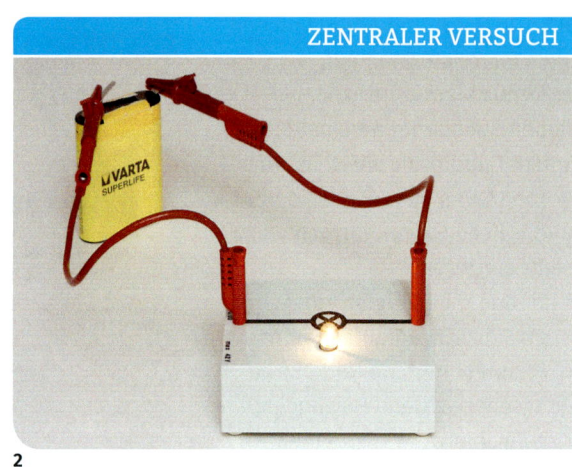

ZENTRALER VERSUCH

2

Energieflussdiagramme

Bei Solarbooten fließt Energie von der Sonne kommend über die Solarzellen und Kabelverbindungen zum Motor des Boots →1. Dort geht sie über die Motorwelle mit der Schraubendrehung in die Schiffsbewegung über. Das Schiff fährt. Die hierbei vorkommenden Erscheinungsformen der Energie werden unterschiedlich benannt. Die Tabelle fasst dies zusammen →3.

Energieform	Vorkommen
Lichtenergie	von der Sonne zur Solarzelle
Elektrische Energie	von der Solarzelle zum Motor
Bewegungsenergie (Drehung der Welle)	vom Motor zur Schraube
Bewegungsenergie	von der Schraube ins Wasser und ins fahrende Boot

3

Geräte, bei denen Energie in einer Form hereinkommt und in anderer Form hinausgeht, werden **Energiewandler** genannt. Die Lampe im zentralen Versuch, die Energie aus der Batterie bezieht und diese als Lichtenergie abgibt, ist ein Energiewandler →2. In ihr wird elektrische Energie in Lichtenergie gewandelt.

Bewusst wird nicht von „Verwandlung" gesprochen, da es sich immer noch um die gleiche Energie handelt, die nur eine andere Erscheinungsform hat.

Soll der Weg der Energie untersucht werden, so lässt sich dies übersichtlich und besonders einfach in einem **Energieflussdiagramm** darstellen →4. Dabei erscheint das Gerät, das die Energie wandelt, lediglich als Kreis ohne technische Einzelheiten. In die Energiepfeile werden die „Vornamen" der Energie geschrieben.

Meist verlässt die Energie das Gerät nicht nur in einer, sondern in zwei Formen. Genauer betrachtet wird die Lampe auch heiß, also verlässt neben der Lichtenergie auch thermische Energie die Lampe. Dies lässt sich durch zwei Pfeile darstellen. Die verwendete Pfeilbreite im Energieflussdiagramm entspricht dem Anteil der jeweiligen Energieform →5.

> Geräte, in denen Energie ihre Erscheinungsform wechselt, werden Energiewandler genannt. In Energieflussdiagrammen können die Wandlungsprozesse anschaulich dargestellt werden.

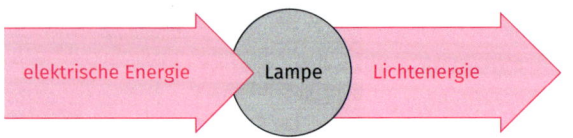

4

5

Energie, **S**ystem

Energie als Verwandlungskünstlerin

Bei manchen Prozessen sind viele Energieformen beteiligt, die dann wie im Bild zu einer Kette aneinandergereiht werden können → 6:

- Die Kerze stellt die in ihr gespeicherte chemische Energie als thermische Energie zur Verfügung.
- Im Rundkolben wird durch die heiße Flamme aus Wasser Wasserdampf, der mit hoher Geschwindigkeit auf das Turbinenrad trifft. Die Energie liegt als Bewegungsenergie vor.
- Die Turbine treibt den Generator an. Dieser wandelt Bewegungsenergie in elektrische Energie.
- Die Lampe leuchtet; elektrische Energie wird zu Lichtenergie.
- Die Solarzelle wird von der Lampe beschienen: Sie wandelt Lichtenergie in elektrische Energie.
- Hierdurch wird der Motor angetrieben: er wandelt elektrische Energie in Bewegungsenergie der Motorwelle.
- Durch die Drehung der Welle wird der Bindfaden aufgerollt: Bewegungsenergie wird zu Lageenergie des Massestücks.

Wie die Glieder einer Kette sind die Energieformen hintereinander aufgereiht. Die Energie, die ursprünglich in der Kerze war, liegt am Ende als Lageenergie des Massestücks vor → 7. Nicht betrachtet wurden in diesem Beispiel allerdings mögliche „Energieverluste" unterwegs.

> Energie zeigt sich in verschiedenen Erscheinungsformen, die ineinander gewandelt werden können.

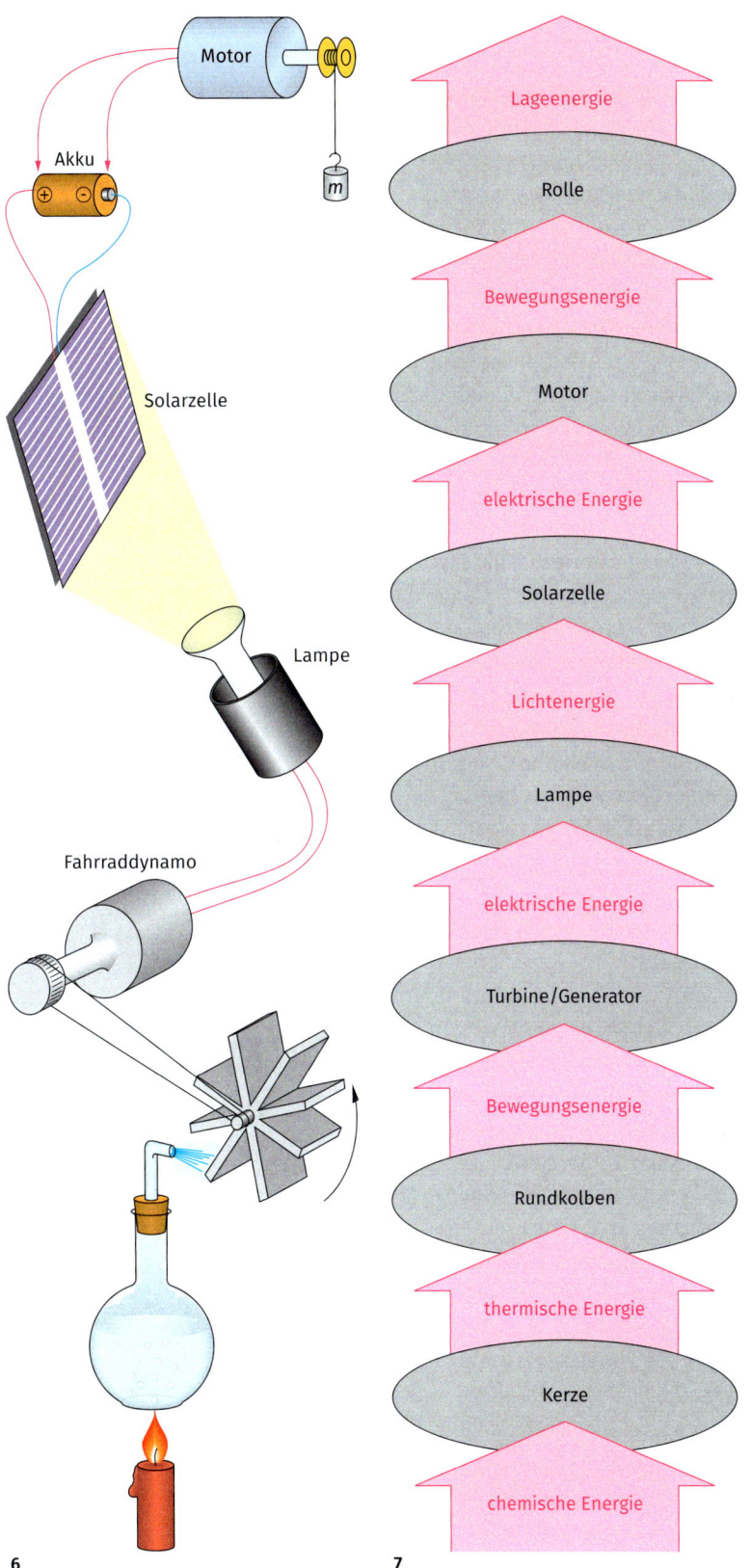

Energie, **S**ystem

Eine Energie – viele Namen

Einige Beispiele, wie sich Energie zeigt:
- Die Lageenergie des Wassers im Stausee,
- die Bewegungsenergie eines Läufers,
- die thermische Energie einer heißen Herdplatte,
- die elektrische Energie in Überlandleitungen,
- die Lichtenergie einer Lampe,
- die chemische Energie in Nahrungsmitteln, Brennstoffen oder einer Batterie.

Die Namen lassen vermuten, dass es sich um unterschiedliche Dinge handelt. Der Gedanke an eine Urlaubsreisende auf dem Weg zu einem entfernten Urlaubsziel hilft die Vermutung zu klären →8:
Die Reisende geht als „Fußreisende" zum Taxi und fährt zum Bahnhof – jetzt ist sie „Autoreisende". Dann nimmt sie den Zug zum Flughafen – „Zugreisende". Während des Fluges ist sie „Flugreisende" und nach der Ankunft fährt sie als „Busreisende" zum Hotel. Obwohl die Urlauberin dauernd eine andere Reisende ist, handelt es sich doch während der ganzen Reise immer um denselben Menschen.

Entsprechend verhält es sich mit der Energie:
Es gibt nur „die" Energie. Die unterschiedlichen Bezeichnungen ihrer Erscheinungsformen haben sich aber bewährt und liefern gleichzeitig einen Hinweis auf den beteiligten Träger oder Speicher der Energie.
Dementsprechend wandeln Geräte nicht eine Energie in eine andere Energie, sondern nur eine Erscheinungsform der Energie in eine andere Erscheinungsform.
Eigentlich müssten Energiewandler deshalb Energieformwandler heißen, aber das ist nicht gebräuchlich.

8

> Energie zeigt sich in verschiedenen Erscheinungsformen, bleibt dabei aber immer dieselbe.

Energiespeicher und Energietransport

Im zentralen Versuch wurde die Energie mit dem elektrischen Strom zur Lampe transportiert →2. Ein Windrad entnimmt die Energie der bewegten Luft. Die Bewegungsenergie, die ein Wasserrad antreibt, kommt mit dem fließenden Wasser. In diesen Fällen strömt Energie nur, weil sich ein Medium mitbewegt. Im Ruhezustand enthält das Medium fast keine Energie.

Stoffe wie Kohle oder Benzin, in denen auch im Ruhezustand Energie deponiert ist, werden daher **Energiespeicher** genannt. Aber auch Energiespeicher können bewegt werden: ein Supertanker transportiert Erdöl, ein Güterzug Kohle und durch Pipelines fließt Öl oder Gas →9.

9

Es gibt also zwei Formen des **Energietransports**:
- Elektrischer Strom, Luft oder Wasser transportieren Energie, wenn sie strömen oder sich fortbewegen und können immer wieder neu mit Energie „beladen" werden. Dies ist besonders einfach, wenn sie im Kreis strömen.
- Energiespeicher wie Kohle, Öl oder Gas werden transportiert.

> Energiespeicher lagern Energie. Energie kann mit einem Speicher oder einem fließenden Medium transportiert werden.

Energie, **S**ystem, **M**aterie

AUFGABEN UND VERSUCHE

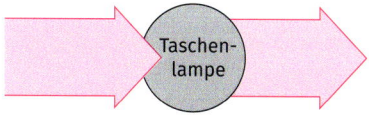

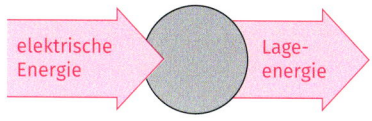

10

11

A1 Zeichne zu den folgenden Geräten jeweils ein Energieflussdiagramm.
a) Solarzelle,
b) Windrad,
c) Batterie,
d) Automotor,
e) Wasserkocher.

A2 Vervollständige im Heft die beiden Energieflussdiagrame → 10.

A3 In manchen Energieflussdiagrammen kommen zwei Energiepfeile aus dem Energiewandler.
a) Nenne drei Beispiele dafür.
b) Zeichne für die genannten Beispiele die Energieflussdiagramme.
c) Erläutere, warum in diesen Fällen zwei Energiepfeile aus dem Wandler kommen.

A4 Manchmal werden Sonnenkollektoren und Solarzellen, die beide auf Hausdächern montiert sind, miteinander verwechselt. Informiere dich und erkläre dann den Unterschied unter dem Gesichtspunkt der Energiewandlung.

A5 Zeichne und beschrifte ein Energieflussdiagramm, das aus mindestens vier hintereinanderliegenden Wandlern besteht.

A6 Beschreibe die Energiewandlungen bei folgenden Vorgängen:
a) Abschießen eines Pfeils mit dem Sportbogen;
b) Springen vom 5-m-Turm im Schwimmbad;
c) Dribbeln beim Basketball;
d) Schlag beim Tennis;
e) Anlauf, Absprung und Lattenüberquerung beim Stabhochsprung → 11.

A7 Nenne jeweils zwei Beispiele für einen Energietransport
a) durch Transport eines Energiespeichers,
b) durch Mitführung mit einem Medium.

A8 Schreibe einen Brief an einen Freund und erkläre ihm darin die Erscheinungsformen der Energie. Gehe dabei auch auf das Beispiel des Reisenden ein.

V1 Für die folgenden Versuche brauchst du einen Tacho am Fahrrad. Beachte: Führe die Versuche nur auf sicheren Plätzen oder Wegen ohne Autoverkehr durch.
a) Lasse dein Fahrrad auf einem Weg ohne Gefälle aus verschiedenen Geschwindigkeiten zum Stillstand ausrollen und miss die Anhaltestrecke. Notiere die Messungen in einer Tabelle. Erkläre das Versuchsergebnis.
b) Rolle auf deinem Rad mit unterschiedlichen Anfangsgeschwindigkeiten einen Hang hinauf und miss die Strecken bis zum Stillstand. Notiere auch hier Geschwindigkeiten und Strecken und erkläre.
c) Wiederhole die Versuche mit eingeschaltetem Dynamo. Beschreibe und erkläre die Unterschiede.

V2 Baue mit einem Brett und einigen Büchern eine schiefe Ebene auf dem Fußboden auf.
a) Formuliere Vermutungen zum Zusammenhang zwischen dem Neigungswinkel der schiefen Ebene und der Länge des Rollwegs einer Kugel.
b) Überprüfe deine Aussagen im Versuch und erkläre. Bestimme auch die Energie, die die Kugel am Startpunkt besitzt.

V3 Recherchiere im Internet die Begriffe „Mausefallenauto" oder „Brausetabletten-U-Boot" und baue eines dieser besonderen Fahrzeuge. Vergleiche die Fähigkeiten deines Fahrzeugs unter energetischen Aspekten mit den Fahrzeugen deiner Mitschüler.

Energieversorgung

1

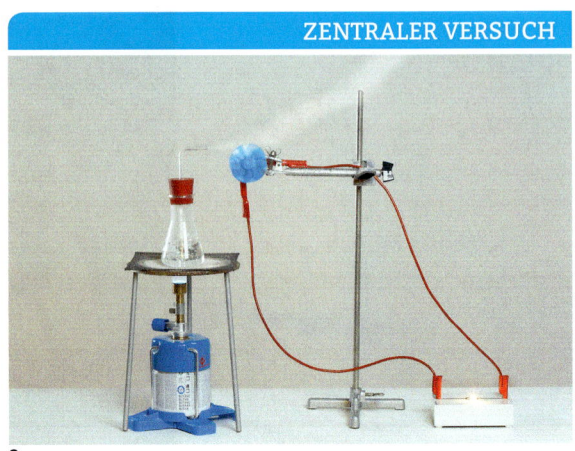

ZENTRALER VERSUCH

2

Alle elektrischen Geräte benötigen Energie. Meist kommt diese Energie über die Steckdose. Dort wird sie jedoch nicht erzeugt, sondern nur zur Verfügung gestellt. Aber irgendwo muss die Energie herkommen. Manche Haushalte verfügen inzwischen über Fotovoltaikanlagen → **1**. Sie beziehen ihre Energie selbst direkt von der Sonne. Im Energieflussdiagramm sieht das so aus:

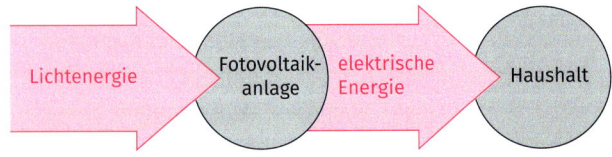

3

Alle Elektrogeräte im Haushalt sind über Verbundnetze an Kraftwerke angeschlossen. Diese gewinnen die Energie meist durch Verbrennung von Kohle oder Gas. Letztlich kommt aber auch diese Energie von der Sonne und über eine **Übertragungskette** zum Endnutzer. Sonnenenergie bewirkt, dass Pflanzen wachsen. Bäume und Pflanzen, die vor Millionen Jahren abstarben, vermoderten und wurden überlagert von Erdschichten und Gestein. Der Druck auf die Pflanzenschichten wurde mit der Zeit ungeheuer groß – aus ihnen wurde Kohle.

Erdöl und Erdgas haben sich aus Kleinstlebewesen, die vor Urzeiten im Meer lebten und abgestorben sind, gebildet. Im Laufe vieler Millionen Jahre entstand so der Energievorrat unserer Erde. Letztendlich kommt somit außer der Kernenergie und der Erdwärme alle Energie von der Sonne. Sie müsste somit am Anfang jeder Energieübertragungskette stehen. Meist wird bei der grafischen Darstellung im Energieflussdiagramm die Sonne weggelassen und direkt mit Kohle oder Gas begonnen, die daher auch **Primärenergieträger** genannt werden → **4**.

Im zentralen Versuch wird die chemische Energie des Gases genutzt, um das Wasser zu erhitzen → **2**. Mit Hilfe des erhitzten Wassers und der Bewegungsenergie des Wasserdampfs wird ein Turbinenrad angetrieben, das an einen Generator angeschlossen ist. Dieser stellt die elektrische Energie zur Verfügung: die Lampe leuchtet. Energieflussdiagramme können auch helfen, den Weg der Energie und damit die Funktionsweise des Kraftwerks zu beschreiben.

> Übertragungsketten beschreiben den Weg der Energie von der Primärenergie zum Privathaushalt und den Endgeräten.

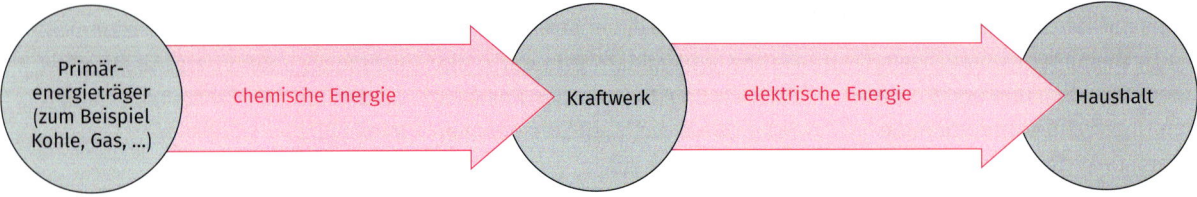

4

Energie

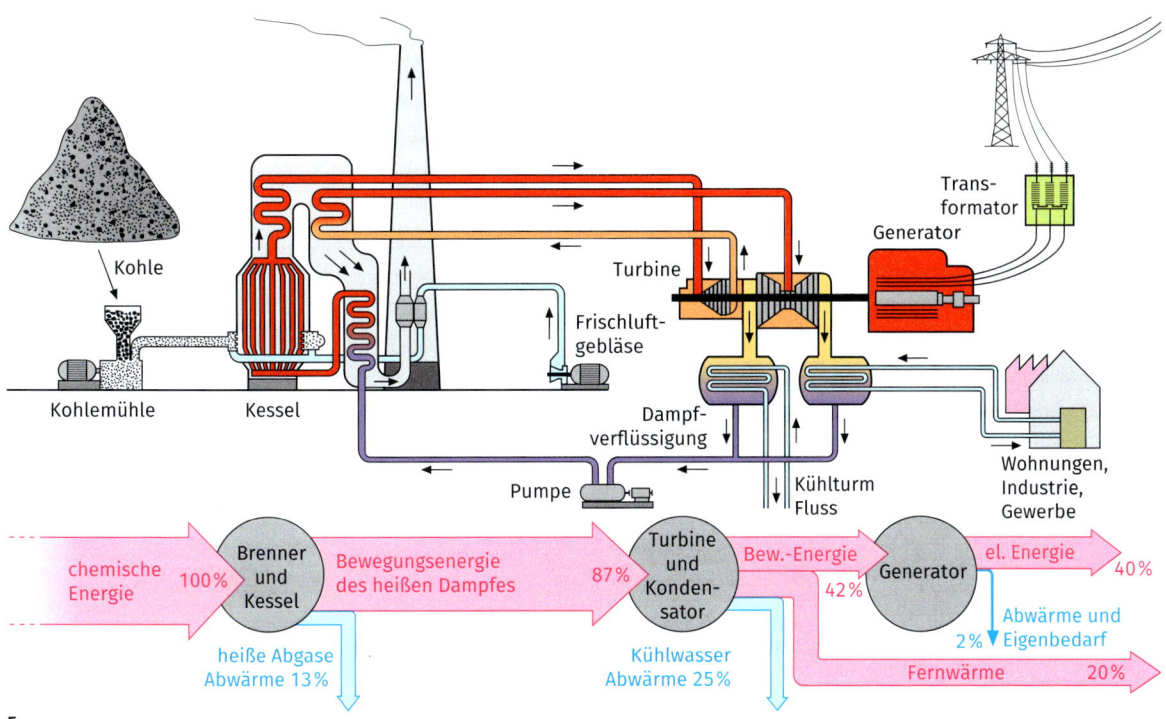

5

Das Kohlekraftwerk

In allen Großkraftwerken wird Primärenergie über verschiedene Zwischenstufen in elektrische Energie gewandelt. Als Beispiel für ein Kraftwerk, in dem fossile Brennstoffe wie Kohle, Erdöl oder Erdgas verwertet werden, wird hier das Kohlekraftwerk genauer betrachtet →5. Die Primärenergie der Kohle wird durch Verbrennung im Heizkessel dem Wasser zugeführt, das die Energie als Bewegungs- und Wärmeenergie mitnimmt.
Die Bewegungsenergie des heißen Wassers treibt die Dampfturbine an →6.
In der Dampfturbine bewirkt die Energie des etwa 550 °C heißen Dampfes eine Drehbewegung. Der heiße Dampf trifft auf kleine Laufräder, wird dabei abgelenkt und von feststehenden Leitblechen auf ein zweites Laufrad gelenkt, das auf derselben Achse sitzt und so weiter. Dann wird er zum Kessel zurückgeführt, nochmals erhitzt und auf eine zweite Turbine geleitet. Wenn der Dampf fast alle Energie abgegeben hat, wird er in den Kondensator geleitet.

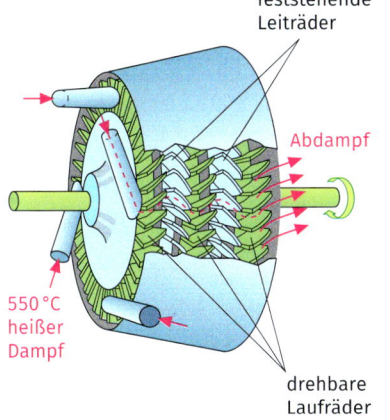

6

Dort gibt er den größten Teil seiner Energie ab, das Wasser wird flüssig und die Temperatur sinkt auf 25 °C. Das Wasser wird dann zum Kessel zurückgepumpt.
Die Energie fließt über die Drehung der Turbinenwelle in den Generator, wo sie erneut gewandelt und in Form von elektrischer Energie in das Versorgungsnetz eingespeist wird. Bei allen Wandlungen geht immer wieder Energie „verloren". Das heißt aber nur, dass sie nicht mehr in der *gewünschten* Form nutzbar ist. Dies ist in der Grafik durch die blauen Pfeile dargestellt →5. Es ergeben sich Verluste von etwa 60 %. Die Verluste verringern sich auf etwa 40 %, wenn die beim Kondensieren des heißen Dampfes frei werdende Energie nicht als Abwärme an die Umgebung abgegeben, sondern als Fernwärme zum Heizen genutzt wird.

In Kohlekraftwerken wird Energie mit heißem Wasserdampf transportiert und dann über Turbine und Generator als elektrische Energie zur Verfügung gestellt.

Erneuerbare Energien – Wasserkraft

Erneuerbare Energien werden so bezeichnet, weil sie aus einer für menschliche Maßstäbe unerschöpflichen Energiequelle stammen – meist der Sonne. Sie werden von ihr immer wieder erneuert oder regeneriert, ohne dass auf der Erde die Energievorräte kleiner werden. Die Strömung der Flüsse und der Luft sowie die Strahlung des Sonnenlichts werden kostenlos geliefert; Erdwärme entstammt dem heißen Innern unseres Planeten. Sie alle zu nutzen ist eine technische Herausforderung, die gelöst werden muss, um Energieträger wie Kohle oder Gas einzusparen oder ganz zu ersetzen.

Von den genannten erneuerbaren Energieformen soll die von Wasserkraftwerken gewonnene Energie exemplarisch genauer betrachtet werden. Bei allen Wasserkraftwerken wird die Lageenergie des hochgehobenen Wassers und die daraus entstehende Bewegungsenergie mithilfe einer Turbine und eines Generators in elektrische Energie gewandelt. In Deutschland gibt es drei Arten von Wasserkraftwerken → 7:

- Bei **Laufwasserkraftwerken** ist ein Fluss aufgestaut. Der Höhenunterschied zwischen Ober- und Unterwasser beträgt etwa 3–5 m. Die Turbine wird durch das hindurchfließende Wasser ständig angetrieben und liefert so fortlaufend elektrische Energie. Ist sie nicht in Betrieb, läuft das Wasser ungenutzt über das Wehr.
- **Speicherkraftwerke** unterhalb von Stauseen im Gebirge nutzen ebenfalls die Lageenergie von hochliegendem Wasser. Der Höhenunterschied beträgt mehr als 100 Meter. Bei Bedarf kann die Lageenergie des Wassers im Staubecken kurzfristig in elektrische Energie gewandelt und ins Netz eingespeist werden. Laufen die Turbinen nicht, bleibt das Wasser oben im Staubecken und mit ihm seine Lageenergie gespeichert.
- **Pumpspeicherkraftwerke** sind oft mit Speicherkraftwerken kombiniert. Sie können in Zeiten eines starken Energieangebots dem Netz überschüssige Energie entziehen, indem Wasser in ein hochgelegenes Speicherbecken gepumpt wird. Dieses steht dann auf Abruf zur Verfügung und kann in Spitzenlastzeiten binnen Minuten Energie liefern. Hochgelegene Speicherbecken sind eine der wenigen Möglichkeiten, Energie längerfristig zu speichern.

Die geografischen Gegebenheiten in Deutschland erlauben es nur, etwa 4 % der benötigten elektrischen Energie mit Wasserkraft zu gewinnen. Daher werden vermehrt Windkraftanlagen, Fotovoltaik- und Solarthermieanlagen sowie Biogaskraftwerke gebaut.

> Wasserkraftwerke nutzen die Lageenergie von Wasser. Aufgrund des von der Sonne verursachten Wasserkreislaufs ist dies eine regenerative, also erneuerbare Energiequelle.

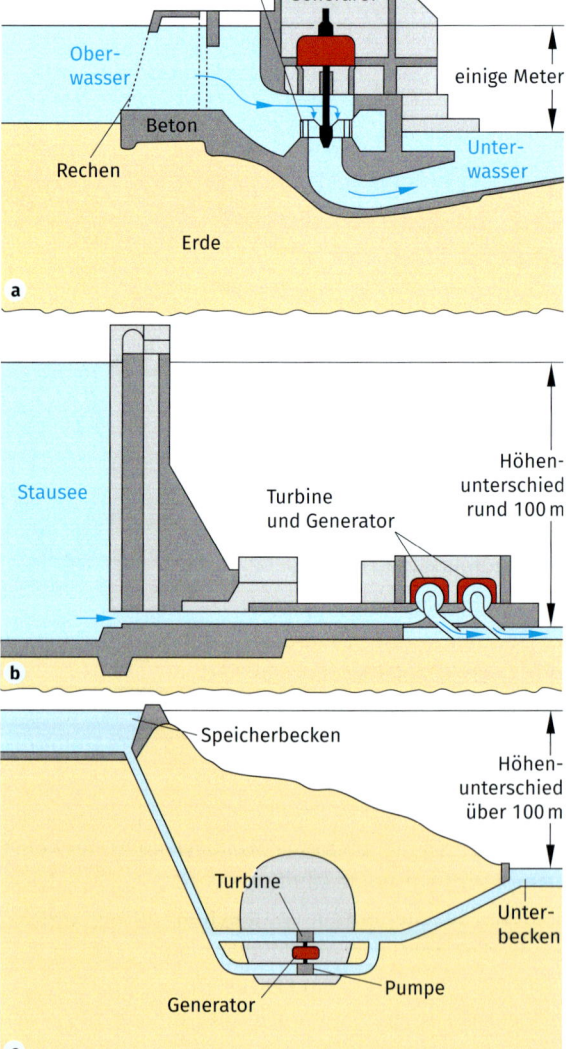

8

STREIFZUG *Solarthermie*

In vielen Haushalten wird zur Senkung der Heizkosten die Energie der Sonne zur Erwärmung von Wasser verwendet. Dazu wird in einem geschlossenen Kreislauf eine für diese Zwecke gut geeignete Flüssigkeit zunächst auf das Hausdach in den Sonnenkollektor gepumpt →9. Die Sonne bestrahlt die gefüllten Rohre und überträgt so Energie. Dabei wandelt sich die Lichtenergie in thermische Energie der Flüssigkeit. Diese fließt dann zurück in den Heizungsraum und überträgt die thermische Energie direkt an das Wasser im Speichertank.

Wird dem Speicher warmes Wasser beispielsweise zum Duschen entnommen, wird er mit Wasser aus der Wasserleitung wieder aufgefüllt. Dieses muss dann zunächst wieder mit Hilfe der Sonne erwärmt werden. Reicht das Sonnenlicht nicht aus, um genügend heißes Wasser bereit zu stellen, wird meistens mit einer Zusatzheizung nachgeholfen. Hierfür wird in der Regel eine elektrische oder eine Gasheizung benutzt.

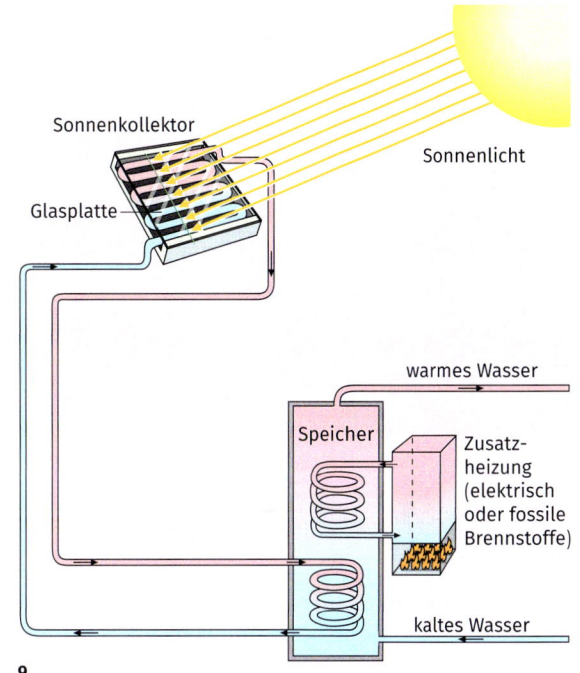

9

AUFGABEN UND VERSUCHE

A1 Stelle Kohlekraftwerk, Windkraftanlage, Fotovoltaikanlage und Solarthermieanlage anhand von Beispielen aus deiner Umgebung in einem Kurzvortrag mit Bild und Funktionsweise vor.

A2 Zeichne ein Energieflussdiagramm von einem Kraftwerk hin zu einer Lampe im Privathaushalt.

A3 Recherchiere, aus welchen Primärenergieträgern in Deutschland Energie gewonnen wird.
a) Stelle die jeweiligen Anteile an der Gesamtenergie in einem Kreis- oder Balkendiagramm dar.
b) Begründe, welche Bereiche sich deiner Meinung nach in Zukunft deutlich ändern werden.

A4 Turbinen werden nicht nur als Dampfturbinen im Kohlekraftwerk verwendet →10.
Recherchiere und beschreibe noch weitere Turbinenformen und deren Verwendungsmöglichkeiten.

10

A5 Im Deutschen wird häufig von Windkraft und Wasserkraft gesprochen.
a) Informiere dich im Internet oder bei deinen Lehrkräften, wie diese Begriffe in englischer Sprache lauten.
b) Beschreibe den Unterschied in der Wortwahl in beiden Sprachen.

V1 Fülle drei gleiche Schraubdeckelgläser randvoll mit kaltem Wasser. Wickle eines der Gläser in ein schwarzes Tuch, ein anderes in Alufolie und lege alle drei in die Sonne.
Miss nach 30 Minuten die Wassertemperaturen und vergleiche sie mit der Lufttemperatur.

Energiestromstärke und Leistung

1

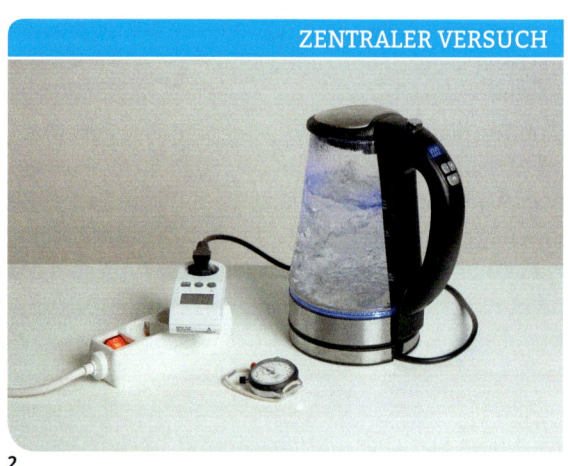

ZENTRALER VERSUCH

2

Strömende Energie ist manchmal an einem strömenden Medium, immer aber an ihrer Wirkung zu erkennen. Einige Beispiele:
- In einem Stromkreis strömt elektrische Energie von einer Batterie zu einer Glühlampe. Die Lampe wandelt die elektrische Energie in Licht- und thermische Energie, die in die Umgebung abgestrahlt werden.
- Eine Sportlerin im Fitnessstudio kann bei einem Ergometer verschieden große Widerstände einstellen →1. Je nachdem, wie lange sie fährt und welche Stufe sie eingestellt hat, benötigt sie unterschiedlich viel chemische Energie aus den Muskeln, die in Bewegungsenergie gewandelt wird.
- Die Turbinen in einem Wasserkraftwerk können von viel Wasser mit langsamer Geschwindigkeit durchflossen werden. Dann liegen die Kraftwerke als Staustufen in einem träge dahinfließenden Fluss. Andere Wasserkraftwerke werden unterhalb von Stauseen gebaut. Das Wasser wird über Fallrohrleitungen zu ihnen geführt und durchströmt die Turbine. Hierbei wird relativ wenig Wasser benötigt, was dafür aber eine sehr hohe Geschwindigkeit hat. In beiden Fällen wird Lageenergie in Bewegungsenergie und diese in elektrische Energie gewandelt.
- Bei schwachem Wind drehen sich die Rotoren einer Windkraftanlage langsamer. Sie nehmen dann wenig Bewegungsenergie auf und können nicht so viel elektrische Energie abgeben.

Wenn Energie strömt, kann also viel oder wenig Energie transportiert werden und der Transport kann schnell oder langsam ablaufen. Es ist daher sinnvoll, eine Größe zu definieren, die angibt, wie stark der Energiestrom von einem Gerät zu einem anderen ist. Diese Größe heißt **Energiestromstärke P**.

Energiestromstärke / Leistung
Das Formelzeichen ist P.
Die Einheit ist 1 W (Watt) = $1\,\frac{J}{s}$.
Außerdem wird benutzt:
Kilowatt: 1 kW = 1000 W
Megawatt: 1 MW = 1000 kW = 1 Mio W
Milliwatt: 1 mW = $\frac{1}{1000}$ W = 0,001 W

Sie wird berechnet als Quotient aus der insgesamt geflossenen Energie E und der Zeit t, die der Strömungsvorgang gedauert hat. Die Größe P hat die Einheit Watt, benannt nach dem Engländer James WATT (1736–1819). 1 Watt bedeutet, dass in 1 Sekunde 1 Joule Energie zu einem Wandler hin oder von ihm wegströmt.
Auf fast allen Elektrogeräten steht eine Watt-Angabe. Sie gibt an, wie stark der Energiestrom ist, der aus der Steckdose in das Gerät hineinströmt. Diese Energiestromstärke wird häufig auch als **Leistung** bezeichnet.

Die Energiestromstärke P zwischen zwei Wandlern ist umso stärker, je mehr Energie E übertragen wird und je kürzer die dafür benötigte Zeit t ist:
Energiestromstärke = $\frac{\text{Energie}}{\text{Zeit}}$, $P = \frac{E}{t}$

Energie, **S**ystem

t in s	E in J	E/t in J/s
10 s	29 900 J	2990
20 s	60 100 J	3005
30 s	90 000 J	3000
40 s	120 400 J	3010
50 s	150 250 J	3005
60 s	179 700 J	2995
70 s	210 700 J	3000
80 s	239 600 J	2995

3

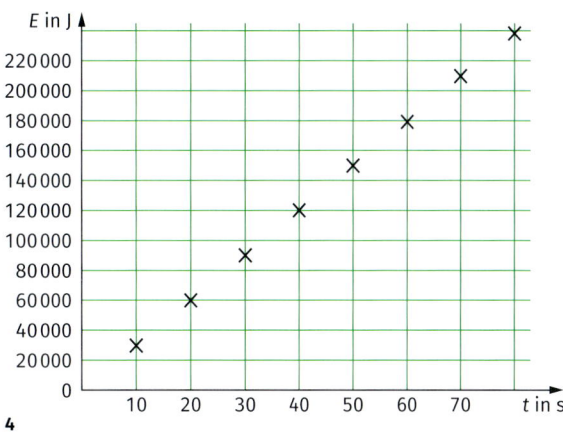

4

Im zentralen Versuch wird die Energiestromstärke beziehungsweise die Leistung des Wasserkochers gemessen →**2**. Hierzu wird Wasser erhitzt und während des Vorgangs in regelmäßigen Abständen der Energiezähler (Einstellung „J") abgelesen →**3**.
Im Diagramm wird die Energie über der Zeit aufgetragen →**4**.
Alle Punkte liegen näherungsweise auf einer Ursprungsgeraden. Somit sind Zeit und umgesetzte Energie proportional zueinander. Der Proportionalitätsfaktor, also die Steigung der Geraden, ist gemittelt etwa 3000 J/s, was genau der Leistungsangabe auf dem Wasserkocher (3000 W = 3000 J/s) entspricht. Dies bestätigt die Formel $P = \frac{E}{t}$.

Die Energiestromstärke ist auch in den Energieflussdiagrammen abgebildet: Die Dicke der Pfeile steht für die Größe der Energiestromstärke. In der Grafik ist dargestellt, wie gering der Anteil der gewünschten Energieform im Verhältnis zur Anfangsenergie ist →**5**.

Im Alltag werden verschiedene Geräte mit unterschiedlichen Leistungen benutzt →**6**. Ob ein Wasserkocher im Betrieb wirklich teurer ist als ein Computer, hängt von der Zeitdauer ab, in der die Geräte genutzt werden. Eine Energiesparlampe von 15 W muss beispielsweise 200-mal so lange laufen wie ein Wasserkocher von 3000 W, um die gleiche Energiemenge zu wandeln.
Um die tatsächlich geflossene Energie berechnen zu können, wird die Formel häufig nach E umgestellt:
$E = P \cdot t$.
Hieraus folgt die für große Energiemengen gebräuchliche Einheit **Kilowattstunde**, da auf der rechten Seite der Gleichung die Größen Leistung in W und Zeit in s stehen. Umrechnung:
1 kWh = 1000 W · 1 h = 1000 J/s · 3600 s = 3 600 000 J.

Geräte haben unterschiedliche Leistungen. Um die Energiekosten beurteilen zu können, muss die Dauer des Betriebs berücksichtigt werden.

Gerät	Energiestromstärke/Leistung
Glühlampe	20 W – 100 W
Energiesparlampe	7 W – 15 W
Computer	bis 300 W
Staubsauger	bis 1500 W
Wasserkocher	bis 3 kW
Mensch (Dauerleistung)	80 W – 100 W
Großkraftwerk	1700 MW
Windrad	2 MW – 6 MW

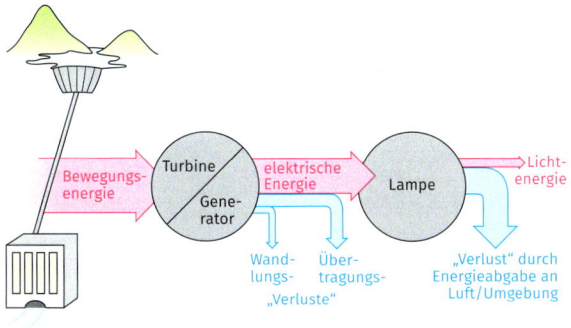

5

6

Energie, System

STREIFZUG *Leistung des Menschen*

Energie und Ernährung

Der tägliche Energiebedarf des Menschen setzt sich aus dem **Grundumsatz** und dem **Leistungsumsatz** zusammen. Der Grundumsatz ist die Energiemenge, die ein Mensch in 24 Stunden in völliger Ruhe und im Liegen verbraucht. Dabei wird die gewandelte Energie verwendet, um die Körperfunktionen und die Körpertemperatur aufrechtzuerhalten.

Der Grundumsatz ist für jeden Menschen verschieden und hängt ab von Größe, Geschlecht, Alter, Körpergewicht und Muskelmasse. Auch äußere Faktoren wie Stress oder Klima so weiter beeinflussen den Grundumsatz. Zum Beispiel benötigt ein Mann im Alter von 30 Jahren mit 75 kg Körpergewicht eine Energiemenge von etwa 7 200 J pro Tag für diesen Grundumsatz. Für den durchschnittlichen Energiestrom ergibt sich also

$$P_{\text{Grund}} = \frac{E}{t} = \frac{7\,200\,000\,\text{J}}{1\,\text{d}} = \frac{7\,200\,000\,\text{J}}{24 \cdot 60 \cdot 60\,\text{s}} \approx 83\,\text{W}.$$

Der Leistungsumsatz ist die Energiemenge, die der Mensch über den Grundumsatz hinaus an einem Tag benötigt, etwa für körperliche und geistige Aktivität oder zusätzliche Wärmeregulierung. Grundumsatz und Leistungsumsatz zusammen ergeben den Gesamtumsatz. Die Deutsche Gesellschaft für Ernährung e. V. gibt für den Durchschnittsmann von oben bei mittlerem Aktivitätslevel einen Gesamtumsatz von 2700 kcal an, das sind etwa 11 300 000 J. Damit ist

$$P_{\text{Gesamt}} = \frac{11\,300\,000\,\text{J}}{1\,\text{d}} = \frac{11\,300\,000\,\text{J}}{24 \cdot 60 \cdot 60\,\text{s}} \approx 131\,\text{W}.$$

Der Mensch erhält die Energie über die Nahrung. Im Verdauungstrakt wird die Nahrung zerkleinert und chemisch in kleinere Bestandteile aufgespalten. Der Energieinhalt verschiedener Nährstoffe ist unterschiedlich:

- Kohlenhydrate und Proteine enthalten etwa 17,16 kJ pro Gramm.
- Fette enthalten etwa etwa 38,9 kJ pro Gramm.

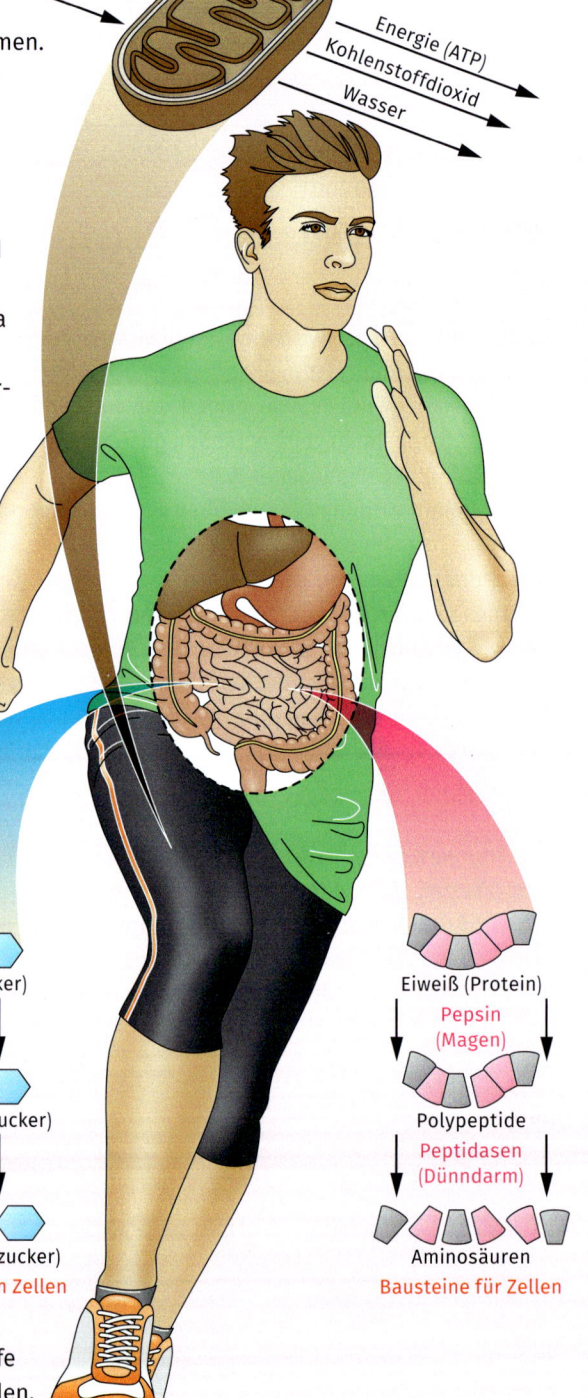

Bei der Zellatmung wird durch die Oxidation der Nährstoffe Energie gewonnen. Dies wird in den „Kraftwerken" der Zellen, den Mitochondrien erledigt. Sie gewinnen ATP (Adenosintriphosphat), womit z. B. eine Muskelzelle kontrahieren kann.

WERKZEUG *Darstellen und Auswerten von Messergebnissen*

Im zentralen Versuch wird die Energie gemessen, die ein Wasserkocher pro Zeit in thermische Energie gewandelt hat →2. Die Messwerte stehen in der Tabelle →3.
Um die Vermutung eines proportionalen Zusammenhangs zwischen Energie und Zeit bestätigen zu können, wird die Energie auf der y-Achse gegen die Zeit in einem Diagramm aufgetragen →7.

Die Lage der Punkte im Koordinatensystem lässt die Vermutung zu, dass sie durch eine Gerade verbunden werden können. Denn weitere Messungen zwischen den vorhandenen Punkten würden vermutlich ebenfalls zu Punkten auf dieser Geraden führen.
Mit Hilfe eines Lineals wird diese **Ausgleichsgerade** so gut wie möglich eingezeichnet →8.

Manche Punkte liegen dabei etwas über, andere etwas unter der Geraden. Die Abweichungen ergeben sich meist aus Messfehlern. Wenn die Ausgleichsgerade durch den Koordinatenursprung geht, liegt ein proportionaler Zusammenhang vor. Die Bestimmung der Geradensteigung liefert die Proportionalitätskonstante P, woraus sich die Formel $E = P \cdot t$ und daraus $P = \frac{E}{t}$ ergibt.

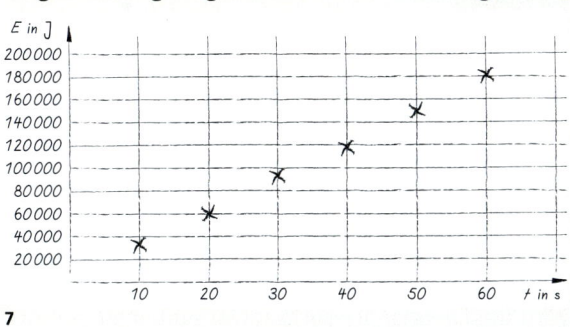

7

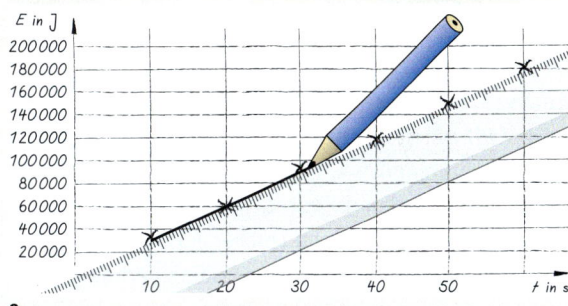

8

AUFGABEN UND VERSUCHE

AUFGABENBEISPIEL

Berechne die Energie, die ein Mensch bei einer vierstündigen Radtour wandelt, wenn er im Schnitt eine Leistung von 100 W erbringt.
Geg.: $t = 4\,\text{h} = 4 \cdot 3600\,\text{s}$
$\quad\quad P = 100\,\text{W}$
Ges.: E

Lösung:
Aus $P = \frac{E}{t}$ folgt:
$E = P \cdot t = 100\,\text{W} \cdot 4 \cdot 3600\,\text{s}$
$\quad = 100\,\frac{\text{J}}{\text{s}} \cdot 4 \cdot 3600\,\text{s} = 1\,440\,000\,\text{J}$
$\quad = 1{,}44\,\text{MJ}$

Der Mensch hat insgesamt eine Energie von 1,44 MJ gewandelt.

A1 Durch einen Mehrfachstecker fließen in 20 Minuten 1 980 000 J. Berechne die Energiestromstärke.

A2 Ein Wasserkocher wandelt in drei Minuten etwa 504 000 J in thermische Energie. Berechne die Leistung des Wasserkochers.

A3 Berechne die gewandelte Energie, wenn ein Staubsauger bei maximaler Leistung (1500 W) acht Minuten lang in Betrieb ist.

A4 Ein Computer hat eine elektrische Energie von 1 MJ gewandelt. Auf dem Typenschild steht P = 300 Watt. Berechne die Einschaltdauer.

A5 Das Herz eines Menschen hat eine durchschnittliche Leistung von 1,5 W.
a) Berechne, welche Energiemenge du dem Herz mindestens zuführen musst, damit es 80 Jahre lang schlagen kann.
b) Berechne, wie oft ein Wäschetrockner (Energieaufnahme 3,25 kWh) hiermit arbeiten könnte.

V1 Lies über einen Zeitraum von zwei Wochen jeden Abend den Energiezähler in eurem Haus ab.
a) Trage die Werte in der besonderen Energieeinheit Kilowattstunde in einem Koordinatensystem gegen die Zeit in Tagen auf.
b) Bestimme die Steigung der Ausgleichsgeraden.

Energieentwertung und Wirkungsgrad

1

ZENTRALER VERSUCH

2

Energie, die keinem mehr nützt
In der EU gilt seit 2009 ein Verbot von herkömmlichen Glühlampen →1. Bis zu diesem Zeitpunkt war die Glühlampe die meistgenutzte Lichtquelle in allen EU-Haushalten. Hintergrund dieser Maßnahme war der Gedanke des Energiesparens und damit verbunden die Senkung der klimaschädlichen Abgase von Kraftwerken. Welchen großen Nachteil klassische Glühlampen haben, wird nun genauer untersucht.

Im zentralen Versuch leuchtet eine spezielle Glühlampe unter Wasser →2. Wenn sie zehn Minuten in Betrieb ist, kann eine Temperaturerhöhung des Wassers um 7 °C gemessen werden. Es ist also nur ein Teil der zugeführten elektrischen Energie in Lichtenergie gewandelt worden, ein anderer in thermische Energie.
Es ist sogar abschätzbar, wie groß die beiden Anteile sind: An einem Energiemessgerät kann abgelesen werden, dass die Lampe insgesamt etwa 3,6 kJ elektrische Energie aufgenommen hat. Andere Versuche zeigen: Zur Erwärmung von 1 g Wasser um 1 °C sind 4,18 J nötig. Daraus ergibt sich, dass 3,36 kJ für die Erhitzung des Wassers (115 mℓ) gebraucht wurden und lediglich 240 J als Lichtenergie abgegeben worden sind. Nur 7 % der elektrischen Energie sind also in Lichtenergie gewandelt worden. Der Rest hat die Glühlampe und somit das Wasser erwärmt.
Dieser Energieanteil ist nicht erwünscht und kann nicht weiter genutzt werden. Denn die Energie geht im Laufe der Zeit von selbst aus dem Wasser in die Umgebungsluft über. Mit ihr können keine Vorgänge mehr bewirkt werden. Dieser Anteil ist **entwertet** worden. Je geringer der entwertete Anteil ist, desto wirkungsvoller ist der Energiewandler. Dass bei Energiewandlungen aus der zugeführten Energie nicht nur die gewünschte Energieform entsteht, sondern immer auch thermische Energie, lässt sich nie gänzlich vermeiden.

Wird die Energie, die ein Wandler aufnimmt, mit der Energie verglichen, die er nutzbringend abgibt, wird das Ergebnis oft als Prozentsatz angegeben. Je größer der Wert, umso mehr Energie steht in der gewünschten Form zur Verfügung. Bei der Glühlampe war es beispielsweise 7 %. In einem Energieflussdiagramm können die Energieanteile durch die Pfeildicken dargestellt werden →3.

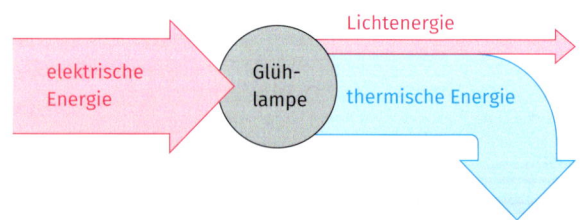

3

Bei allen Energiewandlungen entsteht zwangsläufig auch thermische Energie. Meist fließt diese Energie von selbst in die Umgebung ab und kann nicht weiter genutzt werden; sie ist entwertet. Im Energieflussdiagramm ist dies durch einen abknickenden Pfeil mit entsprechender Dicke dargestellt.

Energie

Wirkungsgrad

Die Wandlung von einer Energieform in eine andere geht immer mit Energieentwertung einher. Zur Beurteilung, wie gut die zugeführte Energie genutzt wird, wird der Quotient aus der genutzten und der zugeführten Energie verwendet. Dieser Wert heißt **Wirkungsgrad** η (gesprochen eta):

$$\eta = \frac{E_{\text{genutzt}}}{E_{\text{zugeführt}}}$$

Der Wirkungsgrad ist stets kleiner als 1, da die genutzte Energie stets etwas weniger ist als die zugeführte Energie. Er hat keine Einheit und wird als Bruch, Dezimalzahl oder in Prozent angegeben. Der Wirkungsgrad einer Glühlampe beträgt etwa 7 %, das heißt, sie wandelt nur etwa sieben Hundertstel der zugeführten elektrischen Energie in die gewünschte Lichtenergie.

Das ist nicht besonders viel. Daher ist es sinnvoll, Energiesparlampen mit einem besseren Wirkungsgrad zu verwenden. Viele Geräte haben einen schlechten Wirkungsgrad, weil bei der Wandlung der elektrischen Energie zwangsläufig der Anteil der unerwünschten thermischen Energie ansteigt.

Es gibt allerdings auch Geräte, bei denen der Temperaturanstieg erwünscht ist, beispielsweise der Wasserkocher oder die Kaffeemaschine. Der Temperaturanstieg in den Leitungen des Gerätes, der sonst immer Ursache für einen schlechten Wirkungsgrad ist, ist hier gewollt.

Wird die Erwärmung der Umgebung durch ein Isoliergefäß gering gehalten, erreicht ein Wasserkocher sogar Wirkungsgrade von nahezu 1, also fast 100 %. Beispiele für weitere Wirkungsgrade zeigt folgende Tabelle →4.

Gerät	Wirkungsgrad etwa
Kochplatte	90 %
Gasheizung	90 %
Wasserturbine	90 %
Fahrraddynamo	50 %
Benzinmotor	35 %
Energiesparlampe	25 %
Glühlampe	7 %

4

Motor

Generator

5

Wichtige Energiewandler sind der Elektromotor und der Generator →5. Der Elektromotor wandelt zur Verfügung stehende elektrische Energie in Bewegungsenergie. Er wird in vielfältigen Anwendungen in sehr kleiner Bauweise genutzt (Schubfach DVD-Player, ferngesteuertes Auto, Drohne), aber auch in größeren Dimensionen (elektrische Fensterheber, Straßenbahn, Elektroauto). Beim Betrieb von Elektromotoren wird mehr als doppelt so viel Energie in unerwünschte thermische Energie gewandelt, wie genutzt werden kann. Daher müssen manche Elektromotoren beim Betrieb auch besonders stark gekühlt werden.

Im Gegensatz dazu wandeln Generatoren Bewegungsenergie in elektrische Energie, so zum Beispiel in Kraftwerken. Auch Generatoren werden beim Betrieb sehr warm, was den Wirkungsgrad verschlechtert. Dadurch werden einerseits kostbare Energiereserven verschwendet, andererseits belastet die bei der Entwertung freigewordene thermische Energie die Umwelt. Sie führt zu einer Erwärmung von Flüssen und der Luft, wodurch Lebensräume und das lokale Klima beeinflusst werden. Es ist daher sehr wichtig, dass Geräte entwickelt und verwendet werden, deren Wirkungsgrad möglichst groß ist.

Wirkungsgrad:

$$\eta = \frac{\text{genutzte Energie}}{\text{zugeführte Energie}}$$

Der Wirkungsgrad von Geräten sollte zur effizienten Nutzung der Energie möglichst groß sein.

STREIFZUG *Wirkungsgrade*

Fotovoltaikanlagen

Der Wirkungsgrad von Solarzellen liegt meist unter 20 %, im Labor wurden mit sogenannten Konzentratorzellen aber schon Wirkungsgrade von 40 % erreicht. Oft werden viele Solarzellen zu einer Fotovoltaikanlage zusammengeschaltet. Die gewonnene Energie wird in das öffentliche Stromnetz eingespeist. Die Effizenz einer Solarzelle hat immer Einfluß auf den Wirkungsgrad.

Häufig werden mehrere Module hintereinander geschaltet. Liegt nur eines der Module im Schatten, so sinkt die Leistung der ganzen Modulreihe. Weiterhin ist der Wirkungsgrad von Solarzellen temperaturabhängig. Er kann je nach Art der Solarzelle um bis zu 10 % sinken, wenn die Temperatur der Solarzelle um 25 °C steigt. Dieser Anstieg wird bei hohen Tagestemperaturen um mehr als das Doppelte überschritten.

Akkus

Beim Laden eines Mobiltelefons werden sowohl das Netzteil als auch das Handy warm.
Ein Teil der eingesetzten elektrischen Energie entweicht also ungewollt als thermische Energie. Moderne Lithium-Ionen-Akkus haben einen Wirkungsgrad von etwa 90 %. Die Batterie eines Autos ist ein Bleiakkumulator und hat einen Wirkungsgrad von etwa 65 %.

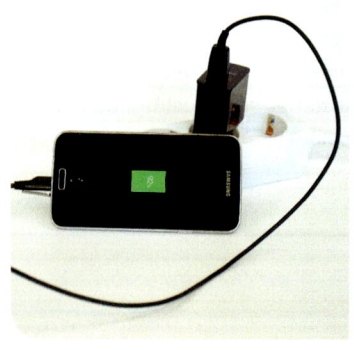

Beleuchtung

Seit einer EU-Verordnung von 2009 sind Glühlampen auf dem Rückzug. Denn mit ihrem Wirkungsgrad von etwa 7 % verteilen sich also 93 % der eingesetzten elektrischen Energie ungenutzt in der Umgebung.

Der Handel empfiehlt, 60-W-Glühlampen durch 11-W- oder 12-W-Energiesparlampen zu ersetzen. Damit lässt sich der Wirkungsgrad einer solchen Leuchtstofflampe abschätzen:

Bei einem Wirkungsgrad von 7 % transportiert das Licht einer 60 W-Glühlampe einen Energiestrom von 3 W. Wenn die 12-W-Energiesparlampe genau so viel Lichtenergie aussendet, so ergibt sich ein Wirkungsgrad von 25 % (Seite 83, Tabelle →4).
LED-Lampen (**L**ight-**E**mitting-**D**iode) haben einen Wirkungsgrad bis zu 30 %. Durch eine besondere Außenbeschichtung, die der äußeren Hülle von Glühwürmchen ähnelt, wurde im Labor der Wirkungsgrad bereits auf 55 % gesteigert. LED-Lampen benötigen aber noch Vorschaltgeräte, so dass zum jetzigen Zeitpunkt der Gesamtwirkungsgrad ähnlich dem einer Energiesparlampe ist.
Dafür ist die Haltbarkeit einer LED-Lampe deutlich größer.

AUFGABEN UND VERSUCHE

AUFGABENBEISPIEL

Berechne den Anteil der zugeführten elektrischen Energie von 3,6 kJ, der im zentralen Versuch in Licht gewandelt wurde. Um 115 ml Wasser um 7 °C zu erwärmen, sind 3,36 kJ nötig.

Geg.: $E_{el} = 3{,}6$ kJ;
$E_W = 3{,}36$ kJ

Ges.: Anteil von E_{Licht} an E_{el}

Lösung:
$E_{Licht} = E_{el} - E_W$
$= 3{,}6$ kJ $- 3{,}36$ kJ
$= 0{,}24$ kJ

Anteil $= \frac{0{,}24 \text{ kJ}}{3{,}6 \text{ kJ}} \approx 0{,}07 = 7\%$

Nur 7 % der zugeführten elektrischen Energie wurde in Lichtenergie gewandelt. Dies ist der Wirkungsgrad der Lampe: $\eta = 0{,}07$.

A1 Das Foto unten wurde bei einem Bremsscheibentest gemacht → **1**. Erkläre den Versuchsaufbau und zeichne dazu ein Energieflussdiagramm.

1

A2 Erläutere was passiert, wenn eine Seilakrobatin nach dem Hinaufklettern an einem Seil zu ungestüm hinunterrutscht.

A3 Eine Spezialglühlampe (60 W) wird an das Stromnetz angeschlossen. Sie wird, ähnlich wie im zentralen Versuch auf Seite 82 zu sehen ist, kopfüber in ein wassergefülltes Einmachglas gestülpt → **2, Seite 82**. Der Glaskörper ist dann vollständig unter Wasser. Während der 7 min dauernden Erwärmung des Wassers fließen 21000 J thermische Energie in das Wasser des Einmachglases.
a) Berechne den Wirkungsgrad der Lampe.
b) Erläutere, warum so nur der Wirkungsgrad berechnet wird, den die Lampe höchstens hat.

A4 Erkläre, warum Zentralheizungen mit η bis zu 90 % einen höheren Wirkungsgrad besitzen als ein offenes Kaminfeuer.

V1 Drehe die Wäscheklammer gleichmäßig um den Messfühler des Thermometers, wie unten abgebildet → **2**.
a) Notiere jeweils nach 10 Umdrehungen die Temperatur.
b) Erkläre deine Beobachtung.

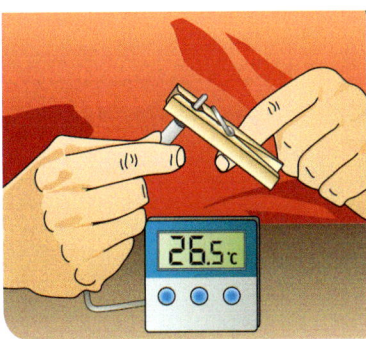

2

V2 Suche dir ein Kuchen- oder Pizzarezept heraus, in dem ein Teig zubereitet werden muss. Gib alle Zutaten in eine Rührschüssel und stecke die Knethaken in einen elektrischen Handmixer → **3**. Schalte zwischen den Stecker und die Steckdose einen Energiezähler.
a) Miss die Energiestromstärke, wenn sich der Handmixer einfach nur in der Luft dreht.
b) Drücke nun den Mixer nach unten, sodass die Knethaken immer mehr Teig greifen, und beobachte dabei die Anzeige des Messgeräts.
c) Deute deine Beobachtungen in Hinblick auf die Energiewandlungen und die Größe der zugehörigen Energiestromstärken.

V3 Nimm ein Fahrrad mit einem Dynamo. Stelle das Fahrrad auf den Kopf und kopple den Dynamo an. Versetze das Rad und damit den Dynamo in Drehung.
a) Untersuche, wie lange sich jeweils das Rad dreht, wenn
• Scheinwerfer und Rücklicht,
• nur das Rücklicht,
• keine Lampe angeschlossen ist.
b) Deute deine Beobachtungen in Hinblick auf die Energiewandlungen und die Größe der zugehörigen Energiestromstärken.

3

Primärenergie und Nutzenergie

1

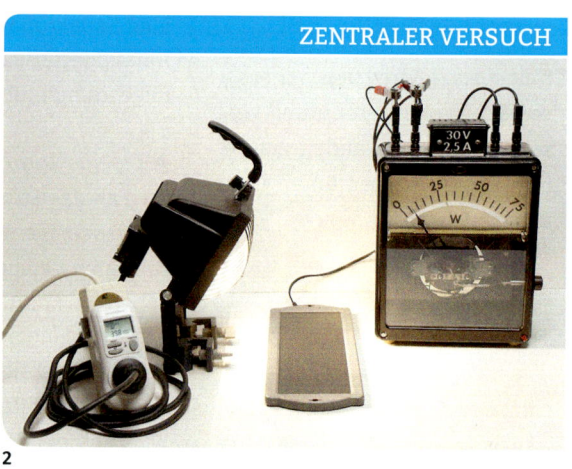

ZENTRALER VERSUCH

2

In allen Kraftwerkstypen wird nutzbare Energie in elektrische Energie gewandelt. Die dafür zur Verfügung stehende Energie wird **Primärenergie** genannt. Beispiele: Kohle, Erdgas, Uran, Sonnenlicht, Wind oder hoch liegendes Wasser. Die Primärenergien können in zwei Gruppen eingeteilt werden:

- Energien, die nach Wandlung in nutzbare Energie nicht mehr zu gebrauchen sind. Diese Energie wird etwa aus Holz, Kohle, Torf, Erdgas und Erdöl gewonnen. Aber auch die Kernenergie, die in Uran gespeichert ist, und die Erdwärme gehören hierzu.

- Energien, die sich durch die Sonneneinstrahlung oder durch die Bewegung des Mondes um die Erde immer wieder erneuern. Dies sind Lichtenergie, Wind„kraft", Wasser„kraft" und Gezeiten„kraft".

In Raffinerien, Kokereien und Kraftwerken wird aus Primärenergie dann Sekundärenergie →1. Diese steckt entweder in Energiespeichern wie Briketts, Benzin, Heizöl, Holzpellets oder steht als elektrische Energie zur Verfügung. Die Sekundärenergie wird auf den verschiedensten Wegen zum Endnutzer transportiert. Je nach Verwendungszweck wird beim Nutzer aus der Sekundärenergie die Endenergie. Im Auto wird zum Beispiel aus der chemischen Energie des Benzins Bewegungsenergie und beim Elektroherd wird die elektrische Energie in thermische Energie gewandelt.

Bei allen Wandlungsprozessen entweicht Energie →3. Zum einen geht ein Teil der Energie als **Abwärme** nutzlos in die Umgebung. Zum anderen wird die Energie durch unvollständige Verbrennung oft nicht komplett gewandelt. Der Anteil der Energie, der am Ende dem Nutzer tatsächlich zur Verfügung steht, ist die **Nutzenergie**.

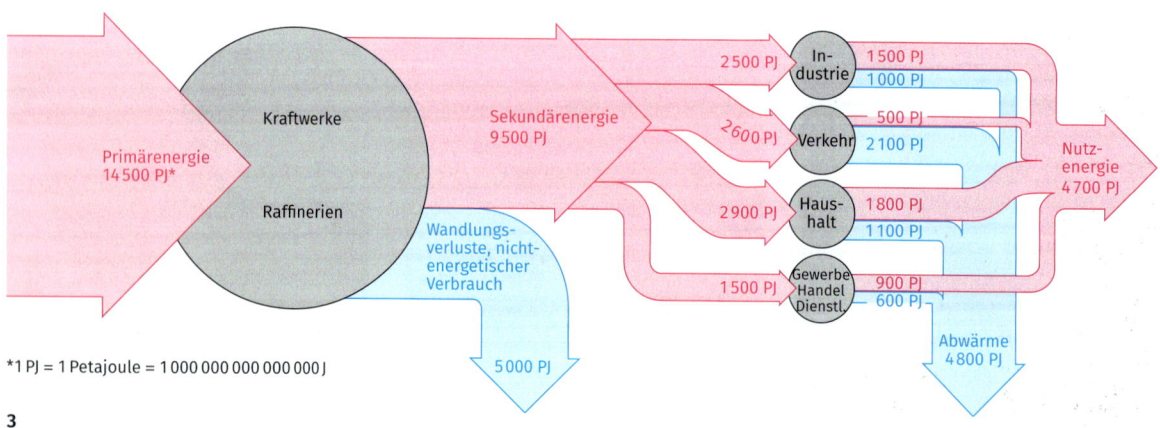

*1 PJ = 1 Petajoule = 1 000 000 000 000 000 J

3

Energie

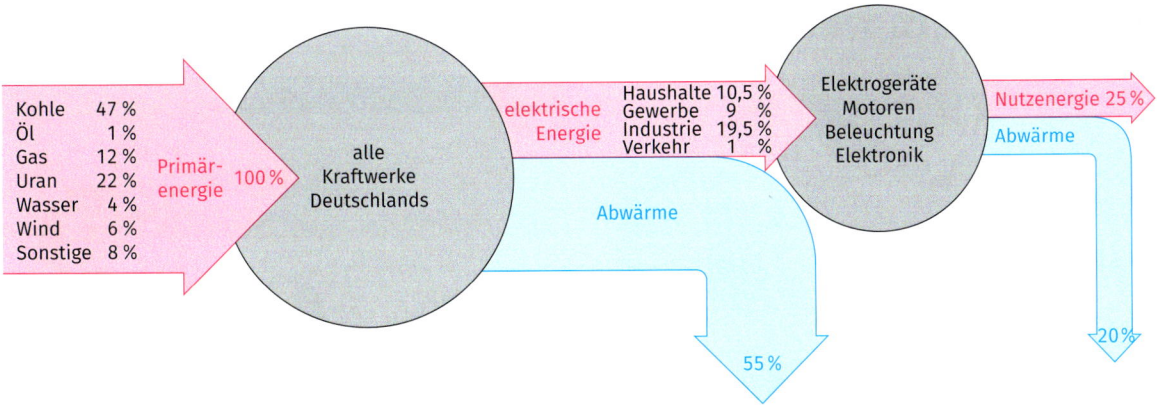

4

In der Regel handelt es sich dabei um elektrische Energie →4. Im zentralen Versuch wird deutlich, dass nur ein geringer Teil der eingesetzten Energie am Ende zur Verfügung steht →2. Die Wandlungsprozesse der Primärenergie in die Sekundärenergie haben daher einen schlechten Wirkungsgrad. Bei Kraftwerken beträgt er circa 40 %.

Die bei den Prozessen entstehende Abwärme stellt eine beträchtliche Energiemenge dar, die – einmal an die Umgebung abgegeben – nicht mehr weiter nutzbar ist.

In Blockheizkraftwerken oder in Kraftwerken, die mit **Kraft-Wärme-Kopplung** arbeiten, wird ein Teil der Abwärme als Fernwärme zur Raumheizung oder zur Warmwasserbereitung in Haushalten genutzt.

> In Kraftwerken entweicht ein großer Teil der eingesetzten Primärenergie als Abwärme und steht im Prozess nicht mehr als Nutzenergie zur Verfügung.

AUFGABEN UND VERSUCHE

A1 Nenne Ursachen für die Abwärme in Kraftwerken.

A2 Begründe, warum von Kraftwerken in erster Linie elektrische Energie zur Verfügung gestellt wird und nicht eine andere Energieform, wie etwa Bewegungsenergie.

A3 Eine Kraftwerksart, die neben der gewonnenen elektrischen Energie auch die Abwärme sinnvoll nutzt, ist das Blockheizkraftwerk. Blockheizkraftwerke gibt es inzwischen auch im Kleinformat für Privathaushalte →5.
a) Recherchiere die Funktionsweise eines Blockheizkraftwerks.
b) Zeichne ein Energieflussdiagramm.

A4 Erläutere, welche Primärenergien von den verschiedenen Kraftwerken genutzt werden und gib hierzu Vor- und Nachteile an.

A5 Erläutere anhand einiger Beispiele den Begriff Wirkungsgrad.

V1 Versuche, ein eigenes kleines Kraftwerk zu bauen. Die eingesetzte Energie soll danach in einer anderen Form zur Verfügung gestellt werden.
Recherchiere zunächst und zeichne ein Energieflussdiagramm.

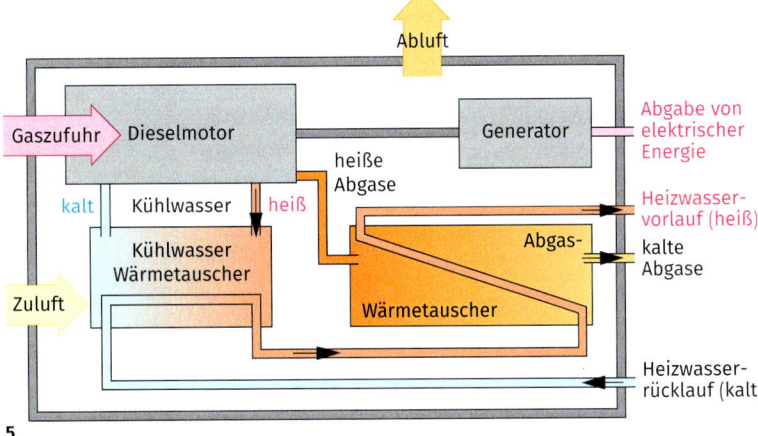

5

Energie – Ein wertvolles Gut

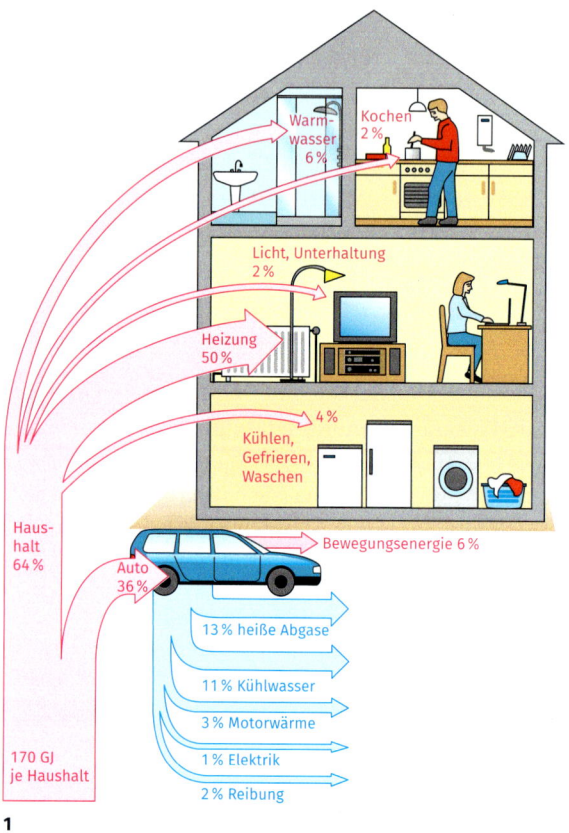

1

2

Im zentralen Versuch werden verschiedene Geräte an ein Energiemessgerät angeschlossen, um den Energiebedarf zu bestimmen →2. Der gemessene Wert gibt Auskunft über den Energiebedarf. Je kürzer man die Geräte nutzt, umso mehr Energie lässt sich sparen. Es fehlt allerdings eine Aussage über den Wirkungsgrad der Geräte. Um dies beurteilen zu können, wird die Energieeffizienz neu gekaufter elektrischer Geräte durch eine Farbkodierung dargestellt →3. Die Geräte im Bereich A+++ haben den besten Wirkungsgrad und helfen dabei, wirkungsvoll Energie zu sparen.

Von den circa 170 Millionen Joule Energie, die eine vierköpfige Familie jährlich benötigt, werden durchschnittlich 64 % im Haushalt genutzt. Die restlichen 36 % entfallen auf den Freizeit- und Berufsverkehr →1. In der Grafik ist außerdem dargestellt, wofür die Energie im Haushalt im Wesentlichen benötigt wird.

Pro Einwohner ist der Energiebedarf in den letzten Jahrzehnten aufgrund geänderter Lebensumstände ununterbrochen gestiegen. Unter den Haushalten in Deutschland gibt es immer mehr Single-Haushalte und in den Familien leben heute meist weniger Kinder als noch vor einigen Jahrzehnten. Außerdem werden viele Tätigkeiten, die früher von Menschen erledigt wurden, von elektrischen Geräten und Maschinen geleistet, die dafür Energie benötigen.

Ein sparsamer Einsatz der nur begrenzt verfügbaren Energievorräte ist daher von großer Bedeutung, um eine langfristige Energieversorgung zu gewährleisten.

Energie kann eingespart werden durch
- möglichst kurze Nutzung elektrischer Geräte und
- Verwendung sehr effizienter Geräte.

3

STREIFZUG *Speicherung von Energie in Kondensatoren*

Da Energie ein wertvolles Gut ist, gewinnen Energiespeicher eine immer größere Bedeutung. Ungenutzte Energie kann in Speichern „aufbewahrt" und im Bedarfsfall abgerufen und genutzt werden. Besondere Speicher für elektrische Energie sind Kondensatoren → 4.

Obwohl die Beleuchtung bei vielen Fahrrädern über einen Dynamo mit elektrischer Energie versorgt wird, leuchten moderne Lichtanlagen bei stehendem Fahrrad weiter. Frontleuchten mit Standlichtfunktion sind hierfür zusätzlich mit einer weißen Standlicht-LED ausgestattet. Ein in der Leuchte integrierter Kondensator wird während der Fahrt durch den Dynamo aufgeladen.

Muss die Fahrt beispielsweise an einer Ampel unterbrochen werden, so gibt der Kondensator zeitlich begrenzt die gespeicherte elektrische Energie wieder ab. Gleiches gilt für modernere LED-Rückleuchten. Auch sie bekommen in Standphasen die elektrische Energie von einem Kondensator, der während der Fahrt aufgeladen wurde. Dies funktioniert so lange, bis der Kondensator vollständig entladen ist.
Kondensatoren haben einen Wirkungsgrad von 90 % bis 95 %. Sie können aber nur kleine Mengen an elektrischer Energie direkt speichern. Sie eignen sich als Kurzzeitspeicher, etwa um schnelle Schwankungen bei der Energieversorgung auszugleichen.

Eine weitere Anwendung sind Fotoblitzgeräte. Beim Auslösen des Gerätes wird ein kurz vorher mithilfe von Batterien oder Akkus aufgeladener Kondensator entladen. Die Leuchtdauer des Blitzes wird über die Entladungszeit gesteuert und liegt im Hundertstel- oder Tausendstel-Sekunden Bereich.

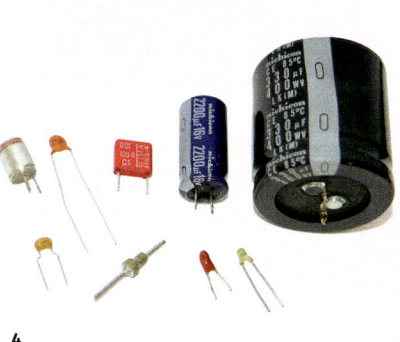

4

AUFGABEN UND VERSUCHE

AUFGABENBEISPIEL

Durch Energiesparmaßnahmen wurden im Haushalt 5 % des Energiebedarfs eingespart. Berechne, wie viel Prozent des persönlichen Energiebedarfs insgesamt eingespart werden, wenn im Haushalt 64 % der gesamten Ernergie genutzt werden.

Lösung:
5 % von 64 %:
$0{,}64 \cdot 0{,}05 = 0{,}032 = 3{,}2\,\%$.

Durch die Energiesparmaßnahmen wird insgesamt 3,2 % der eingesetzten Energie gespart.

A1 Erstelle eine Tabelle elektrischer Haushaltsgeräte mit ihrer jeweiligen Leistung.
Mache konkrete Vorschläge zu Möglichkeiten der Energieeinsparung bei diesen Geräten.

A2

Glücklicher Hausbesitzer
Backnang: Nach Einbau von Solarzellen ist der Hausbesitzer K. Petersen nun vom öffentlichen Stromnetz unabhängig. […] (lpm)

a) Erläutere den Hintergrund des obigen Zeitungstextes.
b) Solarzellen liefern elektrische Energie. Erläutere, welche ergänzenden Geräte K. Petersen noch eingebaut haben muss, um wirklich unabhängig zu sein. Denke auch an die Nacht und an die Heizung.

A3 Recherchiere Informationen zu den im Text genannten Energieeffizienzklassen und den grafischen Darstellungen → 3.
a) Erläutere den Sinn dieser Einteilung in Effizienzklassen.
b) Im Bild sieht es so aus, als sei die Klasse A++ doppelt so effizient wie D. Entscheide, ob das stimmt und begründe deine Antwort.
c) Begründe, warum für Wäschetrockner, Kühlschränke und Gefriertruhen Effizienzklassen angegeben werden, nicht aber für Wasserkocher, Toaster oder elektrischen Zahnbürsten.

Reduzierung des Energiebedarfs

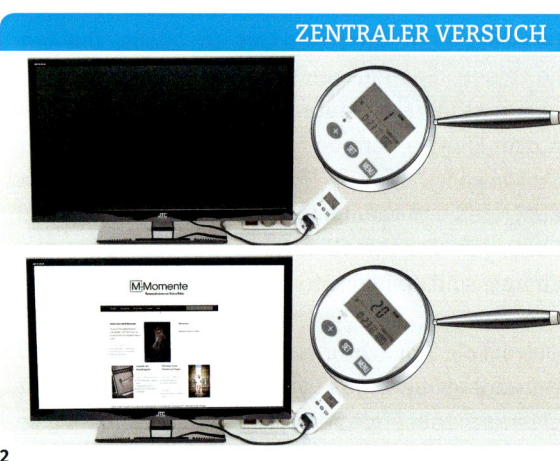

ZENTRALER VERSUCH

Heizen und Warmwasser

Warmwasserbereitung und Heizen stellen mit über 80 % den größten Posten der Energieaufnahme eines Haushalts dar. Damit weniger Abwärme in die Umgebungsluft entweichen kann, kann der Energiebedarf durch eine geeignete Dämmung des Hauses gesenkt werden. Außerdem können regenerative Energien genutzt und Solarkollektoren oder Wärmepumpen eingebaut werden → 1. Im Vergleich zum Energiebedarf für das Heizen ist der Energiebedarf für das Erwärmen von Leitungswasser relativ gering.

Die Warmwasserversorgung ist in vielen Fällen in die Heizungsanlage integriert, sie kann aber auch über einen elektrischen Durchlauferhitzer erfolgen. Das Wasser wird in ihm nur dann erwärmt, wenn es auch gebraucht wird.

Möglichkeiten zur Energieeinsparung
- verbesserte Dämmung des Gebäudes
- kurzes aber kräftiges Lüften (Stoßlüften)
- effizientere Heizungsanlage
- Einsatz von Solarkollektoren und Solarzellen
- Duschen statt Baden (geringerer Wasserverbrauch)
- wassersparende Armaturen

Elektrogeräte

Der Einsatz elektrischer Geräte pro Haushalt hat in den letzten Jahrzehnten zugenommen. Allein ihr Stand-By-Betrieb macht zwischen 4 % und 5 % des Energiebedarfs eines Haushalts im Bereich Elektrizität aus. Im zentralen Versuch wird dies genauer untersucht → 2.

Mit Hilfe eines Energiemessgeräts wird die Energieaufnahme eines Smart-TV im Stand-by-Modus und im Betrieb gemessen. Es zeigt sich, dass im Stand-by-Modus immer noch 1 J/s aufgenommen werden.

Bei anderen Elektrogeräten wie z. B. Kühlschränken ist die Angabe einer Energieeffizienzklasse verbindlich, um die Geräte miteinander vergleichen und Energie sparen zu können. Traditionelle Glühlampen gibt es nicht mehr zu kaufen, da sie lediglich 7 % der eingesetzten Energie als Lichtenergie zur Verfügung stellen, moderne Energiesparlampen dagegen circa 25 %.

Energiesparlampen haben aber auch Nachteile: Ihre Herstellung und Entsorgung ist umweltschädlicher als die von Glühlampen. Sie lassen sich meist nicht dimmen und viele Menschen empfinden ihr Licht als unangenehm. LED-Lampen haben den besten Wirkungsgrad, enthalten keine umweltschädlichen Stoffe, sind aber noch verhältnismäßig teuer.

Möglichkeiten zur Energieeinsparung
- Vor Anschaffung prüfen, ob das Elektrogerät wirklich erforderlich ist
- Beim Kauf von Geräten auf die Energieeffizienzklasse achten
- Stand-By-Betrieb vermeiden
- Licht nicht unnötig eingeschaltet lassen
- Kühl- und Gefrierschränke nur möglichst kurz öffnen
- Energiesparlampen/LED-Lampen benutzen

Straßenverkehr

Vom Energiebedarf eines Haushalts entfallen ca. 36% auf die Fortbewegung. In den meisten Fällen dient dazu ein Auto. Während der Fahrt wird nur ein geringer Anteil für die Bewegung des Autos genutzt; die restliche Energie wird in unterschiedlichen Bereichen entwertet und bleibt bis auf geringe Mengen ungenutzt. Wie viel Energie das ist, kann daran erahnt werden, wie heiß Motor und Auspuffanlage trotz Kühlung nach längeren Autofahrten sind. Genutzt wird nur ein kleiner Teil der entstehenden Wärmeenergie für den Betrieb der Heizung. Technische Anlagen wie zum Beispiel eine Klimaanlage, die Lichtanlage oder ein Navigations-CD-Audio-Gerät benötigen ebenfalls Energie. Noch ungünstiger ist das Verhältnis zwischen eingesetzter und genutzter Energie bei Reisen mit dem Flugzeug.

Möglichkeiten zur Energieeinsparung:
- Energiesparend fahren,
- Fahrrad und Bahn statt Auto und Flugzeug benutzen,
- Öffentliche Verkehrsmittel benutzen,
- Fahrgemeinschaften bilden.

Energiesparen – Grenzen und Visionen

Die beschriebenen Maßnahmen zur Reduzierung des Energiebedarfs sind in ihrer Gesamtheit sehr sinnvoll. Es gibt jedoch auch Grenzen. So soll beispielsweise eine Lampe nicht nur Licht, sondern auch Gemütlichkeit ausstrahlen. Eine Reise soll nicht nur energiesparend, sondern häufig auch schnell sein. Es lassen sich aber neue Bereiche des Energiesparens erschließen und die Grenzen neu ziehen:
- Stärkere Nutzung der Erdwärme in Privathaushalten,
- Nutzung von Elektroautos in Verbindung mit privaten Fotovoltaikanlagen, etwa auf dem Dach,
- Nutzung überschüssiger Energie. So beheizt zum Beispiel in Stockholm die Körperwärme der Bahnhofsbesucher ein benachbartes Bürogebäude.

> Durch technische Maßnahmen und das Ändern persönlicher Verhaltensweisen besteht die Möglichkeit, den Energiebedarf spürbar zu senken.

STREIFZUG *Solarzellen in vielen Anwendungen*

Der mit Abstand größte Teil der Energie, die auf der Erde zur Verfügung steht, kommt als Licht von der Sonne. Es ist daher ein naheliegender Gedanke, diese zu nutzen →3.

3
Die dafür verwendeten Solarzellen funktionieren nur bei Tag und liefern bei Nacht keine Energie. Aber auch bei bedecktem Himmel kann mit Hilfe von Solarzellen Energie gewonnen werden. Allerdings sinkt der Ertrag.

Weitere Energieschwankungen ergeben sich durch das Wetter wie beispielsweise Regen, Schnee oder Nebel. Diese müssen immer mit eingeplant werden.

Um spontanen Energieengpässen vorzubeugen, werden in immer mehr Privathaushalten große Batterien als Energiespeicher eingebaut, die bei gutem Wetter aufgeladen werden können.

Auch in Solarbooten und Solarflugzeugen werden zur Energiegewinnung Solarzellen verwendet →4 und →5.

4
Als alleiniger Antrieb für Boot und Flugzeug ist Solarenergie aktuell aber noch im Forschungsstadium.

5

Energie

AUFGABEN UND VERSUCHE

Station 1: Energiesparlampen
Material: Verschiedene Energiesparlampen, LED-Lampen, PC mit Internetanschluss
a) Der Hersteller gibt neben der Leistung stets die Helligkeit einer Lampe an. Suche drei Paare gleich hell leuchtender Energiespar- und LED-Lampen und messe die jeweiligen Energieströme, die sie wandeln.
b) Vergleiche die Werte und kommentiere.
c) Ermittle im Internet die typische Lebensdauer einer Sparlampe und einer LED-Lampe sowie deren Preise. Begründe, wann sich die Anschaffung einer LED-Lampe lohnt.

Station 2: Helligkeitsvergleich von Lampen
Material: Papier, Speiseöl, Energiesparlampe, LED-Lampe

a) Träufele einen Tropfen Speiseöl vorsichtig in die Mitte eines weißen Blatt Papiers, sodass sich ein Fettfleck von 1–2 cm Durchmesser bildet. Halte das Papier auf unterschiedliche Weise gegen das Licht, beziehungsweise ins Licht. Überzeuge dich davon, dass der Fettfleck mal hell, mal dunkel erscheint, manchmal sogar auch verschwindet.
b) Deute die Beobachtungen.
c) Halte in einem gut abgedunkelten Raum das Fettfleckpapier so in die Mitte zwischen eine Energiesparlampe und eine gleich hell leuchtende LED-Lampe, dass es von beiden Lampen von verschiedenen Seiten beleuchtet wird. Betrachte das Papier und notiere, ob der Fettfleck von einer Seite aus gesehen eher dunkel oder heller erscheint. Erläutere das Ergebnis.

Station 8: Waschmaschine/Geschirrspülmaschine
Material: Informationsmaterial zum Aufbau einer Waschmaschine oder Geschirrspülmaschine.
a) Liste auf, welche elektrischen Teilgeräte eine Waschmaschine oder eine Spülmaschine enthält.
b) Gib eine begründete Vermutung ab, welche dieser Teile die meiste Energie wandeln.
c) Erläutere unter energetischen Gesichtpunkten, weshalb
- eine solche Maschine erst bei voller Beladung eingeschaltet werden sollte;
- möglichst niedrige Temperaturen gewählt werden sollten.

Hinweise zur Arbeit …
- Ihr arbeitet selbständig in Kleingruppen.
- Eure Lehrerin/euer Lehrer legt fest, ob alle Stationen bearbeitet werden müssen oder ob ihr eine Auswahl treffen könnt.
- Informiert euch auch, ob die Reihenfolge der Bearbeitung egal ist oder ob für eine Station eine andere Station Voraussetzung ist.
- Beachtet genau die jeweilige Aufgabenstellung und alle Anweisungen.

Station 3: Lampen dimmen
Material: Stehlampe oder Tischlampe mit Dimmer, Energiemessgerät, eventuell ein Helligkeitssensor.
a) Miss die Energiestromstärke zur Lampe mit dem Energiemessgerät in allen Helligkeitsstufen.
b) Vergleiche die Helligkeit der Lampe in allen Helligkeitsstufen nach Augenmaß oder besser mit einem Helligkeitssensor.
c) Ziehe aus den Versuchen Folgerungen zum Stichwort „Energiesparen".

Station 7: Energiebedarf eines Haushalts
Material: Internetfähiger PC
a) Informiere dich im Internet über den Energiebedarf eines Haushalts und ersetze entsprechend die Unbekannten x, y, und z im Energieflussdiagramm.
b) Zeichne außerdem ein eigenes Energieflussdiagramm nur für elektrische Geräte im Haushalt. Wähle dazu sinnvolle Kategorien.
c) Begründe, wo sich aufgrund deiner Ergebnisse am meisten Energie sparen lässt. Nenne auch damit verbundene Schwierigkeiten.

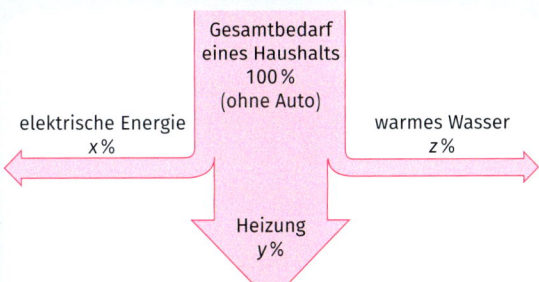

Station 6: Wärmedämmung
Material: Internetfähiger PC
Ältere Häuser genügen meist nicht den Wärmeschutzverordnungen, nach denen neue Häuser gebaut werden müssen. Entsprechend hoch sind ihre Heizkosten.
a) Erläutere, was durch das untenstehende Infrarotbild dargestellt wird.
b) Recherchiere im Internet nach möglichen nachträglichen Wärmedämmmaßnahmen.
c) Erläutere zwei solcher Maßnahmen ausführlich.

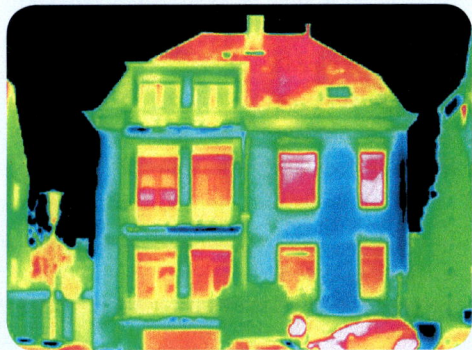

... in einem Lernzirkel
- Nachdem ihr eine Station bearbeitet habt, stellt ihr ihren Ausgangszustand wieder her und tragt in den Laufzettel ein, dass ihr die Station bearbeitet habt. Notiert dort auch Fragen oder Probleme.
- Die notwendige Bearbeitungszeit für die einzelnen Stationen ist unterschiedlich. Einige Stationen kann es deshalb mehrfach geben, damit kein Leerlauf entsteht. Ihr teilt euch also die Zeit selbst ein.

Station 5: Wasser erhitzen
Material: Kleine Herdplatte mit Topf, Mikrowellengerät, 2 Bechergläser mit 500 ml Wasser gleicher Temperatur, Thermometer, Energiemessgerät
a) Stelle ein Becherglas in die Mikrowelle und erwärme es für 3 Minuten (600-W-Stufe). Messe dabei die umgesetzte Energie und die Endtemperatur des Wassers.
b) Erhitze nun die anderen 500 ml Wasser im Topf auf der Herdplatte auf die gleiche Temperatur, miss auch hier die umgesetzte Energie.
c) Vergleiche und begründe die Ergebnisse.

Station 4: Wasser erhitzen
Material: Kaffeemaschine, Wasserkocher, 2 Bechergläser mit 500 ml Wasser gleicher Temperatur, Thermometer, Energiemessgerät
a) Lass 500 ml Wasser durch die Kaffeemaschine in die zugehörige Kanne laufen. Miss dabei die benötigte Energie mit dem Energiemessgerät und die Wassertemperatur in der Kanne.
b) Erhitze nun die anderen 500 ml Wasser mit dem Wasserkocher auf die gleiche Temperatur. Miss auch hier die benötigte Energie. Vergleiche und begründe die Ergebnisse.

Üben und Vertiefen *Energie*

Auf dieser Seite findest du zu allen Themen des Kapitels Aufgaben in drei Anforderungsbereichen. Die jeweiligen Aufgaben 1 sind in der Regel zum Wiedergeben, 2 zum Anwenden und 3 zum Vernetzen oder Vertiefen der Themen.

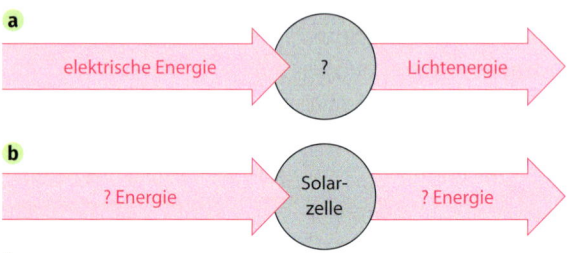

2

A Eigenschaften der Energie
A1 Beschreibe zwei Beispiele für Vorgänge, in denen Energie beteiligt ist.
A2 Erkläre die Begriffe Energie und Energieerhaltung.
A3 Betrachte das Bild zur „genialen Erfindung" auf Seite 61. Erkläre und bewerte diese Maschine unter energetischen Aspekten.

B Energieformen
B1 Nenne fünf verschiedene Energieformen mit jeweils einem Anwendungsbeispiel.
B2 Im Bild siehst du einen Bungeespringer → 1. Beschreibe an diesem Beispiel möglichst viele verschiedene Energieformen.

1

B3 Chemische Energie wird häufig als Energieform, manchmal aber auch als Energiespeicher bezeichnet. Erläutere dies und ein ähnliches, weiteres Beispiel.

C Energieübertragungsketten
C1a Vervollständige die folgenden Energieflussdiagramme, sodass die Energieformen und der Namen des Energiewandlers enthalten sind → 2.
C1b Gib drei Beispiele für einen Energietransport an.

C2a Zeichne die Energieflussdiagramme für ein Lagerfeuer, einen Solarmotor und ein Kraftwerk deiner Wahl.
C2b Erläutere die beiden grundsätzlich verschiedenen Formen des Energietransports.
C3 Stelle eine vollständige Energieübertragungskette von der Primärenergie deiner Wahl im Kraftwerk hin zu deinem Zimmerlicht in Form eines Energieflussdiagramms dar. Berücksichtige auch ungenutzt entweichende Energie. Markiere die Bereiche, in denen Energie über größere Strecken transportiert wird, in einer besonderen Farbe.

D Speicherung von Energie im Alltag und in der Technik
D1 Nenne drei verschiedene Energiespeicher und gib ihre jeweiligen Vorteile an.
D2 Im Haushalt gibt es verschiedene Geräte / Bauteile, die Energie speichern können. Beschreibe von zweien von ihnen die Speicherfähigkeit genauer und verwende dabei die physikalische Fachsprache.
D3a Pumpspeicherkraftwerke stellen eine von mehreren Möglichkeiten dar, Energie in großem Maße zu speichern. Erläutere die Notwendigkeit der Energiespeicherung im gesellschaftlichen Kontext.
D3b Für den Bau eines Pumpspeicherkraftwerks sind verschiedene geographische Voraussetzungen nötig. Benenne sie.

E Möglichkeiten der Energieversorgung
E1 Beschreibe, wie ein Wasserkraftwerk Energie gewinnen kann.
E2 Liste in einer Tabelle die Vor- und Nachteile des Betriebs eines Kohlekraftwerks auf.
E3 Warum heißen regenerative Energien „regenerativ"? Erläutere dies an zwei konkreten Beispielen.

F Sorgsamer Umgang mit Energie

F1 Stelle Möglichkeiten zur Energieeinsparung im Alltag zusammen und begründe sie kurz.
F2 Besorge dir aus dem Internet Daten zum „Stand-by-Betrieb" eines Elektrogeräts deiner Wahl und berechne die Energiemenge, die sich in einem Jahr durch manuelles Abschalten sparen lässt.
F3 Benenne Energiesparmöglichkeiten in deinem Umfeld und bewerte sie.

G Lageenergie berechnen

G1 Berechne die Lageenergie eines Basketballs der Masse 600 g, der auf dem Ring 3,05 m über dem Spielfeld rollt → **3a**.
G2 Begründe durch Rechnung, ob eine 100 m über dem Boden fliegende Amsel (m = 100 g) oder eine Hochspringerin (m = 60 kg) bei Lattenüberquerung in Höhe von 2,05 m mehr Lageenergie hat → **3b**.
G3 Ein Körper hat eine Lageenergie von 460 J. Durch Zusatzmassen wird seine Masse verdreifacht und seine Höhe auf die Hälfte reduziert. Berechne E_L neu.

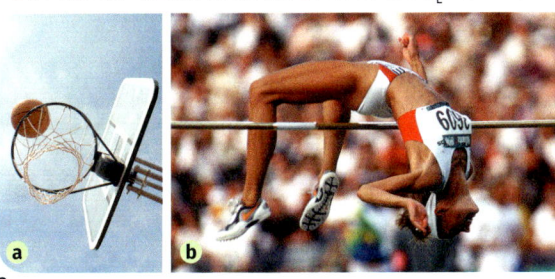

3

H Energie und Leistung

H1 Berechne die Leistung einer LED-Lampe, die 600 J in 2 min wandelt.
H2a Erläutere den Begriff Energiestromstärke/Leistung und berechne danach die Leistung eines Motors, der in 5 min 75 000 J wandelt.
H2b Berechne die Zeitdauer, die ein Autoscheinwerfer (9 W) leuchten muss, um 13 000 J zu wandeln.
H3 Begründe, warum die Einheit kWh eine Energieeinheit und keine Leistung darstellt.

I Leistungen im Alltag

I1 Notiere von sechs verschiedenen Haushaltsgeräten die aufgedruckte Leistung und sortiere nach Größe.
I2 Recherchiere drei verschiedene Werte körperlicher Leistungen im Spitzensport und ordne ihnen elektrische Geräte zu, die die gleiche Leistung erbringen.
I3 Entwickle einen Versuch, mit dem du die körperliche Leistung von Mitschülern bestimmen kannst.

J Wirkungsgrad

J1 Gib eine Definition des Begriffs „Wirkungsgrad".
J2a Erläutere den Begriff des Wirkungsgrads anhand eines geeigneten Energieflussdiagramms.
J2b Berechne den Wirkungsgrad eines Motors, der bei Aufnahme von 20 J eine Last von 500 g um 1,65 m anhebt.
J3 Vergleiche drei verschiedene Kraftwerkstypen nach ihrem Wirkungsgrad und bewerte dies.

K Nicht nutzbare Energie – thermische Energie

K1 Ein geschossener Fußball rollt über den Rasen und wird immer langsamer. Erkläre physikalisch.
K2 Beschreibe das Grillen einer Wurst aus Sicht der Physik unter Verwendung der Begriffe „Prozesswärme" und „Abwärme".
K3 Die Grafik unten zeigt ein vereinfachtes Energieflussdiagramm für ein Wärmekraftwerk → **4**. Berechne die fehlenden Werte und bestimme die Wirkungsgrade von Brenner, Turbine und Generator sowie den Gesamtwirkungsgrad des Kraftwerks.

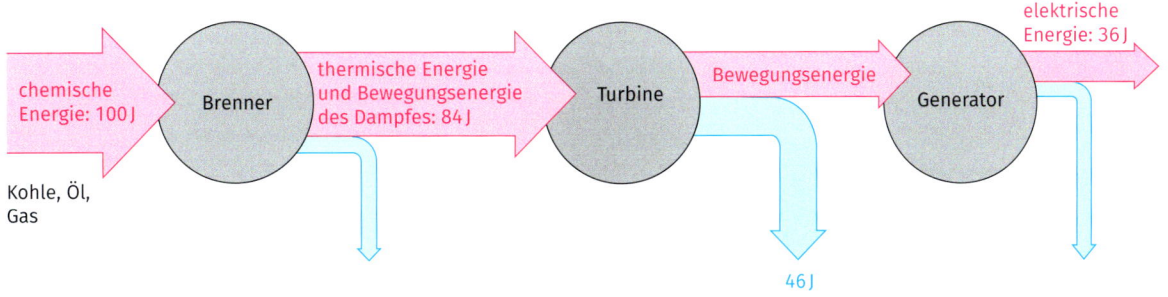

4

Wiederholen und Strukturieren *Energie*

Wechsel von einer Erscheinungsform zur anderen heißen Energiewandlungen
→ Seite 70–72

Eigenschaften der Energie
- Grundlage aller Vorgänge
- erkennbar an ihren Wirkungen

→ Seite 64

Es gibt nur eine Energie. Sie tritt in verschiedenen **Erscheinungsfomen** auf:
- Bewegungsenergie
- Lageenergie $E = m \cdot g \cdot h$
- Spannenergie
- elektrische Energie
- chemische Energie
- Lichtenergie
- thermische Energie
- …

→ Seite 66–68

It is important to realize that in physics today, we have no knowledge of what energy is.
→ Seite 65

Energieerhaltung
→ Seite 64

ENERGIE

Wirkungsgrad

$$\eta = \frac{E_{\text{genutzt}}}{E_{\text{zugeführt}}}$$

→ Seite 83

Energiebegriffe
- Primärenergie
- Nutzenergie
- Abwärme
- Energieentwertung

→ Seite 82, 86–87

Energieversorgung
Bereitstellung von Energie für Wirtschaft und Privathaus
→ Seite 74–76

Energieübertragungsketten
→ Seite 74

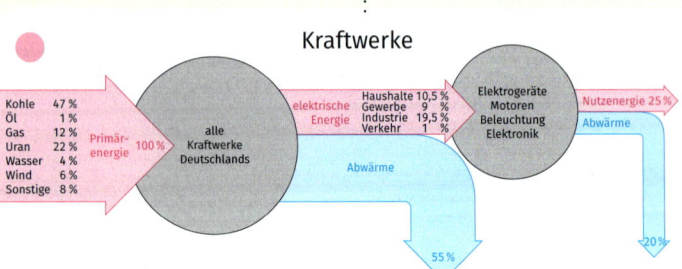

Kraftwerke

- Kohlekraftwerke
- Wasserkraftwerke
- Windkraftwerke
- …

→ Seite 75–76, 87

● fossile Energiespeicher
- Kohle
- Erdöl
- Gas

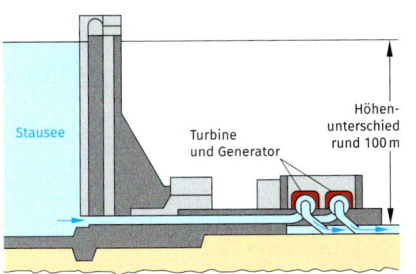

● weitere Energiespeicher
- Batterie
- Stausee
- gespannte Feder
- ...

→ Seite 72

● Energiesparen
- Energie ist ein wertvolles Gut
- es gibt viele Möglichkeiten des Energiesparens → Seite 88–91

● Energietransport
- mit einem Medium, etwa Wind, Wasser, ...
- mit einem bewegten Träger, etwa Tankwagen, Öltanker, ...

→ Seite 72

● Energiestrom
Energie kann auf unterschiedliche Weise transportiert werden

→ Seite 88–91

● Leistung / Energiestromstärke

$P = \frac{E}{t}$

- Die Leistung ist ein Maß dafür, wie viel Energie pro Zeit gewandelt wird.
- Die Energiestromstärke ist ein Maß dafür, wie viel Energie pro Zeit strömt.

→ Seite 78–79

Darstellung im Energieflussdiagramm

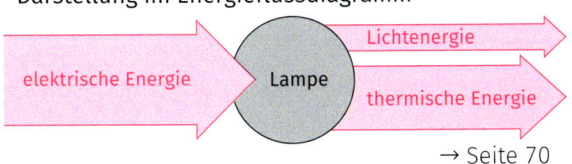

→ Seite 70

Energietransport im Stromkreis

Basiskonzepte: System Materie Energie Wechselwirkung

Magnetismus und Elektromagnetismus

Werden die Beine vom Elektromotor unterstützt, so wird Radfahren für ganz neue Strecken, Steigungen und Geschwindigkeiten möglich. Ohne Magnete gäbe es diese Unterstützung der Beine nicht. Elektromagnete funktionieren durch wechselnde magnetische Anziehung und Abstoßung im Elektromotor. Und kleine Dauermagnete an den Speichen geben bei jeder Radumdrehung ein Signal zur Steuerung des Motors oder zur Kilometerzählung.

In diesem Kapitel lernst du, durch welche Eigenschaften Magnete gekennzeichnet sind und was einen Dauermagnet von einem Elektromagnet unterscheidet. Es wird eine Vorstellung davon entwickelt, was bei der Wechselwirkung zwischen einem Magnet und dem angezogenen Stück Eisen passiert und wie aus einem einfachen Stück Eisen ein Magnet wird. Schließlich lernst du auch die Erde als Magnet kennen und es wird verständlich, wie ein Kompass funktioniert.

Dauermagnete

Magnete finden Verwendung in Lautsprechern, in kleinen Motoren, im Fahrraddynamo, an Pinnwänden und an vielen anderen Stellen.

Kernspintomografie

Sehr starke Magnete sind in dem Ring um den Kopf des Patienten erforderlich, um mit ihrer Hilfe ein Abbild des Gehirnes oder anderer Körperteile zu erzeugen. Diese Magnete müssen außerdem abschaltbar und in ihrer Stärke veränderbar sein. Das ist mit Dauermagneten nicht möglich. Deshalb werden Elektromagnete verwendet.

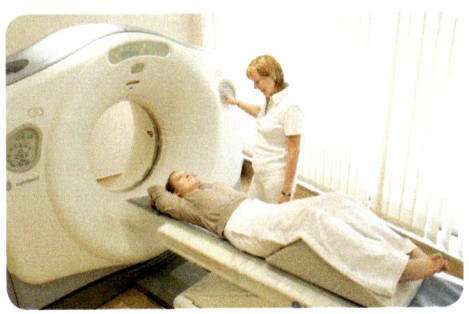

Bestimmung von Himmelsrichtungen

Zur Orientierung wurden in China schon vor über 2000 Jahren magnetisierte Eisenbleche verwendet. Hier in Form eines Fisches. Das Eisen wurde durch Berührung mit Magnetsteinen magnetisiert. Wenn der Fisch in Wasser schwimmt, zeigt sein Kopf nach Süden. Vor etwa 500 Jahren wurden in Europa die ersten Kompasse mit einer magnetischen Nadel entwickelt. Auf welchen physikalischen Grundlagen die Wirkung eines Kompasses beruht, ist erst seit etwa 200 Jahren bekannt. Bis dahin war nur bekannt, dass Magnetsteine und später Magnete aus Eisen sich immer in Nord-Süd-Richtung ausrichten. Das genügte, um die Orientierung auf See bei schlechter Sicht einfacher zu machen.

EINSTIEG

1 Lies die Texte dieser beiden Seiten durch und betrachte die dazugehörigen Bilder. Schreibe zu den einzelnen Themen Fragen auf, die du dazu hast.

2 Blättere das folgende Kapitel durch. Lies die Überschriften und betrachte die Bilder. Notiere neben den Fragen aus **1** die Seitenzahlen, die deiner Meinung nach Antworten zu deinen Fragen liefern könnten.

3 Überlege und schreibe auf, was du in Experimenten untersuchen möchtest. Vielleicht hast du ja schon Ideen, wie die Versuche aussehen könnten.

Vorwissen

Magnete ziehen nur bestimmte Metalle an:
- Eisen,
- Nickel,
- Kobalt.

Alle anderen Metalle werden von Magneten nicht angezogen.

1

2

Auch andere Stoffe wie Papier, Kunststoff, Holz oder ähnliches werden von Magneten nicht angezogen → 1.

Die magnetische Anziehung wird genutzt um aus Schrott, der aus unterschiedlichen Metallen besteht, Eisen auszusortieren → 2.

Projekt *Basteln mit Magneten*

P1 Baut aus kleinen Figuren mit eingeklebten Magneten ein Mobile, indem ihr die Figuren an Fäden aufhängt. Schneidet euch dafür zum Beispiel zwei schnäbelnde Vögel, zwei kämpfende Böckchen oder zwei schnüffelnde Hunde aus.

Die Magnete erhaltet ihr, wenn ihr Stücke der kleinen eisernen Haltelaschen eines Heftstreifens mit einem starken Magnet immer in der gleichen Richtung überstreicht, wie es im Bild dargestellt ist → 3.
Damit Schwung in die Sache kommt müsst ihr darauf achten, dass die Streifen immer mit den sich anziehenden Enden genau dort sitzen, wo die Figuren aneinander stoßen sollen.

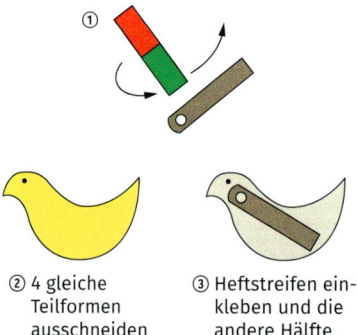

② 4 gleiche Teilformen ausschneiden

③ Heftstreifen einkleben und die andere Hälfte draufkleben

3

4

P2 Klebt kleine Spielfiguren auf eiserne Heftstreifen → 4. Setzt sie mithilfe eines starken Magnets, der unter der Tischplatte geführt wird, in Bewegung.
Ihr könnt auf einem Blatt Papier Wege aufzeichnen, auf denen ihr die Figuren führt.

P3 a) Bastelt vier gleiche Rinnen und klebt sie auf eine Pappe, sodass Stahlkugeln darin rollen können. Legt die Pappe auf eine dünne Tischplatte und dirigiert die Stahlkugeln von unterhalb der Tischplatte mit einem Magnet. Tragt damit Wettspiele aus → 5.

Projekt Bestimmung von Himmelsrichtungen

Es gibt verschiedene Verfahren, die Himmelsrichtungen zu bestimmen. Auf dieser Seite sind drei verschiedene Methoden abgebildet. Die in den ersten drei Bildern dargestellten Verfahren basieren auf dem Erdmagnetismus → 5 bis → 7. Auf dem vierten Bild ist ein Verfahren dargestellt, das den Sonnenstand nutzt → 8. Auch mit dem Smartphone kann die Himmelsrichtung bestimmt werden → 9.

5

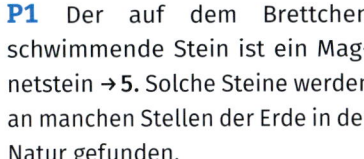

6

7

P1 Der auf dem Brettchen schwimmende Stein ist ein Magnetstein → 5. Solche Steine werden an manchen Stellen der Erde in der Natur gefunden.
Benennt die Eigenschaft, die der Magnetstein mit dem Stabmagnet und der Kompassnadel gemeinsam haben muss, damit mit seiner Hilfe die Nordrichtung bestimmt werden kann.

P2 Für das im Bild unten dargestellte Verfahren braucht ihr eine Uhr, die auf Winterzeit eingestellt sein muss → 8. Die Sonne muss scheinen. Zur Bestimmung der Südrichtung wird die Uhr so gedreht, dass der kleine Zeiger auf die Sonne zeigt.
a) Begründet, weshalb die Südrichtung gerade auf der Hälfte zwischen dem kleinen Zeiger und der 12 liegt.
b) Probiert dieses Verfahren aus.

P3 Zeichnet mit Kreide auf eine möglichst zentrale Stelle eures Schulhofes eine Windrose, wie sie auf einem Kompass zu finden ist. Sie soll die Himmelsrichtungen genau anzeigen. Benutzt dazu eines der Verfahren, die in den Bildern → 5 bis → 7. dargestellt sind.

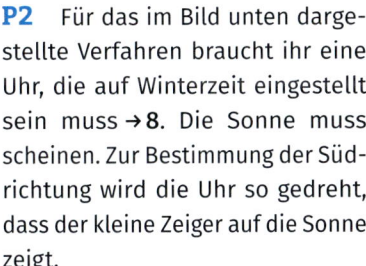

8

P5 Das Smartphone zeigt die Himmelsrichtung, in die es gehalten wird, auch in Winkelgraden an → 10. Erläutert, was die angegebene Zahl bedeutet.

10

P6 a) Zählt die Vor- und Nachteile auf, die jedes der auf dieser Seite aufgeführten Verfahren zur Bestimmung der Himmelsrichtungen hat.
b) Beschreibt für jedes Verfahren Situationen, in denen die Himmelsrichtungen damit nicht bestimmt werden können.
c) Schildert Situationen, in denen euch die Kenntnis der Himmelsrichtungen hilfreich gewesen wäre.

P7 Mit dem Polarstern kann die Nordrichtung bestimmt werden.
Alte Bäume sind an der Westseite der Stämme oft mehr mit Moos und Flechten bewachsen als an den anderen Seiten.
Informiert euch, worauf diese beiden Möglichkeiten der Bestimmung der Himmelsrichtungen beruhen.

Magnetpole und magnetische Wechselwirkung

1

2

ZENTRALER VERSUCH

Ein Kompass hilft, auch in Bereichen ohne Beschilderung oder Wegmarkierungen die Orientierung zu behalten. Die Kompassnadel richtet sich nämlich immer entlang der Nord-Süd-Richtung aus, unabhängig davon wie das Gehäuse gedreht wird. Zudem zeigt immer die gleiche Spitze der Nadel nach Norden →1.

Wird im zentralen Versuch der Stabmagnet in einen Haufen kleiner Stahlnägel gelegt, so werden diese nur von den Enden des Magnets angezogen, nicht von seiner Mitte →2. Die Stellen, an denen die Anziehung des Magnets am größten ist, heißen **Pole** des Magnets.

Wird in Mitteleuropa ein Stabmagnet horizontal und frei drehbar aufgehängt, so zeigt ein Pol des Magnets ungefähr nach Norden →3. Diese Eigenschaft wird im Kompass genutzt. Zu beobachten ist im Einzelnen:
- Das Hin- und Herdrehen des Magnets hört nach einiger Zeit auf.
- Der Magnet richtet sich bei jeder Wiederholung des Versuchs immer wieder in Nord-Süd-Himmelsrichtung aus.
- Es zeigt immer der gleiche Pol nach Norden.

Dieser nach Norden zeigende Pol heißt **Nordpol N** und wird bei Schulmagneten meist rot gefärbt. Der nach Süden zeigende Pol heißt **Südpol S** und wird meist grün gefärbt. Die Magnetnadel im Kompass ist nichts anderes als ein drehbar gelagerter Stabmagnet →3.

Kompassnadeln zeigen in Mitteleuropa ziemlich genau nach Norden. Es gibt nur eine kleine Abweichung in Westrichtung. Diese Abweichung wird **Missweisung** genannt. In Stuttgart beträgt die Missweisung 2,02°. Auch in fast allen anderen Gegenden der Welt haben Kompassnadeln solche Missweisungen. Für eine genaue Bestimmung der Nordrichtung muss diese Missweisung bekannt sein.

Daher haben manche Kompasse eine zusätzliche, drehbare Achse für die Missweisung eingebaut →4. Richtet sich die Kompassnadel entlang dieser Achse aus, so zeigt das „N" des Kompasses exakt den geografischen Norden an.

4

3

> Die Pole eines Magnets sind die Stellen stärkster Anziehung. Jeder Dauermagnet hat zwei Pole: einen Nordpol und einen Südpol.
> Bei frei beweglichen Magneten zeigt der Nordpol in Mitteleuropa ungefähr nach Norden.

● **W**echselwirkung

Wechselwirkung zwischen zwei Magneten

Zwei Magnete liegen sich mit ihren Polen in größerem Abstand gegenüber und werden dann langsam aufeinander zu bewegt. Von einer bestimmten Entfernung an wird sichtbar, dass sie miteinander wechselwirken. Folgende Situationen können unterschieden werden:

- Nordpol steht gegenüber Nordpol → **5a**:
  Nordpol und Nordpol stoßen einander ab.

- Südpol steht gegenüber Südpol → **5b**:
  Südpol und Südpol stoßen einander ab.

- Südpol steht gegenüber Nordpol → **5c**:
  Südpol und Nordpol ziehen einander an.

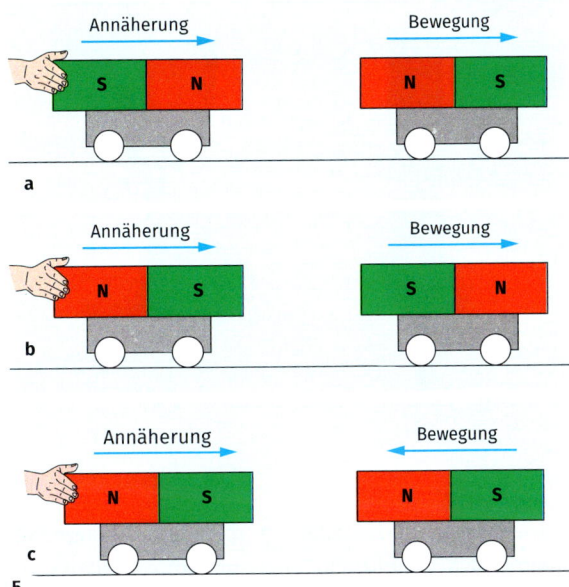

5

Gleichnamige Pole zweier Magnete stoßen sich ab. Ungleichnamige Pole zweier Magnete ziehen sich an.

AUFGABEN UND VERSUCHE

V1 Zwei Stabmagnete werden längs zusammengehalten und in eine Kiste mit Nägeln getaucht. Erst liegen gleiche Pole nebeneinander. Dann liegen ungleiche Pole nebeneinander
Beobachte und notiere den Unterschied des Versuchsergebnisses für diese beiden Möglichkeiten.

V2 a) Untersuche mithilfe kleiner Nägel verschiedene Magnete darauf, wo sie ihre Pole haben → **6**. Nimm hierzu eigene Magnete oder welche aus der Physiksammlung.
b) Bestimme mit einem Kompass, welches die Nordpole und welches die Südpole der untersuchten Magnete sind und kennzeichne sie durch Beschriftung.

V3 Die Türen von Kühlschränken werden oft durch Magnetverschlüsse geschlossen gehalten. Die Magnetverschlüsse sind meist in die Dichtgummis eingearbeitet. Untersuche mit Hilfe eines Kompasses, ob auch diese Verschlüsse Pole haben und wo sie liegen.

6

V4 Finde heraus, wie sich ein unmagnetischer Eisenstab und ein Magnet unterscheiden, wenn jedem ein anderer Magnet genähert wird.

V5 Lege einen Magnet auf eine Briefwaage → **7**. Nähere dann einen zweiten Magnet so von oben, dass mal gleiche Pole und mal ungleiche Pole einander gegenüber sind. Beobachte und erkläre.

7

Magnetisieren und Entmagnetisieren

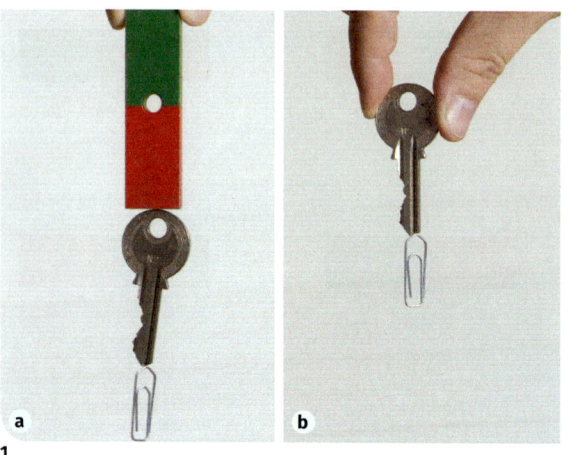

1

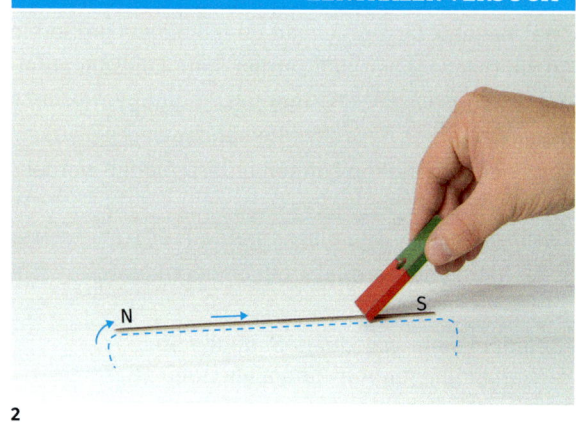

ZENTRALER VERSUCH

2

Manchmal werden Alltagsgegenstände mit einem Mal magnetisch. Die Büroklammer zum Beispiel bleibt am Schlüssel hängen, obwohl dieser ohne den Magnet darüber gar nicht magnetisch war → **1a**. Aber wenn der Magnet entfernt wird, ist der Schlüssel durch die Berührung doch zum Magnet geworden. Denn die Büroklammer fällt nicht ab → **1b**!

Im zentralen Versuch wird die Berührung von Eisen durch einen Magnet auf besondere Weise durchgeführt. Ein Magnet wird etwa 20-mal in der gleichen Richtung über eine Stahlstricknadel gezogen → **2**. Danach ist die Stricknadel selbst zum Magnet geworden: Sie zieht Büroklammern an. Die Stricknadel ist **magnetisiert** worden. Beim Schlüssel genügte allein die *Berührung* mit dem Magnet, um ihn zu magnetisieren → **1a, b**. Eisen wird durch gleichmäßiges Überstreichen mit einem Magnet magnetisiert. Oft genügt dafür auch schon eine einfache Berührung des Eisens mit dem Magnet. Wird danach kräftig mit einem Hammer auf die Stricknadel geklopft oder wird sie mit einem Brenner an einem Ende bis zur Glut erhitzt, ist sie danach nicht mehr magnetisch. Sie zieht Büroklammern nicht mehr an. Durch starkes Erschüttern oder Erhitzen wird magnetisches Eisen **entmagnetisiert**.

> Eisen kann durch Berührung mit einem Magnet magnetisiert werden. Durch Erschüttern oder Erhitzen kann es wieder entmagnetisiert werden.

In einem weiteren Versuch wird ein ca. 30 cm langer Stahldraht magnetisiert → **3**. Der magnetisierte Draht wird in der Mitte geteilt. Die Enden der beiden Stücke werden in Eisenpulver gehalten. Jedes Stück hat wieder zwei Pole. Beim nächsten Teilen wird das Gleiche beobachtet, dann wieder …

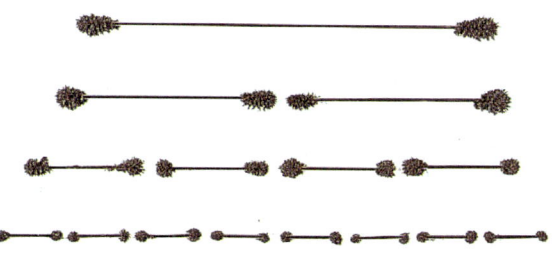

3

Mit einem Kompass kann nachgewiesen werden, dass jedes Drahtstück ein vollständiger Magnet geworden ist. Denn mit einem Kompass lässt sich feststellen, dass jedes Stück wieder einen Nordpol und einen Südpol hat.

In Gedanken kann dieses Teilen sehr oft wiederholt werden. Immer wird es wieder kleine, vollständige Magnete geben. Die allerkleinsten dieser Magnete, die für sich nicht mehr teilbar sind, heißen **Elementarmagnete**. Die lassen sich – wieder in Gedanken – auch ganz gleichmäßig zusammensetzen, sodass der ursprüngliche magnetische Draht wieder entsteht. Der magnetische Draht lässt sich also aus all den kleinen Elementarmagneten aufgebaut denken.

Materie, **W**echselwirkung

Das Gedankenexperiment des Teilens und wieder Zusammensetzens eines magnetischen Drahtes mit der Vorstellung der Elementarmagnete ist eine sehr vereinfachte Darstellung eines Teils der Wirklichkeit. Hieraus lässt sich ein Modell für Magnete entwickeln.
Mit diesem Modell lassen sich die Beobachtungen aus den Versuchen zur Magnetisierung und Entmagnetisierung besser verstehen:
- In unmagnetischem Eisen liegen die Elementarmagnete ungeordnet durcheinander → 4a.
- Durch das Darüberstreichen mit dem Magnetende werden sie geordnet → 4b.
- Beim Teilen eines Magnets entstehen wieder vollständige Magnete.
- Durch Schütteln oder starkes Erhitzen gerät die Ordnung der Elementarmagnete wieder durcheinander und das Eisen wird entmagnetisiert.

Wie es tatsächlich im Innern eines Magnets aussieht, sagt das Modell nicht. Aber das Modell weist darauf hin, dass es auch in Wirklichkeit irgendeine Form von Ordnung oder Unordnung im Innern eines Magnets gibt.

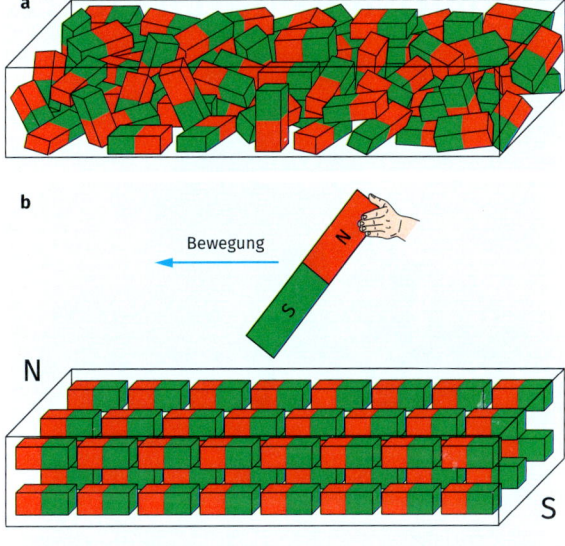
4

Magnetisieren wird beschrieben durch das Ausrichten von Elementarmagneten. Entmagnetisieren beschreibt eine Zerstörung der Ordnung der Elementarmagnete.

AUFGABEN UND VERSUCHE

A1 Erläutere mithilfe einer Zeichnung die Entstehung der Pole beim Magnetisieren eines Eisenstückes.

A2 Unmagnetische Nägel werden von einem Magnet angezogen und bilden Ketten → 5. Die Kette hält auch, wenn der Magnet entfernt wird.

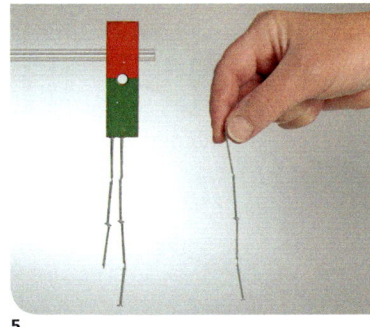
5

Erkläre, wie es zu der Kettenbildung kommt und weshalb die Nägel nach Entfernen des Magnets einander noch immer anziehen. Nimm zu deiner Erklärung auch das Modell der Elementarmagnete zu Hilfe.

V1 a) Magnetisiere eine Stricknadel und überprüfe, wie viele Büroklammern sie anzieht. Entmagnetisiere sie danach wieder.
b) Wiederhole den Versuch, ohne dass sich Magnet und Stricknadel beim Magnetisieren berühren. Prüfe, wieviele Büroklammern nun an der Stricknadel hängen bleiben.
c) Erkläre das Ergebnis von a) und b) mithilfe des Modells der Elementarmagnete.

V2 Markiere an drei magnetisierten Heftstreifen oder langen Nägeln den Nord- und Südpol.
a) Erprobe, wie du die Pole der magnetisierten Eisenstücke aneinander halten musst, damit eine möglichst große Anziehung entsteht → 6.
b) Begründe mithilfe des Modells der Elementarmagnete die Ergebnisse von a).

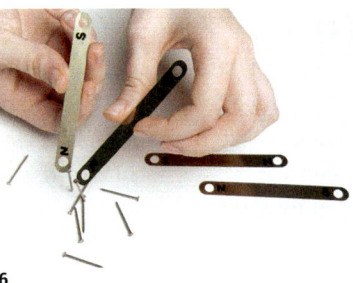
6

Materie, **W**echselwirkung

Magnetismus durch elektrischen Strom

1

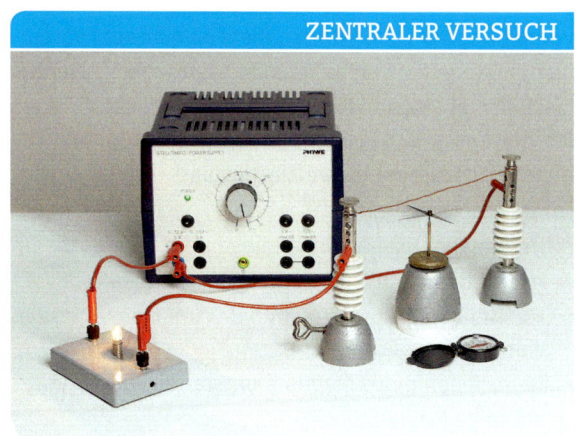

ZENTRALER VERSUCH

2

In der Türklingel ist ein Draht zu Windungen gewickelt → 1. Fließt elektrischer Strom durch den Draht, so wird der eiserne Klöppel angezogen und schlägt gegen die Glocke. Die Türklingel klingelt.
Durch eine geschickte Schaltung wiederholt sich das Schlagen des Klöppels solange, wie der Klingelknopf gedrückt wird.

Zum Verständnis der Wechselwirkung zwischen dem gewickelten Draht und dem eisernen Klöppel wird im zentralen Versuch ein dicker Kupferdraht parallel über eine frei drehbare Magnetnadel gespannt. Die Magnetnadel ist in Nord-Südrichtung ausgerichtet → 2. Draht und Nadel berühren sich nicht.
- Wird der Stromkreis geschlossen, so zeigt die Nadel eine Auslenkung. Sie stellt sich etwas quer zum stromdurchflossenen Leiter.
- Beim Abschalten des elektrischen Stroms dreht sich die Magnetnadel in die Ausgangslage, die Nord-Süd-Richtung zurück.
- Wird die Stromrichtung durch Vertauschen der Anschlüsse am Stromversorgungsgerät umgekehrt, erfährt die Magnetnadel eine Auslenkung in die entgegengesetzte Richtung.

Offenbar wird der aufgewickelte Draht zum Magnet, wenn in dem Draht ein elektrischer Strom fließt.
In einem weiteren Versuch wird ein ummantelter Draht mehrfach zu einer Schlaufe gewickelt. Sie wird längs über die Kompassnadel gehalten. Der Strom fließt nun mehrfach in gleicher Richtung an der Magnetnadel vorbei → 3.

Die Auslenkung der Magnetnadel ist jetzt deutlich größer. Wird die Anzahl der Windungen des Drahtes erhöht, so wird auch die Auslenkung der Nadel stärker. Der Strom fließt ja jetzt noch häufiger in der gleichen Richtung über die Kompassnadel. Wird die Magnetnadel vor die Öffnung der Windungen gestellt, so ist die Auslenkung dort am größten. Eine solche Anordnung von Windungen eines elektrischen Leiters wird **Spule** genannt.

> Ein stromdurchflossener Leiter erzeugt quer zur Stromrichtung eine magnetische Wirkung, deren Richtung von der Richtung des elektrischen Stroms abhängt.
> Die magnetische Wirkung eines elektrischen Leiters kann verstärkt werden, wenn der leitende Draht zu einer Spule geformt wird.

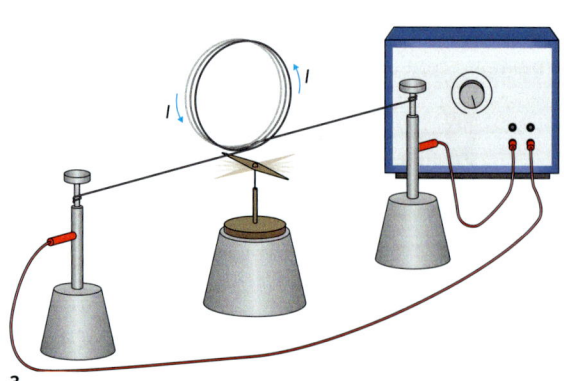

3

Materie, **W**echselwirkung

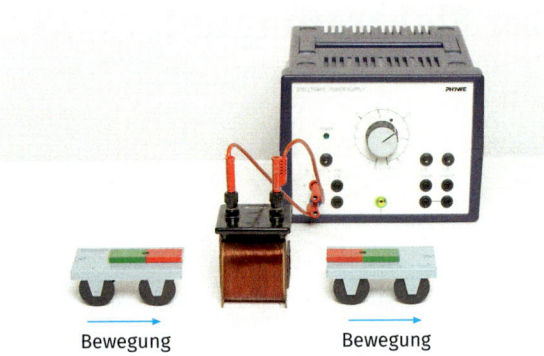

Bewegung   Bewegung

4

5

Eine Spule mit vielen Windungen zieht Eisennägel an beiden Spulenöffnungen an wie ein Dauermagnet → **4**.

Liegen in einem Experiment mit einer Spule zwei Stabmagnete auf je einem Wagen, so wird deutlich, dass die Spule Pole hat: Einen Südpol und einen Nordpol → **5**. Im abgebildeten Versuch ist der Südpol links und der Nordpol rechts. Wenn der Strom in umgekehrter Richtung durch die Spule fließt, dann werden die Pole an den Spulenöffnungen vertauscht und beide Wagen bewegen sich entgegengesetzt.

- Die magnetische Wirkung einer stromdurchflossenen Spule ist an- und abschaltbar.
- Die magnetische Wirkung ist durch Änderung der Windungszahl der Spule veränderbar.
- Die Pole an den Öffnungen sind durch Änderung der Stromrichtung vertauschbar.

Eine stromdurchflossene Spule wirkt wie ein Dauermagnet. Ihre magnetische Wirkung ist abschaltbar, sie ist in ihrer Stärke veränderbar und die Pole der Spule sind vertauschbar.

STREIFZUG ØRSTEDs Entdeckung

Die Erforschung des Magnetismus reicht in Europa bis in das 12. Jahrhundert zurück. Die dabei gewonnen Erkenntnisse beruhen alle auf Beobachtungen, die an Dauermagneten gemacht wurden.

Anfang des 19. Jahrhundert machte der dänischen Physiker Hans Christian ØRSTED (1777–1851) neuartige Beobachtungen zum Magnetismus → **6**. Nach vielen vergeblichen Versuchen entdeckte er im Jahr 1820, dass ein stromdurchflossener Leiter eine Magnetnadel ablenkt, wie im zentralen Versuch gezeigt → **2**. Ein Zusammenhang zwischen Elektrizität und Magnetismus war zwar vermutet, aber nie zuvor beobachtet worden.

6

ØRSTEDs Entdeckung war die Geburtsstunde des Elektromagnetismus. Der Franzose André-Marie AMPÈRE (1775–1836) und der Engländer Michael FARADAY (1791–1867) haben die Erkenntnisse über den Elektromagnetismus experimentell weiterentwickelt.

ØRSTEDs Entdeckung war von großer Bedeutung für die Entwicklung unserer industriellen Gesellschaft. Ohne den Elektromagnetismus gäbe es viele Dinge in unserer Umgebung nicht: Es gäbe keine Elektromotoren, keine Gewinnung elektrischer Energie in Kraftwerken, aber auch kein Telefon oder Internet.

Nur neun Jahre nach ØRSTEDs Entdeckung baute der amerikanische Physiker Joseph HENRY (1797–1878) einen Elektromagnet, der bis zu 1040 kg heben konnte. Das ist die Masse eines Pkw. HENRY wickelte dazu 250 m Draht auf einen 30 kg schweren Eisenkern. Den Draht hatte er kunstvoll durch eine Umwicklung mit Seidenfäden isoliert.

Wechselwirkung

Der Elektromagnet

1

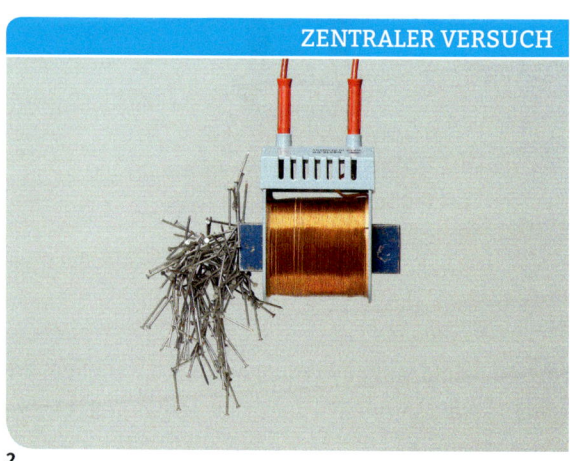

ZENTRALER VERSUCH

2

Auf Schrottplätzen müssen oft sperrige Eisenteile von einem Ort zu einem anderen transportiert werden → **1**. Die Schrottteile hängen dabei an einer Eisenplatte unter einem an- und abschaltbaren Magnet.

Im zentralen Versuch ist in eine stromdurchflossene Spule ein Eisenkern eingefügt → **2**. Dadurch zieht die Spule deutlich mehr Nägel an als ohne den Eisenkern. Ihre Magnetwirkung wird durch den Eisenkern verstärkt. Solch eine Spule mit Eisenkern heißt **Elektromagnet**. Der Elektromagnet hat die gleichen Eigenschaften wie eine stromdurchflossene Spule, nur ist er deutlich stärker.

Soll ein besonders starker Elektromagnet gebaut werden, so müssen drei Bedingungen erfüllt sein:
- Die Spule muss möglichst viele Windungen haben.
- Es muss ein möglichst starker elektrischer Strom durch die Drähte der Spule fließen.
- Ein Eisenkern muss das Spuleninnere ausfüllen.

Für den Elektromagnet des Schrottkrans sind diese drei Bedingungen erfüllt.

Mit Hilfe des Modells der Elementarmagnete lässt sich verstehen, warum der Eisenkern eine solch verstärkende Wirkung der magnetischen Anziehung einer Spule hat. Im unmagnetischen Eisenkern liegen die Elementarmagnete durcheinander → **3a**. Wird der Strom eingeschaltet, wird der Eisenkern durch die Magnetwirkung der Spulendrähte magnetisiert. Die Elementarmagnete richten sich aus → **3b**.

An den Enden der Spule haben sich im Eisenkern durch die Ausrichtung der Elementarmagnete besonders starke Pole ausgebildet. Fehlen die Elementarmagnete wie bei der Spule ohne Eisenkern, sind die Pole nicht so stark ausgeprägt.

Der Eisenkern besteht aus einer speziellen Eisenart, in der sich die Elementarmagnete einfacher ausrichten lassen. Die Ordnung der Elementarmagnete zerfällt auch wieder, wenn der Strom abgeschaltet wird. Deshalb wird der Eisenkern auch nicht zu einem Dauermagnet. In dem gehärteten Eisen der Dauermagnete bleibt die Ausrichtung der Elementarmagnete erhalten, auch wenn der magnetisierende Magnet entfernt wird.

> Durch die Magnetisierung eines Eisenkerns in einer Spule werden die Elementarmagnete ausgerichtet. Dadurch wird die Magnetwirkung der Spule verstärkt.

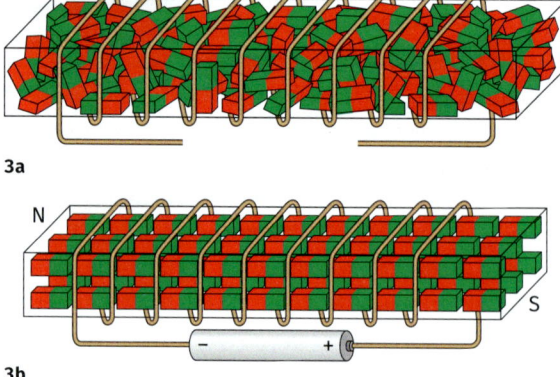

3a

3b

Materie, **W**echselwirkung

AUFGABEN UND VERSUCHE

A1 a) Nenne Gemeinsamkeiten und Unterschiede zwischen Stabmagnet und Elektromagnet.
b) Erkläre, warum bei Schrottkränen keine Dauermagnete verwendet werden können.

A2 Ein Elektromagnet wird frei beweglich aufgehängt. Beschreibe, was auffallend sein wird, wenn er nach dem Einpendeln zur Ruhe gekommen ist.

V1 Unter einem elektrischen Leiter liegen Kompasse, in N-S-Richtung ausgerichtet → **4**.

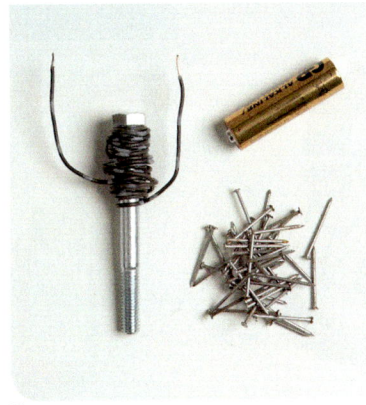

5

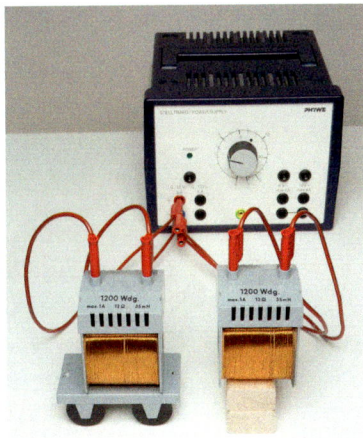

7

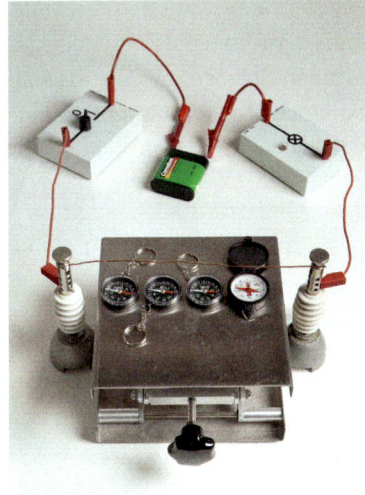

4

a) Plane einen Versuch, der zeigt, was geschieht, wenn in dem Draht Strom fließt. Formuliere eine Vermutung zum Versuchsausgang und führe den Versuch durch.
b) Halte zwei Kompasse auch über den Draht und dann seitlich neben ihn.
c) Beschreibe deine Beobachtungen, formuliere eine Aussage über die magnetische Wirkung eines elektrischen Leiters und vergleiche mit deiner Erwartung.

V2 Stelle aus einer etwa 6 cm langen Eisenschraube und 2,5 m langem Klingeldraht durch Wickeln des Drahtes um die Schraube einen Elektromagnet her → **5**. Verbinde ein Spulenende mit dem Minuspol einer 1,5-V-Batterie, indem du den Draht mit Klebeband befestigst. Stelle den elektrischen Kontakt mit dem anderen Drahtende immer nur ganz kurz her.
a) Prüfe die Stärke der Anziehung des Magnets durch Anhängen von kleinen Nägeln.
b) Prüfe die Anziehung für folgende Situationen:
- Schalte zwei Batterien mithilfe von Klebeband zusammen und prüfe die Anziehung → **6**.
- Ein halb so langer Draht ist über die Schraube gewickelt.
- Drehe die Schraube vorsichtig aus der Drahtwicklung heraus, so dass eine Spule ohne den Eisenkern entsteht.
c) Fasse die Versuchsergebnisse in einem je-desto-Satz zusammen.

6

V3 a) Bestimme die Nordpole zweier Elektromagneten.
b) Lege einen der Elektromagneten auf einen Klotz und den zweiten auf einen Wagen. Weise nach, dass sie sich anziehen oder abstoßen wie die Magnetpole zweier Stabmagnete → **7**.
c) Lege die beiden Elektromagnete so, dass ihre Achsen auf einer Linie liegen. Verbinde die Batterien mit den Elektromagneten so, dass sich eine Kompassnadel zwischen den Spulen
- in Richtung der Spulenachsen einstellt,
- quer zu den Spulenachsen stellt → **8**.

Erkläre, wie du dazu die Elektromagnete ausrichten musst.

8

Anwendung des Elektromagnetismus: Der Elektromotor

1

ZENTRALER VERSUCH

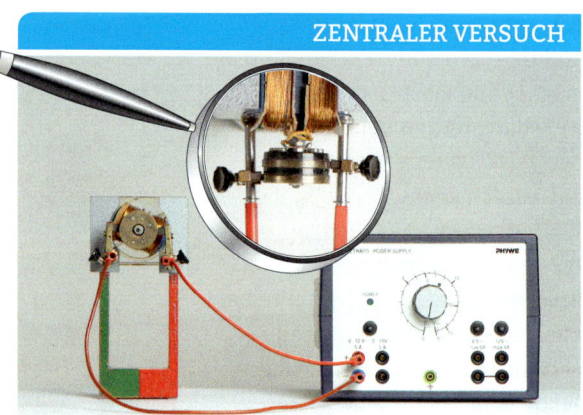

2

Im **Elektromotor** eines E-Bikes drehen sich viele kleine Drehspulen mit Eisenkernen an den Magneten am Innenrand des Gehäuses vorbei →1. Drehspulen und Magnete zusammen sorgen für eine dauerhafte Drehung der Achse, indem ein fortwährendes Wechselspiel zwischen Anziehung und Abstoßung erzeugt wird. Elektromotoren gibt es in vielen Bauformen.

Im zentralen Versuch ist eine davon dargestellt →2. Die Stromzuführung zur **Drehspule** erfolgt über zwei auf der Achse angebrachte Ringe. Je nach Richtung des elektrischen Stroms wird die Spule vom Magnet angezogen oder abgestoßen. Solange kein elektrischer Strom fließt und also keine Magnetpole entstehen, kann die Drehspule jede beliebige Position einnehmen.

In einem Elektromotor entsteht eine dauerhafte Drehung der Spule durch einen fortgesetzten Wechsel der Stromrichtung in der Drehspule.

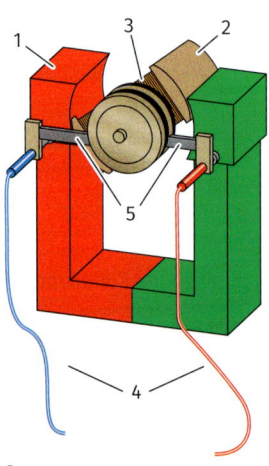 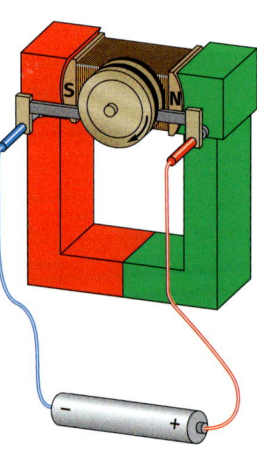 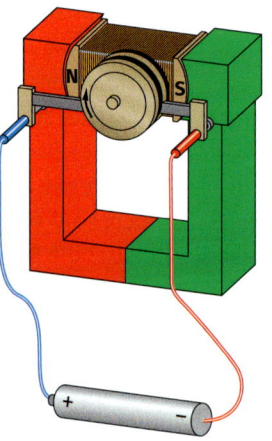 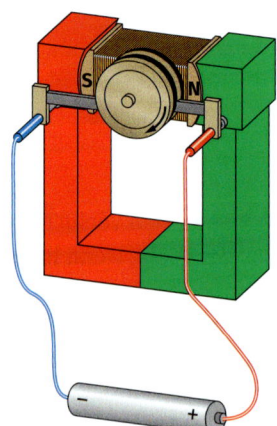

3

1 Dauermagnet
2 Polschuh
3 Drehspule
4 Stromzufuhr
5 Schleifkontakte als Stromabnehmer

Die ungleichnamigen Pole von Spule und Magnet ziehen sich an. Die Spule macht eine Viertel Drehung bis N-Spule gegenüber S-Magnet und S-Spule gegenüber N-Magnet stehen.

Die Batterie wird umgedreht. Dadurch ändert sich die Richtung des Stroms in der Spule. Nun stehen sich gleichnamige Pole gegenüber. Die Spule vollführt durch Abstoßung eine Halbdrehung.

Wieder wird die Batterie umgedreht. Wieder stehen sich gleichnamige Pole gegenüber. Die Spule vollführt eine weitere Halbdrehung. Ständiger Polwechsel führt zu fortwährendem Drehen.

System, **W**echselwirkung

4

5

In technisch genutzten Elektromotoren wird der Wechsel der Stromrichtung durch eine besondere Konstruktion der Schleifkontakte automatisch veranlasst.

Ein Motor mit einer Spule, das heißt mit zwei Polschuhen, muss mit der Hand angeworfen werden, wenn die Pole der Spule und des Dauermagnets sich genau anziehend gegenüberstehen. Diese Position des Motor wird sein Totpunkt genannt, weil er sich aus dieser Position nicht von alleine weiterbewegt.

Ein Motor mit drei Polschuhen schafft Abhilfe → 4. Er hat keinen Totpunkt mehr, da immer einer der Polschuhe für ein Weiterdrehen sorgt.
Der Motor mit drei Polschuhen wurde noch weiterentwickelt zum Trommelanker → 5. Beim Trommelanker gibt es viele Polschuhe. Je zwei zueinander gehörige Polschuhe liegen sich gegenüber. Die Spulen sind so gewickelt, dass nacheinander Abstoßung geschieht. Dadurch laufen solche Motoren sehr gleichmäßig → 5. Die Motoren von E-Bikes haben solche Trommelanker.

AUFGABEN UND VERSUCHE

A1 a) Zähle möglichst viele Geräte auf, in denen Elektromotoren arbeiten.
b) Beschreibe für drei dieser Geräte, welche Arbeit von Hand verrichtet werden musste, bevor es diese Geräte gab.

A2 In einem Elektromotor sorgen die Schleifkontakte für eine sichere Stromzufuhr zur Spule. Die Achse, der walzenförmige Stromabnehmer, die Zuleitungsdrähte zur Spule und die Spule mit Anker drehen sich. In technisch genutzten Elektromotoren besteht der gelb-schwarz-blaue Stromabnehmer aus zwei Halbscheiben und einer stromundurchlässigen Schicht dazwischen → 6.

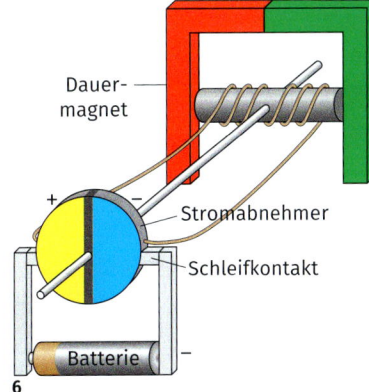
6

a) Zeichne den Stromabnehmer mit der Stromzuführung in der Stellung, wenn er um 180° gedreht ist.
b) Beschreibe die Folgen für die Polung der Spule und ihre Wechselwirkung auf den Dauermagnet nach jeder Halbdrehung.

V1 Spanne ein Stück Papier über eine Spule und beschwere das Papier in der Mitte mit einem kleinen Magnet → 7.
a) Baue den Versuch auf und wechsele mehrfach die Stromrichtung. Beobachte und erkläre.
b) Vergleiche das Versuchsergebnis mit den Stromrichtungsänderungen beim Elektromotor.

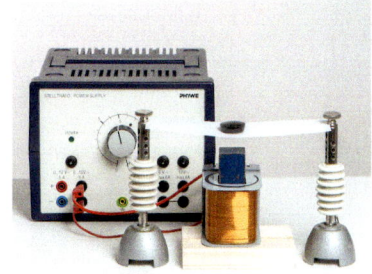
7

System, **W**echselwirkung

Magnetische Anziehung über Entfernungen

1

ZENTRALER VERSUCH

2

Der Junge bewegt die Figuren mit einem Magnet unter der Holzplatte. Unter die Füße der Figuren sind hierzu Eisenplättchen geklebt →1. Die magnetische Anziehung wirkt durch die Platte hindurch, ohne dass der Magnet die Figuren berührt. Nicht nur durch Kunststoff, auch durch Luft und selbst im luftleeren Weltall ist die magnetische Wirkung über gewisse Entfernungen nachweisbar.

Im zentralen Versuch wird ein Magnet unter zwei Glasplatten gelegt, zwischen denen Magnetnadeln angeordnet sind. Sie ordnen sich so, wie der zentrale Versuch es zeigt →2. Wird ein Magnetende in Eisenspäne gelegt, so entsteht am Pol des Magnets eine ganz bestimmte Struktur →4.

Um einen Magnet herum hat der Raum offenbar besondere Eigenschaften: Eiserne Gegenstände werden angezogen und Magnetnadeln, die sich an einem Ort in der Nähe des Magnets befinden, richten sich aus. Diese berührungslose Anziehung wird durch das **Magnetfeld** vermittelt. Das Magnetfeld weist eine räumliche Ordnung auf →4. Im zentralen Versuch wird sie als zweidimensionaler Schnitt in der Ebene sichtbar gemacht →2.

Die Magnetnadeln ordnen sich so an, dass gedachte Linien entstehen →3. Sie werden **Feldlinien** genannt und zeigen die Richtung an, in die sich eine kleine Magnetnadel an der Stelle ausrichtet, durch die die Linie verläuft. Feldlinien sind eine Hilfe zur zeichnerischen Darstellung der Struktur des Magnetfeldes im Raum. Das Feld ist natürlich nicht nur an den gedachten Feldlinien vorhanden, sondern es erfüllt den gesamten Raum.

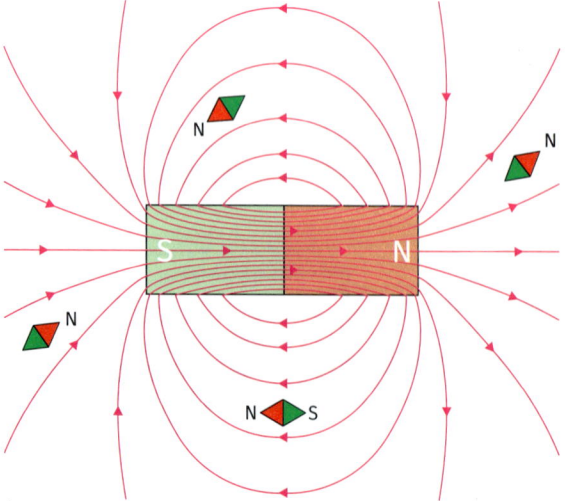

3

4

Ein Magnetfeld ist der magnetische Wirkungsbereich um einen Magnet herum. Die Struktur von Magnetfeldern wird durch Feldlinien dargestellt.

System, **W**echselwirkung

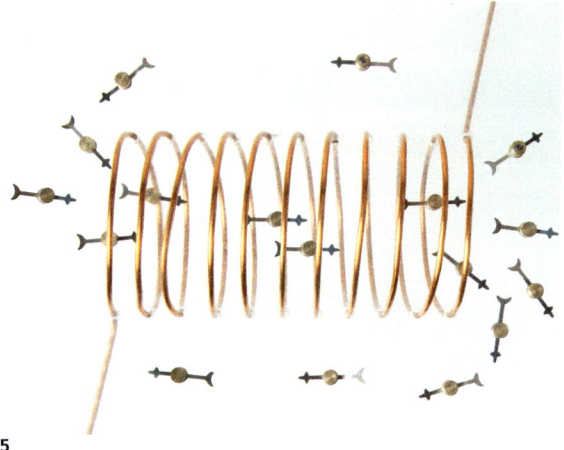

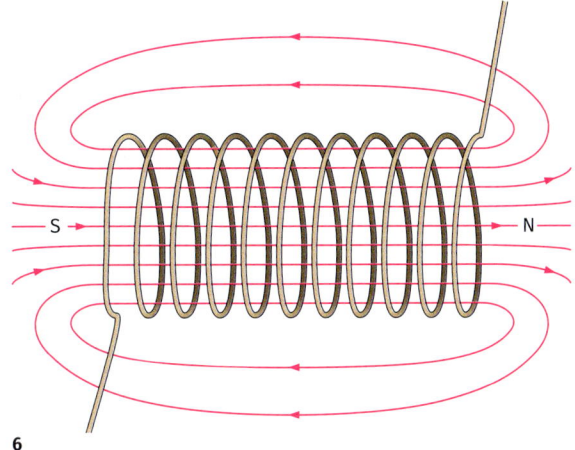

5

6

Auch eine stromdurchflossene Spule besitzt ein Magnetfeld. Kleine Kompassnadeln richten sich um die Spule herum und in ihrem Inneren in ganz besonderer Weise aus → **5**. Werden die Feldlinien eines Stabmagnets und einer stromdurchflossenen Spule verglichen, so zeigt sich eine gleiche Struktur beider Magnetfelder im Außenbereich von Spule und Magnet.

Anders als beim Stabmagneten kann bei der Spule auch der Innenbereich genauer untersucht werden → **5**. Die Magnetnadeln ordnen sich dort parallel an. Nur an den Spulenenden geht die Parallelität verloren. Zusammenfassend lässt sich sagen:
- Eine parallele Anordnung der Magnetnadeln zeigt, dass die magnetische Anziehung in diesem Bereich in die gleiche Richtung wirkt. Hier ist das Feld **homogen**.
- Die Anordnung der Magnetnadeln lässt darauf schließen, dass die Feldlinien geschlossen gezeichnet werden können.
- Aus der Analogie von Spule und Stabmagnet ergibt sich, dass auch im Innern eines Stabmagnets die Feldlinien geschlossen gezeichnet werden können.
- An den Polen liegen die Feldlinien dicht beieinander → **6**. Das sind gerade die Stellen, an denen die magnetische Anziehung am stärksten ist. Dicht liegende Feldlinien stehen somit für starke Anziehung.

Magnetnadeln zeigen eine Richtung an. Es wurde vereinbart, dass Feldlinien im Außenraum immer die Richtung zum Südpol anzeigen. Danach ist an der Spule links der Südpol und rechts der Nordpol.

Bei einem Hufeisenmagnet gibt es zwischen den Polen ein homogenes magnetisches Feld → **7a**. Das dazugehörige Feldlinienbild verdeutlicht den Verlauf der Feldlinien → **7b**.

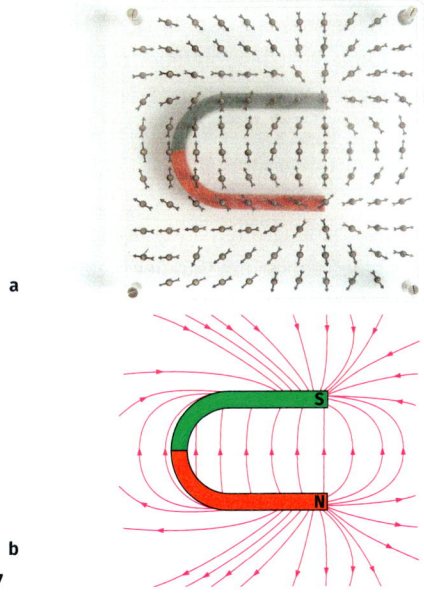

a

b

7

Stabmagnet und Spule haben ein gleich strukturiertes Magnetfeld.
Das Magnetfeld setzt sich im Innern einer Spule und eines Magnets fort.
Feldlinien geben an, wie sich eine Magnetnadel ausrichtet, die an einer Stelle der Feldlinie platziert wird. Feldlinien sind immer geschlossen.
Feldlinien werden außerhalb des Magnets vom Nord- zum Südpol gezeichnet.

System, **W**echselwirkung

Das Magnetfeld der Erde

1

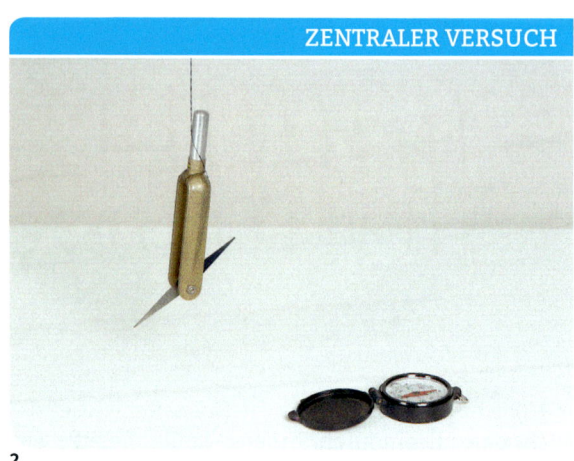

ZENTRALER VERSUCH

2

Ein Kompass dient Steuerleuten auf Schiffen zur Orientierung auf See →1. Der Nordpol der Kompassnadel zeigt in Mitteleuropa mit nur geringer Abweichung immer nach Norden. Kompassnadeln richten sich in magnetischen Feldern nach den Feldlinien aus. Die Erde muss also ein magnetisches Feld besitzen.

Eine Orientierung mit dem Kompass ist möglich, weil die Kompassnadel so abgelenkt wird, als gäbe es im Innern der Erde einen riesengroßen Stabmagnet, der ein ausgedehntes Magnetfeld besitzt →3. Der magnetische Südpol dieses „Stabmagnets" liegt etwa 410 km vom geografischen Nordpol entfernt. Entsprechend liegt der magnetische Nordpol in der Nähe des geografischen Südpols.

Im zentralen Versuch wird mithilfe einer frei beweglich aufgehängten Magnetnadel der Verlauf einer Feldlinie des Erdmagnetfeldes ermittelt →2. Die Nadel stellt sich schräg zur Erdoberfläche und dreht sich zu den magnetischen Polen hin. Die Feldlinien des Erdmagnetfeldes verlaufen also geneigt und tauchen in die Erdoberfläche ein.
An den magnetischen Polen der Erde stehen sie senkrecht zur Erdoberfläche, am Äquator verlaufen sie parallel. Der Winkel, mit dem eine Feldlinie in die Erdoberfläche eintaucht, heißt **Inklination**.

Auf der Erdoberfläche zeigen Magnetnadeln zum magnetischen Südpol und nicht zum geografischen Nordpol. In Mitteleuropa ist diese Missweisung allerdings gering →4.
Der Winkel der Missweisung zwischen Kompassnadel und dem geografischen Längengrad heiß **Deklination**.

4

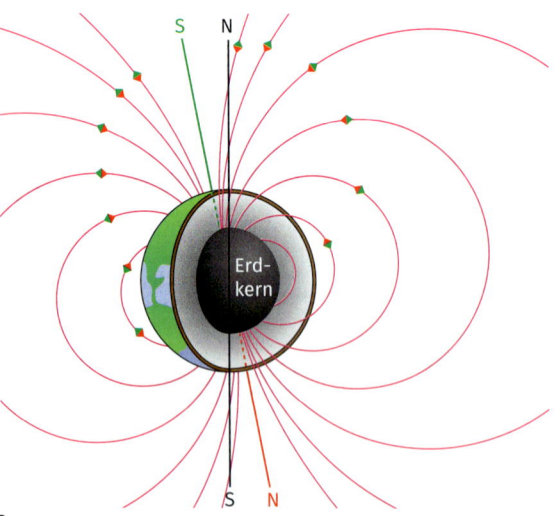

3

> Die Erde besitzt ein Magnetfeld, das ähnlich strukturiert ist wie das eines Stabmagnets, der im Erdinneren gedacht wird.

System, **W**echselwirkung

AUFGABEN UND VERSUCHE

A1 Nenne Gründe dafür, dass sich viele kleine Magnetnadeln zum Auffinden eines magnetischen Feldes eignen.

A2 Erläutere den Unterschied zwischen einem magnetischen Feld und seiner Darstellung mithilfe von Feldlinien.

A3 Wie sich Magnetnadeln an den betreffenden Punkten der Erde ausrichten, zeigt die Abbildung → **4**. Nur einige wenige Nadeln zeigen auf den geografischen Nordpol. Zeichne diese Punkte in eine kopierte Karte der nördlichen Erdhalbkugel ein.

A4 a) Sieh nach, ob auf deinem Atlas oder Globus die Magnetpole eingezeichnet sind. Bestimme ihre geografische Länge und Breite und nenne das Land oder Gewässer, in dem sie zu finden sind.
b) Gib einen Punkt auf der Nordhalbkugel an, an dem die Missweisung etwa doppelt so groß ist wie in Deutschland.

A5 Die Kunststoffplatte um die Spule herum wird mit Eisenspänen bestreut. Dabei ergibt sich das Bild → **5**.

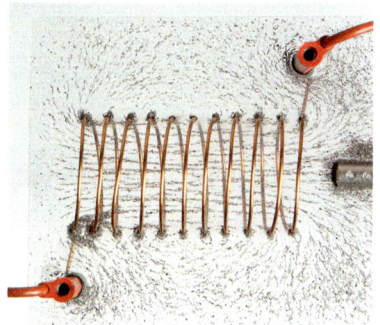

5

a) Betrachte die Anordnung der Eisenspäne um die Stecker herum und zeichne das passende Feldlinienbild.
b) Um einen stromdurchflossenen Leiter bildet sich überall ein solches Magnetfeld aus. Beschreibe seine Struktur.

V1 Taste mit einer Büroklammer an einem Faden das Magnetfeld eines Hufeisenmagnets ab → **6**.

6

a) Zeichne einen Hufeisenmagnet und stelle die Richtungen der Anziehung an verschiedenen Punkten durch kleine Pfeile dar.
b) Ergänze deine Pfeile zu einem ebenen Feldlinienbild.
c) Halte zwischen die Büroklammer und den Magnet in der Position wie im Bild dargestellt, verschiedene flache Gegenstände: Blatt Papier, Holzbrettchen, verschiedene Blechsorten, darunter auch Eisenblech, Kunststofffolie, ... Beschreibe, was du beobachtest.

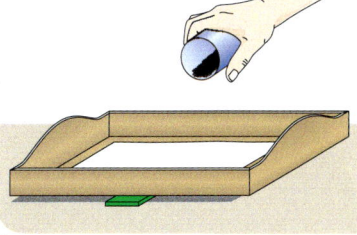

7

V2 Platziere einen Stabmagnet unter ein Tablett aus Holz oder Kunststoff. Lege ein Blatt Papier auf das Tablett. Streue jetzt aus etwa 15 cm Höhe Eisenpulver auf das Blatt → **7**.
a) Beobachte und beschreibe die Bahnen, auf denen das Eisenpulver fällt.
b) Klopfe ein wenig gegen das Blatt und begründe, warum das entstehende Bild große Ähnlichkeit mit einem Feldlinienbild hat.
c) Schreibe auf, was dir bei zwei nebeneinanderliegenden Späneketten auffällt.
d) Lege auch einen Hufeisenmagnet oder einen Haftmagnet unter das Tablett und bestreue es dann mit Eisenpulver. Zeichne die entstehenden Feldlinienbilder.
e) Untersuche ebenfalls das Feld zweier Stabmagnete, die sich abstoßen oder anziehen. Bei anziehenden Magneten musst du einen Radiergummi zwischen beide Magnete legen.

V3 a) Baue dir mit einem Apfel und einer Aluminiumstricknadel einen Globus mit geografischer Erdachse → **8**.
b) Magnetisiere eine Stahlstricknadel und stecke sie so durch den Apfel wie die magnetische Achse durch die Erde verläuft.

8

STREIFZUG Navigation mit dem Kompass

1

3

> Nimm ein rundes Holzgefäß, lege da hinein den Magnetstein und dieses nun, mit dem Steine darinnen, setze in einen Bottich voll Wasser. Der Stein auf der Scheibe sitzet wie der Schiffer auf seinem Schiff. Der so gelagerte Stein wendet nun sein "Schiff", bis sein Nordpol auf den Nordpol des Himmels zu stehet und sein Südpol auf den Südpol des Himmels. Und, selbstverständlich wird er, wenn er tausendmal weggedreht wird, tausendmal in seine Lage zurückgewendet.
> (1269)

2

Magnetsteine waren bereits in der Antike bekannt → 1. Die Beschreibung eines Magnetkompasses aus dem Jahre 1269 ist in Europa eine der ersten Darstellungen der Orientierung mithilfe des Magnetismus → 2. Schon mehr als tausend Jahre früher war dieses Verfahren in China bekannt. Aus ihm entwickelte sich der Kompass. Er war und ist für die Seefahrt eine wichtige Hilfe zur Orientierung.
Heute wird der Magnetkompass in der Luft- und Seefahrt durch andere Navigationshilfen ergänzt.

Das Funktionsprinzip des nicht magnetischen *Kreiselkompasses* ist ähnlich dem eines Rads → 4: Es bleibt von alleine senkrecht, solange es sich dreht. Nur unter Kraftaufwand kann die Achse eines drehenden Rads aus der einmal eingenommenen Lage heraus bewegt werden → 5. Einmal in die Nord-Süd-Richtung eingestellt, wird solch eine Achse zum Kompass.

Zum Verständnis des Kompasses im Smartphone wird ein Versuch durchgeführt → 6: Neben einem senkrecht gespannten Draht ist ein Magnet angebracht. Fließt Strom durch den Draht, wird er ausgelenkt. Das Feld des Drahtes wechselwirkt mit dem Feld des Magnets. Die Auslenkung kann gemessen werden.

Im Smartphone befindet sich kein Magnet. Dort wirkt das Magnetfeld der Erde auf das Feld eines stromdurchflossenen Drahtes ein. Die Auslenkung wird erfasst und in eine Magnetfeldrichtung umgerechnet. Das Ergebnis wird als Winkelgrad und als Bild einer Kompassnadel angezeigt → 3. Die Missweisung wird dabei immer gleich mit eingerechnet.

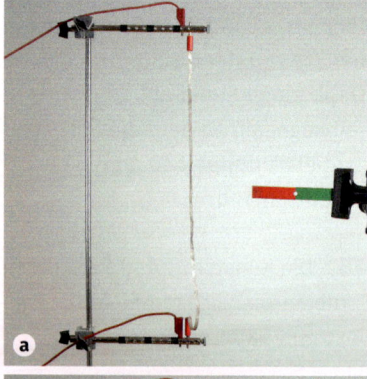

4

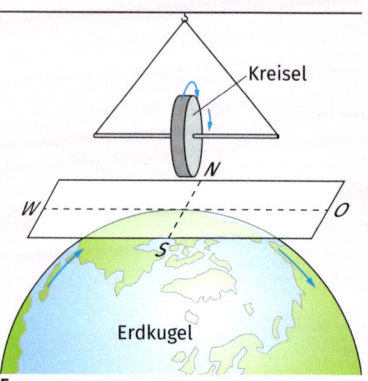

5

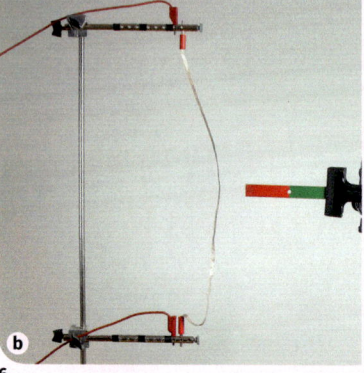

6

STREIFZUG *Magnetsinn bei Vögeln und anderen Tieren*

7

Magnetsinn in Schnabel und Auge

9

Das regelmäßig wiederkehrende Naturschauspiel des Vogelzuges hat die Menschen seit jeher zu der Frage bewegt, wie die Vögel jedes Jahr so sicher ihren Weg nach Süden und wieder zurück zu ihren Brutplätzen finden → 7. Die Antwort nach vielen Jahren der Erforschung war, dass die Vögel einen Magnetsinn besitzen, mit dem sie sich am Erdmagnetfeld orientieren.

Der Forscher Wolfgang WILITSCHKO aus Frankfurt a. M. hat dies 1972 experimentell nachgewiesen, wie im Folgenden beschrieben wird → 8.

8

In einem Magnetfeld stand ein abgedunkelter, drehbar gelagerter Kasten. Darin befanden sich junge Hühner, denen immer an der gleichen Stelle im Magnetfeld Futter gegeben wurde. Zum Beispiel lag das Futter immer in Richtung des magnetischen Nordpols. Das hatten die Hühner gelernt. Nachdem der Kasten gedreht war, wurde wieder Futter an den Nordpol gelegt, der sich jetzt aber an einer anderen Stelle des Kastens befand. Die Hühner konnten nicht sehen, wo die Futterstelle war. Sie fanden sie aber trotzdem, obwohl ihr Geruchssinn sehr schwach ist.

Erklärbar ist dies nur, wenn die Hühner neben Hören, Sehen und Tasten auch einen Sinn für magnetische Wirkungen haben. Menschen haben einen solchen Sinn nicht. Wenn es ihn bei Vögeln gibt, dann müssen sie aber ein Organ haben, mit dem sie ein Magnetfeld wahrnehmen können, so wie die Augen die Wahrnehmung von Licht ermöglichen.

Tatsächlich haben Forscher im Schnabel und im Auge von Vögeln Zellen entdeckt, die Eisen enthalten und auf Magnetfelder reagieren → 9. Das Magnetfeld der Erde ist mit diesem Organ für die Vögel wahrnehmbar. Sie nehmen die Nord-Süd-Richtung der Ebene wahr, in der die Feldlinie liegt, und den Winkel, unter dem sie in die Erdoberfläche eintaucht → 10. Damit ist ihnen an jedem Punkt der Erde eine Bestimmung der Position möglich.

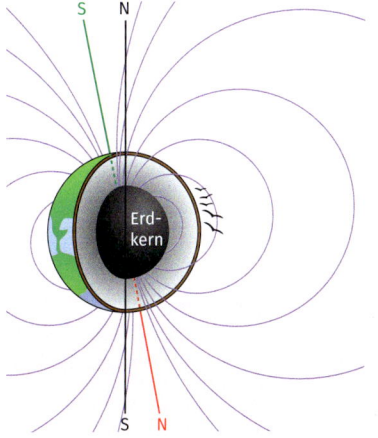

10

Üben und Vertiefen — Magnetismus und Elektromagnetismus

Auf dieser Seite findest du zu allen Themen des Kapitels Aufgaben in drei Anforderungsbereichen. Die jeweiligen Aufgaben **1** sind in der Regel zum Wiedergeben, **2** zum Anwenden und **3** zum Vernetzen oder Vertiefen der Themen.

A Phänomene des Magnetismus

A1a Zeichne, wie zwei Stabmagnete angeordnet werden müssen, damit sie sich anziehen oder abstoßen.
A1b Wiederhole A1a für zwei Hufeisenmagnete.
A1c Zwei ringförmige Magnete werden auf einen Stab gesteckt, auf dem sie leicht beweglich sind → **1**. Erkläre, warum der obere Magnet über dem unteren Magnet schwebt.
A1d Der obere Magnet wird anders herum auf den Stab gesteckt. Beschreibe und begründe, was nun passiert.

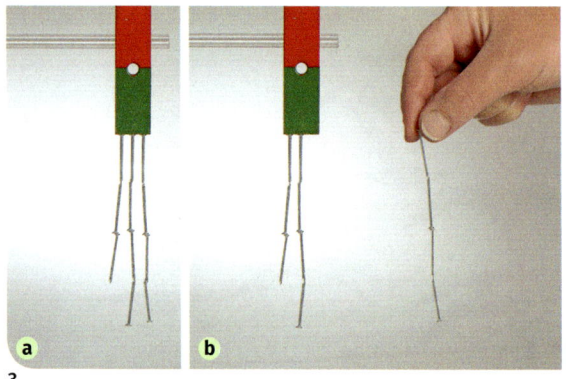

a b
3

A2 In Laboren müssen Flüssigkeiten oft sehr lange gerührt werden. Dazu wird ein kleiner Stabmagnet in das Glas mit der Flüssigkeit gelegt → **2**. Dann wird das Glas auf den Magnetrührer gestellt. Nach dem Einschalten des Gerätes dreht sich der Magnet im Glas. Er rührt dadurch die Flüssigkeit. Erläutere durch eine Skizze und eine Beschreibung, wie das Gerät funktionieren könnte.

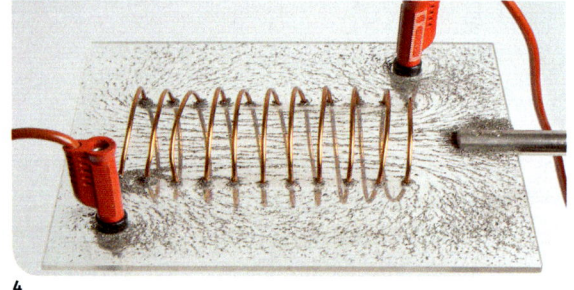

1

2

A3a Nägel bilden Ketten, wenn sie an einem Magnet hängen → **3a**. Auch wenn der Magnet entfernt wird, bleiben sie noch eine Weile aneinander hängen → **3b**. Erläutere mithilfe der Elementarmagnete.
A3b Die Nagelkette entgleitet der Hand und fällt zu Boden. Beschreibe und begründe, was an den heruntergefallenen Nägeln zu beobachten ist.

4

A3c Im Unterricht ist ein Stabmagnet heruntergefallen und zerbrochen. Die beiden Teile werden gesucht. „Ich habe den Nordpol gefunden" ruft ein Junge. Bewerte diesen Ausruf.

B Magnetische Wirkung eines stromdurchflossenen, geraden Leiters und einer Spule

B1a Im Bild ordnen sich um die Stecker die Eisenspäne im Kreis an. Erläutere, wie diese Kreisform zustande kommt → **4**.
B2 Auch an den Stellen der Spulendrähte, an denen sie die Ebene durchstoßen, ist eine kreisförmige Anordnung der Eisenspäne gegeben. Begründe, warum im Innern der Spule trotzdem ein homogenes Feld entsteht.
B3 In einem Physikbuch steht der Merksatz: „Strömt in zwei parallel gespannten Drähten Strom in der gleichen Richtung, so ziehen sich die Drähte an. Fließt der Strom in den beiden Drähten in entgegengesetzte Richtungen, so stoßen sich die Drähte ab."
Zeichne und begründe dies mit den Richtungen der kreisförmigen Feldlinien um die beiden Leiter herum.
Hinweis: Zeichne Kompassnadeln an die Feldlinien.

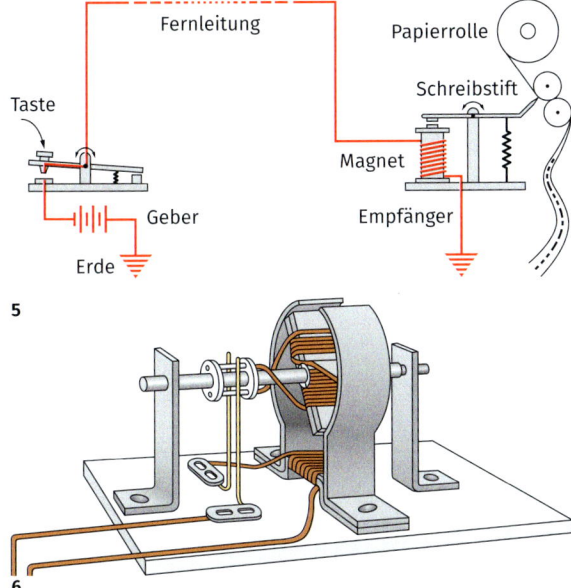

5

6

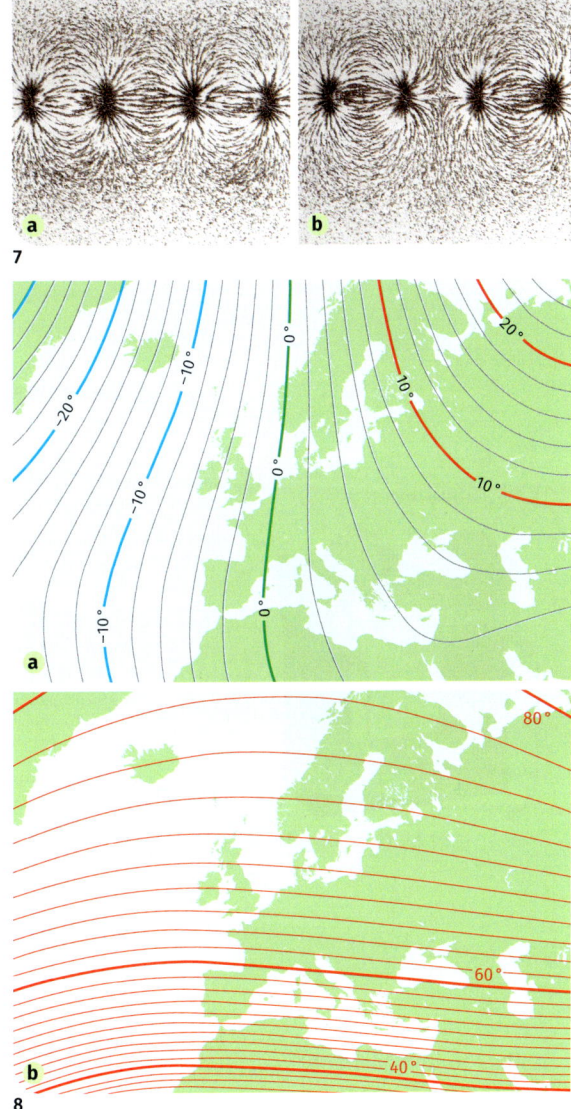

a

b

7

a

b

8

C Anwendungen des Elektromagnetismus

C1 Nenne die Hauptteile eines Elektromotors. Gib an, wie eine Halbdrehung zustande kommt.

C2a Erläutere, was der Totpunkt eines Elektromotors ist. Gib an, welche konstruktive Maßnahme ihn verhindern kann.

C2b Morseapparate dienten noch vor 100 Jahren der Nachrichtenübermittlung. Beschreibe das Zusammenspiel von Elektromagnet, eisernem Schreibhebel und abrollendem Papierband mit dem Taster im Sender des Morseapparates, wenn der Strom ein- und ausgeschaltet wird → 5.

C3 In dem abgebildeten Elektromotor gibt es keinen Dauermagnet → 6. Erläutere die Aufgabe der feststehenden Spule und erkläre, wie hier der Richtungswechsel des Stroms in der Drehspule erreicht wird.

D Struktur von Magnetfeldern

D1a Beschreibe, was unter einem Magnetfeld zu verstehen ist und wie es zeichnerisch dargestellt wird.

D1b Nenne Verfahren, die es ermöglichen, Magnetfelder nachzuweisen.

D1c Feldlinien werden zur Darstellung von Magnetfeldern genutzt. Gib an, worauf du achten musst, wenn du ein Feld durch Feldlinien darstellst.

D2 Die beiden Bilder sind Schnitte durch die Magnetfelder je zweier Stabmagnete → 7. Eisenspäne machen die Magnetfelder sichtbar. Bestimme für jedes Bild die mögliche Lage der Pole durch eine Zeichnung.

D3a In allen Punkten auf den Linien auf der Europakarte sind die Deklinationswinkel gleich → 8a (Stand 2012). Links der grünen Linie zeigt die Abweichung nach Osten, rechts der grünen Linie zeigt die Abweichung nach Westen. Zeichne drei Kompasse mit der genauen Stellung der Kompassnadel in der Mitte Islands, in Stuttgart und in St. Petersburg.
Schreibe die richtigen Winkelgrade dazu.

D3b Die Karte zeigt die Verteilung der Inklination in Europa (Stand 2010) → 8b. Erläutere, was die Karte darstellt.

Wiederholen und Strukturieren *Magnetismus und Elektromagnetismus*

Wirkungen des elektrischen Stroms

veränderbar
- Eisenkern
- Windungszahl
- Stromstärke
  → Seite 106–108

Kompass
→ Seite 102, 116

Elektromagnete
Spule und Eisenkern
→ Seite 106–108

Elektromotor

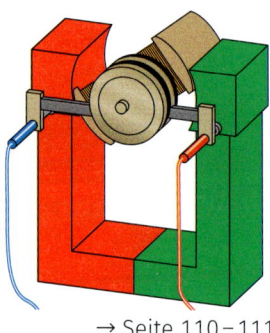

→ Seite 110–111

MAGNETISMUS UND ELEKTROMAGNETISMUS

Dauermagnete
→ Seite 102–103

teilbar zu immer wieder vollständigen Magneten
→ Seite 104

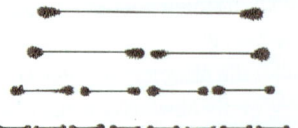

magnetisieren im Magnetfeld durch gleichmäßiges Überstreichen
entmagnetisieren durch erschüttern oder erhitzen
→ Seite 104–105

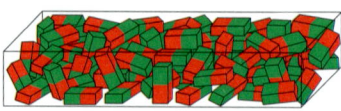 

Teilchenmodell

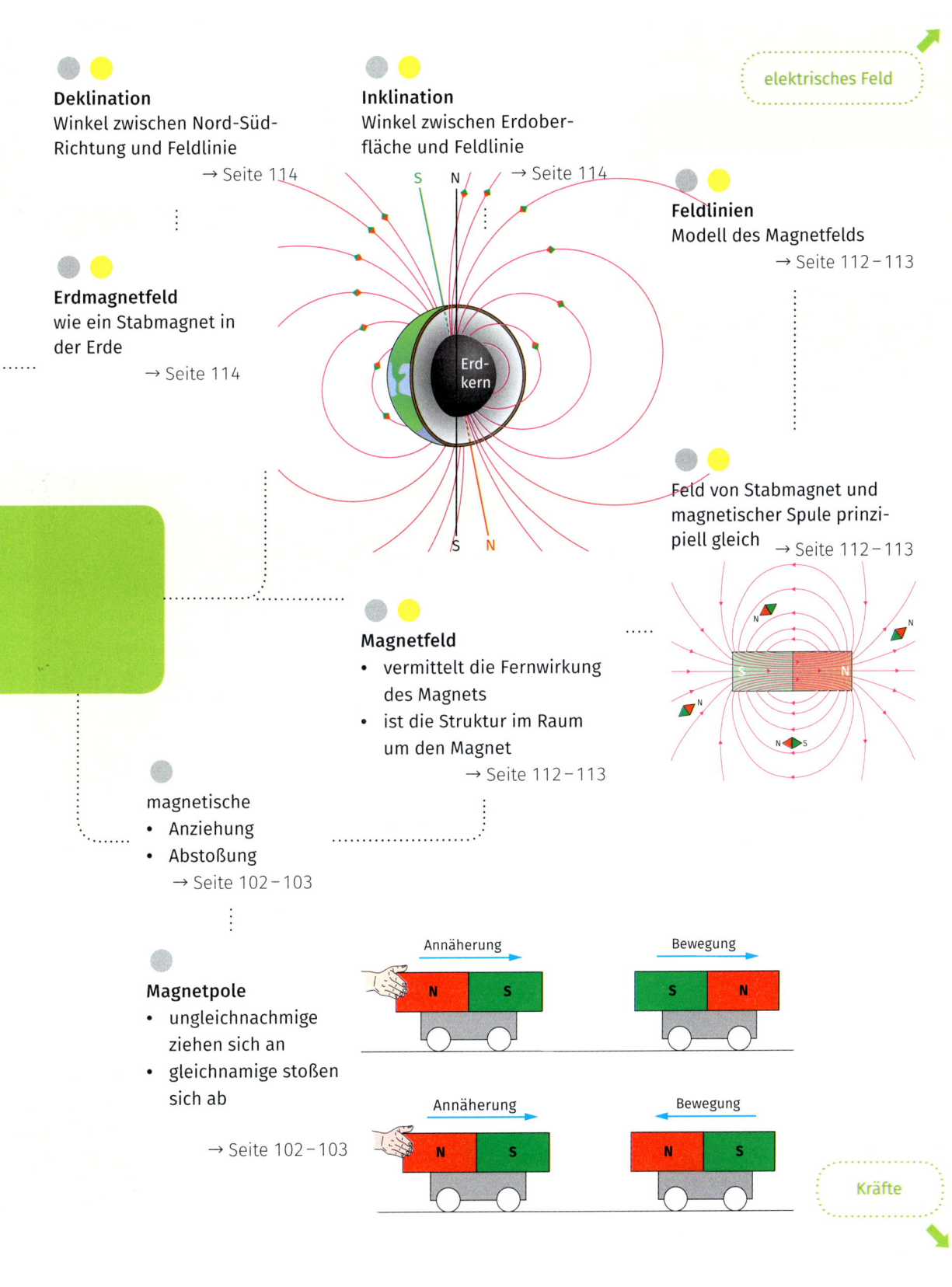

Grundlagen der Elektrizitätslehre

Gewaltige Blitze schlagen auf der Erdoberfläche ein, begleitet von grollendem Donner. Gewitter sind stets Respekt einflößende Geschehnisse. Früher waren Blitz und Donner mit Angst und Schrecken verbunden. Sie wurden für Zeichen der Götter oder des göttlichen Zorns gehalten. Erst im 18. Jahrhundert wurde klar, dass Gewitter nur eine, wenn auch gewaltige, Form einer Naturerscheinung darstellen: der Elektrizität.

In diesem Kapitel lernst du die Grundlagen elektrischer Erscheinungen kennen. Denn Elektrizität ist heute aus dem Leben der Menschen nicht mehr wegzudenken. Vom Smartphone bis zur Lampe an der Zimmerdecke funktionieren zahllose Geräte mit Elektrizität. Elektrizität ist zum Kennzeichen der modernen Zivilisation geworden. Zum Verständnis der Welt, in der wir Menschen heute leben, ist es also unverzichtbar, sich damit zu beschäftigen.

Zitteraal

Der Zitteraal hat die Fähigkeit entwickelt, eine große elektrische Spannung zu erzeugen, sogar mehr als an der heimischen Steckdose zur Verfügung steht. Wie eine lebende Batterie, Kopf als Plus-, Schwanzspitze als Minus-Pol, schwimmt dieser Fisch in den Flüssen Südamerikas herum. Mit bis zu 500 Volt werden Beutetiere betäubt und Feinde in die Flucht geschlagen. Es ist lebensgefährlich, sich diesem Tier zu nähern. Übrigens ist der Zitteraal mit dem „richtigen" Aal gar nicht verwandt.

Aluminium

Das Element Aluminium, das überall im Baugewerbe, auch in Autos, Fahrrädern und Verpackungen gebraucht wird, muss in einem aufwendigen Verfahren in großen Stahlwannen aus Aluminiumerzen gewonnen werden. Das Gestein wird dazu bei ungefähr 1000 °C geschmolzen, danach wird ein sehr großer elektrischer Strom durch das geschmolzene Erz geleitet. Über 200 000 Ampere fließen durch die Schmelze. Dieser elektrische Strom lässt das Aluminium unten in der Wanne als reines Element ausfallen. Wegen der hohen Temperatur, die durch den Strom weiterhin aufrechterhalten wird, ist das Aluminium noch flüssig und muss nur noch abgesaugt werden. Zum Vergleich: Über die heimische Steckdose können im Regelfall maximal 16 Ampere fließen.

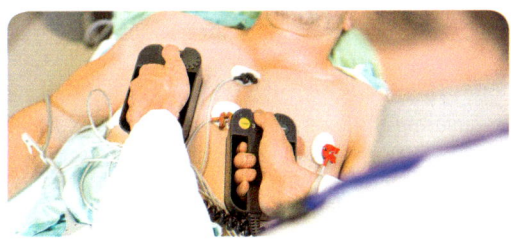

Defibrillator

Um Menschen, die einen Herzinfarkt oder einen Stromschlag erlitten haben, vor dem Tod zu retten, werden Defibrillatoren benutzt. Zwei auf den Brustkorb aufgesetzte Elektroden, zwischen denen eine Spannung von bis zu 4000 V liegt, entladen sich auf Knopfdruck. Damit wird das nur noch unruhig und unsystematisch zuckende Herz, das sich im Zustand des Kammerflimmerns befindet, vollständig zur Ruhe gebracht. Das natürliche Rhythmus-System des Herzens kann daraufhin wieder in Aktion treten – das Herz schlägt wieder.

EINSTIEG

1 Lies die Texte dieser beiden Seiten durch und betrachte die dazugehörigen Bilder. Schreibe zu den einzelnen Themen Fragen auf, die du dazu hast.

2 Blättere das folgende Kapitel durch. Lies die Überschriften und betrachte die Bilder. Notiere neben den Fragen aus **1** die Seitenzahlen, die deiner Meinung nach Antworten zu deinen Fragen liefern könnten.

3 Informiere dich, ob es außer dem Zitteraal noch andere Tiere oder Pflanzen gibt, die elektrischen Strom nutzen oder erzeugen können.

Projekt   Elektrizität im Auto

Seitdem Carl BENZ im Jahr 1896 sein erstes Auto mit einem Verbrennungsmotor baute, sind sehr viele Fortschritte gemacht worden, die das Autofahren bequemer und vor allen Dingen sicherer machen. So sind viele elektrische Geräte in modernen Autos vorhanden: Der zündende Funke im Benzinmotor wird elektrisch erzeugt; die Scheinwerfer, die Blinker, die Ventilatoren, das Radio und vieles mehr werden elektrisch betrieben.

P1 Fertigt ein Poster an, das die Vielzahl der Elektrogeräte eines modernen Autos darstellt und ihre Funktion beschreibt.

P2 Untersucht, wie die verschiedenen Lichtquellen eines Autos prinzipiell geschaltet sein könnten, und fertigt dazu Schaltskizzen an. Baut ein vereinfachtes Modell mithilfe einer Batterie und Fahrradlampen.

P3 In heutigen Autos schalten elektrische Sensoren aufgrund gemessener Werte selbsttätig elektrische Geräte ein und aus. Findet diese Sensoren und skizziert, an welchen Stellen sie sich befinden. Beschreibt, worauf sie reagieren und was sie bewirken.

P4 Da die fossilen Energieträger immer knapper und teurer werden, wird intensiv nach Alternativen zum Benzinmotor, beziehungsweise nach Einsparmöglichkeiten beim Verbrauch des Benzingmotors gesucht. Dabei werden Fahrzeuge mit einem Hybridantrieb immer interessanter.
a) Stellt Informationen zu Hybridantrieben zusammen und bereitet eine kurze Präsentation z. B. mit Overheadfolien oder mithilfe des Computers vor.
b) Fertigt ein Modell eines hybridbetriebenen Fahrzeugs an.

Projekt   Sicherheit im Haushalt

Viele elektrische Geräte im Haushalt machen das tägliche Leben komfortabel. Die Nutzung der energiewandelnden Wirkung des elektrischen Stroms in den unterschiedlichsten Zusammenhängen nimmt uns eine Vielzahl von Tätigkeiten ab. Trotz all dieser positiven Aspekte ist die Nutzung der elektrischen Energie auch mit Risiken und Gefahren verbunden, die aber durch spezielle Maßnahmen minimiert werden.

P1 Untersucht zusammen mit einem Erwachsenen euren Sicherungskasten zuhause, listet die einzelnen Bestandteile auf und informiert euch über deren Zweck und Funktionsweise. Bereitet einen kleinen Vortrag zu diesem Thema vor.

P2 Elektrischer Strom kann, wenn er durch den menschlichen Körper fließt, sehr gefährlich sein.
a) Fertigt eine Übersicht an, welche die Wirkung des Stroms auf den menschlichen Körper (physiologische Wirkung) in Abhängigkeit von der Stromstärke, dem Stromweg und sonstigen wichtigen Faktoren zeigt.
b) Ergründet, wie im Haushalt versucht wird, die Gefahr eines „Stromschlages" technisch zu vermeiden.
c) Stellt Regeln für den Gebrauch elektrischer Geräte auf.

P3 a) Erkundigt euch, wie Häuser mit elektrischer Energie versorgt werden.
b) Baut ein Modellhaus aus Pappe, Klingeldraht und Fahrradlampen. Veranschaulicht an diesem Haus die Gefahrenquellen mithilfe eines „Pappmenschen". Eine eingebaute Lampe soll den Stromfluss und damit die Gefahr anzeigen, wenn ein elektrischer Strom diesen Weg nimmt.
c) Erläutert auch andere Gefahren und Sicherheitsmaßnahmen am Modell.

Projekt *Licht im Wohnhaus*

P1 **a)** Baut aus einem oder mehreren Schuhkartons ein Modell eines Wohnhauses, mit zwei Etagen und einem Treppenhaus, etwa so wie in der Grafik unten dargestellt.
b) Das Modell soll nun eine vernünftig geschaltete Beleuchtung bekommen. Hierfür wählt jeder von euch einen Raum des Hauses aus, für den er eine Schaltskizze für den Einbau mehrerer Lampen entwirft. Alle Lampen in einem Raum sollen gemeinsam ein- und ausgeschaltet werden können. Die Schalter hierfür sollen sich jeweils an der Eingangstür des Raums befinden. Im Treppenhaus soll das Licht von der unteren und von der oberen Etage aus an- und ausgeschaltet werden können.
c) Fügt die Schaltskizzen zu einer gemeinsamen Skizze für das ganze Haus zusammen. Es soll nur eine Quelle verwendet werden, zum Beispiel eine Flachbatterie oder ein Batteriepack.

d) Jeder führt die Verlegung der Leitungen, der Lampen und der Schalter für seinen Raum nach den grafischen Konstruktionsanweisungen aus, die unten abgebildet sind. Prüft vor dem Zusammenbau, ob die Lampen in jedem einzelnen Raum auch wie gewünscht leuchten.
e) Baut nun alles zusammen und schließt die Schaltungen an die Quelle an.
f) Fertigt einen Abschlussbericht über den Bau des Hauses an. Gebt auch an, welche Schaltungsarten ihr verwendet habt.

g) Ihr könnt das Wohnhaus auch mit Möbeln, Vorhängen oder mit anderen Details ausstatten.
Dieses Material benötigt ihr mindestens:

- festen, aber noch gut biegbaren Draht,
- kleine 4,5V Lampen,
- eine Flachbatterie oder ein 4,5-V-Batteriepack,
- mindestens drei Schuhkartons,
- eine Rundzange und einen Seitenschneider.

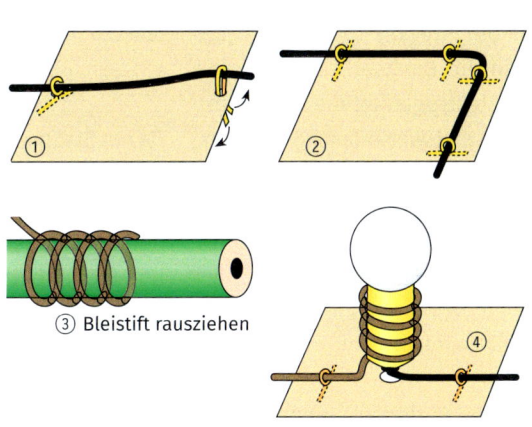

① So werden Drähte befestigt. Oder durch Tackern oder mit Klebeband.

② So werden Kabel verlegt:
• immer parallel zur Wand
• immer im rechten Winkel

③ So lässt sich eine Lampenfassung aus Draht drehen.

④ Mit Streifen von Aluminiumpapier und/oder gekauften Fassungen könnt ihr ebenfalls arbeiten.

⑤ Flachbatterie oder Batteriepack hinter dem Aufgang am Karton befestigen.

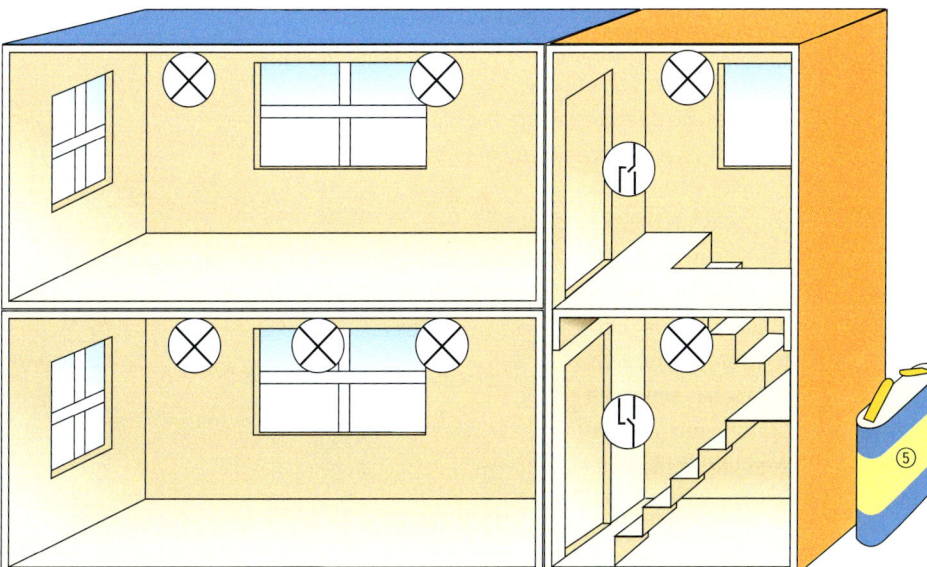

Der Stromkreis

1

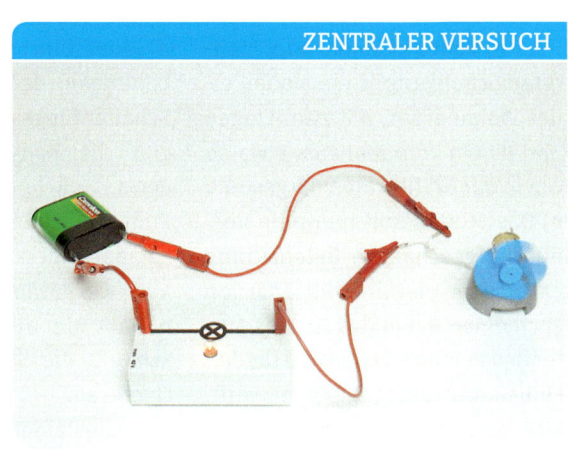

ZENTRALER VERSUCH

2

Wird ein Elektrogerät in Betrieb genommen, so muss es mit einem Kabel an die Steckdose angeschlossen werden →1. Der Stecker des Kabels hat zwei Stifte, die genau in die Buchsen der Steckdose passen. Es gibt auch Elektrogeräte, die mit Batterien betrieben werden, beispielsweise Taschenlampen. Steckdose und Batterie sind die Quellen der elektrischen Energie, die benötigt wird, um die Geräte zu betreiben. Allerdings ist eine Steckdose nicht die eigentliche Quelle der elektrischen Energie. Dies ist vielmehr das Elektrizitätswerk, von dem lange Leitungen die Energie zur Steckdose bringen.

Durch die Verbindung eines Geräts mit einer elektrischen Energiequelle wird ein **elektrischer Stromkreis** gebildet. Im zentralen Versuch wird dies genauer untersucht →2. In einem einfachen Stromkreis dient eine Batterie als elektrische Energiequelle. Elektrogeräte sind eine Lampe und ein kleiner Ventilator. Alle drei Bauteile sind mit Kabeln untereinander verbunden. Batterien haben genau wie Steckdosen zwei Anschlüsse. Sie werden als **Pole** bezeichnet.

An einem der beiden Batterie-Anschlüsse ist ein Plus-Zeichen, am anderen ein Minus-Zeichen angebracht. Das ist bei allen Batterien der Fall. Vom Minuspol der Batterie führt ein Kabel zum Ventilator, vom Ventilator geht ein Kabel zum Glühlämpchen und schließlich läuft ein Kabel vom Lämpchen zurück zur Batterie. Der Stromkreis ist damit geschlossen, die Geräte sind in Betrieb, das Lämpchen leuchtet, der Ventilator läuft.

Wird eines der Kabel gelöst oder durchgeschnitten, so wird die Energiezufuhr sofort gestoppt, das Lämpchen erlischt und der Ventilator hört auf sich zu drehen. Nur ein geschlossener Stromkreis lässt Energie fließen.

Da ein Stromkreis nur selten dauerhaft in Betrieb sein soll, wird meist ein Schalter eingebaut, der es erlaubt, den Stromkreis zu öffnen und zu schließen →3. Durch Anheben des Schalters wird der Stromkreis geöffnet und die leitende Verbindung unterbrochen.

> Zur Nutzung elektrischer Energie muss ein Elektrogerät mit beiden Polen einer elektrischen Quelle verbunden werden. Dadurch entsteht ein geschlossener elektrischer Stromkreis.

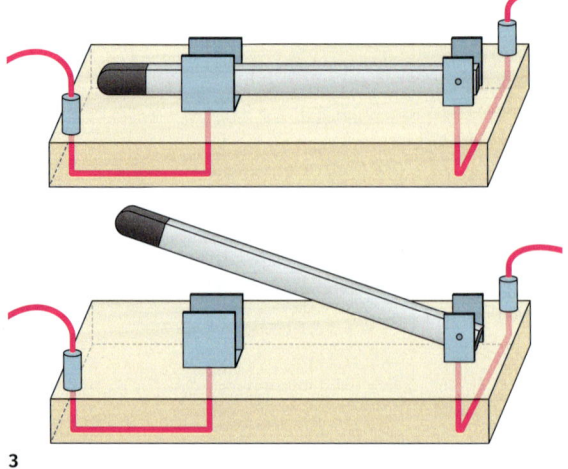

3

Energie

WERKZEUG Zeichnen eines Schaltplans

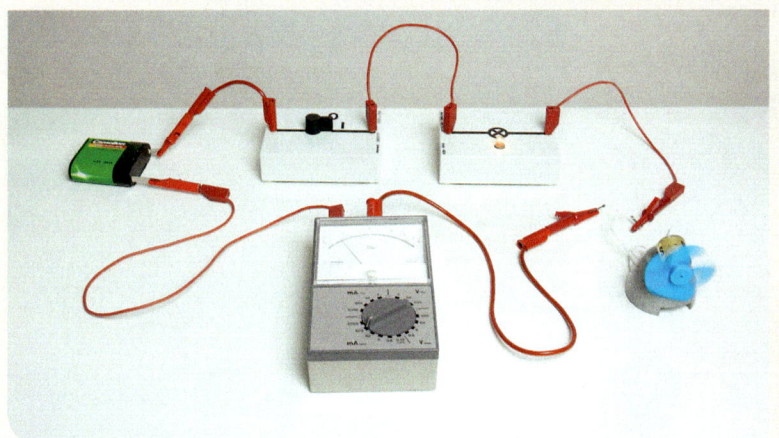

4

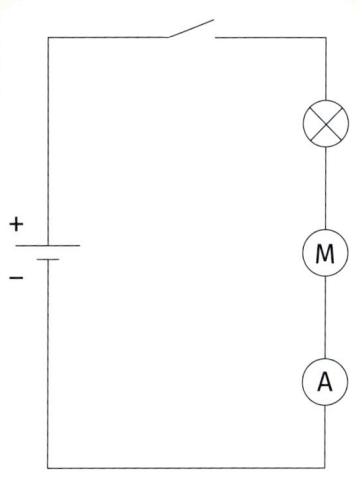

5

Stromkreise können sehr übersichtlich durch Schaltpläne dargestellt werden. Mit ihrer Hilfe lässt sich jederzeit ein Stromkreis aufbauen, wenn die entsprechenden Bauteile zur Verfügung stehen.

Für einen Beispielstromkreis werden eine Energiequelle, ein Glühlämpchen, ein Ventilator, der im Grunde ein kleiner Elektromotor ist, ein Messgerät zur Bestimmung der Stärke des elektrischen Stroms und ein Schalter benötigt →4.

Es gibt sehr viele Schaltzeichen in der Elektrotechnik. Die für die Schulphysik wichtigsten Schaltzeichen sind rechts aufgeführt →6. Einige weitere werden im Lauf der Zeit noch dazu kommen. Für den Beispielstromkreis werden die Symbole für die elektrische Energiequelle, die Lampe, den Motor und das Strommessgerät benötigt. Die Schaltzeichen werden mit geraden Linien verbunden, die die elektrischen Leitungen darstellen. Es gelten klare Regeln, die international eingehalten werden, so dass ein Schaltplan eines beispielsweise russischen Gerätes auch in Deutschland verstanden werden kann.

Die wichtigsten dieser Regeln zur Erstellung eines Schaltplans sind:

- Leitungen dürfen nur waagerecht oder senkrecht gezeichnet werden, niemals schräg. Sie werden immer mit einem Lineal gezogen.
- Gibt es eine Verbindung zwischen den Leitungen, so wie die Abzweigung in Bild →6, so wird ein fetter Punkt gesetzt. Ansonsten überkreuzen sich die Leitungen einfach.
- Richtungswechsel werden stets rechtwinklig gesetzt.
- Schalter werden offen gezeichnet außer, wenn gezielt ein geschlossener Schalter dargestellt werden soll.

Auf diese Weise können auch die umfangreichsten elektrischen Schaltungen übersichtlich und nachvollziehbar dargestellt werden. Der Beispielstromkreis erhält den Schaltplan →5.

Alle Symbole können jeweils um 90 Grad gedreht werden. So wie es im Beispiel des Schaltplans für die Symbole des Motors, der Lampe und des Strommessgeräts gemacht worden ist.

	elektrische Quelle
G	Generator
⊗	Lampe
M	Motor
	Leitung
•	Abzweigung
/	Schalter
	Umschalter
▭	Sicherung
A	Strommessgerät
V	Spannungsmessgerät

6

Dafür gibt es keine Regel, je nach Raumangebot oder Format kann die senkrechte oder waagrechte Darstellung gewählt werden. Es ist aber immer auf Übersichtlichkeit zu achten.

Leiter und Nichtleiter

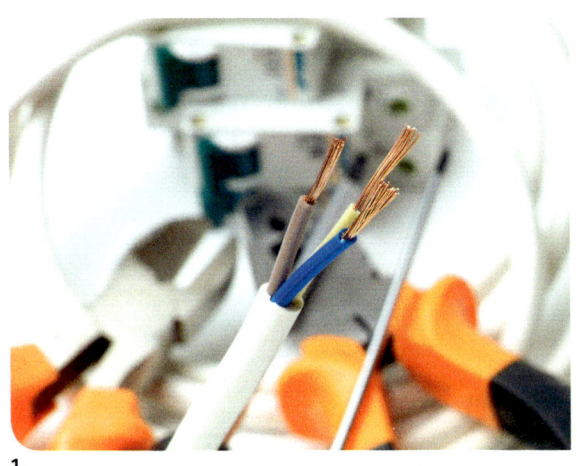

1

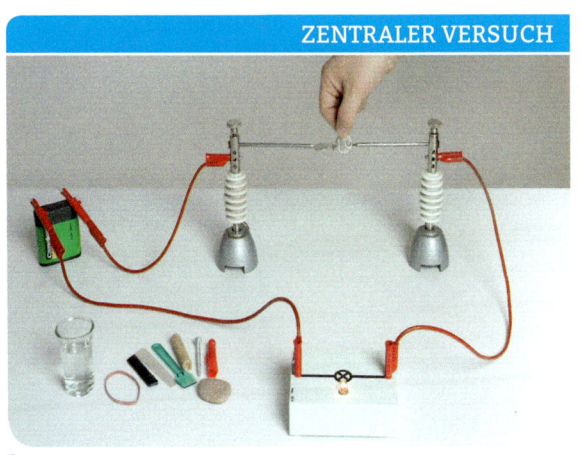

ZENTRALER VERSUCH

2

Beim Aufbau eines Stromkreises müssen bestimmte Sicherheitsaspekte beachtet werden. Die Kabel beispielsweise, mit denen die verschiedenen Bauteile eines Stromkreises verbunden werden, sollen den elektrischen Strom nur zu den Bauteilen bringen und nicht in die Umgebung. Daher sind die den elektrischen Strom führenden Drähte eines Kabels mit einem Material umwickelt, das den elektrischen Strom nicht aus dem Kabel herauslässt → 1.

Welche Stoffe den elektrischen Strom leiten oder nicht, lässt sich durch einen einfachen Versuch zeigen → 2. Eine elektrische Energiequelle wird mit einer Lampe verbunden, dabei wird aber eine Zuleitung unterbrochen. Die Lücke kann durch verschiedene Materialien geschlossen werden. Wenn das Lämpchen leuchtet, ist das gewählte Material in der Lage, den elektrischen Strom zu leiten. Wird beispielsweise ein Schlüssel in die Lücke gebracht so leuchtet die Lampe. Stoffe, die den elektrischen Strom leiten, werden als **elektrische Leiter** bezeichnet. Der Schlüssel besteht also aus einem elektrischen Leiter, einem Metall.

Wird anstelle des Schlüssels ein Stein verwendet, um die Lücke des Stromkreises zu schließen, so leuchtet die Lampe nicht. Steine sind keine elektrischen Leiter. Sie sind elektrische Nichtleiter. Elektrische Nichtleiter werden meist als **Isolatoren** bezeichnet. Ein Kabel ist also ein elektrisch leitender Draht, der von einer isolierenden Hülle umgeben ist.

Alle Metalle erweisen sich als elektrische Leiter, doch auch andere Materialien wie der Graphit in einer Bleistiftmine gehören in diese Gruppe.
Es gibt auch Flüssigkeiten, die den elektrischen Strom leiten, beispielsweise Wasser, in dem Salz gelöst wurde. Dies ist der Grund dafür, dass elektrischer Strom für Lebewesen gefährlich werden kann. Menschen und Tiere sind elektrotechnisch gesehen wässrige Salzlösungen und leiten elektrischen Strom daher recht gut.

Die meisten der übrigen Stoffe sind Isolatoren, zum Beispiel Steine, Kunststoffe, Glas, Textilien oder auch Luft. Allerdings ist die Einteilung nicht immer eindeutig. Luft gilt als Isolator, aber wie erklärt sich dann ein Blitz? Bei einem Blitz leitet die Luft tatsächlich elektrischen Strom, allerdings erst unter extremen Bedingungen. Auch die verschiedenen Leiter sind unterschiedlich gut, das Lämpchen im zentralen Versuch leuchtet nicht bei allen Metallen gleich hell. Jeder Stoff hat seine eigene **elektrische Leitfähigkeit**.

Materialien können nach elektrischen Gesichtspunkten vereinfacht in zwei verschiedene Gruppen eingeteilt werden
1. Elektrische Leiter: Sie leiten den elektrischen Strom gut. Hierzu gehören insbesondere Metalle und wässrige Salzlösungen.
2. Isolatoren: Sie leiten elektrischen Strom schlecht. Hierzu gehören Kunststoffe, Steine, Luft und Glas.

Die elektrische Leitfähigkeit

Die elektrische Leitfähigkeit hängt vom inneren Aufbau der Stoffe ab. Das Fließen des Stroms selbst bleibt unsichtbar. Nur die Wirkungen des Stromflusses, wie Licht oder Magnetismus, sind sichtbar.

Das Metall selbst fließt natürlich nicht, denn dann käme ja der ganze Draht in Bewegung. In allen Stoffen gibt es aber etwas unvorstellbar Winziges, das Elektron genannt wird → 3. In Metallen bilden einige dieser Elektronen so etwas wie eine Wolke, die das ganze Metall durchdringt. Wenn eine elektrische Energiequelle angeschlossen wird, wandern diese frei beweglichen Elektronen alle in die gleiche Richtung los.

In Isolatoren, etwa in einer isolierenden Kabelhülle, sind die Elektronen fest an einer Stelle gebunden und können daher nicht fließen.

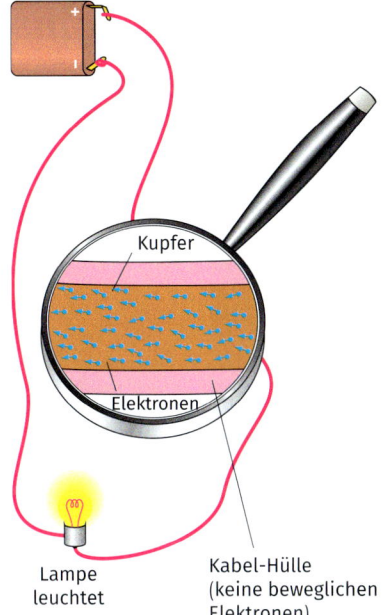

3

Kein Mensch hat je ein Elektron gesehen, auch die größten und besten Mikroskope der Welt schaffen es nicht, es auch nur als kleines Pünktchen sichtbar zu machen. Die Physik kann bislang nicht einmal klar sagen, wie klein es wirklich ist. Einzig eine Obergrenze lässt sich angeben: Wenn man 10 Billiarden Elektronen aneinander legen würde, wäre diese Kette allerhöchstens einen Millimeter lang.

Je mehr freie Elektronen ein Stoff besitzt und je beweglicher diese Elektronen sind, umso besser wird der elektrische Strom geleitet. Daher sind alle möglichen Übergänge zwischen hervorragenden Leitern und perfekten Isolatoren denkbar.

> Je mehr Elektronen sich frei bewegen können und je schneller sie das tun, umso größer ist die elektrische Leitfähigkeit.

AUFGABEN UND VERSUCHE

A1 a) Nenne bei elektrischen Geräten die leitenden und die nichtleitenden Teile.
b) Schreibe auf, wo du in eurer Wohnung die leitenden Teile des Versorgungsnetzes sehen kannst und wo die isolierenden Teile zu finden sind.

A2 a) Kabel in Überlandleitungen, die über hohe Masten geführt werden, haben keine isolierende Ummantelung. Formuliere Fragen dazu.
b) Beantworte die Fragen deines Banknachbarn oder deiner Banknachbarin aus Teilaufgabe a).

A3 Beschreibe den folgenden Schaltplan →4. Notiere die verwendeten Geräte.

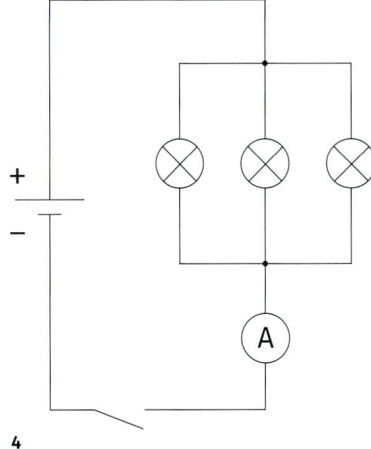

4

A4 Zeichne den Schaltplan eines Stromkreises, der aus zwei Ventilatoren, einer Quelle und einem Umschalter besteht. Es soll möglich sein, zwischen den beiden Ventilatoren zu wählen.

Erkläre, mit welchem Bauteil und wie sich der gesamte Stromkreis ausschalten lassen würde. Erweitere deinen Schaltplan entsprechend.

V1 a) Führe den zentralen Versuch mit Leitungswasser als Testkörper durch. Verwende dazu ein 200-ml-Becherglas. Beschreibe Deine Beobachtungen.
b) Füge jetzt schrittweise in das Wasser jeweils einen Teelöffel Kochsalz hinzu und rühre gut um. Finde heraus, bei wie vielen Teelöffeln die Lampe so hell leuchtet wie bei metallischer Überbrückung.
c) Wiederhole b), jetzt aber mit Zucker. Notiere deine Beobachtung und erkläre sie.

Die Ursache des elektrischen Stroms

1

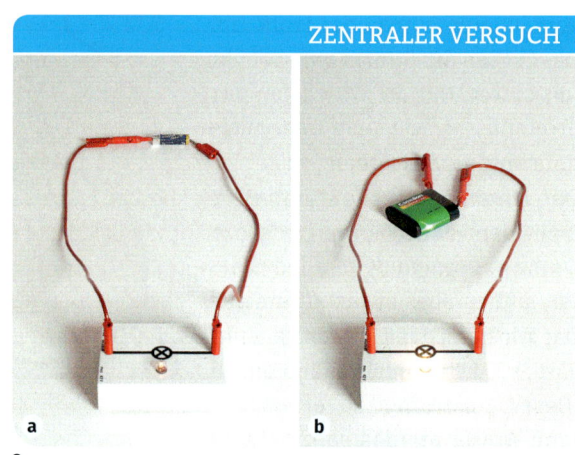

ZENTRALER VERSUCH

2

In der Natur geschieht nichts ohne Ursache. Das Strömen eines Flusses hat beispielsweise als Ursache, dass Wasser in den Bergen aus Quellen kommt und wegen des Höhenunterschiedes nun dem Meer zustrebt →1. Auch für das Strömen von Elektronen in Metallen eines elektrischen Stromkreises muss es eine Ursache geben.

Die Ursache des elektrischen Stroms ist in der elektrischen Quelle zu suchen. Der zentrale Versuch zeigt, dass die Art der Quelle die Stärke des elektrischen Stroms bestimmt →2. Eine Glühlampe, die an eine 1,5-V-Taschenlampen-Batterie angeschlossen ist, leuchtet weit weniger hell, als wenn sie mit einer 4,5-V-Batterie betrieben wird.
Um eine genauere Vorstellung von den Vorgängen zu bekommen, ist es sinnvoll, ein Modell zu entwickeln. Ein Modell soll der Wirklichkeit nahe kommen, aber es soll auch so einfach wie möglich sein. Beim elektrischen Strom ist eine Strömung überhaupt nicht sichtbar. Nur die Wirkung des elektrischen Stroms, wie das Leuchten einer Lampe, ist erkennbar. Auch bei einem Fluss könnte so eine Wirkung zu sehen sein, wenn er beispielsweise ein Mühlrad dreht. Die Strömung von Wasser kann also als Modell dienen, insbesondere, wenn es sich in einem zu einem Ring gebogenen Rohr befindet →3a. Er soll waagerecht auf einem Tisch liegen.

Das Wasser im Ring ruht zunächst, denn es gibt nichts, was es antreibt →3a. Für einen Antrieb der Strömung wird Energie benötigt, beispielsweise durch ein eingebautes Schaufelrad →3b.
Das Schaufelrad bekommt seine Energie von außen und bringt damit das Wasser zum Strömen. Es funktioniert gewissermaßen als Pumpe. Doch ist die Strömung des Wassers im Ring gar nicht sichtbar, beobachtbar ist lediglich das Drehen der Pumpe. Um die Strömung sichtbar zu machen, wird ein zweites Schaufelrad eingebaut, das seine Energie nicht von außen bekommt. Das zweite Schaufelrad, die Turbine, dreht sich allein wegen der Wasserströmung, die durch die Pumpe verursacht wird →3c.

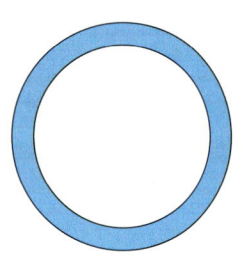
a

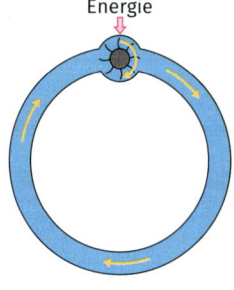
b

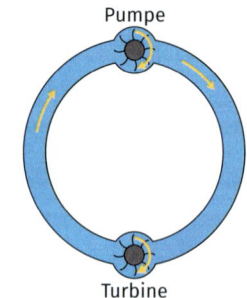
c

3

Energie, **S**ystem

Damit ist das Modell fertig. Die elektrische Energiequelle wird von der Pumpe dargestellt. Die Glühlampe entspricht der Turbine, die von der Pumpe angetrieben wird. Die Elektronen entsprechen dem Wasser, das durch den Ring strömt.

Spannung und Widerstand

Die Elektronen werden durch die elektrische Energiequelle angetrieben. Sie ist für die Elektronen eine Pumpe, die sie durch den Stromkreis treibt. Je stärker der Antrieb durch die elektrische Quelle ist, desto heftiger ist auch die Strömung der Elektronen im Stromkreis. Die Stärke des Antriebs wird durch den physikalischen Begriff **Spannung** gekennzeichnet. Die Spannung ist das Maß für die Energie, die die Elektronen von der Quelle erhalten.

Die Stärke des elektrischen Stroms hängt aber nicht nur von seinem Antrieb ab. In jedem Stromkreis soll der Elektronenstrom etwas bewirken, beispielsweise in einer Lampe Wärme und Licht erzeugen. Dabei wird sein Strömen gehemmt. Gegen diese Hemmung muss die Quelle mit ihrem Antrieb arbeiten.

Im Wassermodell ist es die Turbine, die die Hemmung hauptsächlich verursacht. Würde eine zweite Turbine eingebaut, müsste die Pumpe gegen zwei Turbinen arbeiten, die Schaufelräder würden sich alle langsamer drehen, die Hemmung wäre größer. Auch der Durchmesser der Wasserrohre hat einen Einfluss auf die Hemmung: Je dünner die Rohre, desto größer die Hemmung.

Bei elektrischen Leitern verhält es sich genauso: Die inneren Eigenschaften, die Struktur des leitenden Materials, durch die die Elektronen sich bewegen müssen, bestimmen die Hemmung und damit die Stärke der Strömung. Im elektrischen Stromkreis wird anstelle der Hemmung der Begriff des **Widerstands** verwendet.

Die Vorgänge lassen sich besonders übersichtlich in einem Energieflussdiagramm darstellen →4. Der elektrische Strom transportiert die elektrische Energie von der Quelle zu dem im Stromkreis eingeschalteten Elektrogerät. Dort wird die Energie in andere Energieformen gewandelt.

Die Ursache eines elektrischen Stroms ist immer eine elektrische Spannung. Sie ist der Antrieb des elektrischen Stroms. Die innere Struktur des Leiters und die Art des im Stromkreis eingebauten Geräts bestimmen den Widerstand, der im Stromkreis dem elektrischen Strom entgegen gesetzt wird. Spannung und Widerstand, das heißt Antrieb und Hemmung, bestimmen die Stärke des elektrischen Stroms.

Energieflussdiagramm

4

Energie, **S**ystem

DURCHBLICK *Denken in Modellen*

Modelle im Alltag

Ein Modellauto ist kein wirkliches Auto, eine Puppe kein wirkliches Baby → 1. Aber auch wenn sie nicht die Wirklichkeit sind, so ist doch auf Anhieb klar, was damit gemeint ist: eben ein Auto, ein Baby … Zum Beispiel sammelt ein Kind an der Babypuppe Erfahrungen über ein Baby. Es lässt sich also ersatzweise an diesen Abbildern handeln statt direkt an den wirklichen Objekten. Solche Abbilder der Wirklichkeit heißen Modelle. Sie sind nicht der wirkliche Gegenstand selbst, aber sie ermöglichen ein zielgerichtetes Erkunden der Wirklichkeit. Eine Puppe hat die Form und oft auch die Größe eines Babys, manche können sogar Geräusche machen, ähnlich wie ein echtes Baby.

Ein Modell hat also zwei Eigenschaften:
- Es ist ein Abbild eines Ausschnitts der Wirklichkeit.
- An ihm lässt sich die Wirklichkeit erkunden.

Modell und Wirklichkeit in der Physik

Elektronen, Elementarmagnete oder Teilchen sind Ergebnisse des Nachdenkens über eine Wirklichkeit, die nicht direkt zugänglich ist: Ein Elektron oder die Elementarmagnete sind nicht sicht- oder berührbar. Es ist nicht möglich, in den Stromkreis hineinzusehen, um das Fließen der Elektronen zu beurteilen. Aber aus Beobachtungen heraus ist es klar, dass es die Wirklichkeit „Strom" gibt – allerdings nur dann, wenn die Kabel einen Kreis bilden und eine Quelle eingebaut ist.

Es gibt Ähnlichkeiten zwischen strömendem Wasser und einem elektrischen Stromkreis: Eine Energiequelle oder Pumpe und ein Gerät, das die Strömung sichtbar macht wie eine Turbine. Beide sind durch die Strömung des Wassers miteinander verbunden.

Mit diesem Wissen wird ein Bild, eine Vorstellung von den Vorgängen im Stromkreis entworfen. Wie weit sie die Wirklichkeit richtig beschreibt, muss in Experimenten erprobt werden. Erweist sich die Vorstellung als tragfähig, so wird sie zu einem Modell.

Mit ihm lassen sich neue Fragestellungen an die Wirklichkeit finden. Sie werden mithilfe von Experimenten geprüft. Das kann dazu führen, dass das Modell gewandelt, erweitert oder sogar ganz verworfen werden muss, weil es neuere Erkenntnisse gibt, die mit dem alten Modell nicht mehr erklärt werden können. Von einer Eisenstange kann man beispielsweise Unterschiedliches wissen wollen → 2. Jede Fragestellung zu einem bestimmten Ausschnitt der Wirklichkeit führt also zu einem eigenen Modell. Ein Modell erklärt deshalb nie die ganze Wirklichkeit, sondern immer nur den Ausschnitt von ihr, der betrachtet werden kann.

Ein Modell ist ein durch Experimente geprüftes Abbild der Wirklichkeit, das immer nur einen Ausschnitt der Wirklichkeit beschreibt – je nachdem, was gerade interessiert.

1

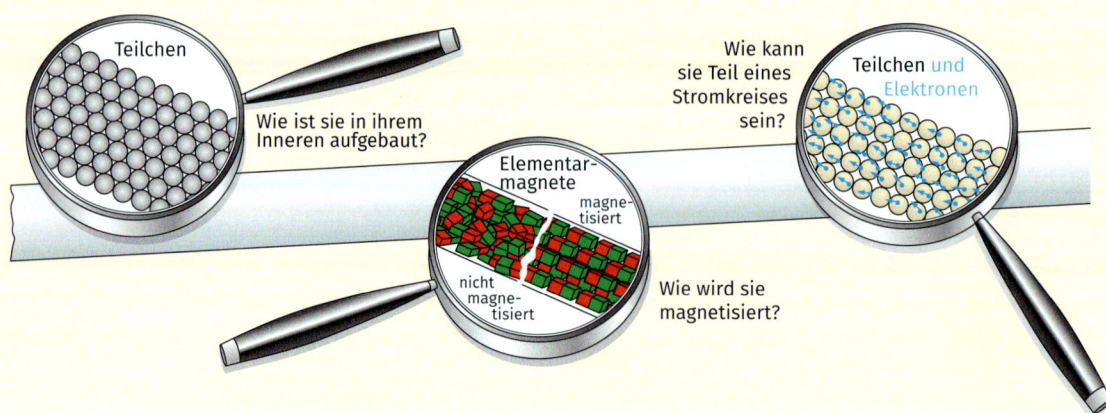

2

STREIFZUG *Der natürliche Wasserkreislauf und der elektrische Stromkreis*

Der natürliche Kreislauf des Wassers kann als anspruchsvolles Modell des elektrischen Stromkreises herangezogen werden →3. Wie im vereinfachten Wassermodell auf Seite 130 entspricht das Wasser den Elektronen, doch jetzt gibt es kein Schaufelrad mehr, das das Wasser in Bewegung bringt.

Die Ursache der Strömung eines Flusses findet sich zunächst in den Quellen des Flusses, oben in den Bergen. Das Wasser, das dort oben entspringt, wird durch seine Lageenergie veranlasst, nach unten zu fließen. Die verschiedenen Quellen sind der Ursprung kleiner Bächlein, die sich dann im Laufe ihres Weges zu einem großen Fluss vereinen, der schließlich ins Meer strömt. Aber auch die Wasserquellen müssen von irgendwoher kommen.

Die Sonne hat ihre Energie auf das Wasser an der Erdoberfläche übertragen und die Wasserteilchen beim Verdunsten nach oben in die Atmosphäre gebracht. Den Teilchen wurde damit Lageenergie zugeführt. Wenn sehr viel Wasserdampf oben in der Atmosphäre ist, bilden sich Wolken, die abregnen. Dieses Wasser kann über das Grundwasser in die Quellen der Berge und zum größten Teil auch direkt in die Flüsse gelangen. Diese Wandlung von Lageenergie in Bewegungsenergie ist die Ursache für das Strömen des Wassers in Flüssen. Der Antrieb dabei ist die Anziehungskraft der Erde auf das Wasser. Wie alle Körper will auch das Wasser so tief wie möglich fallen, daher fließt es den Berg hinunter.

Genau das Gleiche ist auch bei den elektrischen Strömen der Fall. Die Rolle der Sonne übernimmt hierbei die elektrische Quelle: Sie pumpt Energie in den Stromkreis. Die Elektronen werden auf ein höheres elektrisches Potential angehoben, vom Pluspol mit niedrigem Potential zum Minuspol mit hohem Potential. Das elektrische Potential der Elektronen entspricht der Lageenergie der Wasserteilchen.

Die Elektronen gehen dann durch den Stromkreis vom Ort des hohen Potentials, dem Minuspol, zum Ort des niedrigen Potentials, dem Pluspol. Bei diesem Übergang wird die elektrische Energie der Elektronen in verschiedene andere Energieformen gewandelt, je nachdem, was für ein Elektrogerät in den Stromkreis geschaltet wurde.

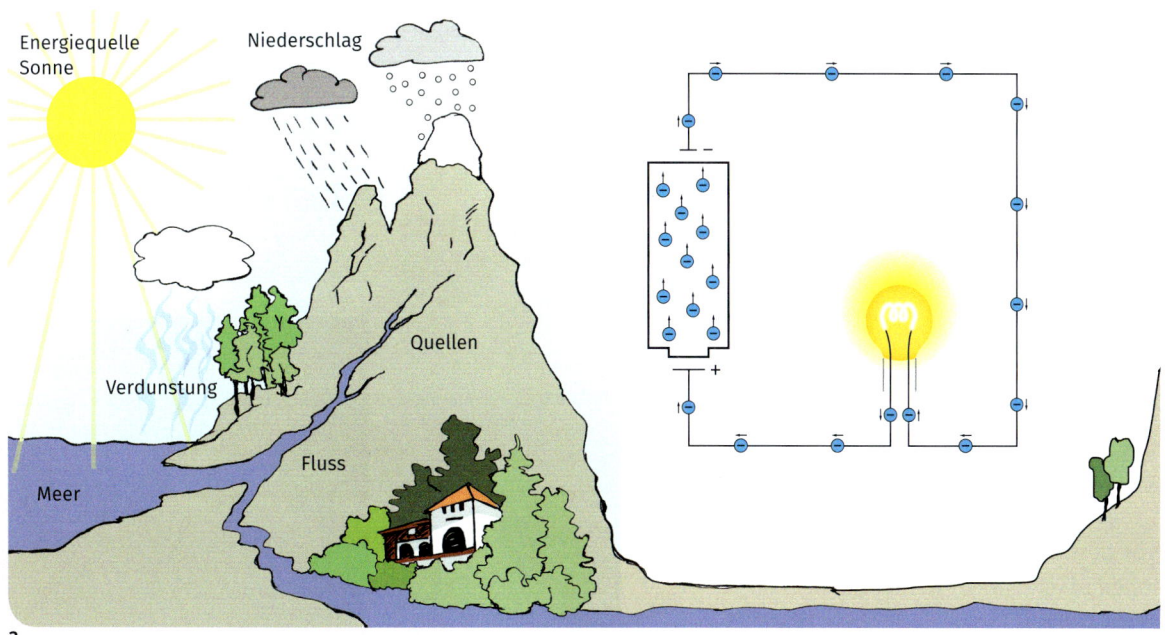

3

STREIFZUG *Elektrische Leitungsvorgänge*

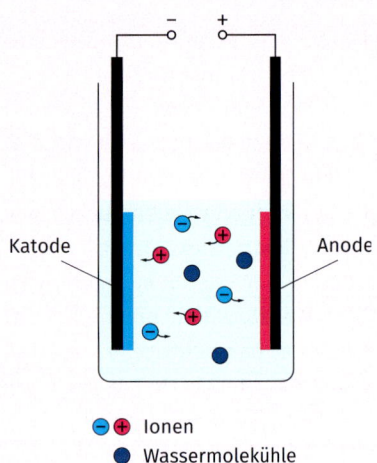

1

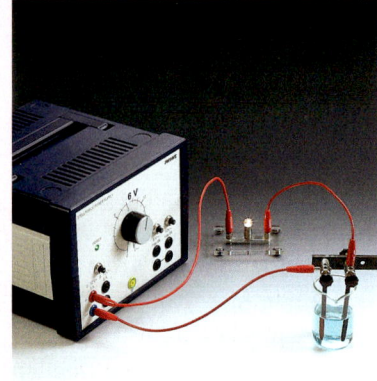

2

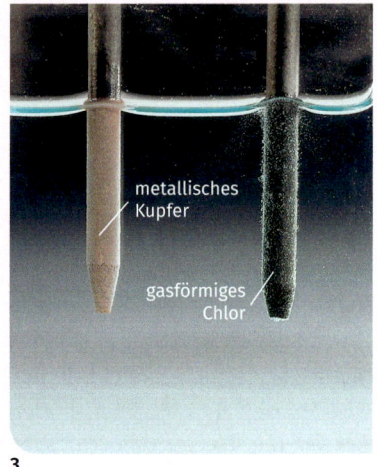

3

Flüssigkeiten

Die Leitungsvorgänge in Metallen beruhen auf der Bewegung der Elektronen. In Flüssigkeiten sieht das ganz anders aus. Nicht alle Flüssigkeiten können den elektrischen Strom leiten, Benzin oder Öl beispielsweise sind sehr gute Isolatoren. Anders ist es bei Wasser, wenn bestimmte Stoffe, Salze oder Säuren darin gelöst werden. Diese gelösten Stoffe übernehmen die Stromleitung, da sie frei beweglich sind. Sie werden auch Ionen genannt → 1.

Über zwei Metallstücke, die beide mit je einem Pol der Energiequelle verbunden sind, wird der Stromfluss in der Flüssigkeit ermöglicht → 2. Die Metallstücke werden Elektroden genannt. Dabei heißt die mit dem positiven Pol der elektrischen Quelle verbundene Anode, die andere wird Katode genannt. Die Elektronen können nur bis zur Oberfläche der Katode gelangen, von dort muss die Leitung von den Ionen übernommen werden.

Bei der Leitung in Flüssigkeiten kann die Wanderung der Ionen direkt beobachtet werden. An beiden Elektroden passiert etwas, meist wird an der Anode ein Gas frei gesetzt, an der Katode lagert sich ein Metall ab. Wenn Kupferchlorid in Wasser gelöst ist, wird Chlor an der Anode freigesetzt und Kupfer an der Katode abgelagert → 3.
Bei einigen wenigen Flüssigkeiten sind es tatsächlich auch Elektronen, die Stromfluss ausmachen, nämlich in flüssigen Metallen. Quecksilber ist als Metall sogar schon bei Zimmertemperatur flüssig, sein Schmelzpunkt ist −38,8 °C → 4.

4

Gase

Im Allgemeinen sind Gase außerordentlich gute Isolatoren. Nur unter speziellen Bedingungen können sie elektrischen Strom leiten, beispielsweise wenn die Spannung extrem hoch ist, wie bei einem Gewitter. Bei niedrigeren Spannungen kann auch Stromleitung auftreten, aber nur, wenn das Gas stark verdünnt ist.
In einer Glasröhre, die nur ein Hundertstel der normalen Luftmenge enthält, kann elektrischer Strom fließen. Denn auch in Gasen wie Luft sind stets Ionen vorhanden, die die Stromleitung wie bei Flüssigkeiten übernehmen. Dabei bilden sich faszinierende Leuchterscheinungen → 5.

5

DURCHBLICK *Antrieb, Bewegung und Widerstand*

Die Natur ist voll von Bewegungen, und jede Bewegung hat ihre Ursache in einem Antrieb. Ein Auto wird von einem Motor angetrieben. Je stärker der Motor, umso schneller kann das Auto fahren. Auch ein Fahrrad braucht einen Antrieb. Hier ist es der Radfahrer selbst, der durch Treten für den Antrieb sorgt. Doch der Radfahrer hat es nicht leicht, er muss sich gegen Widerstände durchsetzen. Da sind einmal die Rollwiderstände der Pedale, der Kette und des Reifens. Und da ist noch der Widerstand der Luft, die zu verdrängen ist, wenn sich das Fahrrad bewegt. Beides benötigt Energie, die der Fahrer aufbringen muss. Um ein Fahrrad möglichst schnell zu machen, gibt es daher zwei Möglichkeiten:

- Der Antrieb wird stärker gemacht. Anstelle einer schwachen und untrainierten Fahrerin wird eine muskulöse und durchtrainierte Radrennfahrerin gesetzt → 6.
- Der Widerstand der Bewegung wird verringert. Anstelle eines gewöhnlichen Fahrrades wird ein modernes Rennrad mit niedrigem Rollwiderstand benutzt. Zusätzlich wird noch der Luftwiderstand durch entsprechende Maßnahmen wie Tragen eines schnittigen Fahrradhelms, Entfernung aller unnötigen Bauteile und eine entsprechende Haltung des Fahrers herabgesetzt.

Mit dem gleichen Konzept kann auch beim Auto für schnelle Bewegung gesorgt werden. Statt eines unförmigen Kombis mit schwachem Motor kann ein schnittiger Sportwagen mit Hochleistungsmotor eingesetzt werden → 7.

Was über Fahrräder und Autos gesagt wurde, gilt ganz allgemein für alle Arten von Bewegungen, auch für Strömungen. Der menschliche Körper liefert mit seinem Blutkreislauf ein schönes Beispiel. Das Herz ist der Antrieb für das Strömen des Blutes in den Gefäßen, die Strömung des Blutes erfährt aber in den Gefäßen einen Widerstand. Dieser Widerstand ist sogar durch das Nervensystem einstellbar, durch Verengung der Gefäße wird er höher. So kann der Körper die Durchblutung seiner Organe sehr gut steuern. Soll ein Organ besonders gut durchblutet werden, beispielsweise die Beinmuskulatur beim Fahrradfahren, so werden die Blutgefäße, die zur Beinmuskulatur führen, stark erweitert.

Das Konzept von Strom, Antrieb und Widerstand kann auf alle Bewegungen übertragen werden: Ein Antrieb erzeugt durch Überwindung der Widerstände Bewegung.

Eine Bewegung kann durch zwei Maßnahmen schneller gemacht werden:

- Vergrößerung des Antriebs,
- Verringerung des Widerstands.

6

7

Die elektrische Ladung

1

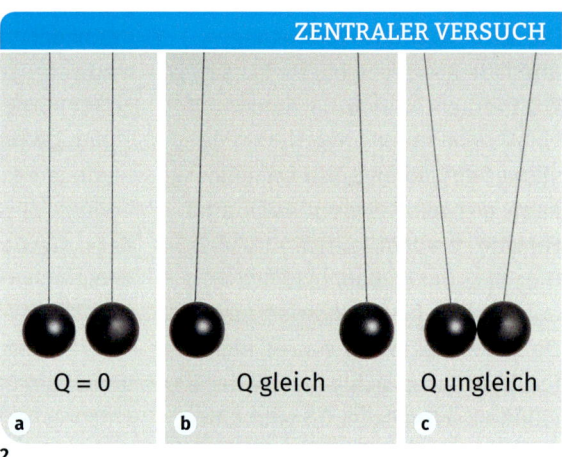

2

War die Rutschpartie so schrecklich, dass sich dem Kleinen die Haare zu Berge gestellt haben →1? Natürlich nicht, dafür gibt es eine physikalische Erklärung. Das Kind hat sich durch das Rutschen aufgeladen. Durch die Reibung mit der Rutsche wurde **Ladung** auf das Kind übertragen, die sich in seinem Körper verteilt hat und bis in die Haare gelangt ist. Diese Ladung ist die Erklärung für die neue „Frisur" des Kindes.

Manche Bausteine der Materie haben Eigenschaften, die nicht direkt zu sehen sind. Und viele dieser Bausteine tragen das, was man Ladung nennt. Diese Bausteine werden **Ladungsträger** genannt. Ein wichtiges Beispiel für Ladungsträger sind die Elektronen.

Bei der Eigenschaft Ladung gibt es genau zwei Sorten, positiv oder negativ. Es gibt keine dritte Ladungsform. Elektronen tragen negative Ladung.

Das besondere bei den Ladungsträgern: Sie ziehen sich an oder sie stoßen sich ab, je nachdem, ob es sich um verschiedene oder um gleiche Ladungsarten handelt, ähnlich wie bei den magnetischen Polen. Dies wird im zentralen Versuch gezeigt →2. Zwei an einem Faden nebeneinander hängende Kugeln werden elektrisch aufgeladen. Hierzu werden entweder Elektronen von einer Kugel entfernt, sie ist dann positiv geladen. Oder es werden zusätzlich Elektronen aufgebracht, die Kugel ist dann negativ geladen. Wenn nun die Kugeln mit jeweils der gleichen Ladungssorte aufgeladen werden, so stoßen sie sich ab. Wenn sie unterschiedlich aufgeladen werden, so ziehen sich die Kugeln an.

Auch Elektronen müssen sich daher aufgrund ihrer jeweils negativen Ladung abstoßen.

Damit ist die Erklärung für die zu Berge stehenden Haare gefunden: Durch den Kontakt des Kindes mit der Rutsche müssen Elektronen, die Träger negativer Ladung, von der Rutsche in das Kind gelangt sein. Die Elektronen im Kind stoßen sich gegenseitig ab und entfernen sich daher so weit wie möglich voneinander. In den Spitzen der Haare ist diese maximale Entfernung am besten gewährleistet. Da dann alle Haare gleich geladen sind, stoßen sie sich gegenseitig ab. Natürlich kann es auch anders herum sein, dass die Elektronen vom Kind in die Rutsche gelangen. Dann sind die Haare alle positiv geladen, weil negative Ladung mit den Elektronen aus dem Kind verschwunden ist. Die Haare stehen erneut ab.

Elektrische Ladung
Das Formelzeichen ist Q.
Die Einheit ist 1 C (Coulomb).

Die Ladung eines einzelnen Elektrons ist winzig klein. Die Ladungseinheit ist so definiert, dass erst 6 240 000 000 000 000 000 Elektronen (6,24 Trillionen Elektronen) zusammen ein Coulomb Ladung ergeben.

Die elektrische Ladung ist eine Eigenschaft der Materie. Es gibt positive und negative Ladung. Positive und negative Ladung zieht sich an, gleiche Ladung stößt sich ab.

Ladung, Spannung und Strom

Mit dem Ladungsbegriff wird auch der elektrische Stromkreis klarer. Die elektrische Energiequelle trennt die positiven von den negativen Ladungsträgern, die Elektronen werden von ihr zum Minuspol gebracht, die positive Ladung verbleibt am Pluspol. Ein Bandgenerator ist so eine elektrische Energiequelle →3. Durch die Berührung eines sich bewegenden Gummibandes mit einer Kunststoff-Walze werden Elektronen auf das Band übertragen. Diese Elektronen werden auf der Generator-Kugel gesammelt. Der Bandgenerator trennt also – wie alle elektrischen Energiequellen – negative von positiven Ladungen. Die nötige Energie dazu bekommt er durch die Bewegung des Gummibandes.

Im Versuch wurde der untere Teil des Generators mit einer weiteren Metallkugel verbunden →3. Diese ist dann positiv geladen, da ihr die Elektronen entzogen werden. Diese kleinere Kugel ist der Pluspol, die große Generatorkugel der Minuspol dieser elektrischen Energiequelle. Wenn der Vorgang immer weiter läuft, wird die Menge der Elektronen auf der Generator-Kugel immer größer, der Mangel an Elektronen auf der positiven Kugel ebenso. Die Anziehungskräfte zwischen beiden werden dann so groß, dass die Luft zu einem Leiter wird. Es gibt einen Blitz-Überschlag, wie das auch bei einem Gewitter passiert. Da die getrennten Ladungen an den Polen sich gegenseitig anziehen, fließt ein elektrischer Strom, sobald die Pole mit einem leitenden Material verbunden werden.

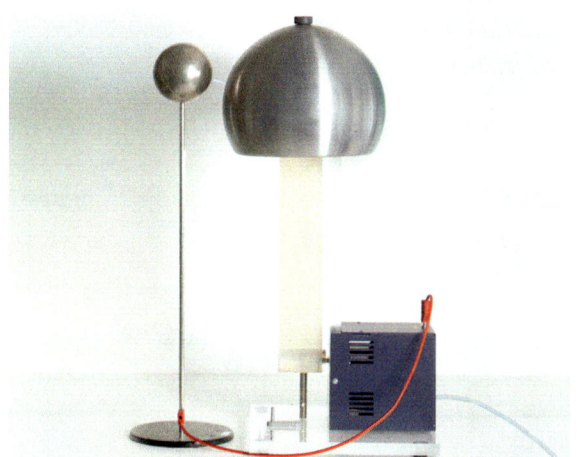

3

Atome und Ladungen

Alle Materie besteht aus Atomen, winzig kleinen kugeligen Objekten, die aber im Vergleich zu einem Elektron geradezu riesig sind. Im Vergleich zu den 10 Billiarden Elektronen, reichen „schon" 10 Millionen Atome, um eine 1 mm lange Kette zu bilden. Atome sind also eine Million mal größer als Elektronen.

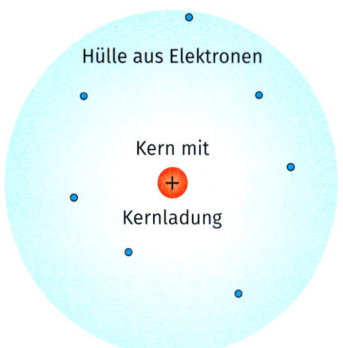

4

Ein Atom selbst hat keine Ladung, seine Bestandteile aber schon. Ein Atom besteht aus einem **Kern**, der nur ein hunderttausendstel des Atomdurchmessers ausmacht, und einer praktisch leeren Hülle, die den „Rest" des Atom-Volumens ausmacht →4. Diese Hülle ist der Aufenthaltsort der negativ geladenen Elektronen.
Der Atomkern ist positiv geladen. Die Ladung der Elektronen und die Ladung des Atomkerns gleichen sich exakt aus, so dass das Atom nach außen elektrisch neutral ist. Erst, wenn ein Elektron aus dem Atom entfernt wird oder eines dazu kommt, wird ein Atom geladen, es wird zum **Ion**. Diese Ionen sind für die Leitung des elektrischen Stroms in Flüssigkeiten und Gasen verantwortlich.
Elektronen sind – nach heutigem Stand der Physik – nicht weiter aus kleineren Bestandteilen aufgebaut. Beim Atomkern ist das anders, er besteht aus zwei Sorten von Teilchen, den positiv geladenen **Protonen** und den ungeladenen **Neutronen**. Die Ladung eines Protons ist genau so groß wie die eines Elektrons, daher gibt es in Atomen von beiden Teilchen immer gleich viel.

> Die elektrische Ladung ist an die Bestandteile der Atome gebunden. Negative Ladung findet sich bei den Elektronen der Atomhülle, positive Ladung bei den Protonen des Atomkerns.

Materie

Die elektrische Stromstärke

1

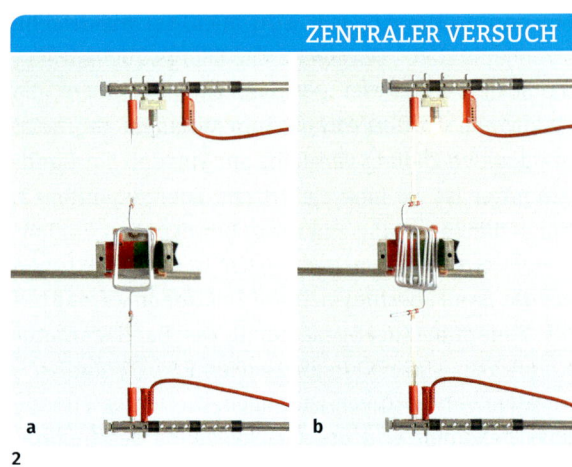

ZENTRALER VERSUCH

2

Die elektrische Stromstärke und ihre Einheit
Im elektrischen Stromkreis fließen Elektronen, die von der elektrischen Energiequelle in Bewegung gesetzt werden. Eine entsprechende Wirkung, zum Beispiel das Aufleuchten einer Lampe oder die warme Luftströmung des Föhns, kann sofort nach Schließen des Stromkreises wahrgenommen werden.

Eine Möglichkeit zur Bestimmung der Größe der **elektrischen Stromstärke** wäre das Zählen der Elektronen, die in einer bestimmten Zeit an einer Stelle des Stromkreises vorbeiströmen. Passieren viele Elektronen in einer Sekunde einen Querschnitt des Leiters, so ist die Stromstärke groß. Sind es nur wenige, ist sie klein → 3. Einzelne Elektronen rufen bei ihrer Bewegung im elektrischen Stromkreis jedoch keine wahrnehmbare Wirkung hervor. Erst die Bewegung von sehr vielen Elektronen führt zu beobachtbaren Wirkungen. Deshalb sind es sehr große Portionen von Elektronen, die die Wirkungen des elektrischen Stroms hervorrufen. Diese Wirkungen sind dabei mit einer wesentlichen Eigenschaft verbunden, die die Elektronen haben, nämlich mit ihrer Ladung. Die Stromstärke wird daher nicht über die Elektronenzahl festgelegt, sondern über die Menge an Ladung, die in einer bestimmten Zeit durch den Stromkreis gepumpt wird.

Wenn 1 C Ladung in einer Sekunde an einer Stelle des Stromkreises vorbeifließen, entspricht dies einer Stromstärke von **1 Ampere** (1 A). Das ist die Stromstärke, die etwa bei einem Föhn bei Stufe 1 auftritt → 1.

Elektrische Stromstärke
Das Formelzeichen ist I.
Die Einheit ist 1 A (Ampere).
Außerdem wird verwendet:
1 mA = 0,001 A

Je mehr Ladung in einer Zeiteinheit durch den Stromkreis fließt, desto größer ist die elektrische Stromstärke. Der Zusammenhang zwischen der Größe Ladung und der Größe Stromstärke ergibt sich durch folgende Gleichung:
$$I = \frac{Q}{t}$$
Die Einheit 1 A kann daher auch als $1\,\frac{C}{s}$ geschrieben werden.

Die elektrische Stromstärke gibt an, wie viel Ladung in einer bestimmten Zeit an einer Stelle des Stromkreises vorbeiströmt.

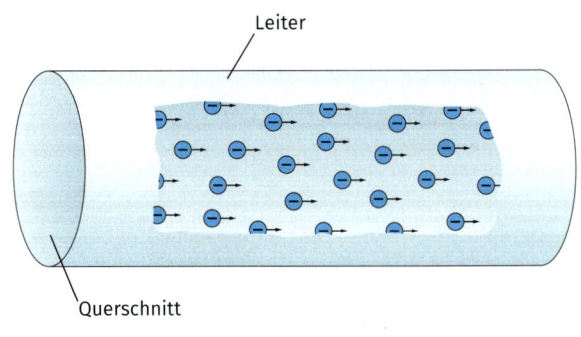

3

System

Messung der elektrischen Stromstärke

Die physikalische Größe „Stromstärke" ist festgelegt durch die Menge an Ladung, die pro Sekunde an einer Stelle des Stromkreises vorbeifließt. Aber es ist nicht so einfach, die Stromstärke zu messen. Ladung kann ja weder gesehen noch gezählt werden.

Physikalische Größen können aber auch durch Verknüpfung mit anderen physikalischen Größen definiert werden, wenn diese durch eine eindeutige Messvorschrift festgelegt sind. Das ist bei der Stromstärke möglich, indem aus den Stromwirkungen Messverfahren entwickelt werden.

Die Helligkeit einer stromdurchflossenen Lampe hätte beispielsweise als Maß für die Stromstärke dienen können. Bei den meisten Messverfahren aber wird die magnetische Wirkung herangezogen →2. Eine drehbar aufgehängte Spule befindet sich im Magnetfeld eines Hufeisenmagneten. Fließt durch die Spule ein elektrischer Strom, so wird sie zu einem Elektromagnet. Die Pole des Magnets ziehen die entstandenen Pole der Spule an oder stoßen sie ab. Die Spule wird also verdreht. Je größer die elektrische Stromstärke ist, desto stärker wird die Spule aus ihrer Ruhelage herausgedreht.

Das hat zur Folge, dass der Ausschlag des an der Spule befestigten Zeigers bei größerer Stromstärke auch größer ist. Wird an der Spule eine Spiralfeder befestigt, so geht der Zeiger in die Ausgangslage zurück, wenn kein Strom mehr fließt →4.

Ein Messgerät, das auf diese Weise arbeitet, heißt Drehspulinstrument. Der Zeiger läuft über eine Skala, die noch eingeteilt und mit Zahlen versehen werden muss.

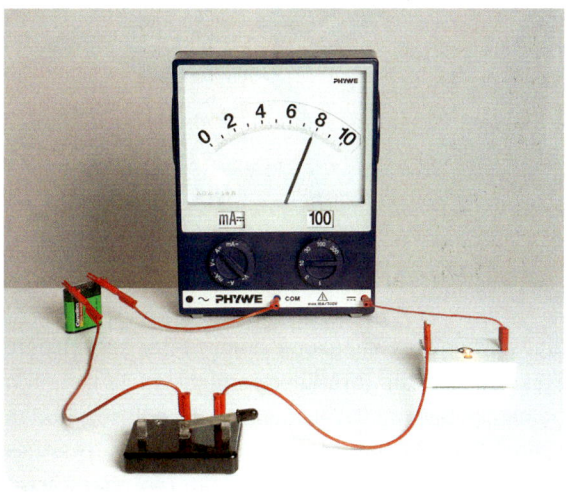

5

Messgeräte für Stromstärken bestimmen die Menge der Ladung, die an einer Querschnittsfläche pro Zeiteinheit durch den Stromkreis fließt. Damit die gesamte Ladung erfasst werden kann, müssen alle Elektronen auch durch das Messgerät strömen. Daher wird ein Messgerät für Stromstärken immer vor oder nach dem Gerät in einer Reihe in den Stromkreis eingebaut →5. Ein entsprechender Schaltplan kann so aussehen →6:

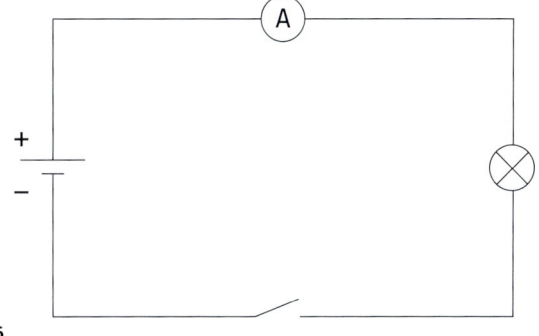

6

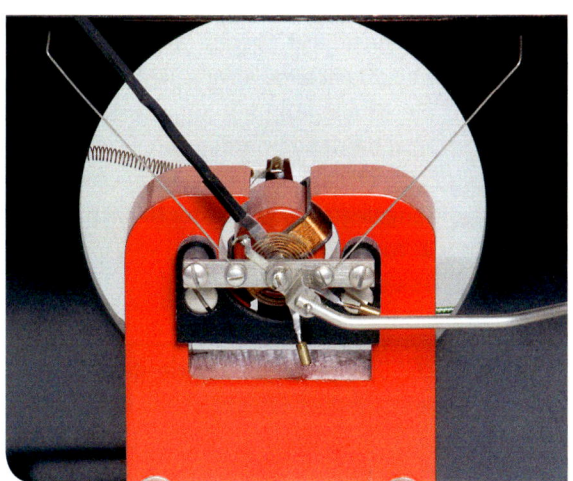

4

> Elektrische Strommessgeräte werden immer mit den Geräten im Stromkreis in eine Reihe geschaltet. Sie bestimmen die Ladungsmenge, die in einer Sekunde an einer Querschnittsfläche durch den Stromkreis fließt.

System, **W**echselwirkung

Die elektrische Spannung

1

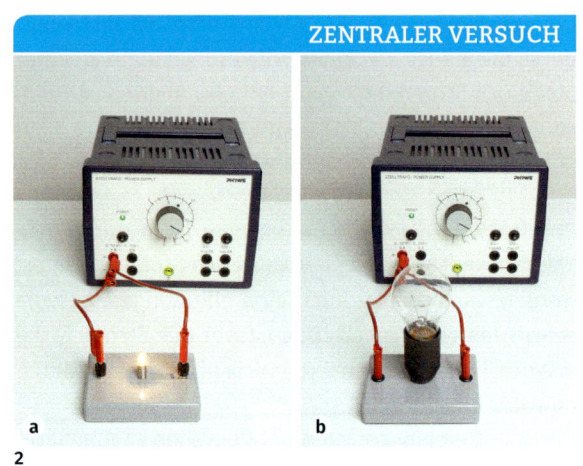

2

Sie werden wohl in Zukunft immer öfter auftauchen: Elektroautos, die ihre Energie nicht an Tankstellen holen, sondern an Ladesäulen →1. An solchen Säulen füllen die Elektroautos ihre elektrischen Energiespeicher, in diesem Fall Akkumulatoren oder kürzer einfach Akkus. Diese versorgen dann den Elektromotor mit Energie, die das Auto antreibt.

Dabei wird ein Nachteil dieser Autos gegenüber normalen Benzin- oder Dieselautos deutlich. Im Vergleich zu den wenigen Minuten des Betankens kann eine Aufladung sehr lange dauern. Die Dauer der Aufladung wird dabei insbesondere von der **elektrischen Spannung** abhängen, die die Ladesäule bietet. Die elektrische Spannung gibt die Energie an, die die Ladungsträger von der elektrischen Energiequelle bekommen. Wird ein Elektroauto an einer gewöhnlichen Steckdose zu Hause aufgeladen, so muss mit mehreren Stunden für eine Aufladung gerechnet werden. Eine Steckdose bietet nicht genügend Spannung, um den Vorgang schnell durchzuführen. Ein Drehstromanschluss oder die genannte Ladesäule liefern wesentlich mehr Spannung, so dass der Aufladevorgang deutlich kürzer wird. Hierin wird wieder die Eigenschaft der Spannung deutlich, der Antrieb des Ladungsstroms zu sein.
Zu Ehren des italienischen Physikers Alessandro VOLTA (1745–1827) wird die Einheit der elektrischen Spannung als **Volt** bezeichnet. Batterien haben typischerweise 1,5 Volt oder 4,5 Volt. Die für den Alltag wichtigste elektrische Energiequelle, die Steckdose, hat 230 Volt.

ZENTRALER VERSUCH

Elektrische Spannung
Das Formelzeichen ist U
Die Einheit der elektrischen Spannung ist 1 Volt, Abkürzung V.
Außerdem wird benutzt:
1 mV = 0,001 V
1 kV = 1000 V

Einige elektrische **Energiespeicher** geben ihre gesamte elektrische Energie, die sie besitzen, ab und sind dann sozusagen „leer". Das sind in erster Linie die Batterien. Sie sind sehr unwirtschaftlich. Für die Herstellung einer Batterie wird die 500fache Energie benötigt, die sie nachher enthält. Akkus dagegen sind nach Abgabe ihrer Energie wieder in der Lage, weitere Energie aufzunehmen.
Angaben in Volt finden sich nicht nur an elektrischen Energiequellen, auch Elektrogeräte wie Lampen oder Staubsauger sind oft mit einer Angabe in Volt versehen. Diese stellt die **Nennspannung** dar, die Spannung, bei der das Gerät betrieben werden soll. Im zentralen Versuch wird gezeigt, dass Glühlampen dann gut leuchten, wenn die angelegte Spannung der Nennspannung entspricht →2. Wird sie überschritten, so kann es zur Zerstörung des Gerätes kommen.

Die elektrische Spannung gibt an, wie stark der Antrieb des elektrischen Stroms ist. Sie ist ein Maß für die Energiemenge, die von der Ladung transportiert wird.

Energie

Messung der elektrischen Spannung

Die Spannung einer elektrischen Quelle kann mit einem Spannungsmessgerät bestimmt werden. Um zu prüfen, mit welcher Spannung ein Gerät betrieben wird oder welche Spannung eine Quelle hat, wird ein Spannungsmessgerät verwendet. Es wird aber anders im Stromkreis eingebaut als ein Strommessgerät. Ein Strommessgerät misst die Ladung, die im Stromkreis durch das Messgerät hindurch fließt. Ein Spannungsmessgerät misst den Antrieb der Elektronen. Da die Elektronen alle von der elektrischen Energiequelle den gleichen Antrieb bekommen, genügt es, diesen Antrieb bei einigen Elektronen zu messen. Je weniger Elektronen abgezweigt werden, umso geringer ist die Auswirkung auf den Stromkreis. Daher werden Spannungsmessgeräte so geschaltet, dass nur ein kleiner Teil der Elektronen aus dem Stromkreis abgezweigt wird. Soll die Spannung einer elektrischen Energiequelle gemessen werden, so wird gleich nach dem einen Pol ein Teil der Elektronen in das Messgerät geleitet und kurz vor dem anderen Pol der Energiequelle wieder zugeführt → 3. Das Spannungsmessgerät zeigt dann die Spannung an, die die Quelle selbst hat.

Soll dagegen die Spannung bestimmt werden, mit der eines von mehreren Geräten in einem Stromkreis betrieben wird, so wird ein Teil des elektrischen Stroms direkt vor dem Gerät zum Messgerät geführt und direkt hinter dem Gerät wieder in den Stromkreis geleitet. Im Bild wird so von Lampe L1 die Spannung gemessen → 4. Diese Art der Schaltung eines Spannungsmessgeräts wird Parallelschaltung genannt, im Gegensatz zu der Reihenschaltung eines Strommessgeräts.

Es gibt verschiedene Arten von Messgeräten. Sie werden in analog und digital anzeigende Geräte unterschieden. Analoge Messgeräte besitzen eine Skala zum Ablesen, während digitale Messgeräte den Messwert in Ziffern anzeigen. Bei Analoggeräten mit mehreren Messbereichen muss der abgelesene Wert noch mit einem Faktor multipliziert werden, der vom eingestellten Messbereich abhängt.

Spannungsmessgeräte werden immer parallel zum Gerät beziehungsweise zur elektrischen Energiequelle geschaltet.

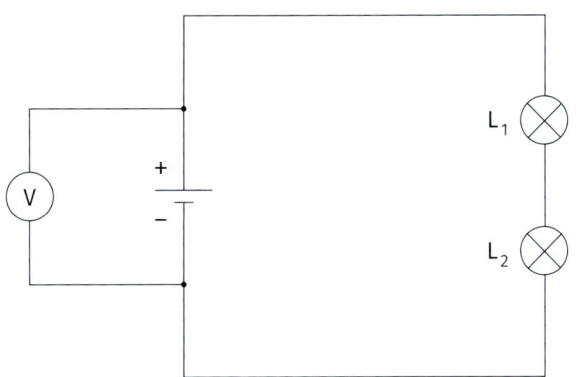

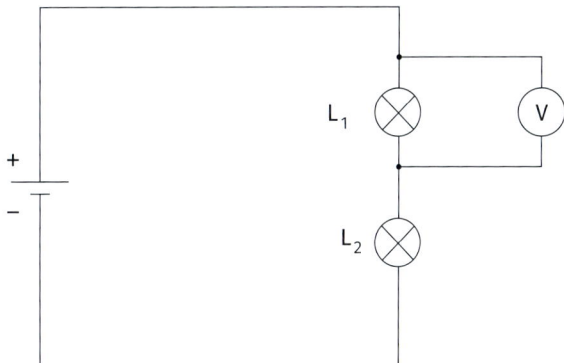

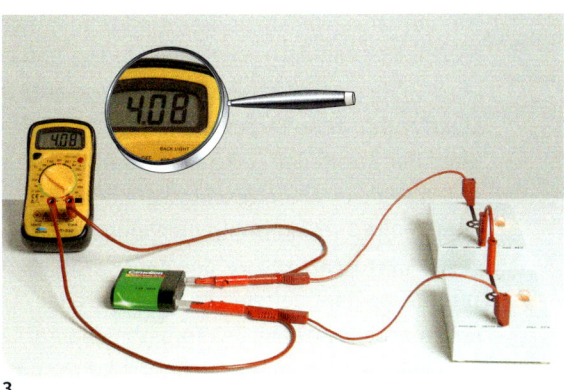

3

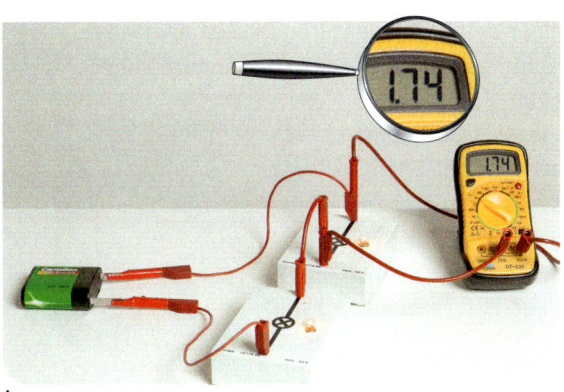

4

Energie, **S**ystem

STREIFZUG *Elektrische Ströme*

Gerät	Stromstärke in A
LED	0,003 bis 0,35
Mobiltelefon	0,02 bis 0,05
Fahrradlampe	0,1 bis 0,5
Sparlampe	0,03 bis 0,1
PC	0,1 bis 15
Kühlschrank	0,07 bis 0,2
Föhn, Staubsauger	1 bis 6
Waschmaschine	10 bis 16
Straßenbahn	100 bis 400
Anlasserstrom Pkw	350
Aluminiumherstellung	10 000
Gewitterblitz	20 000
Elektro-Schmelzofen (Edelstahlherstellung)	bis 100 000

Beispiele für Stromstärken

Stromstärken können sehr unterschiedlich sein. In den Nervenbahnen des Menschen fließen nur Bruchteile von Milliampere, während bei Gewitterblitzen elektrische Ströme von über 20 000 A fließen können. Die Gefährdung des Menschen hängt stark von der Zeit ab, die ein elektrischer Strom durch den Körper fließt und davon, welche Organe direkt in der leitenden Verbindung liegen. Nebenstehende Tabelle gibt Auskunft, welche Geräte welche Stromstärke benötigen. Stromstärken über ca. 10 mA sind schmerzhaft. Überschreiten sie 50 mA, sind sie gesundheitsschädlich oder sogar tödlich.

Elektrodenschweißen

Beim Schweißen soll das zu schweißende Werkstück an der Schweißstelle so stark erhitzt werden, dass das Eisen dort schmilzt und sich die beiden Teile dauerhaft und fest miteinander verbinden. Beim Elektrodenschweißen wird dies durch die Konzentration der Wärmewirkung einer hohen elektrischen Stromstärke auf eine kleine Stelle erreicht. Schon einfache Heimwerkergeräte liefern Stromstärken von 160 A bis 250 A. Solch starke Ströme fließen durch Elektrode und Werkstück, denn dieses ist über ein Kabel mit einer Zwinge Teil des Stromkreises. An der Berührungsstelle entstehen Temperaturen über 4000 °C, die sowohl die Elektrodenspitze als auch das Eisen des Werkstückes zum Schmelzen bringen und die Naht damit dauerhaft verbinden.

Wie schnell strömen Elektronen?

Wenn der Schalter in einem Stromkreis betätigt wird, leuchtet die Glühlampe sofort auf. Die Elektronen bewegen sich aber sehr langsam. Sie würden in einem Kupferdraht nur einen Weg von 12 m in einer Stunde zurücklegen.
Bei dieser geringen Geschwindigkeit müssten wir auf eine Nachricht bei einem Telefongespräch von Konstanz nach Münster (ca. 500 km) über 5 Jahre warten, denn so lange bräuchte ein Elektron für diese Strecke.
Doch der Strom der Elektronen verhält sich wie das Wasser in einer geschlossenen Anlage mit Pumpe und Turbine. Wenn die Pumpe in Betrieb gesetzt wird, bewegt sie das ganze Wasser. Die Turbine beginnt zeitgleich sich zu drehen. Genauso hören wir beim Telefonieren den Anrufer fast zeitgleich sprechen, nicht erst Jahre später.

AUFGABEN UND VERSUCHE

A1 Berechne die Anzahl der Elektronen, die pro Sekunde fließen, wenn eine Stromstärke von 0,5 A gemessen wird.

A2 12,48 Trillionen Elektronen fließen pro Sekunde. Bestimme die gemessene Stromstärke.

A3 Vergleiche, wie sich die Stromstärken unterscheiden,
a) wenn 12 Trillionen Elektronen in zwei Sekunden
b) wenn 18 Trillionen Elektronen in drei Sekunden durch den Querschnitt eines elektrischen Leiters fließen.

A4 a) Beschreibe, welche Aufgabe die Spannungsquelle in einem Stromkreis hat.
b) Begründe die Notwendigkeit, sich bei einem neuen elektrischen Gerät über dessen Nennspannung zu informieren.

A5 Wandle um
a) in V: 3,6 kV; 220 kV; 300 mV; 23 mV
b) in kV: 1620 V; 10000 V;
c) in mV: 0,3 V; 0,072 V.

A6 Begründe, was geschieht, wenn eine 3,5 V-Lampe an
a) eine 1,5 V Monozelle
b) eine 9 V Blockbatterie angeschlossen wird.

A7 Batterien bestehen aus unterschiedlichen Materialien und dürfen nicht einfach mit dem Hausmüll entsorgt werden. „Leere" Batterien werden vom Einzelhandel zurückgenommen und meist in grünen Boxen gesammelt.
a) Informiere dich, was mit den zurückgegebenen Batterien passiert und wie sie recycelt werden.
b) Auf Batterien und speziell auf Akkus sind mehrere Aufdrucke vorhanden. Erkundige dich, was sie zu bedeuten haben. (Hinweis: GRS-Batterien bedeutet Gemeinsames Rücknahme-System Batterien.)
c) Bereite über die obigen Themen einen Kurzvortrag vor.

V1 Baue ein Strommessgerät, das die magnetische Wirkung nutzt.
a) Besorge dir eine Rasierklinge. Halbiere sie (Vorsicht: die Klinge ist sehr scharf!) und umklebe die scharfen Kanten mit Klebefilm. Magnetisiere die Klinge durch gleichmäßiges Bestreichen mit einem Magnet oder Hineinlegen in eine stromdurchflossene Spule. Wickele etwa 10 m Kupfer-Lack-Draht zu einer Spule auf eine Pappschachtel. Führe eine Stecknadel durch die Rasierklinge und hänge sie in die Pappschachtel → **5**.
b) Schalte dein Messgerät in einfache Stromkreise. Nicht an Netzstromkreise anschließen. Messe und vergleiche die Stromstärke für elektrisch betriebenes Spielzeug, zum Beispiel Elektromotoren von Kran oder Auto, für die Taschenlampe, für die Beleuchtung einer Puppenstube und so weiter.

GEFAHRENHINWEISE

In V1 Vorsicht mit den Rasierklingen. Die sind sehr scharf!
In V1 Messgerät nicht an Netzstromkreise anschließen.

V2 Zitronenbatterie → **6**: In eine Zitrone werden ein Kupferdraht und ein Zinknagel so gesteckt, dass sich die beiden Metalle nicht berühren. Der Kupferdraht kann auch durch eine 5 Cent-Münze ersetzt werden.
a) Miss die Spannung zwischen den beiden Drähten.
b) Schalte mehrere solcher Batterien in Reihe, miss die Spannung und versuche, ein Gerät (Leuchtdiode, alter Taschenrechner o. Ä.) mit dieser elektrischen Quelle zu betreiben.

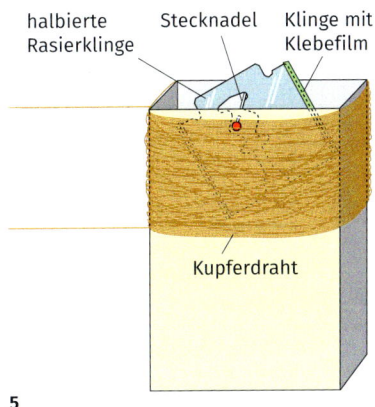

5

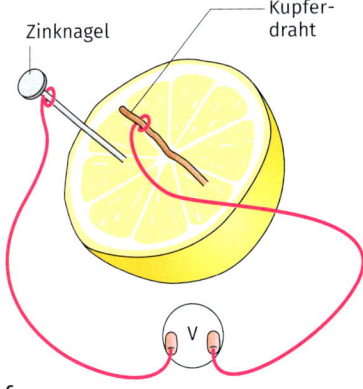

6

Die Parallelschaltung

1

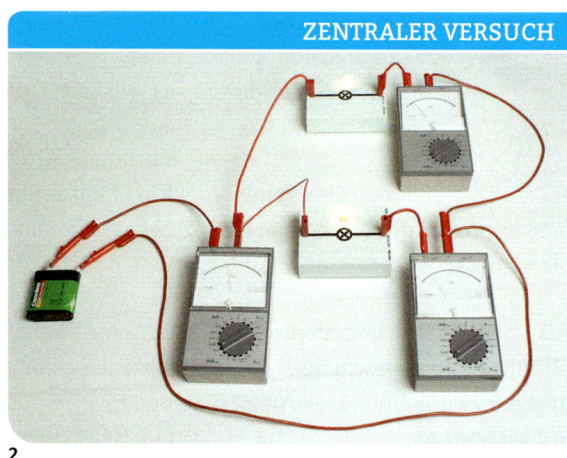

ZENTRALER VERSUCH

2

Mehrfachstecker sind im Alltag hilfreich. Sie ermöglichen es, mehrere Geräte an einer Steckdose mit elektrischem Strom zu versorgen →1. Jedem Gerät steht die volle Netzspannung zur Verfügung. Gleichzeitig wird über die Steckdose offenbar genau die Stromstärke geliefert, die alle Geräte am Mehrfachstecker zusammen benötigen. Wie das funktioniert, zeigt ein Blick in einen Mehrfachstecker →3. Der elektrische Strom fließt über den blau markierten Leiter zu den einzelnen Geräten. Er verlässt sie wieder über den schwarz markierten Leiter – oder in entgegengesetzer Richtung.

Der zentrale Versuch stellt die Funktionsweise eines Mehrfachsteckers in einfacher Form nach →2. Zwei baugleiche Lampen werden parallel zueinander in einen Stromkreis geschaltet und an eine Batterie angeschlossen. Dabei messen zwei Strommessgeräte die Stromstärke durch jeden einzelnen Zweig der Schaltung, ein drittes Strommessgerät die Stromstärke, die die Batterie insgesamt liefert. Die Stromstärke in der Zuleitung aus der Batterie ist doppelt so groß wie die jedes einzelnen Zweiges.

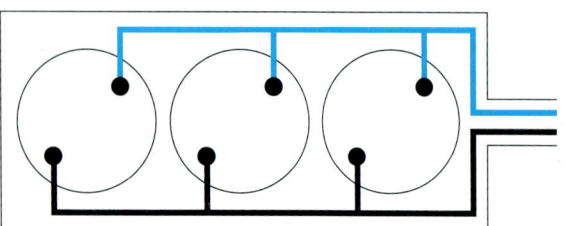

3

Die Stromstärken der einzelnen Zweige addieren sich zur Gesamtstromstärke. Jede weitere Lampe, die parallel zu den beiden ersten geschaltet wird, erhöht die Gesamtstromstärke.

Damit ist klar, warum die Geräte am Mehrfachstecker genau die Stromstärke erhalten, die sie benötigen: Jedes Gerät, das zusätzlich an den Mehrfachstecker angeschlossen ist, eröffnet dem elektrischen Strom einen weiteren Weg, durch den er parallel zu den bisherigen Geräten fließen kann. Dadurch nimmt die Gesamtstromstärke mit jedem Gerät zu. Eine solche Schaltung heißt **Parallelschaltung**, da die Geräte parallel zueinander an der Steckdose angeschlossen sind →3.

In einer Parallelschaltung addieren sich die Stromstärken durch die einzelnen Zweige zur Gesamtstromstärke:
$I_{ges} = I_1 + I_2 + I_3 + ...$

Das bedeutet: Jedes zusätzliche Gerät erhöht die Gesamtstromstärke durch die Zuleitung eines Mehrfachsteckers. Dieser schaltet sich nicht ab, wenn die Stromstärke zu hoch wird. Der Benutzer selbst muss wissen, ob die Gesamtstromstärke durch alle Geräte größer ist als die maximal zulässige Stromstärke für eine Steckdose – in der Regel 16 A. Wird dieser Wert überschritten, unterbricht die Haushaltssicherung den Stromkreis. Das passiert, wenn leistungsstarke Geräte mit hohem Strombedarf zum Einsatz kommen: Waffeleisen, Toaster, mehrere leistungsstarke PCs und ähnliches.

● **S**ystem

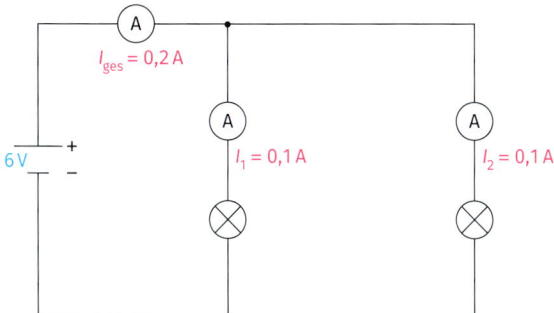

4 Parallelschaltung durch baugleiche Lampen

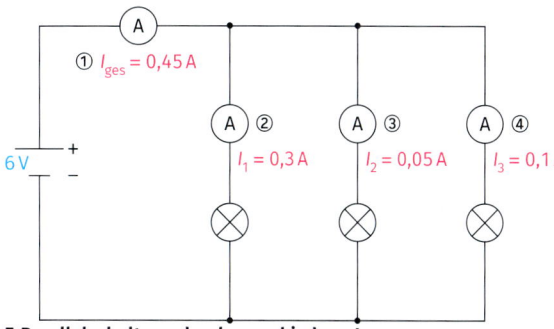

5 Parallelschaltung durch verschiedene Lampen

Der zentrale Versuch zeigt neben der Zunahme der Stromstärke noch eine weitere Eigenschaft der Parallelschaltung: Alle Lampen leuchten gleich hell, genauso hell wie eine einzelne Lampe allein. Das liegt daran, dass jede Lampe auf direktem Weg mit der Batterie verbunden ist. So liegt an jeder Lampe die volle Spannung an. Daher funktioniert ein Haushaltsgerät an jedem Anschluss eines Mehrfachsteckers genauso wie direkt an einer Steckdose.

Die hier beschriebenen Gesetzmäßigkeiten für Stromstärke und Spannung gelten auch dann, wenn die Lampen an der Steckerleiste unterschiedlich sind. Die Schaltskizze zeigt zwei gleiche Lampen, durch die jeweils 0,1 A fließt → **4**. Hier beträgt die Gesamtstromstärke 0,2 A. Bild 5 zeigt eine Schaltung verschiedener Lampen → **5**. Die Messgeräte 2 bis 4 zeigen Teilstromstärken, die in der Summe die Gesamtstromstärke 0,45 A ergeben.

In einer Parallelschaltung liegt an jedem Zweig die von außen angelegte Spannung an: $U_{ges} = U_1 = U_2 = U_3 = ...$

AUFGABEN UND VERSUCHE

AUFGABENBEISPIEL

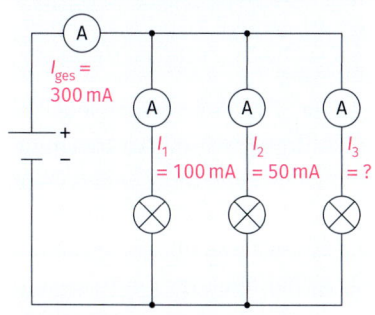

Bestimme die Stromstärke I_3.

Lösung: Bei Parallelschaltung gilt $I_g = I_1 + I_2 + I_3$. Da I_g, I_1 und I_2 bekannt sind, ist die Formel nach I_3 umzustellen:
$I_3 = I_g - I_1 - I_2$
$I_3 = 300\ mA - 100\ mA - 50\ mA$
$= 150\ mA$
I_3 beträgt 150 mA an.

A1 Berechne den Gesamtstrom durch einen Mehrfachstecker, an dem folgende Geräte angeschlossen sind: Drei Handyladegeräte mit je 0,15 A, ein PC mit 3,4 A und ein Heizstrahler mit 10,8 A.

A2 Sollten Mehrfachstecker mit zehn und mehr Steckdosen aus Sicherheitsgründen verboten werden? Argumentiere.

A3 a) Fertige eine Schaltskizze für folgende Situation an:
Ein Staubsauger mit 3 A, ein Radio mit 0,3 A und eine Lampe mit 0,1 A werden an einer Steckerleiste mit Netzspannung betrieben.
b) Bestimme alle Stromstärken und Spannungen und trage sie in die Schaltskizze ein.

A4 Bei einer Wohnzimmerbeleuchtung sind vier baugleiche Halogenlampen mittels eines Schienensystems parallel geschaltet → **6**. Die Gesamtstromstärke beträgt 10 A. Bestimme die Stromstärke durch eine einzelne Lampe.

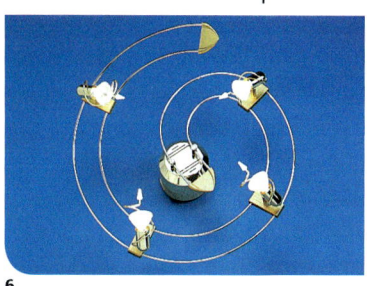

6

V1 Baue den zentralen Versuch nach – einmal mit gleichen Lampen, einmal mit unterschiedlichen. Verwende dazu eine Spannung unter 12 V und passende Glühlampen.

Die Reihenschaltung

1

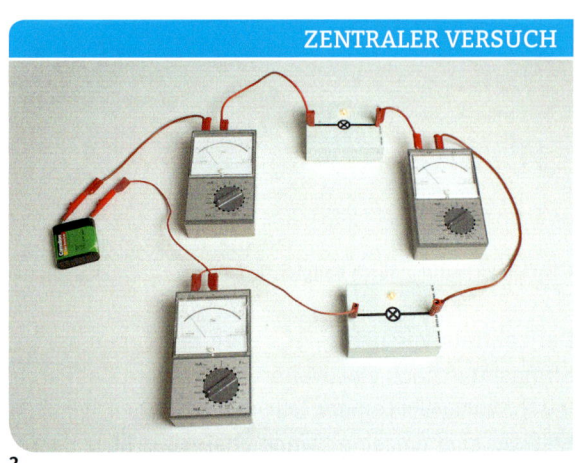

ZENTRALER VERSUCH

2

Beim Föhn fließt der elektrische Strom der Reihe nach durch verschiedene Bauteile des Geräts →1: über den Schalter erst durch den Gebläsemotor, der den Luftstrom antreibt, dann durch die Heizspirale, die die bewegte Luft erwärmt. Von der Heizspirale wird der elektrische Strom wieder zurück zum Netzkabel geführt. Der elektrische Stromkreis ist somit geschlossen. Diese Art der Schaltung heißt **Reihenschaltung**.

Sie hat beim Föhn eine wichtige Funktion: Wenn der Gebläsemotor defekt ist, ist der Stromkreis unterbrochen. Damit funktioniert auch die Heizspirale nicht mehr. Würde sie bei defektem Gebläse heizen, so wäre eine mögliche Folge ein Brand im Föhn. Denn ohne Gebläse wird die Wärme der Heizspirale nicht abgeführt. Was im Falle des Föhns beabsichtigt ist, ist beim normalen Einsatz von mehreren Elektrogeräten im Haushalt meist unerwünscht. Sie sollen unabhängig voneinander laufen, daher kommen dort Parallelschaltungen zum Einsatz. Die Reihenschaltung ist nicht sinnvoll. Der zentrale Versuch zeigt im Folgenden drei Gründe dafür. Zwei baugleiche Glühlampen werden in Reihe geschaltet betrieben →2.

Unterbrechung des Stromkreises
Wird eine Lampe aus ihrer Fassung gedreht, so ist der Stromkreis der kompletten Reihenschaltung unterbrochen. Keine Lampe leuchtet mehr. Im Alltag wäre dies unpraktisch. Wenn die Geräte im Haus nicht mehr funktionieren, müsste auf der Suche nach der kaputten Lampe jedes einzelne Gerät im Haus überprüft werden.

Gleichheit der Stromstärke
Ein weiterer Nachteil der Reihenschaltung für den Alltagsgebrauch ist, dass die Stromstärke an jeder Stelle im Stromkreis gleich ist. Denn der Strom, der durch die erste Lampe fließt, muss auch durch die zweite Lampe fließen. Sonst würde ein Stau der Ladung entstehen. Der zentrale Versuch zeigt die gleiche Stromstärke durch beide Glühlampen →2. Auch daher ist die Reihenschaltung ungeeignet für elektrische Geräte, die sehr unterschiedliche Stromstärken benötigen. Eine Mikrowelle zum Beispiel benötigt etwa 4 A, eine Lichterkette nur 0,02 A.

Aufteilung der Spannung
Jede der zwei Lampen im zentralen Versuch leuchtet weniger hell als allein im Stromkreis. Das hat zwei Gründe: eine geringere Stromstärke und weniger Spannung an jeder Lampe.
Zum ersten Grund: Die Stromstärke durch die Lampen der Reihenschaltung ist geringer, weil der Gesamtwiderstand doppelt so groß ist wie der einer einzelnen Glühlampe. Daher fließt bei gleicher angelegter Gesamtspannung nur die Hälfte der Stromstärke wie bei einer einzelnen Glühlampe.
Der zweite Grund ist die geringere Spannung an jeder Lampe. Warum das so ist, zeigt der folgende Versuch. In einem Stromkreis mit einem regelbaren Netzgerät als Quelle sind zwei Lampen L_1 (12 V | 0,1 A) und L_2 (4 V | 0,1 A) in Reihe geschaltet →3. Die Spannung der Quelle wird so eingestellt, dass die Stromstärke 0,1 A beträgt. Die Helligkeit der Lampen entspricht so

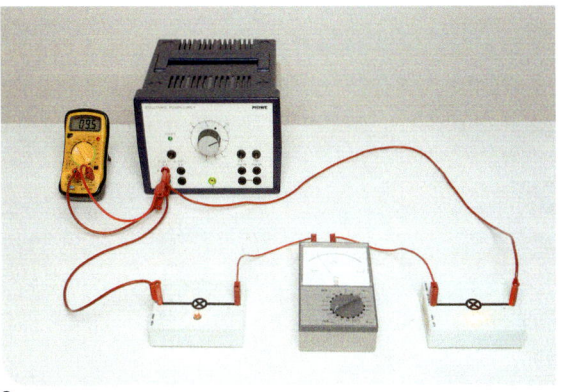

3

4

der Helligkeit, die sie haben, wenn sie einzeln an 12 V beziehungsweise an 4 V angeschlossen sind. Die Stromstärke in dieser Reihenschaltung ist überall gleich, also auch in den beiden Lampen.

Ein Messgerät zeigt, dass die Spannung der Quelle, die **Quellenspannung**, 16 V beträgt. Die kleine Lampe hat aber nur eine Nennspannung von 4 V. An 16 V müsste sie durchbrennen! Sie leuchtet aber so, als ob sie an einer 4-V-Quelle angeschlossen wäre. Wird die Spannung nacheinander über jeder der beiden Lampen gemessen, zeigt das Messgerät einmal 12 V und einmal 4 V an. Erstaunlicherweise ist die Summe dieser **Teilspannungen** gleich der Quellenspannung, denn die Werte 12 V und 4 V addiert ergeben genau 16 V → **4**.

Im obigen Versuch werden andere Lampen eingebaut und unterschiedliche Spannungen der Quelle eingestellt: Zwei Lampen (6 V | 0,1 A) und (4 V | 0,1 A) werden an eine Quellenspannung von 6 V angeschlossen. Die Messgeräte zeigen $U_1 = 3{,}6$ V und $U_2 = 2{,}4$ V an. Addiert ergeben diese beiden Spannungen wiederum 6 V.
Wird die Quellenspannung dann auf 10 V vergrößert, so erhöht sich U_1 auf 6 V und U_2 auf 4 V. Bei zwei gleichen Lampen, die an 6 V angeschlossen werden, ergeben sich gleiche Teilspannungen von 3 V.

In der Reihenschaltung addieren sich die Teilspannungen an den einzelnen Geräten zur Gesamtspannung.
$U_{ges} = U_1 + U_2 + U_3 + ...$
Die Stromstärke ist überall gleich.

Die Summe der Teilspannungen entspricht in allen Fällen der Spannung der Quelle.
Dies gilt auch, wenn nicht Geräte in Reihe geschaltet sind, sondern Leitungen → **5**. Im Versuch unten werden neben der Quellspannung $U_{AD} = 0{,}37$ V die Spannungen über den Leitungen zwischen den Punkten C und D gemessen und die Spannung über dem Draht (zwischen B und C): $U_{BC} = 0{,}17$ V, $U_{CD} = 0{,}10$ V. Zwischen A und B wird $U_{AB} = 0{,}10$ V gemessen.
Die Spannungen über den Leitern sind zwar sehr klein, aber nicht Null. In Bezug auf den Punkt D (gewählter Nullpunkt) beträgt die Spannung bei A 0,37 V, bei B noch 0,27 V, bei C 0,10 V. In der Physik wird daher vom **Spannungsabfall** über einem Draht oder Gerät gesprochen.

Die Größe der Teilspannungen in einer Reihenschaltung hängt von den verwendeten Geräten ab; ihre Summe entspricht stets der Quellenspannung.

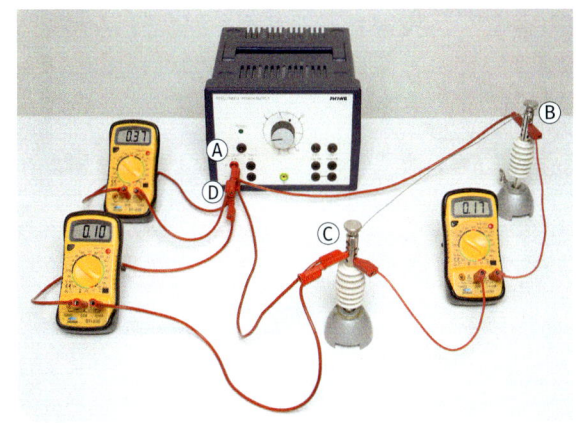

5

STREIFZUG *Spannungsteiler*

Lautsprecher und Verstärker haben zur Lautstärkeregelung oder zur Klangregulierung häufig Drehknöpfe →1. Hinter ihnen verbergen sich stufenlos verstellbare Spannungsteiler. Sie bestehen meist aus einem kreisförmigen Metallblech →3.
Durch das Drehen am Knopf wird die Länge des Blechs zwischen A und dem Abgriff S verändert →3. Diese beiden Teile des Blechs, AS und SB, können als zwei in Reihe geschaltete Widerstände R_1 und R_2 betrachtet werden. Die volle Quellenspannung liegt an zwischen den Enden des Blechs, A und B. Zwischen A und S lässt sich ein beliebiger Teil davon abgreifen. So ändert sich beim Drehen die Spannungen zwischen A und dem Abgriff S.

Mit einem einfachen Zahlenbeispiel lässt sich das besser verstehen: Zwischen den Enden des Blechs liegt eine Spannung von 12 V an. Der Spannungsabfall von A nach B beträgt 12 V. Der Drehregler S befindet sich bei etwa einem Drittel des Blechs zwischen A und B →2. Von A bis S fällt daher ein Drittel der Spannung von 12 V ab, also 4 V. Zwei Drittel der Spannung, also 8 V, fallen zwischen S und B ab.

Anstelle von Drehknöpfen können auch Schieberegler zum Einsatz kommen, die nach dem gleichen Prinzip funktionieren →2.
Im Physikunterricht werden häufig große Schieberegler verwendet, in denen ein Draht mit einem festgelegten Widerstand aufgewickelt ist →4. Je nach Position des Reglers befindet sich ein Teil des Drahtes links vom Regler, der andere rechts. Zwischen der linken Klemme A und dem Regler S kann die Spannung U_1 abgegriffen werden. U_1 verhält sich zur Gesamtspannung U_G wie R_1 zum Gesamtwiderstand $R_1 + R_2$.

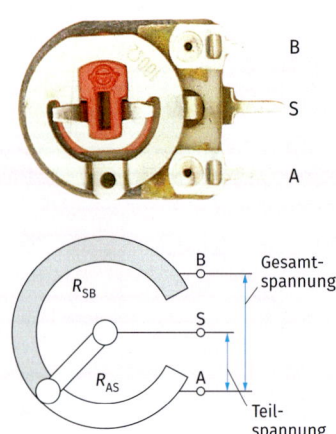

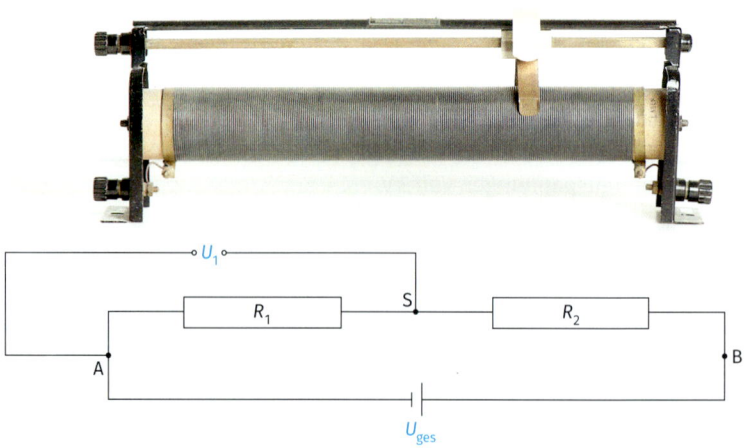

AUFGABEN UND VERSUCHE

A1 Erkläre, warum es nicht sinnvoll ist, mehrere Haushaltsgeräte in einer Reihenschaltung zu betreiben.

A2 Frederik erklärt das Problem der Reihenschaltung so: „Wenn ich meinen Computer und meinen Fernseher in Reihe schalten und dann an die Steckdose anschließen würde, würde das funktionieren. Denn beide Geräte haben genau den gleichen Strombedarf. Und in der Reihenschaltung ist ja die Stromstärke durch alle Geräte gleich."
Tatjana entgegnet: „Nein, das würde nicht funktionieren. Du müsstest deinen Stromversorger bitten, die Netzspannung zu verdoppeln, also von 230 V auf 460 V zu erhöhen. Nur dann würde das funktionieren."
Nimm zu der Diskussion Stellung und erkläre, wer Recht hat.

A3 Zwei Glühlampen werden mit einer elektrischen Quelle in Parallelschaltung betrieben. Lampe 1 leuchtet dabei etwa doppelt so hell wie Lampe 2. Anschließend werden beide Lampen an der gleichen elektrischen Quelle in Reihe geschaltet. Erkläre, was sich nun beim Betrieb der Lampen ändert.

A4 Bestimme die fehlende Spannung in der Schaltung → **6**.

A5 a) Eine Weihnachtsbaum-Lichterkette enthält 20 elektrische Kerzen in einer Reihenschaltung → **8**. Sie wird an die Netzspannung von 230 V angeschlossen. Berechne die Spannung an einer einzelnen Kerze.
b) Weihnachtsbaum-Lichterketten funktionieren auch dann, wenn eine Lampe ausfällt. Recherchiere, wie dies erreicht wird.

A6 L1, L2, L3 und L4 sind vier völlig gleiche Glühlampen. Die Spannung U wird langsam erhöht → **8**. Beschreibe und begründe, in welcher Reihenfolge die Lampen dabei durchbrennen. Falls L4 durchbrennen sollte, wird sie durch ein Kabel überbrückt, da sonst kein Strom fließt.

V1 Schalte mindestens drei gleiche Glühlampen in Reihe an ein Netzgerät. Erhöhe die Spannung soweit, dass die Lampen mit mittlerer Stärke leuchten. Aber nicht auf mehr als 24 V. Überbrücke dann eine Lampe mithilfe eines Kabels. Beschreibe und erkläre deine Beobachtung.

8

V2 Verbinde mehrere lange Kabel zu einer möglichst langen Anschlussleitung für eine 6 V-Lampe. Regele die Energiequelle so, dass du an der Lampe eine Spannung von 6 V misst. Miss nun auch die Spannung der Quelle. Beschreibe und erkläre die Messergebnisse.

V3 Verwende eine (6 V | 5 A)-Glühlampe und eine (6 V | 0,4 A)-Glühlampe. Prüfe zuerst durch Anschluss an eine 6 V-Quelle, ob beide Lampen funktionstüchtig sind und kontrolliere die Stromstärke mit einem Messgerät.
a) Erläutere, welche Gesamtstromstärke bei einer Parallelschaltung beider Lampen zu erwarten ist. Überprüfe dies.
b) Schalte die Lampen in Reihe, beschreibe deine Beobachtung.
c) Miss die Spannungen an den Lampen in b und erkläre deine Beobachtung.

V4 Die Spannung einer elektrischen Quelle beträgt 24 V. Es sollen drei gleiche Lampen mit einer Nennspannung von 8 V angeschlossen werden.
a) Skizziere die Schaltung.
b) Begründe deine Schaltung.
c) Treffe eine begründete Aussage zur Helligkeit der Lampen.
d) Baue die Schaltung auf und überprüfe deine Aussage.

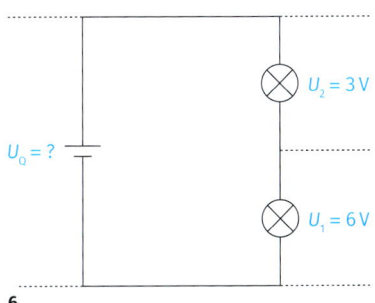

6

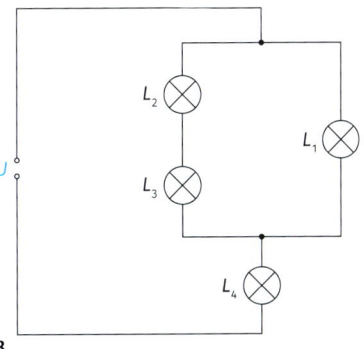

8

Geräte – Wandler elektrischer Energie

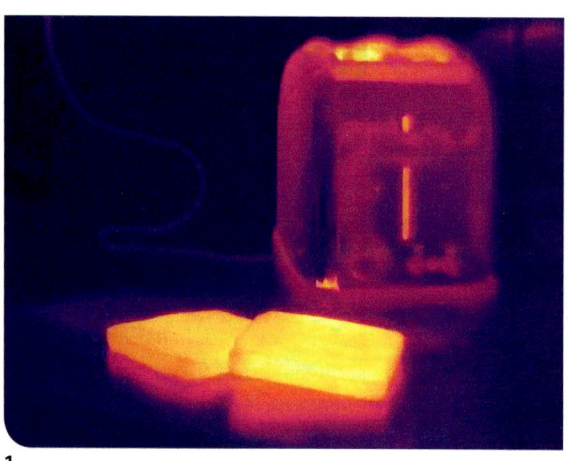

1

2

In der Wärmebildaufnahme ist gut zu erkennen, wie ein Toaster Brotscheiben erwärmt →1. Der elektrische Strom hat dabei den Heizdraht im Toaster erhitzt und zum Glühen gebracht. Die elektrische Energie wird im Heizdraht des Toasters in zwei andere Energieformen gewandelt: In thermische Energie und Lichtenergie. In diesem Falle ist die thermische Energie die gewünschte Energieform, das Leuchten der Drähte ein kleiner Nebeneffekt.

Der zentrale Versuch macht den Energietransport durch den Stromkreis sichtbar →2. Zweck des Stromkreises mit Batterie und angeschlossenem Motor ist es, die kleine Last anzuheben. Mit Energiebegriffen lässt sich dieser Vorgang wie folgt beschreiben: Die Batterie stellt elektrische Energie zur Verfügung. Der Motor wandelt die aufgenommene elektrische Energie in Bewegungsenergie und schließlich in Lageenergie der Last.
Die Energie der Batterie ist also durch den Stromkreis auf die Last übertragen worden. Das funktioniert nur in einem geschlossenen Stromkreis. Führt nur eine Leitung von der Quelle zum Motor, dann ist eine Energieübertragung nicht möglich.
Elektrische Geräte wie der Toaster haben also die Aufgabe, elektrische Energie in andere Energieformen zu wandeln. Dieser Vorgang wird in einem Energieflussdiagramm dargestellt →3.

Es gibt auch Maschinen, die Energie von anderen Formen in elektrische Energie umwandeln. Eine Solarzelle etwa wandelt Lichtenergie in elektrische Energie. In einem Kraftwerk produziert ein Generator einen stetigen Energiestrom, indem er wie ein Fahrraddynamo Bewegungsenergie einer Turbine in elektrische Energie wandelt.
Alle Elektrogeräte sind Energiewandler. Die Bezeichnung Verbraucher ist in der Alltagssprache richtig und üblich. In der Fachsprache der Physik ist sie jedoch falsch, denn weder Energie noch Elektronen werden verbraucht. Daher wird der Begriff Energiewandler verwendet. Physiker sagen, streng genommen, also nicht „Der Backofen verbraucht mehr Energie als die Lampe" oder „Unser Energieverbrauch ist zu hoch", sondern „Der Backofen wandelt mehr elektrische Energie als die Lampe" und „Wir wandeln zu viel elektrische Energie".

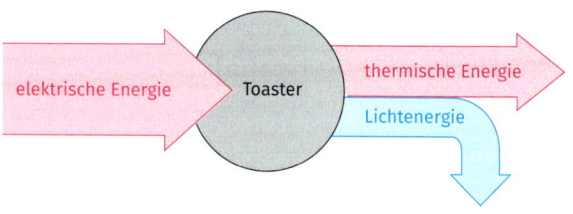

3

| Im elektrischen Stromkreis wird die elektrische Energie von der Quelle zum Gerät übertragen. | Elektrogeräte sind Energiewandler. Sie wandeln elektrische Energie in andere Energieformen. |

Energie, System

Die Fahrradkette als Energietransporter

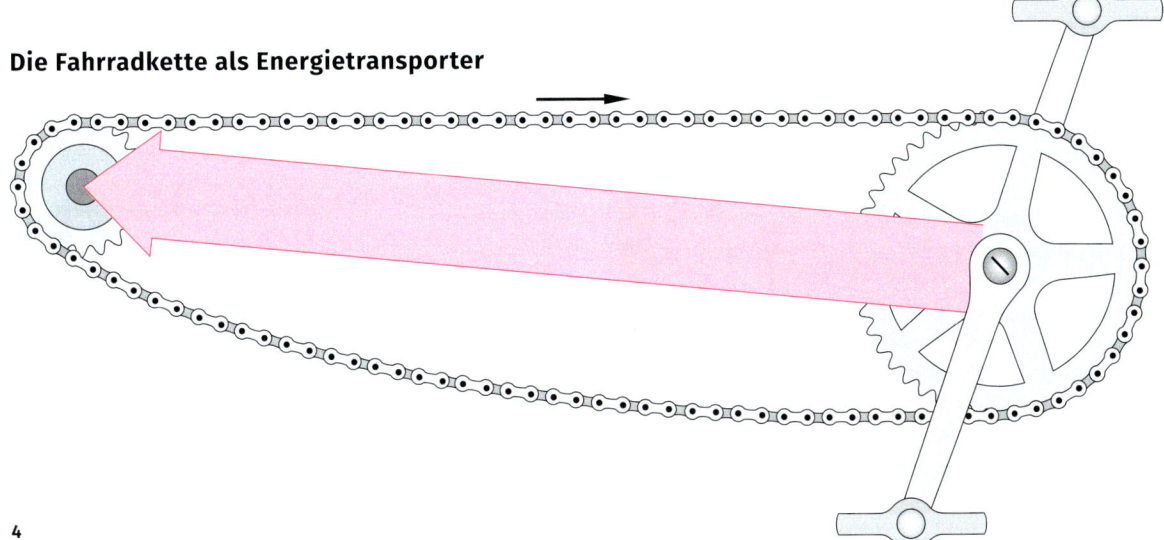

4

Der Energietransport im elektrischen Stromkreis lässt sich mit dem Energietransport über eine Fahrradkette vergleichen: Die Fahrradkette läuft im Kreis, oben vom hinteren Ritzel zum vorderen Zahnkranz und unten wieder zurück → 4. Sie überträgt die Energie der Beine auf das Hinterrad. Wie beim Wasserkreislauf das Wasser oder im elektrischen Stromkreis die Ladung, bewegen sich die Kettenglieder im Kreis. Die Energie strömt „geradeaus" vom Zahnkranz vorne zum Ritzel nach hinten.
Bei der Fahrradkette wird die Energie von vorne nach hinten transportiert. Die Kette jedoch bewegt sich an der oberen, gespannten Seite nach vorne, also umgekehrt. Das zeigt, dass der Energietransport nicht von der Bewegungsrichtung des Überträgers abhängt. Gleiches gilt im Stromkreis.

AUFGABEN UND VERSUCHE

Die Kenntnisse über Energieflussdiagramme aus Kapitel 2 können dir bei der Bearbeitung der Aufgaben auf dieser Seite helfen.

A1 Zeichne für den zentralen Versuch mit dem Anheben der Last das Energieflussdiagramm.

A2 Eine Steckdose ist die Quelle elektrischer Energie im Zimmer. Zeichne und beschrifte für eine Tischlampe das Energieflussdiagramm von der Steckdose zur Lampe.

A3 Zeichne die Energieflussdiagramme für ein Windrad, eine Solarzelle und einen Flugzeugmotor mit Propeller.

A4 Informiere dich darüber, was eine Brennstoffzelle ist, und stelle die Funktion in einem Energieflussdiagramm dar.

A5
a) Nenne Geräte, die zu dem Energieflussdiagramm passen, und ergänze das Diagramm → 4.

b) Genauer betrachtet müsste das Energieflussdiagramm präziser dargestellt werden. Ergänze es.

A6
Erstelle zur Wärmebildaufnahme ein Energieflussdiagramm, das den Weg der Energie bis zur Wärmebildkamera erklärt → 3.

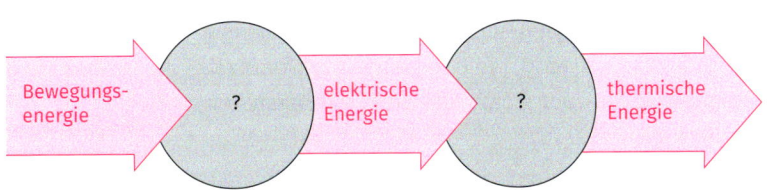

4

Elektrische Leistung und Energie

1

2

Die elektrische Leistung ist auf jedem Gerät angeben, bei vielen ist die „Wattzahl" die wichtigste Werbung, da sie Leistungsfähigkeit verspricht →1. Ein Watt bedeutet, dass ein Gerät in einer Sekunde ein Joule Energie umsetzt. Wie viel Energie pro Zeit gewandelt wird, beschreibt die Formel $P = \frac{E}{t}$.

Im zentralen Versuch werden verschiedene Elektrogeräte an einen Energiezähler angeschlossen und dann eingeschaltet →2. Diese Geräte können sowohl die transportierte Energie anzeigen – in Joule oder deren Preis in Euro – als auch die **elektrische Leistung**, mit der das Gerät betrieben wird.

Ein Vergleich der Geräte im zentralen Versuch zeigt, dass „starke" Geräte wie eine Schlagbohrmaschine eine hohe elektrische Leistung haben, kleine, „schwächere" Geräte eine niedrigere. Das, was in der Alltagssprache als Leistungsfähigkeit eines Gerätes bezeichnet wird, ist die elektrische Leistung: Bohrer mit 1000 Watt Leistung bohren schneller tiefere Löcher durch härtere Materialien als Bohrer mit 300 Watt Leistung. Entsprechendes gilt für Wasserkocher. Ein Wasserkocher mit 2600 Watt Leistung benötigt zum Erwärmen einer bestimmten Menge Wasser halb so viel Zeit wie ein Wasserkocher mit 1300 Watt Leistung. Die Energie, die dafür aufgewendet wird, ist aber gleich. Das zeigt ein Umstellen der Formel: $P = \frac{E}{t}$.

Beide Wasserkocher wandeln also gleich viel Energie – beim einen ist die Zeit t größer, beim anderen die Leistung P. Das Produkt $E = P \cdot t$ ist das gleiche.

Der „Stromzähler" im Haus misst diese Energie →2. Was alltagssprachlich „Stromkosten" genannt wird, sind also Energiekosten. Denn bei der „Stromrechnung" bezahlt ein Haushalt nicht die Elektronen, die im Stromkreis fließen – diese fließen ja wieder zurück. Der Haushalt bezahlt die entnommene und gewandelte Energie.

Die Kilowattstunde

Die in der Physik übliche Einheit für Energie ist das Joule. Bei Elektrogeräten im Haushalt ist diese Einheit aber unpraktisch: Ein Backofen, der 30 Minuten lang mit 4000 Watt läuft, setzt sehr viele Joule Energie um:
$E = P \cdot t = 4000 \text{ J/s} \cdot 30 \cdot 60 \text{ s} = 7\,200\,000 \text{ J}$

Daher wird im Alltag die Einheit Kilowattstunde benutzt. Sie beschreibt die Energie, die ein Gerät umsetzt, dass eine Stunde lang mit einem Kilowatt (1000 Watt) Leistung arbeitet:

$1 \text{ kWh} = P \cdot t = 1000 \text{ J/s} \cdot 60 \cdot 60 \text{ s} = 3\,600\,000 \text{ J}$

So kann der Energiebedarf eines Gerätes schnell überschlagen werden: Eine 2000-Watt-Waschmaschine, die 2 Stunden lang in Betrieb ist, setzt also 4 kWh um, denn $E = 2 \text{ kW} \cdot 2 \text{ h}$. Ein 100-Watt-Kühlschrank wandelt in 24 Stunden die Energie $E = 0{,}1 \text{ kW} \cdot 24 \text{ h} = 2{,}4 \text{ kWh}$.

> Der Energieumsatz ist das Produkt aus Leistung und Zeit. Daher wird als Einheit für die Energie häufig die Kilowattstunde benutzt:
> 1 kWh = 3,6 Millionen Joule

Energie, **S**ystem

STREIFZUG *Die Stromrechnung*

Jahresrechnung 2016

Marlis Muster
Energiepfad 4
88410 Stromdorf

Rechnungsdatum: 15.01.2017
Kundennummer:
013.256.252307.2

Bankverbindung:
IBAN DE07 0123 4567 8901 2345 67
BIC IVSMG 125015

Verbrauchsermittlung: Zählernummer 951357

Zählerstände		Verbrauch	
Ablesung	Stand	kWh	Tage
02.01.16	16365		
31.01.16	16897	532	29
02.01.17	21436	4539	336

Der „Verbrauch" wird über die Differenz der Zählerstände ermittelt.

Aus dem „Verbrauch" des vergangenen Jahres ergibt sich die Vorauszahlung für das kommende Jahr – verteilt auf 12 Monate.

Abrechnung

Abrechnungszeitraum		Verbrauch	Tarif	Arbeitspreis	Arbeitsbetrag	Bereitstellung
von	bis	kWh		Cent/kWh	€	€/Jahr
02.01.16	02.01.17	5071	Haushalt 1	20,48	1038,54	58,51

Summe	1097,05 €
Umsatzsteuer 19%	208,44 €
zu zahlender Betrag:	**1305,49 €**

Der errechnete Verbrauch wird mit dem Preis für eine Kilowattstunde multipliziert, dem so genannten Arbeitspreis.

Ihre Abschlagszahlung für 2016 betrug monatlich	94,00 €
Jahresvorauszahlung	1128,00 €
Unsere Restforderung	177,49 €
Dieser Betrag wird am 31.01.2017 abgebucht	
Monatliche Abschlagszahlung ab Januar 2017	**109,00 €**

AUFGABEN UND VERSUCHE

AUFGABENBEISPIEL

Vergleiche den monatlichen Energieumsatz und die daraus entstehenden Kosten einer 40-W-Glühlampe und einer stattdessen eingesetzten 8-W-LED-Lampe, wenn beide jeden Abend 1,5 Stunden als Leselampe in Betrieb sind. Nimm dazu Kosten von 30 ct pro Kilowattstunde an.

Geg.: $P_1 = 40\,W$, $P_2 = 8\,W$
$\quad\quad t = 1{,}5\,h \cdot 30 = 45\,h$
Ges.: E_1, E_2
Lösung: $E_1 = P_1 \cdot t = 40\,W \cdot 45\,h$
$\quad\quad\quad\quad = 1800\,Wh = 1{,}80\,kWh$
$\quad\quad E_2 = P_2 \cdot t = 8\,W \cdot 45\,h$
$\quad\quad\quad\quad = 360\,Wh = 0{,}36\,kWh$

Mit der LED-Lampe werden 1,44 kWh Energie im Monat eingespart. Das entspricht einer Ersparnis von 43 ct pro Monat.

A1 Berechne, wie lange jeweils eine Fahrradlampe (6 V | 0,5 A) und eine Energiesparlampe (230 V | 11 W) leuchten müssten, bis in ihnen eine Energie von insgesamt 1 kWh gewandelt würde.

A2 Entwickle eine Faustfomel zur schnellen Umrechnung von kWh in Joule.

A3 Ein Schüler erklärt: „Eine Kilowattstunde ist ein Kilowatt pro Stunde. Das ist hier genauso wie bei Geschwindigkeiten. Ein km/h (sprich ka-em-ha) ist ja ebenfalls ein Kilometer pro Stunde". Nimm zu dieser Aussage Stellung.

A4 Zum Aufwärmen eines Fertiggerichts in der Mikrowelle werden 240 000 J Energie gewandelt.
a) Rechne die umgesetzte Energie in die Einheit kWh um.
b) Schätze grob ab, wie lange die Mikrowelle für die Wandlung dieser Energiemenge angeschaltet ist. Recherchiere dazu notwendige Informationen.

Leistung, Spannung und Stromstärke

1

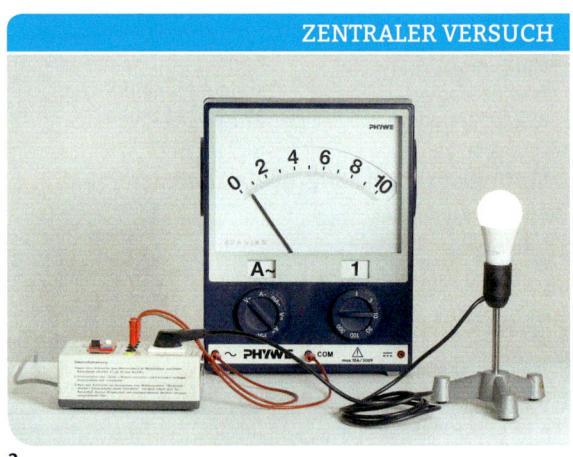

ZENTRALER VERSUCH

2

Das Bild zeigt die technischen Informationen auf einem Küchenmixer →1. 300 Watt ist die elektrische Leistung des Geräts. Sie beschreibt, wie viel Energie der Mixer in einer Sekunde wandelt. 220–240 V ist die Netzspannung, für die der Mixer ausgelegt ist. Andere Geräte enthalten ähnliche Informationen. Dabei fällt auf: Die Netzspannung für die Geräte ist immer gleich. Je nach Energiebedarf sind jedoch die Angaben für die Leistung sehr unterschiedlich. Die Typenschilder enthalten jedoch keine Angabe über die elektrische Stromstärke.

Der zentrale Versuch untersucht, wie Leistung und elektrische Stromstärke zusammenhängen. Dazu werden verschiedene Elektrogeräte mit 230 V Netzspannung betrieben und die elektrische Stromstärke gemessen, die dabei im Betrieb fließt →2.

Auf einen ersten Blick ist zu erkennen, dass mit größeren Leistungen größere Stromstärken verbunden sind. Eine grafische Auswertung liefert genauere Erkenntnisse, wie Stromstärke und Leistung zusammenhängen →4.

Offenbar ist die elektrische Stromstärke proportional zur Leistung des Geräts. Die Steigung der Geraden liefert einen Wert von 230 W/A. Das bedeutet, dass pro Ampere Stromstärke 230 Joule pro Sekunde gewandelt werden. Das entspricht im Zahlenwert genau der Netzspannung von 230 V. Offenbar liegt der Zusammenhang zwischen elektrischer Stromstärke und Leistung in der Spannung. Sie ist ein Maß dafür, wie viel Energie ein bestimmter elektrischer Strom übertragen kann.

So kann die Einheit Watt auch über die Einheiten des elektrischen Stromkreises bestimmt werden:
1 Watt = 1 Volt · 1 Ampere.

> Die Leistung, die von einem elektrischen Stromkreis übertragen wird, ist das Produkt aus Spannung und Stromstärke: $P = U \cdot I$

Gerät	Leistung in W	Stromstärke in A
Radio	5	0,02
Lampe	11	0,05
Mixer	200	1,30
Toaster	650	2,82
Mikrowelle	800	3,47
Fön	1600	6,95

3

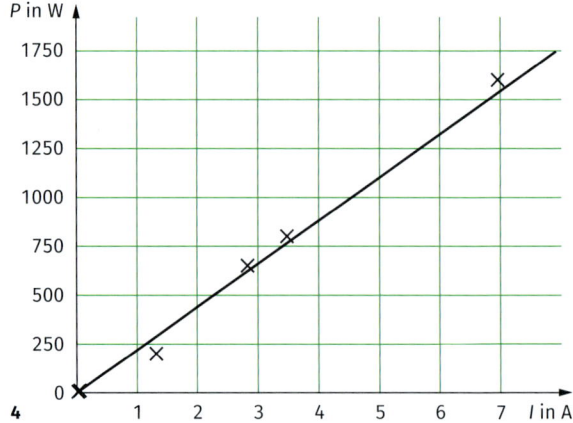

4

System

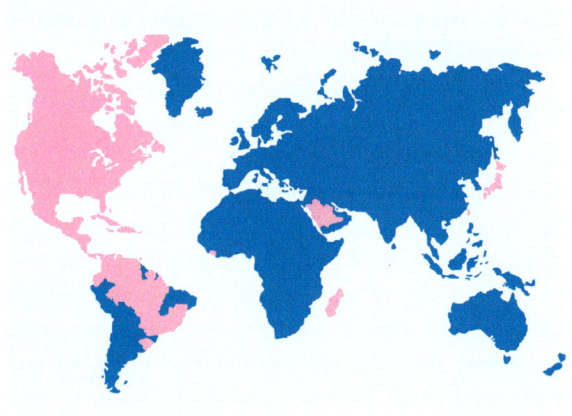

5

6

Ein Umstellen der Formel nach U ergibt $U = \frac{P}{I}$. Dies entspricht der Steigung im Diagramm →4 und dem zuvor erwähnten Verständnis von Spannung als Maß dafür, wie viel Energie ein bestimmter elektrischer Strom überträgt.
In Nordamerika, Teilen Südamerikas, in Japan und weiteren Teilen der Welt ist die Netzspannung 110 V →5.

Ein Stromkreis mit dieser Spannung ermöglicht pro Ampere Stromstärke nur eine Leistung von 110 Watt. Um die gleiche Energie zu transportieren wie in Europa, müssen Elektrogeräte dort daher etwa die doppelte Stromstärke fließen lassen. Aus diesem Grund können Elektrogeräte für Europa nicht in den USA betrieben werden und umgekehrt.

AUFGABEN UND VERSUCHE

AUFGABENBEISPIEL

Eine Waschmaschine hat eine maximale Leistung von 2600 W. Berechne die maximale Stromstärke durch das Anschlusskabel.
Lösung: Umstellen der Gleichung $P = U \cdot I$ nach I ergibt:
$I = \frac{P}{U}$.
Einsetzen der Netzspannung von 230 V und der Leistung:

I = 2600 W / 230 V = 11,3 A.

Die maximale Stromstärke beträgt 11,3 A.

A1 Berechne und bewerte den Gesamtstrom durch einen Mehrfachstecker, an dem folgende Geräte angeschlossen sind: Drei Handyladegeräte (je 35 W), ein PC (750 W) und ein Heizstrahler (2500 W).

A2 Üblicherweise können Steckdosen im Haushalt eine Stromstärke von 16 A liefern, darüber greift die Sicherung ein. Berechne die maximal mögliche Leistung, mit der ein Gerät an der Steckdose betrieben werden kann.

A3 Was geschieht, wenn ein Toaster für Europa an einer Steckdose in den USA betrieben wird? Erläutere dies mithilfe der folgenden physikalischen Fachbegriffe, die in deinem Text vorkommen sollten: *Spannung, Stromstärke, Leistung, Widerstand.*

A4 Erläutere den umgekehrten Fall wie in A3, wenn also ein Toaster für die USA in Europa betrieben wird. Verwende die gleichen Begriffe.

A5 Erkläre, warum Elektrogeräte nach ihrer Leistung bewertet werden – zum Beispiel Mixer mit 100, 200 oder 500 Watt – und nicht nach Spannung oder Stromstärke.

A6 „Energiesparlampen verbrauchen weniger Strom als frühere Glühbirnen." Übersetze diese alltagssprachliche Aussage in physikalische Fachsprache und erkläre sie. Erkläre in diesem Zusammenhang auch die Angaben und Einheiten auf einem EU-Energielabel →6.

Stromkreise im Haushalt

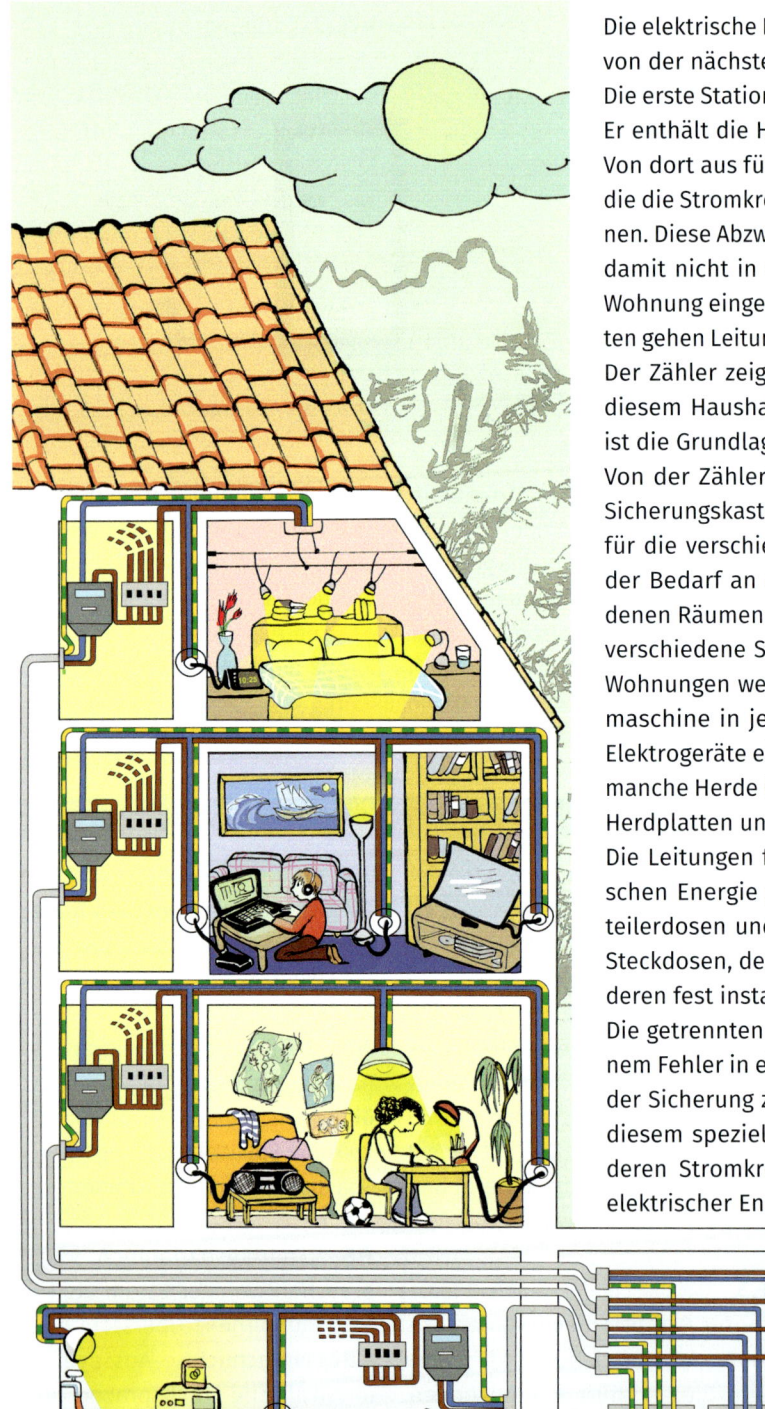

Die elektrische Energie kommt meist über ein Erdkabel von der nächsten Netzstation ins Haus.

Die erste Station im Haus ist der Hausanschlusskasten. Er enthält die Hauptsicherung für das gesamte Haus. Von dort aus führen Leitungen zu den Abzweigkästen, die die Stromkreise für jeden einzelnen Haushalt trennen. Diese Abzweigkästen sind mit Plomben versiegelt, damit nicht in die Energieversorgung einer anderen Wohnung eingegriffen werden kann. Vom Abzweigkasten gehen Leitungen zum Zähler im jeweiligen Haushalt. Der Zähler zeigt an, wie viel elektrische Energie von diesem Haushalt dem Netz entnommen wurde; dies ist die Grundlage für die Stromrechnung.

Von der Zählertafel führen mehrere Leitungen zum Sicherungskasten. Hier befinden sich die Sicherungen für die verschiedenen Stromkreise der Wohnung. Da der Bedarf an elektrischer Energie in den verschiedenen Räumen der Wohnung unterschiedlich ist, sind verschiedene Stromkreise eingebaut. In den meisten Wohnungen werden beispielsweise Herd und Waschmaschine in jeweils eigene Kreise gelegt, da diese Elektrogeräte einen sehr hohen Energiebedarf haben; manche Herde haben sogar getrennte Stromkreise für Herdplatten und Backofen.

Die Leitungen für die weitere Verteilung der elektrischen Energie gehen vom Sicherungskasten zu Verteilerdosen und von dort zur letzten Station: zu den Steckdosen, den Anschlüssen für Lampen oder zu anderen fest installierten Geräte.

Die getrennten Kreise haben den Vorteil, dass bei einem Fehler in einem Elektrogerät, der ein Ansprechen der Sicherung zur Folge hat, nur die Energiezufuhr in diesem speziellen Kreis unterbrochen wird. Alle anderen Stromkreise im Haushalt werden weiterhin mit elektrischer Energie versorgt.

System

STREIFZUG *Versuche mit Kurbelgeneratoren*

Mit per Hand betriebenen Kurbelgeneratoren lassen sich elektrische Stromkreise und Schaltungen leicht verstehen → 1.

Im Gegensatz zu Batterien oder Netzgeräten ist es beim Kurbelgenerator die menschliche Hand, die die Energie im elektrischen Stromkreis bereitstellt. So werden Stromstärke, Spannung und Leistung direkt körperlich erfahrbar. Zwei einfache Versuche zeigen dies.

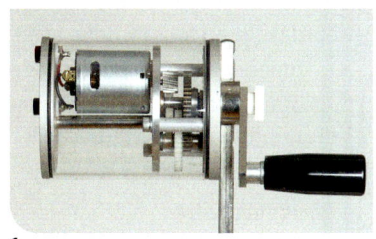

1

Versuch 1: Einmal wird der Kurbelgenerator ohne Stromkreis betrieben, einmal mit einer Glühlampe, einmal mit einem Kurzschluss. Kurzschluss bedeutet, dass Ein- und Ausgang des Generators direkt miteinander verbunden sind. Ohne Stromkreis dreht sich der Generator leicht, mit Glühlampe schwerer, mit Kurzschluss besonders schwer. Offenbar hängt die Kraft, die beim Kurbeln aufgewendet werden muss, mit der Stromstärke im Stromkreis zusammen. Bei hohen Stromstärken, wie beim Kurzschluss, fällt das Kurbeln besonders schwer.
→ Die Kraft, die zum Kurbeln aufgewendet werden muss, ist ein Maß für die Stromstärke, die der Generator liefert.

Versuch 2: Eine Glühlampe wird über einen Kurbelgenerator betrieben und dabei wird die Spannung gemessen. Die Geschwindigkeit des Kurbelns wird dabei von langsam auf schnell gesteigert. Es ist zu beobachten, dass mit zunehmender Kurbelgeschwindigkeit die Spannung zunimmt.
→ Die Geschwindigkeit des Kurbelns ist ein Maß für die Spannung, die der Kurbelgenerator erzeugt.

Mit diesen zwei zentralen Erkenntnissen aus den Versuchen mit dem Kurbelgenerator wird der Unterschied zwischen der Spannung U und der Stromstärke I deutlich.

AUFGABEN UND VERSUCHE

V1 Betreibe zwei Glühlampen in Reihenschaltung an einem Kurbelgenerator. Schalte an einem zweiten Kurbelgenerator vier baugleiche Glühlampen in Reihe.
a) Kurbele zusammen mit einem Mitschüler an den beiden Stromkreisen so, dass die Lampen gleich hell leuchten.
Vergleicht die beiden Kurbel-Geschwindigkeiten miteinander und erklärt.
b) Kurbele an dem Stromkreis mit vier Lampen. Kurbele dann an dem Stromkreis mit zwei Lampen. Behalte beim Kurbeln die gleiche Geschwindigkeit bei, die du vorher am Stromkreis mit vier Lampen verwendet hast. Beobachte die Unterschiede beim Kurbeln und erkläre sie.

V2 Simuliere mithilfe eines Kurbelgenerators den Betrieb einer Mehrfachsteckerleiste → 2. Schließe weitere Lampen an die Mehrfachsteckerleiste an und erkläre, was beim Kurbeln zu spüren ist. Überprüfe anschließend deine Erklärung mit einem Messgerät.

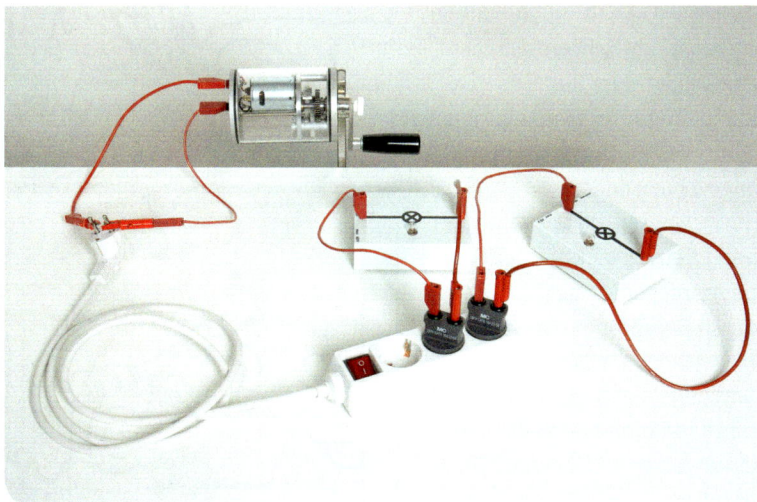

2

Gefahrensituationen und Gefahrenursachen

Die Zeichnung auf dieser Seite zeigt die verschiedenen Gefahrenquellen im Haushalt, die durch elektrischen Strom entstehen können.

Kurzschluss
Tritt in der Zuleitung oder im Gerät selbst auf, wenn sich bei schadhafter Isolation die Drähte der Zuleitung berühren. Der Strom fließt dann fast ungehemmt zur Quelle zurück. Es entstehen sehr hohe Stromstärken. Ursache für Kurzschlüsse sind in vielen Fällen durchgescheuerte Ummantelungen (Isolierungen) an den Zuleitungen.

Überlastung
Tritt auf, wenn zu viele „starke" Elektrogeräte in einem Stromkreis in Betrieb sind. Das führt zu einer hohen Stromstärke und damit zur Erhitzung von zu dünnen Leitungen. Werden die Stromstärken sehr hoch, so kann die Erhitzung so groß werden, dass die Isolation der Leitungen schmilzt oder dass brennbare Materialien wie Tapeten und Gardinen sich entzünden. Oft sind Brände die Folge.

Stromschlag
Tritt auf, wenn der Mensch Teil eines Stromkreises wird und führt oft zu schweren gesundheitlichen Schäden, manchmal sogar zum Tod. Der Mensch wird Teil eines Stromkreises
- durch Berühren nicht isolierter oder beschädigter elektrischer Leitungen,
- durch Berühren eines fälschlicherweise von Strom durchflossenen metallischen Gehäuses eines Elektrogeräts,
- durch Eingriff in ein Elektrogerät, das an das Stromnetz angeschlossen ist,
- durch Wasser oder Feuchtigkeit beim Betrieb elektrischer Geräte oder Anlagen,
- durch Berühren nicht isolierter Freileitungen, etwa wenn beim Drachensteigen die Schnur Überlandleitungen oder Oberleitungen einer Eisenbahnlinie berührt.

Funkenbildung
Tritt auf durch gebrochene Leitungen oder durch nicht fest sitzende Klemmverbindungen beim Anschluss von elektrischen Geräten, das heißt beim Schließen des Stromkreises. Die Funken können brennbare Materialien in der Nähe entzünden.

Die Gefahren, die durch elektrischen Strom entstehen können, sind Kurzschluss, Überlastung, Funkenbildung und Stromschlag.

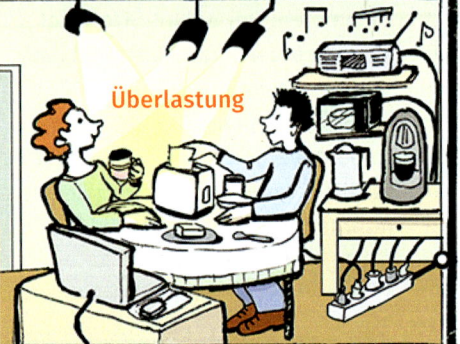

● **S**ystem

STREIFZUG Wirkungen des elektrischen Stroms auf den Menschen

Wenn der menschliche Körper Teil eines Stromkreises ist, kann dies schreckliche Folgen haben: Verbrennungen, Schock, Tod. Dieser Streifzug erklärt mithilfe eines Diagramms, was dabei im menschlichen Körper geschieht → 1.

Schäden außerhalb des Herzens
Körperflüssigkeiten sind gute elektrische Leiter. Besonders gut leitet feuchte Haut den elektrischen Strom. Ist der menschliche Körper Teil eines Stromkreises, so kann das zu Verbrennungen der Haut, zu einem krampfartigen Zusammenziehen der Muskeln und zur Störung des Nervensystems führen. Dies hat zur Folge, dass der Mensch nicht mehr die Kontrolle über seine Bewegungen hat. Schwerwiegende Verletzungen treten dabei vor allem durch Stürze zum Beispiel von einer Leiter auf, nicht durch den Strom selbst.

Störung des Herzmuskels
Ab einer bestimmten Stromstärke treten Störungen des Herzmuskels auf, die zum Tode führen können. Dabei kommt der geordnete Rhythmus der Herztätigkeit, das kräftige Zusammenziehen der Herzkammern, aus dem Takt. Der Blutdruck sinkt ab und der Blutkreislauf wird gestört: Der Mensch verliert das Bewusstsein und stirbt kurze Zeit später – wenn er keine Hilfe erhält. Bei verspäteter Hilfe führt die fehlende Sauerstoffversorgung zu schweren Hirnschäden.

Entscheidend für die Schwere der Störung des Herzmuskels ist das Zusammenspiel von Stromstärke und Einwirkdauer. Das bedeutet, dass es keine „Grenzstromstärke" gibt, ab der elektrischer Strom grundsätzlich tödlich ist. Vielmehr kommt es darauf an, wie lange der Körper einer bestimmten Stromstärke ausgesetzt ist. Das Diagramm unten erklärt diesen Zusammenhang:
- Stromstärken bis etwa 20 mA haben auch bei längerer Einwirkung keine negativen Folgen, allerdings besteht Verletzungsgefahr durch Stürze – ausgelöst durch Muskelverkrampfungen.
- Stromstärken von 20–80 mA führen zu Herzunregelmäßigkeiten, erhöhtem Blutdruck, kurzzeitigem Herzstillstand. Bei längerer Einwirkungszeit von Stromstärken über 50 mA kann Bewusstlosigkeit auftreten.
- Stromstärken über 80 mA lösen Herzkammerflimmern aus (meist mit Todesfolge), falls die Einwirkungszeit länger als eine Herzperiode dauert.

Das Diagramm zeigt, dass es wichtig ist, die Einwirkdauer auf unter 500 ms zu begrenzen. Dann sind selbst Ströme von über 500 mA unproblematisch. In diesem Zusammenhang ist die Loslassschwelle wichtig: Jenseits dieser Linie verkrampft die Muskulatur, sodass ein Mensch, der beispielsweise eine stromführende Leitung berührt, diese nicht von sich aus loslassen kann. Die Folge ist, dass er lange Zeit dem Strom ausgesetzt ist und daher schnell in den gefährlichen Bereich der Einwirkungsdauer gerät. Hier kommen Sicherungen ins Spiel: Sie müssen so schnell reagieren, dass sie den Stromkreis unterbrechen, bevor der Herzmuskel gestört wird.

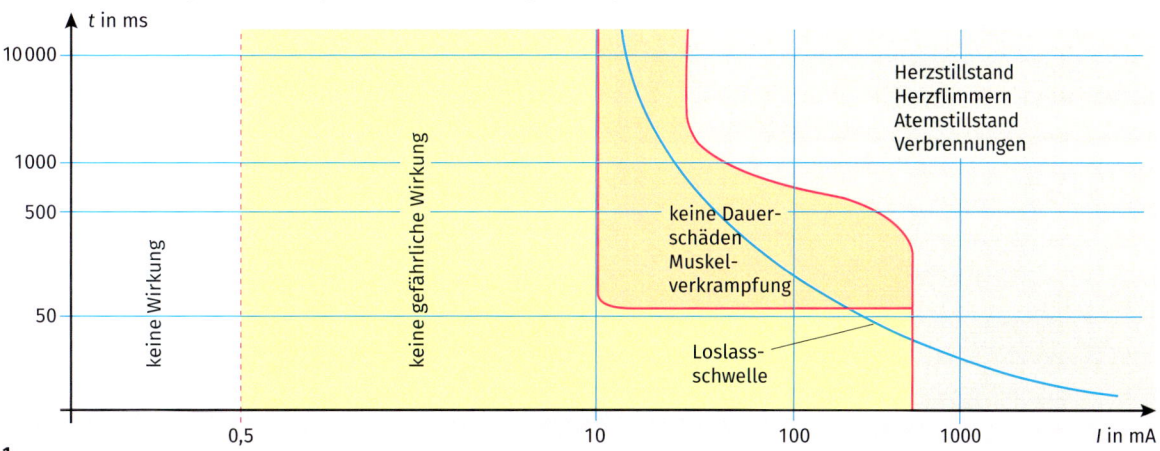

1

Gefahren und Schutzmaßnahmen

Stromunfall durch Nachlässigkeit
Ein 30-jähriger Heimwerker brach sich die Schulter, als er infolge eines Stromunfalls von einer Leiter fiel. Der Hobby-Bastler hatte beim Montieren einer Deckenlampe vor zwei Jahren darauf verzichtet, den Schutzleiter anzuschließen. Als er nun die Glühbirne tauschen wollte und an das Gehäuse griff, erlitt er einen Stromschlag und fiel von der Leiter. Ursache des Schlags war offenbar ein defekter Leiter in der Lampe und die fehlende Sicherung durch den Schutzkontakt. (jm)

1

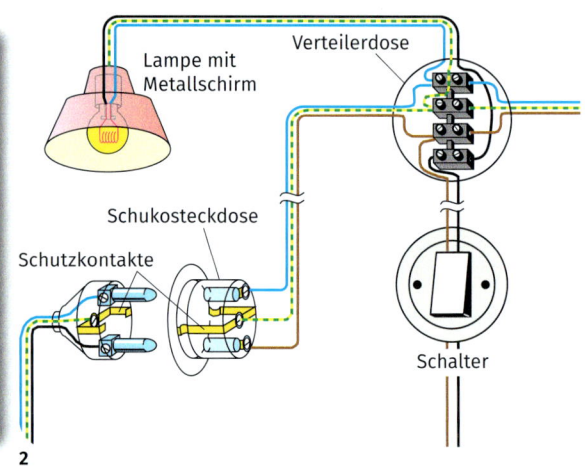

2

Bei einer Steckdose liegt nur an einem der beiden Leiter die Netzspannung von 230 V an. Diese Leitung heißt L-Leiter und hat eine braune oder schwarze Ummantelung. Der andere Leiter, der N-Leiter hat gegenüber der Erde keine Spannung und ist blau ummantelt. Eine Berührung dieses Pols der Steckdose ist ungefährlich. Da man jedoch nicht weiß, welcher der Nullleiter ist, ist es lebensgefährlich, in die Steckdose zu greifen.

L-Leiter und N-Leiter bilden den Stromkreis, in dem das Gerät betrieben wird. Der Schutzleiter hat eine besondere Zusatzfunktion: Elektrische Geräte wie Waschmaschinen und Computer haben metallische Gehäuse, sind also nicht isoliert. Wenn hier ein defektes L-Kabel Kontakt mit dem metallischen Gehäuse hat, wird es gefährlich.

Berührt ein Mensch ein solches Elektrogerät, wird ein Stromkreis über den Körper und die Erde geschlossen →1, 2. Ein solcher Erdschluss ist ohne Vorhandensein eines Schutzleiters (PE) lebensgefährlich. Denn die Stromstärke ist für den Menschen zu hoch, aber für die Sicherung zu klein: Sie spricht nicht an.

Der Schutzleiter und die Schutzkontakte (kurz: Schuko) in der Steckdose haben die Aufgabe, einen Erdschluss zu verhindern. Metallische Gehäuseteile sind über den Schutzleiter direkt mit der Erde verbunden →3. Bei einer Berührung des L-Leiters mit dem Gehäuse kommt es zu einem Kurzschluss, die Sicherung unterbricht den Stromkreis. Deshalb darf jedes Elektrogerät, das nicht schutzisoliert werden kann, nur über einen Schukostecker angeschlossen werden.

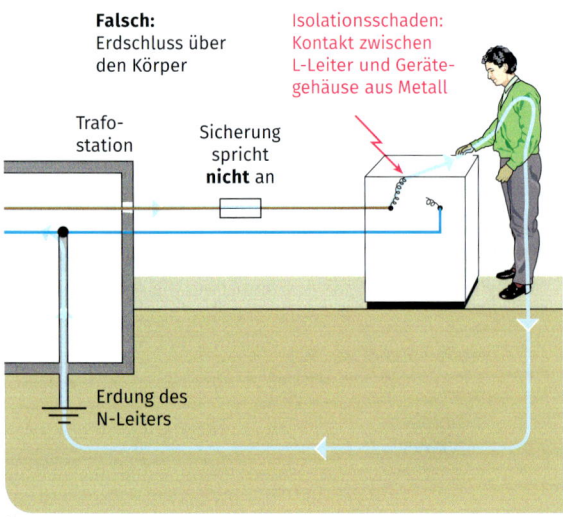 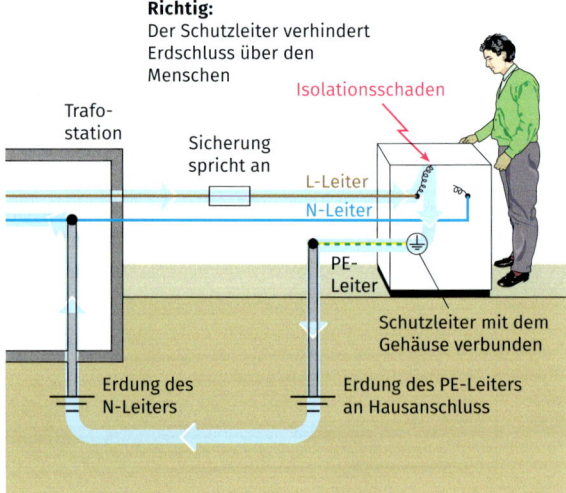

3

System

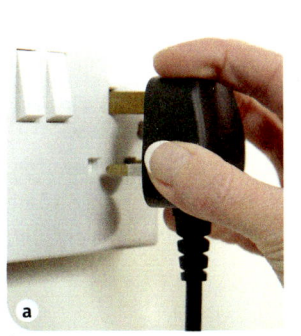  

4 a, b **5**

Im Falle des gefährlichen Erdschlusses über den menschlichen Körper ist dieser der Leiter, der den Strom zur Erde führt.
Bei britischen Steckern und Steckdosen ist der Schutzkontakt gut als dritter Kontakt senkrecht zu den beiden anderen erkennbar → **4**.
Ein ungefährliches Beispiel für einen Erdschluss über den Menschen ist der Phasenprüfer: ein Schraubendreher, mit dem man an Steckdosen prüfen kann, ob eine Spannung anliegt → **5**. Hier fließt ein so geringer Strom, dass dieser für den Menschen ungefährlich ist. Aber er genügt, um eine kleine Glimmlampe im Phasenprüfer zum Leuchten zu bringen. Diese Lampe leuchtet nur, weil eine geringe Stromstärke über den Menschen zur Erde fließt.

Die Schukosteckdose und der Schukostecker mit den dreiadrigen Kabelverbindungen verhindern in den meisten Fällen einen Erdschluss über den Menschen.

AUFGABEN UND VERSUCHE

A1 Erstelle eine Liste der Geräte in deinem Haushalt, die über einen Schukostecker verfügen, sowie der Geräte, die keinen Schukostecker haben. Finde Gründe für die Zuordnung.

A2 a) Recherchiere, was ein FI-Schalter ist. Beschreibe seine Funktionsweise mithilfe einer Schaltskizze und eines Textes.
b) Erläutere, wie sich FI-Schalter und Schutzkontakte gegenseitig ergänzen, um den Menschen vor Gefahren durch elektrischen Strom zu bewahren.

[1] Stecker   [2] Sicherung
[3] Fehlvorstellungen   [4] Elektrogerät
[5] Überlastung   [6] Steckdose
[7] L-Leiter

A3 Das Bild oben zeigt den Stecker eines britischen Geräts → **4**.
a) Erkläre, warum dieser Stecker drei Stäbe hat, deutsche Schukostecker aber nur zwei.
b) Vergleiche den britischen Stecker mit einem deutschen Stecker anhand der Fotos und anhand des folgenden, zugehörigen Texts.

BS 1363 is a British Standard which defines the common AC power plugs[1] and sockets that are used in the United Kingdom, with a fuse[2] in the plug. It has been adopted in many former British overseas territories. There are two frequent misconceptions[3] about the function of the fuse in a BS 1363 plug. One is that it protects the appliance[4] connected to the plug, and the other is that it protects against overloading[5]. In fact the fuse is there to protect the flexible cord between the plug and the appliance under fault conditions. The plug sides are shaped to improve grip and make it easier to remove the plug from a socket-outlet[6]. The flexible cord always enters the plug from the bottom, so that users do not remove it by pulling on the cable, which can damage the cable. Plugs must be designed so the earth connection is never damaged before the line[7] and/or neutral connection if the cord connection fails.

Üben und Vertiefen *Grundlagen der Elektrizitätslehre*

Auf dieser Seite findest du zu allen Themen des Kapitels Aufgaben in drei Anforderungsbereichen. Die jeweiligen Aufgaben **1** sind in der Regel zum Wiedergeben, **2** zum Anwenden und **3** zum Vernetzen oder Vertiefen der Themen.

A Stromkreise

A1 Zeichne den Schaltplan für den Stromkreis mit Netzgerät und drei Lampen → **1**.

A2 Beschreibe den in der Schaltskizze dargestellten Stromkreis → **2**.

A3 Im Stromkreis soll der Schalter alle Lampen gleichzeitig ein- und ausschalten → **4**. Erkläre, ob er dies tut, und schlage eine alternative Platzierung des Schalters vor.

B Leiter und Nichtleiter

B1 Erläutere, mit welcher Versuchsanordnung festgestellt werden kann, wie gut ein bestimmter Stoff den Strom leitet.

B2 Obwohl Isolatoren den elektrischen Strom nicht leiten, sind sie doch wichtig im Zusammenhang mit Stromkreisen. Erläutere, wo Isolatoren in Stromkreisen gebraucht werden.

B3 Luft ist ein sehr guter Isolator, ansonsten wäre es lebensgefährlich, unter Strommasten durchzulaufen. Andererseits fließen beim Blitz hohe elektrische Ströme durch die Luft. Erläutere, warum sich das nur auf den ersten Blick widerspricht.

C Ladung, Stromstärke und Spannung

C1 Benenne den Zusammenhang zwischen elektrischer Ladung und elektrischer Stromstärke.

C2 Zeichne den Schaltplan eines Stromkreises mit zwei hintereinander geschalteten Elektromotoren mit Messgeräten für die Spannung und Stromstärke. Es soll möglich sein, die Spannung, mit der jeder der beiden Motoren betrieben wird sowie die Stromstärke, die durch die beiden Motoren fließt, zu bestimmen.

C3 Ein negativ geladener Stab aus Kunststoff wird in die Nähe eines Wasserstrahls gehalten → **3**. Erkläre, warum der Wasserstrahl abgelenkt wird.

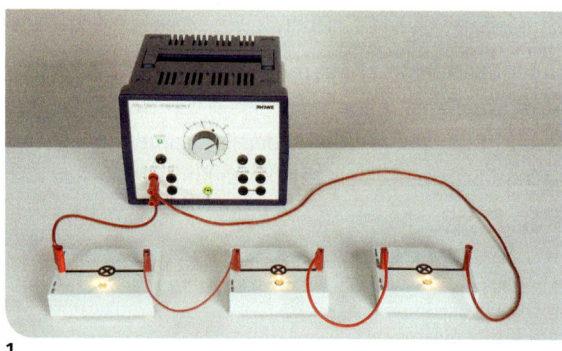
1

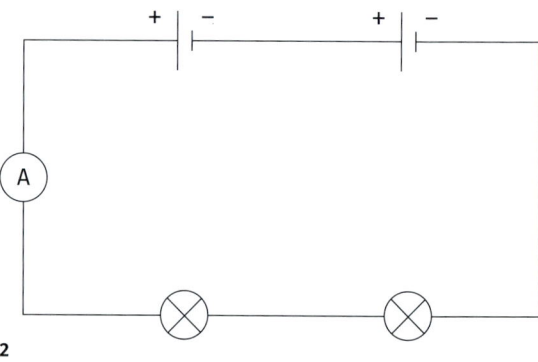
2

3

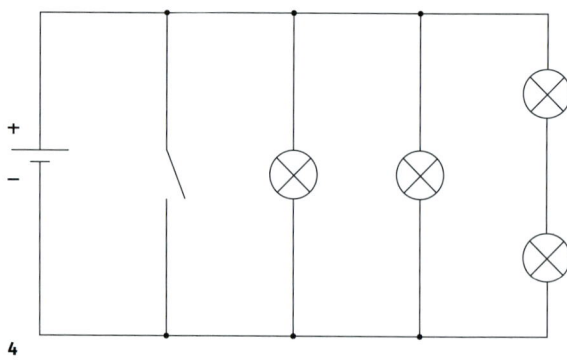
4

D Modelle des Stromkreises

D1 Nenne ein Modell für den elektrischen Stromkreis.
D2 Erkläre für das in D1 genannte Modell, welche Größen darin der elektrischen Stromstärke, der Ladung und der Spannung entsprechen.
D3 Wähle ein weiteres Modell des elektrischen Stromkreises und vergleiche es mit dem Modell aus D1. Erläutere die Aussagekraft der beiden Modelle. Achte dabei auch auf die Grenzen der Modelle.

E Stromstärke und Spannung messen

E1 Nenne eine Merkregel, die aussagt, wie du Messgeräte zu Stromstärke und Spannung in einen Stromkreis einbauen musst.
E2 In diesem Stromkreis soll die Stromstärke durch jede Lampe gemessen werden →5. Dazu stehen drei Messgeräte zur Verfügung. Zeichne drei unterschiedliche Möglichkeiten, die Messgeräte zu schalten, und erläutere sie.
E3 Misst man die Spannung über einer Lampe im oben gezeigten Stromkreis, so erhöht sich die insgesamt fließende Stromstärke geringfügig. Erkläre.

F Reihen- und Parallelschaltung

F1 Zeichne eine Schaltskizze mit drei gleichen Lampen, die an eine Batterie angeschlossen sind: Zwei Lampen sind in Reihe geschaltet, die dritte parallel zu den beiden ersten.
F2 Vergleiche die Spannungen an jeder Lampe. Ist die Spannung an jeder Lampe gleich? Erkläre.
F3 Nenne je drei Beispiele zu Reihen- und Parallelschaltung im Haushalt. Begründe, warum jeweils eine Reihen- beziehungsweise eine Parallelschaltung zum Einsatz kommt.

G Strom, Spannung und Energie

G1 Benenne die Einheiten für die elektrische Stromstärke und die Leistung. Erkläre anschließend den Unterschied zwischen den beiden Einheiten.
G2 Erkläre den Zusammenhang von Leistung, elektrischer Stromstärke und Spannung an einem selbst gewählten Beispiel.
G3 Erläutere die Unterschiede zwischen Regionen mit 230 V Netzspannung (zum Beispiel Europa) und Regionen mit 110 V Netzspannung (zum Beispiel USA) hinsichtlich Energietransport, elektrischer Stromstärke und Sicherheit.

H Wirkungen des elektrischen Stroms

H1 Benenne drei verschiedene Wirkungen des elektrischen Stroms.
H2 Erkläre den hier gezeigten Lehrerversuch →6. Beziehe dabei verschiedene Wirkungen des elektrischen Stroms in deine Erklärung mit ein.
H3 Übertrage den in H2 gezeigten Versuch auf den Alltag und erkläre den Zusammenhang. Welche gefährliche Situation stellt der Versuch dar und wie kann man sich vor ihr schützen?

I Gefahren des elektrischen Stroms

I1 Nenne Gefahren des elektrischen Stroms.
I2 Betrachte das Diagramm auf Seite 159. Erkläre, warum der graue Bereich im Diagramm nicht geradlinig von den gelben Bereichen abgegrenzt ist.
I3 Erkläre, welche Maßnahmen beim Auswechseln einer LED-Lampe in einer Deckenleuchte helfen können, das Unfallrisiko zu vermeiden. Denke dabei an verschiedene Kategorien von Unfällen, die auftreten können.

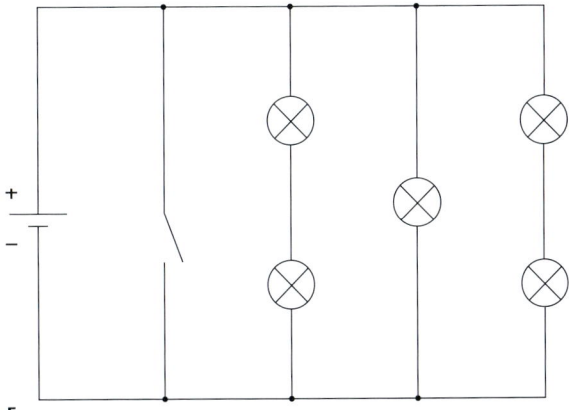

5

6

Wiederholen und Strukturieren — *Grundlagen der Elektrizitätslehre*

Struktur der Materie

Elektrische Ladung Q
- positiv
- negativ
  → Seite 136–137

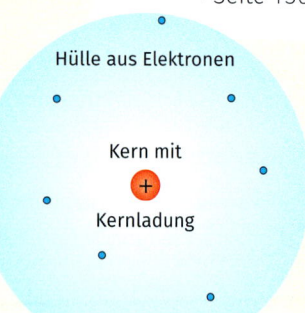

Hülle aus Elektronen

Kern mit Kernladung

Leiter und Nichtleiter
- Schutzleiter
- Isolator
- Leitfähigkeit → Seite 128–129

GRUNDLAGEN DER ELEKTRIZITÄTS-LEHRE

Elektrische Stromstärke I

$I = \dfrac{Q}{t}$

→ Seite 138–139, 142

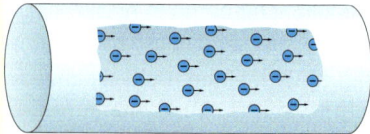

Elektrische Spannung U
- Spannungsabfall
- Nennspannung
  → Seite 140–141

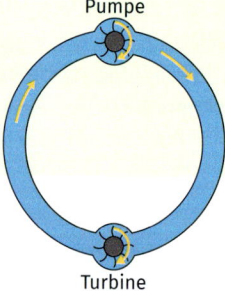

Pumpe

Turbine

Messung von
- Stromstärke → Seite 139
- Spannung → Seite 141

Modelle des Stromkreises
- Wassermodell
- Fahrradkette
  → Seite 130–133, 151

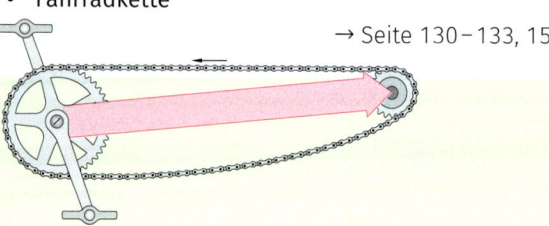

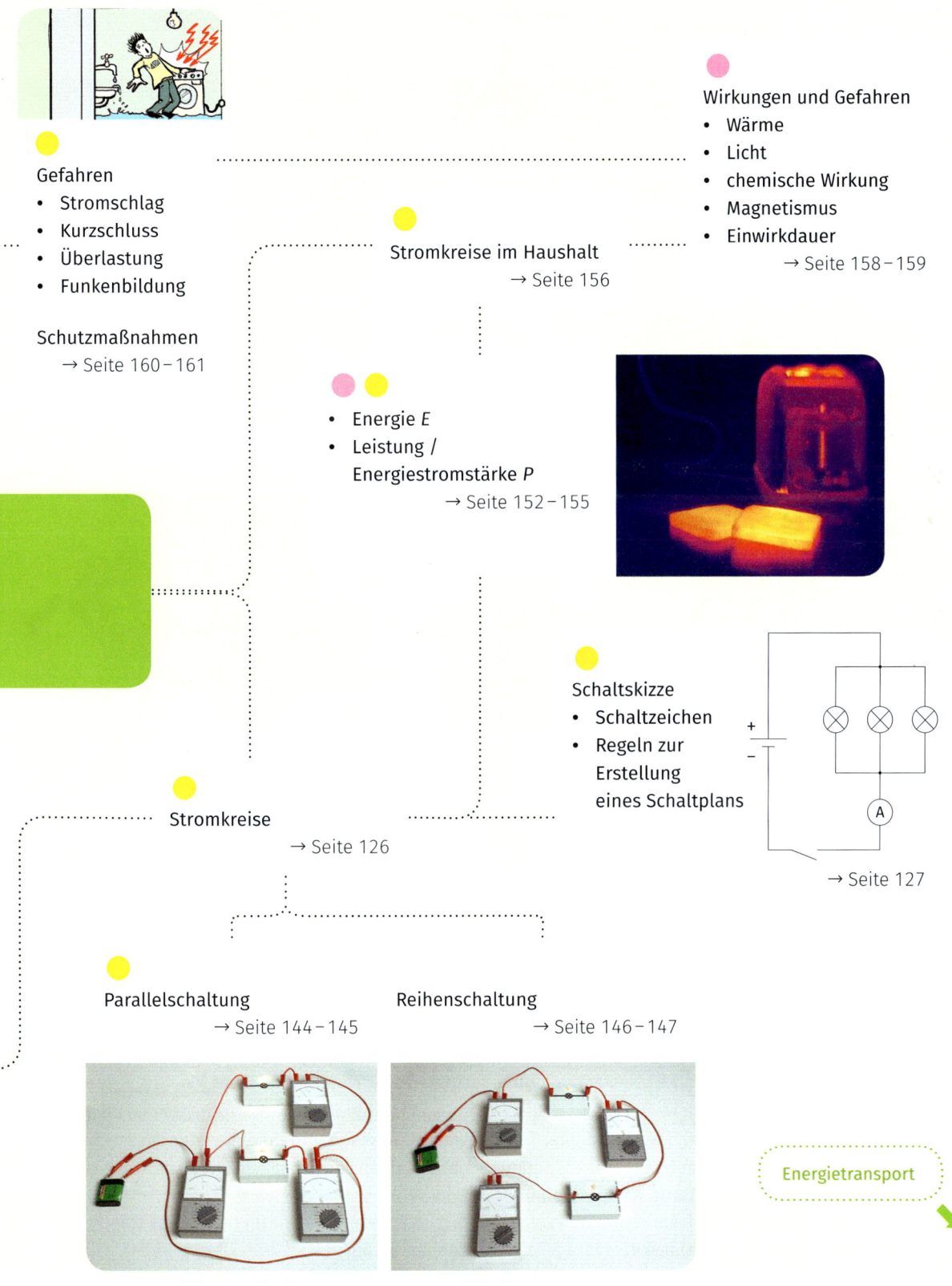

Gefahren
- Stromschlag
- Kurzschluss
- Überlastung
- Funkenbildung

Schutzmaßnahmen
→ Seite 160–161

Stromkreise im Haushalt
→ Seite 156

Wirkungen und Gefahren
- Wärme
- Licht
- chemische Wirkung
- Magnetismus
- Einwirkdauer
→ Seite 158–159

- Energie E
- Leistung / Energiestromstärke P
→ Seite 152–155

Schaltskizze
- Schaltzeichen
- Regeln zur Erstellung eines Schaltplans
→ Seite 127

Stromkreise
→ Seite 126

Parallelschaltung
→ Seite 144–145

Reihenschaltung
→ Seite 146–147

Energietransport

Basiskonzepte: ● System   ● Materie   ● Energie   ● Wechselwirkung

Kinematik

„Zu unserer Natur gehört die Bewegung; die vollkommene Ruhe ist der Tod", schrieb Blaise Pascal, ein berühmter Physiker. Tatsächlich ist das Leben voller Bewegungen, die in vielen unterschiedlichen Situationen auftreten: Schiffe fahren kreuz und quer über die Meere, Flugzeuge steigen auf, fliegen und landen, eine Hip-Hop-Gruppe tanzt, Pferde galoppieren über die Weiden und immer mehr Rasenroboter und selbstfahrende Autos bevölkern die Umwelt.

In diesem Kapitel lernst du, Bewegungen zu beschreiben, darzustellen und mit den dabei auftretenden Größen zu rechnen.
Du kannst mithilfe von Grafiken, übersichtlichen Diagrammen, Videoaufnahmen, vielen Messwerten und den richtigen Formeln auch komplizierte Bewegungen erfassen.
Das alles vermittelt dir die Kinematik, die Lehre von den Bewegungen.

Magnetschwebebahn

Die japanische Magnetschwebebahn *Shinkansen* der Baureihe L0 ist ein Hochgeschwindigkeitszug, der ab dem Jahr 2025 auf einer Strecke zwischen Tokio und Osaka verkehren wird. Nach Fertigstellung der gesamten Strecke werden die 550 Kilometer in nur 67 Minuten bewältigt. Das wäre im Vergleich zur heutigen Technik eine Halbierung der Fahrtzeit.
Bei einer Testfahrt im April 2015 erreichte der Zug eine Rekordgeschwindigkeit von 603 $\frac{km}{h}$.

Achterbahn

Bei einer Achterbahn werden die Wagen von einem Kettenlift auf den ersten Hügel gezogen. Dann fahren sie von selbst in rasanter Fahrt bergab. Der nächste Hügel ist nicht ganz so hoch, sodass der Schwung der Wagen ausreicht, um über ihn hinweg zu fahren. Dann geht es gleich wieder bergab und über die nächsten Hügel oder in Steilkurven und durch Loopings. Am Ziel werden die Wagen mit kräftigen Bremsen zum Stillstand gebracht.

Schnelle Tiere

Der Gepard ist das schnellste Landsäugetier mit einer Spitzengeschwindigkeit von 120 $\frac{km}{h}$. Diese kann er aber nur etwa 38 Sekunden halten. Auf längeren Strecken ist der Gabelbock mit 88 $\frac{km}{h}$ schneller. Als schnellstes Tier im Wasser gilt bisher der Fächerfisch, der mit 109,7 $\frac{km}{h}$ gemessen wurde. Deutlich schneller ist der Wanderfalke mit über 300 $\frac{km}{h}$ im Sturzflug. Die schnellsten Insekten sind Kakerlaken, die mit 5,5 $\frac{km}{h}$ eine Geschwindigkeit erreichen, für die Menschen im Vergleich zu ihrer Größe über 300 $\frac{km}{h}$ schnell sein müssten. Diese Geschwindigkeiten werden mit Sendern gemessen, die man den Tieren umhängt.

EINSTIEG

1 Lies die Texte dieser beiden Seiten durch und betrachte die zugehörigen Bilder. Schreibe zu den einzelnen Themen Fragen auf, die du dazu hast

2 Blättere das folgende Kapitel durch, lies die Überschriften und betrachte die Bilder. Notiere neben den Fragen aus **1** die Seitenzahlen, die deiner Meinung nach Antworten zu deinen Fragen liefern könnten.

3 Suche weitere Geschwindigkeitsrekorde aus der Technik oder in der Natur. Auch extrem langsame Bewegungen stellen Rekorde dar. Sortiere sie der Größe nach.

Projekt Windgeschwindigkeiten

Wind-stärke	Bezeichnung	Ereignis	Geschwindig-keit bis
0	Stille	Rauch steigt senkrecht auf	unter 1 $\frac{km}{h}$
1	Leiser Zug	Rauchablenkung sichtbar	5 $\frac{km}{h}$
2	Leichte Brise	im Gesicht spürbar	11 $\frac{km}{h}$
3	Schwache Brise	dünne Zweige bewegen sich	19 $\frac{km}{h}$
4	Mäßiger Wind	loses Papier fliegt	28 $\frac{km}{h}$
5	Frischer Wind	größere Zweige bewegen sich	38 $\frac{km}{h}$
6	Starker Wind	starke Äste bewegen sich	49 $\frac{km}{h}$
7	Steifer Wind	ganze Bäume bewegen sich	61 $\frac{km}{h}$
8	Stürmischer Wind	Autos geraten ins Schleudern	74 $\frac{km}{h}$
9	Sturm	leichte Beschädigungen	88 $\frac{km}{h}$
10	Schwerer Sturm	entwurzelte Bäume	102 $\frac{km}{h}$
11	Orkanartiger Sturm	schwere Zerstörungen	117 $\frac{km}{h}$
12	Orkan	Verwüstungen	über 117 $\frac{km}{h}$

Die **Beaufortskala** ist eine Skala, mit der Winde nach ihrer Geschwindigkeit in verschiedene **Windstärken** eingestuft werden.

P1 a) Professionell werden Windgeschwindigkeiten mit dem unten fotografierten Gerät (Anemometer) gemessen.
Informiert Euch über die Wirkungsweise dieses Gerätes.

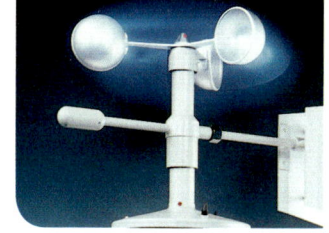

b) Sucht im Internet Bauanleitungen für einen Windgeschwindigkeitsmesser, baut ihn auf und messt dann Windgeschwindigkeiten bei verschiedenen Wetterlagen. Überprüft so die Angaben der Tabelle links.
Um genauer auswerten zu können, müsst ihr möglicherweise die Drehbewegungen eures Windrades mit einer Videokamera aufzeichnen. *Hinweis:* Jedes der Windräder dreht sich auf einer Kreisbahn mit dem Umfang U = 2 · 3,14 · Radius des Windrades.

Projekt Geschwindigkeitsmessung

P1 Immer öfter werden in Städten Geschwindigkeitsmessungen durchgeführt.
a) Überlegt und notiert, was diese Anlagen bewirken sollen.
b) Führt Befragungen durch, um herauszufinden, ob Autofahrer sich durch diese Geschwindigkeitsanzeige in ihrem Fahrverhalten beeinflussen lassen.
c) Sucht die nächste Messanlage auf und beobachtet das Verhalten der Verkehrsteilnehmer.
Entwickelt eine Tabelle, die jeweils die Anzeige der Tafel mit der Reaktion der Autofahrer vergleicht.
d) Informiert Euch bei der Stadtverwaltung, wo und warum solche Tafeln im Ort eingesetzt werden.

P2 a) Entwickelt ein Verfahren, mit dem ihr die Geschwindigkeit von Fahrzeugen
• mit Bandmaß und Stoppuhr,
• mit einer Digitalkamera
• mit einer Handyapp messen könnt.

Sucht eine Stelle in einer 30er-Zone, an der dies gefahrlos möglich ist. Notiert die gefahrenen Geschwindigkeiten und erstellt eine Tabelle mit verschiedenen Geschwindigkeitsintervallen, zum Beispiel 55–50 $\frac{km}{h}$, 50–45 $\frac{km}{h}$, 45–40 $\frac{km}{h}$, ...
b) Stellt die Ergebnisse mithilfe von geeigneten Diagrammen dar.
c) Bewertet die Ergebnisse und schreibt einen Zeitungsartikel darüber.

Projekt *Bewegung im Sport*

P1 Beobachtet in der nächsten Sportstunde das Bewegungsverhalten eurer Mitschüler. Merkt euch jeweils ein Beispiel für geradlinige, krummlinige, gleichförmige und beschleunigte Bewegungen. Notiert nach dem Sportunterricht eure Beobachtungen, insbesondere, in welchen Situationen und wie die Bewegungen stattgefunden haben.

P2 Überlegt euch mehrere Messverfahren zur Bestimmung eurer Geschwindigkeit beim 1000m-Lauf. Probiert sie auf dem Sportplatz aus und vergleicht die Ergebnisse. Diskutiert Vor- und Nachteile der Methoden.

P3 a) Seht euch Filmaufnahmen von Zeitfahr-Radrennen an, bei denen die Geschwindigkeiten eingeblendet werden. Erstellt eine Liste mit einer Spalte für die Form der Strecke und mit einer Spalte mit der Beschreibung der Geschwindigkeit. Unterscheidet nicht nur zwischen schnell und langsam, sondern auch ob und wie sie sich ändert. Findet Zusammenhänge und erklärt sie.

b) Sucht weitere Sportarten, bei denen ihr Daten zu Geschwindigkeiten, Zeiten und Wegen bekommen oder schätzen könnt.
Erstellt eine Art „Buch der Rekorde" mit den Bewegungen, die bei diesen Sportarten auftreten. Dabei ist nicht nur die erreichte Geschwindigkeit rekordverdächtig. Sucht weitere Rekordkriterien wie „Anzahl der Ballabspiele pro Minute" oder „Anzahl der Richtungswechsel beim Lauf pro Spiel".

c) Wählt drei Sportarten aus, die ihr selbst ausüben könnt. Entwickelt ein Messverfahren zur Erfassung der Bewegungen bei diesen Sportarten. Führt dann die Bewegungen aus und setzt eure selbst entwickelte Messmethode ein.

d) Erstellt eine Präsentation, in der ihr euer Vorgehen erklärt und eure Ergebnisse mit denen des Profisports vergleicht.

P4 Mithilfe von Videoanalyseprogrammen, die es kostenfrei im Internet gibt, lassen sich Bewegungen in Videofilmen nachträglich analysieren, indem die Bilder des beobachteten Bewegungsablaufs in Einzelschritten markiert werden. Untersucht damit eine der folgenden Sportarten. Erstellt t-s-Diagramme dazu und präsentiert eure Ergebnisse in geeigneter Form.

I) Springreiten
II) Stabhochsprung
III) Curling
IV) Boardercross

Bewegungen und ihre Beschreibung

1

2

ZENTRALER VERSUCH

Beim Sport werden oft sehr komplizierte Bewegungen ausgeführt. Dabei gelten solche mit möglichst vielen Drehungen, Schrauben und Geschwindigkeitswechseln als besonders spektakulär →1.
Besonders einfach lassen sich geradlinige Bewegungen beschreiben.

Bei einer **geradlinigen** Bewegung hat der Weg, den der Körper zurücklegt, die Form einer geraden Linie. Bei dieser Bewegung ändert sich also die Richtung nicht, in die sich der Körper bewegt. Das Flugzeug bewegt sich im Flug meist geradlinig →2.
Der Mountainbiker ändert jedoch ständig seine Richtung →1. Seine Bewegung ist **krummlinig**. Ein besonderer Fall der krummlinigen Bewegungen ist die Kreisbewegung, die beispielsweise ein Flugzeug im Kurvenflug ausführt →3 c.

Wichtig für die Beschreibung einer Bewegung ist aber nicht nur die Form des Weges, sondern auch, wie schnell sich der Körper bewegt. Bei den einfachsten Bewegungen bleibt die Geschwindigkeit gleich, der Körper bewegt sich immer gleichschnell. Auf diese Weise bewegen sich Flugzeuge auf weiten Strecken.
Wird ein Körper weder schneller noch langsamer, heißt die Bewegung **gleichförmig**.
Im Unterschied dazu wird das Flugzeug beim Start immer schneller, es **beschleunigt** →3 a. Beim Landen wird es langsamer, es bremst →3 b. Das Bremsen wird auch zu den beschleunigten Bewegungen gezählt.

Bewegungen werden danach unterschieden, ob sie
- geradlinig oder krummlinig
- gleichförmig oder beschleunigt
sind.

3

Wege und Zeiten

4

Das Mädchen steht zuerst am Baum, später hat sie sich mehrere Schritte weit auf der Slackline davon entfernt →**4**. Das Mädchen hat eine Bewegung durchgeführt, also seinen Ort verändert. Diese Bewegung ist einfach zu beschreiben, weil sie geradlinig erfolgt. Betrachtet werden bei der Bewegung der Anfangsort am Baum und der Ort, an dem das Mädchen am Ende steht. Zwischen beiden liegt eine bestimmte **Strecke**. Die Länge einer Strecke ist eine wichtige Angabe, um Bewegungen zu beschreiben. Diese Strecke wird als der zurückgelegte Weg bezeichnet.

Er hat das Formelzeichen s und wird in der Einheit Meter gemessen. Die physikalische Größe **Weg** gibt an, welche Strecke der Körper insgesamt zurückgelegt hat. Der tägliche Schulweg beginnt beispielsweise stets zuhause und endet auch dort. Dabei ist der zurückgelegte Weg die doppelte Entfernung der Strecke vom Haus zur Schule.

Neben der Autobahn stehen Schilder mit Streckenangaben →**5**. Diese geben die Entfernung zum Anfang der Autobahn an. Damit kann der zurückgelegte Weg einfach bestimmt werden. Bewegt sich zum Beispiel ein PKW auf der A5 vom Kilometerschild 730 zum Kilometerschild 695, so hat es die Strecke 730 km – 695 km = 35 km zurückgelegt. Diese Differenz wird mit Δs (Delta s) bezeichnet und berechnet die Länge des Streckenabschnitts zwischen zwei Kilometerschildern.

Für den Weg vom Baum zum Endpunkt hat das Mädchen auf der Slackline eine bestimmte Zeit benötigt. Zur Beschreibung von Bewegungen wird also auch die physikalische Größe **Zeit**, Formelzeichen t, benötigt. Sie wird in der Grundeinheit Sekunde angegeben, außerdem in Minuten, Stunden, Tagen und Jahren. Die für einen Vorgang benötigte Zeit ist also nicht die Uhrzeit, sondern die Zeitspanne zwischen zwei Zeitpunkten.

Weg
Das Formelzeichen ist s.
Die Einheit ist 1 m (1 Meter).
Außerdem wird benutzt:
Millimeter: 1 mm = $\frac{1}{1000}$ m
Kilometer: 1 km = 1000 m

Zeit
Das Formelzeichen ist t.
Die Einheit ist 1 s (1 Sekunde).
Außerdem wird benutzt:
Millisekunde: 1 ms = $\frac{1}{1000}$ s
Minute: 1 min = 60 s
Stunde: 1 h = 60 min = 3600 s
Tag: 1 d = 24 h

Wie beim Weg kann aus zwei vorgegebenen Zeitpunkten die Zeitspanne berechnet werden, die dann mit Δt bezeichnet wird:
Ist ein PKW von 10 Uhr bis 12.30 Uhr unterwegs, so fährt er in der Zeitspanne zwischen „10 Stunden seit Mitternacht" und „12,5 Stunden seit Mitternacht". Er benötigt also Δt = 12,5 h – 10 h = 2,5 h.

Für die Beschreibung von Bewegungen müssen Wege s und dafür benötigte Zeiten t gemessen werden.

5

Wechselwirkung

Beschreibung von Bewegungen mit Diagrammen

1

ZENTRALER VERSUCH

2

Die beiden Kinder fahren mehrmals in der Woche die gleiche Strecke →1. Mit einem Smartphone zeichnen sie jedes Mal ihre Bewegung auf, um zu sehen, ob sie schneller geworden sind. Das Smartphone nimmt während der Fahrt Daten auf, die es von eingebauten Sensoren oder durch Peilung mit dem GPS-System erhält. Im zentralen Versuch werden mit einem Messsystem Zeitpunkte und Strecken gemessen →2. An dem Wagen ist eine Schnur befestigt, die ein Rad dreht. So wird gemessen, wie weit sich der Wagen vom Startpunkt entfernt hat. Durch eine gleichzeitige Zeitmessung wird jedem Zeitpunkt t ein zurückgelegter Weg s zugeordnet und als Diagramm angezeigt →3.

Ein Diagramm, das den Weg s in Abhängigkeit von der Zeit t darstellt, wird **t-s-Diagramm** genannt.

Bei Wagen ① nimmt der Weg zu, der Wagen entfernt sich also von seinem Startpunkt. Die Zunahme des Weges pro Zeitspanne ist konstant, jeweils 5 Zentimeter pro Sekunde. Der Wagen wird also nicht schneller, er bewegt sich gleichförmig.

Bei Wagen ② nimmt der Weg ebenfalls zu, auch dieser Wagen entfernt sich vom Startpunkt. Die Strecke, die pro Sekunde zurückgelegt wird, wird aber immer länger, der Wagen beschleunigt also.

In einer weiteren Versuchsreihe werden Wagen verglichen, die sich alle gleichförmig bewegen →4.

Wagen ① legt pro Sekunde 3 Zentimeter zurück. Das zweite Fahrzeug legt pro Sekunde 5 Zentimeter zurück, bewegt sich also schneller. Seine Gerade ist steiler, was auch an den eingezeichneten Steigungsdreiecken sichtbar wird.

Der dritte Wagen legt ebenfalls 3 Zentimeter pro Sekunde zurück, er ist genauso schnell wie der erste, bewegt sich aber in die entgegengesetzte Richtung. Er kommt also dem Startpunkt von Wagen ① näher.

> Die t-s-Diagramme von gleichförmigen Bewegungen sind Geraden.
> Je schneller etwas ist, desto steiler ist die zugehörige Gerade.

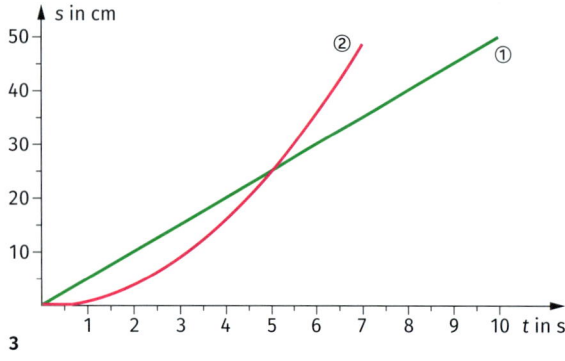

3

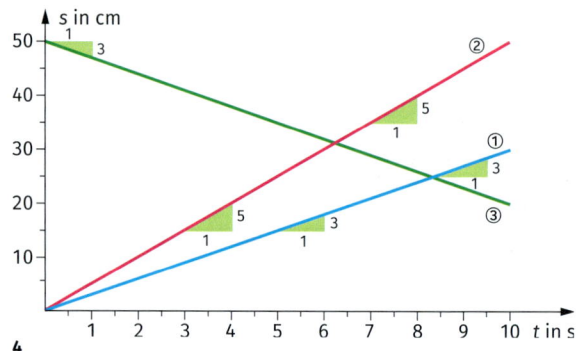

4

Wechselwirkung

WERKZEUG *Erstellen und Interpretieren von Diagrammen*

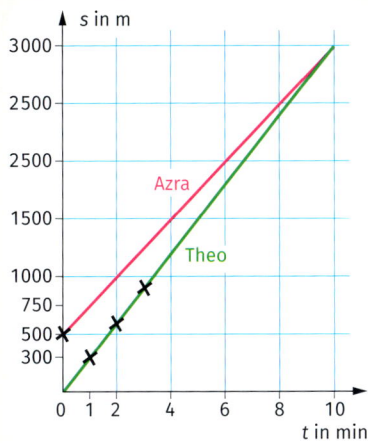

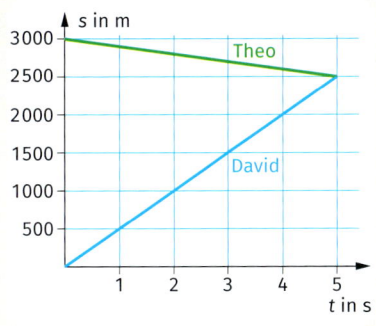

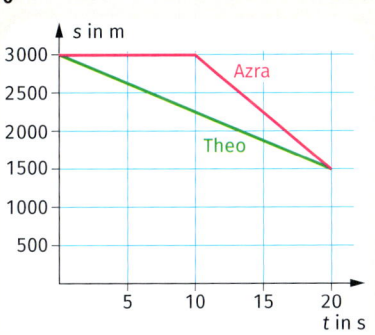

5
Theo und Azra fahren mit ihren Fahrrädern ins Schwimmbad. Diese Bewegung kann in einem t-s-Diagramm dargestellt werden. Angenommen, Theo fährt gleichförmig und so schnell, dass er in 1 min 300 m zurücklegt. Dann legt er in 2 min 600 m und in 3 min 900 m zurück. Im t-s-Diagramm →**5** können die Wertepaare (1 min | 300 m), (2 min | 600 m), (3 min | 900 m) eingetragen werden. Sie liegen alle auf einer Ursprungsgeraden.
Aus diesem Diagramm kann abgelesen werden, dass Theo nur 10 min bis zum Schwimmbad braucht, das 3 km entfernt ist.
Azra wohnt nur 2,5 km vom Schwimmbad entfernt. Sie fährt zur gleichen Zeit wie Theo los. Da sie langsamer fährt, legt sie nur 250 m pro min zurück. Weil sie 500 m Vorsprung hat, beginnt die Gerade, die ihre Bewegung beschreibt, im Punkt (0 min | 500 m). Die Gerade ist flacher, weil sie langsamer als Theo ist. Es ist aber zu erkennen, dass sich die Geraden im Punkt (10 min | 3000 m) schneiden. Die beiden treffen sich also nach 10 min am Schwimmbad.

7
Nach dem Verlassen des Schwimmbades ist Theos Fahrrad platt und er schiebt es nach Hause. Dabei schafft er nur 75 m in der Minute. Theos Bruder David fährt genau in dem Moment in Richtung Schwimmbad, als Theo vom Schwimmbad aus mit seinem Fahrrad nach Hause losläuft. David fährt schnell und erreicht 425 m pro min.
Wo sie sich treffen, zeigt das Diagramm →**6**.
Theo startet genauso wie David zur Zeit t = 0 min. Weil er da am Schwimmbad ist, befindet er sich bei s = 3000 m.
Also ist (0 min | 3000 m) ein Punkt auf der Geraden, die Theos Bewegung beschreibt. Da er seinem Bruder entgegen fährt, beschreibt eine fallende Gerade seine Bewegung. Die beiden treffen sich nach 6 min in einer Entfernung von 450 m zum Schwimmbad.

Azra fuhr 10 Minuten später als Theo, aber doppelt so schnell am Schwimmbad los. Wann und wo trifft sie Theo →**7**?

- Theos Bewegung ist eine fallende Gerade durch die Punkte (0 min / 3000 m) und (1 min | 2925 m).
- Azras Bewegung hat zwei Abschnitte: Zunächst bewegt sie sich 10 min nicht. Bis zum Zeitpunkt t = 10 min bleibt sie also am gleichen Ort. Dies ist der Abschnitt 1 ihrer Bewegung. Dann bewegt sie sich so, dass sie 150 Meter pro zurücklegt. Dies ist der Abschnitt 2 ihrer Bewegung.

Aus dem Schnittpunkt der beiden Geraden kann abgelesen werden, wann und wo sich die beiden treffen: Nach 20 Minuten sind beide in der Wegmitte nach Hause. Zusammenfassend gilt:

- Schneiden sich die Geraden zweier Bewegungen, so befinden sich die Körper zum gleichen Zeitpunkt am selben Wegpunkt.

- Bewegt sich ein Körper entgegen einer vorgegebenen Richtung, so wird dies durch eine fallende Gerade im t-s-Diagramm erkennbar.

- Verlaufen die Geraden nicht durch den Ursprung, beginnt die Bewegung nicht zur Zeit t = 0 s oder nicht am Ort s = 0 m.

DURCHBLICK SI-Einheitensystem

Das Messen von Größen und das Rechnen mit Daten sind ein wichtiger Bestandteil der Physik. Dazu nötig sind Absprachen über die Bedeutung der Zahlenwerte. Das vereinfacht die Kommunikation über die Ergebnisse in den Naturwissenschaften.

Eigentlich ist es gleichgültig, ob eine Länge in Meilen, in Yard oder in Metern gemessen wird.

Schwierig wird es aber, wenn unterschiedliche Längenmaße verwendet werden. Dann sind Umrechnungen erforderlich.

Die Nationalversammlung in Frankreich zur Zeit der Revolution nahm dies zum Anlass, das Meter als Maßeinheit festzulegen. Zunächst wurde 1791 das metrische System eingeführt (Teilungen eines Maßes in 10 gleiche Unterteile); danach wurde nach Vermessung des Meridians, der durch Paris geht, festgelegt, dass 1 Meter der 10-millionste Teil der Entfernung Pol – Äquator auf diesem Meridian sei. 1799 wurde dieses Urmaß in Paris in Form eines Platin-Iridiumstabes hinterlegt → 1.

Später wurde das Kilogramm als Einheit für die Masse definiert und als Platinzylinder ebenfalls in Paris hinterlegt. Viele Staaten haben sich dieser Definition angeschlossen.

In der weiteren Entwicklung des Einheitensystems kam es 1960 zu einem wichtigen Schritt.

Im „Systeme Internationale d'Unites" (SI) wurden für alle physikalischen Größen genau definierte Basiseinheiten festgelegt. Für jede dieser Basiseinheiten gibt es eine klare Definition, die immer auch eine Messvorschrift beinhaltet → 2.

Größe		Einheit	
Länge	l	Meter	m
Masse	m	Kilogramm	kg
Zeit	t	Sekunde	s
Temperatur	T	Kelvin	K
Stromstärke	I	Ampere	A
Lichtstärke	I_v	Candela	cd
Stoffmenge	n	Mol	mol

2

Die Grundideen für die Einführung von Basisgrößen sind:

- So wenig Basisgrößen wie möglich.
- Alle anderen Größen der Physik sollen aus den Basisgrößen ableitbar sein.
- Alle Basisgrößen sollen immer und überall so genau wie gefordert reproduzierbar sein.

Gerade die letzte Forderung hat mehrfach zu neuen Definitionen geführt. So wird seit 2015 daran gearbeitet, das „Urkilogramm" zu ersetzen.

Dafür wird die Anzahl der Atome in einer extrem genau geschliffenen, 1 kg schweren, einkristallinen Siliziumkugel bestimmt → 3. Dann soll das Kilogramm über die Anzahl der Atome einer solchen Kugel mit einer Genauigkeit auf acht Stellen nach dem Komma definiert werden.

Als grundlegende, unveränderliche Größe wird heute die Lichtgeschwindigkeit benutzt, aus der sich mit Hilfe von exakten Zeiten genaue Längen bestimmen lassen. Damit konnte das „Meter" neu definiert werden. Auch die Einheit der Zeit, die Sekunde, ist nicht mehr als ein Bruchteil eines Tages definiert, sondern wurde durch die Zeit eines Vorgangs in einem Cäsium-Atom ersetzt. Das Ampere wird künftig durch die Anzahl von Elementarladungen pro Sekunde definiert.

Liegen die Basisgrößen mit großer Genauigkeit vor, lassen sich daraus abgeleitete Größen wie Frequenz, Spannung oder Energie ebenfalls sehr genau angeben, was in der Wissenschaft und der Wirtschaft von großer Bedeutung ist.

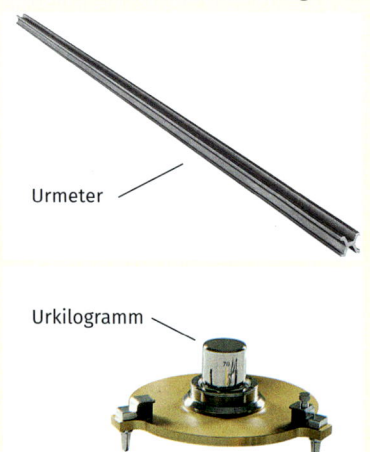

1

3

AUFGABEN UND VERSUCHE

A1 Beobachte Bewegungen in deiner Umwelt und beschreibe sie. Benutze dazu Worte wie gleichförmig, beschleunigt, geradlinig, kreisförmig.

A2 Zur Kontrolle des Tachos ist jemand mit konstanter Geschwindigkeitsanzeige auf der Autobahn an den Kilometerpfosten vorbeigefahren und hat die Zeiten gemessen. Leider waren ein paar Pfosten nicht zu sehen. Es ergaben sich die Messwerte der Tabelle → **4**.
a) Zeichne ein Zeit-Weg-Diagramm der Bewegung.
b) Untersuche, ob das Fahrzeug tatsächlich gleichförmig fährt. Wenn nicht, beschreibe, wie es sich bewegt.

A3 Verena geht 4 Minuten Richtung Schule mit 80 Metern pro Minute. Dann kehrt sie um, weil sie ihr Pausenbrot vergessen hat und läuft mit 200 Metern pro Minute zurück.
Daraufhin muss sie sich beeilen und erreicht nach 15 Minuten die Schule, die 2,5 km von ihrem Haus entfernt ist.
a) Zeichne mithilfe dieser Daten ein *t-s*-Diagramm.
b) Beschreibe, welche Informationen noch nötig wären, um die Bewegung vollständig aufzeichnen zu können.

A4 In der Grafik rechts ist eine Rennstrecke abgebildet → **5**. Skizziere das *t-s*-Diagramm für eine Runde, die ein Rennwagen darauf zurücklegt. S ist der Startpunkt.

A5 Schreibe zum rechts abgebildeten *t-s*-Diagramm eine Geschichte auf → **6**.

A6 Die Grafiken unten rechts zeigen *t-s*-Diagramme für verschiedene Bewegungen → **7**. Ordne sie zu:
1) Ein Auto fährt an,
2) ein Auto fährt auf der Autobahn,
3) ein Taxi fährt nach Westen zum Bahnhof, nach Osten zu einem Hotel und dann wieder zurück,
4) ein Auto fährt in die Garage.

A7 Beschreibe die Bewegung
a) einer Fähre über einen Fluss,
b) eines Busses zwischen zwei Haltestellen,
c) einer Straßenbahn in der Wendeschleife.

V1 Führe die folgenden Versuche mit einem Ball aus und skizziere jeweils die Bewegung des Balles mit einem *t-s*-Diagramm:
a) Der Ball wird gegen eine Wand geworfen und kommt zu dir zurück.
b) Der Ball wird hochgeworfen und von dir wieder aufgefangen.
c) Der Ball wird aus einer bestimmten Höhe einfach fallen gelassen und fällt zu Boden.

V2 Lade dir eine Tracking-App auf dein Handy und zeichne Bewegungen auf:
a) Eine einfache Bewegung, zum Beispiel deinen Gang zur Schule.
b) Eine komplizierte Bewegung, zum Beispiel beim Fußball.
Skizziere jeweils ein *t-s*-Diagramm und beschrifte einzelne Abschnitte damit, was dort passiert ist.

Zeit in s	zurückgelegter Weg in km
65,45	2
163,6	5
272,3	8
294,5	9
425,4	13

4

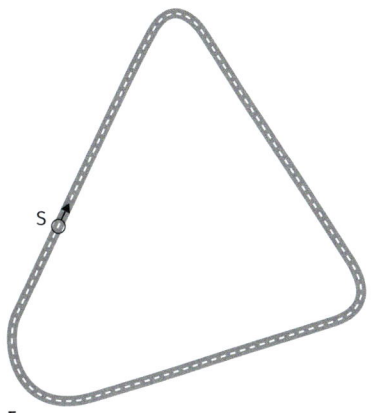

5

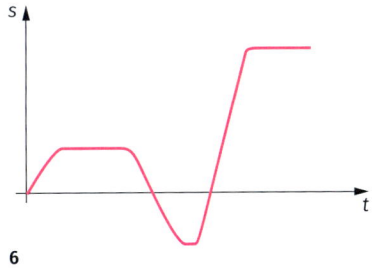

6

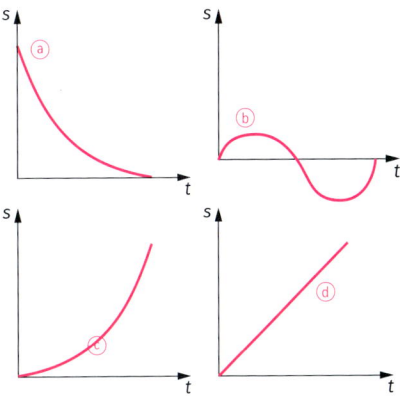

7

Die Geschwindigkeit

1

2

Bei jeder Bewegung wird ein Weg zurückgelegt, wofür eine bestimmte Zeit benötigt wird. Wenn der Weg in einer kurzen Zeit zurückgelegt wird, ist der Körper schnell. Braucht er für denselben Weg lange, dann ist er langsam.
Physikalisch wird dies durch die Größe **Geschwindigkeit** beschrieben.
An einem Fahrrad mit Tachometer kann die Geschwindigkeit direkt am Tacho abgelesen werden → 1.
Wenn der Tacho 20 $\frac{km}{h}$ anzeigt, bedeutet es, dass das Fahrzeug mit dieser Geschwindigkeit 20 Kilometer in einer Stunde zurücklegt hat.

Im zentralen Versuch wird der Zusammenhang zwischen Weg und Zeit mit einer Spielzeuglok untersucht → 2. In einem ersten Versuch fährt die Lok langsam, in einem zweiten schnell. Die gemessenen Werte für den zurückgelegten Weg und die Zeit werden in eine Tabelle eingetragen → 3.

Lok t in s	langsam s_1 in cm	schnell s_2 in cm	langsam v_1 in $\frac{cm}{s}$	schnell v_2 in $\frac{cm}{s}$
0	0	0	–	–
1,0	10	13	10	13
2,0	20	26	10	13
3,0	30	39	10	13
4,0	40	52	10	13
5,0	50	65	10	13

3

Werden die Messwerte von Zeit und Weg für die Bewegung der Lok in ein Diagramm eingetragen, so ergibt sich das Zeit-Weg-Diagramm dieser Bewegung → 4. Die Diagramme zeigen Geraden, die Bewegungen sind gleichförmig.
Aus dem Diagramm lässt sich ablesen: In der doppelten Zeit wird der doppelte Weg zurückgelegt, in der dreifachen Zeit der dreifache Weg. Die zurückgelegten Wege sind proportional zu den Zeiten.

Das Verhältnis $\frac{s}{t}$ der beiden Größen Weg und Zeit ist bei einer gleichförmigen Bewegung immer konstant. Bei der langsamen Bewegung ergibt sich $\frac{10\,cm}{1\,s}$, also $\frac{10\,cm}{s}$, bei der schnelleren Bewegung eine Geschwindigkeit von $\frac{13\,cm}{s}$. Deshalb hat die Gerade zur schnelleren Bewegung auch eine größere Steigung.

Der Quotient $\frac{s}{t}$ ist ein Maß für die Geschwindigkeit.

Geschwindigkeit

Das Formelzeichen ist v.
Die Einheit ist $1\,\frac{m}{s}$ (Meter pro Sekunde)
Es gilt: $v = \frac{s}{t}$

Außerdem wird benutzt:
Kilometer pro Stunde: $1\,\frac{km}{h} = \frac{1000\,m}{3600\,s} = \frac{1}{3,6}\,\frac{m}{s}$.

Wechselwirkung

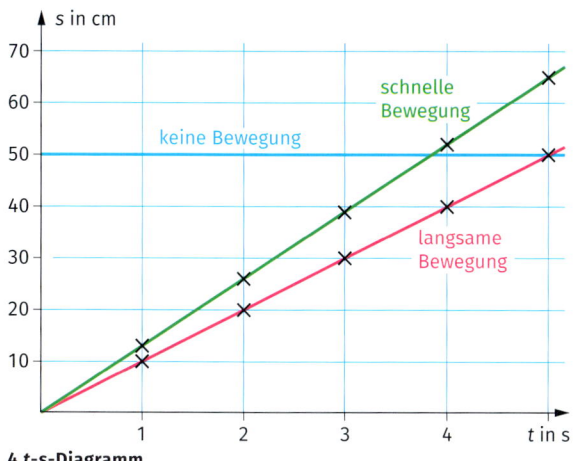

4 t-s-Diagramm

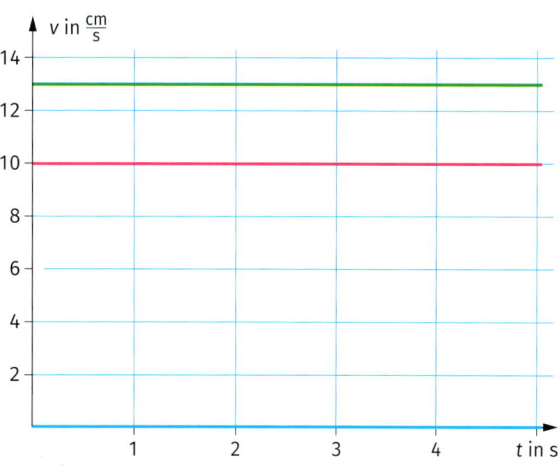

5 t-v-Diagramm

Die neue Größe „Geschwindigkeit" und ihre Änderung lässt sich in eigenen Diagrammen darstellen. Da sie bei gleichförmigen Bewegungen konstant ist, also immer den gleichen Wert annimmt, ergeben sich dafür Geraden, die parallel zur t-Achse verlaufen → **5**. Die Gerade zur größeren Geschwindigkeit $v = 13\,\frac{cm}{s}$ ist diejenige, die weiter oben im Diagramm liegt.

Ein Sonderfall liegt vor, wenn sich ein Fahrzeug gar nicht bewegt. Dann entspricht der Bewegung mit $v = 0\,\frac{m}{s}$ eine Gerade im t-s-Diagramm, die parallel zur t-Achse ist, da sich der Weg s nicht ändert. Die blaue Linie zeigt solch einen Fall mit einem Körper, der an einem Punkt $s = 50\,cm$ ruht → **4**. Im t-v-Diagramm ergibt sich dann eine Gerade, die auf der t-Achse liegt.

AUFGABEN UND VERSUCHE

AUFGABENBEISPIEL

Ein Radfahrer benötigt für 400 Meter genau zwei Minuten. Berechne seine Geschwindigkeit im $\frac{km}{h}$.

Geg.: $s = 400\,m$, $t = 2\,min$
Ges.: v
Lösung: $v = \frac{s}{t} = \frac{400\,m}{2\,min}$
$= 200 \cdot \frac{0{,}001\,km}{\frac{1}{60}\,h}$
$= 200 \cdot \frac{0{,}001\,km \cdot 60}{h}$
$= 12\,\frac{km}{h}$

Seine Geschwindigkeit ist $12\,\frac{km}{h}$.

s	150 m	300 m	750 m	450 m	1,2 km
t	10 s	20 s	50 s	30 s	80 s

6

A1 Ein Skifahrer legt in 12 s 240 m zurück.
a) Berechne, welche Geschwindigkeit er in $\frac{m}{s}$ und $\frac{km}{h}$ hat.
b) Zeichne das t-s- und t-v-Diagramm.

A2 a) Bestimme aus dem t-s-Diagramm die Geschwindigkeit der Fahrzeuge ① und ② → **7**.
b) Beschreibe die Bewegung von Fahrzeug ③.
c) Bestimme näherungsweise den Zeitpunkt, an dem die Fahrzeuge
• ① und ③
• ② und ③
gleiche Geschwindigkeit haben.
d) Ermittle, wann Fahrzeug ③ das Fahrzeug ② einholt, wenn sie sich auf gleicher Strecke bewegen.

A3 Bei einer Autofahrt zeigt der Tacho die konstante Geschwindigkeit $v = 54\,\frac{km}{h}$ an. Außerhalb des Fahrzeugs wird gemessen, wie lange es für verschiedene Wegstrecken braucht → **6**.
a) Zeichne ein Zeit-Weg-Diagramm der Bewegung.
b) Untersuche, ob das Fahrzeug tatsächlich mit konstanter Geschwindigkeit fährt.

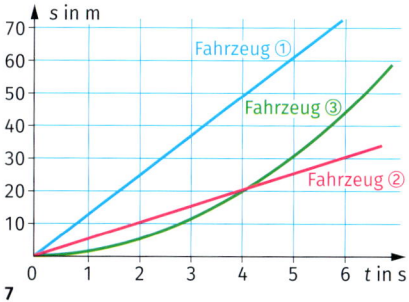

7

Durchschnitts- und Momentangeschwindigkeit

1

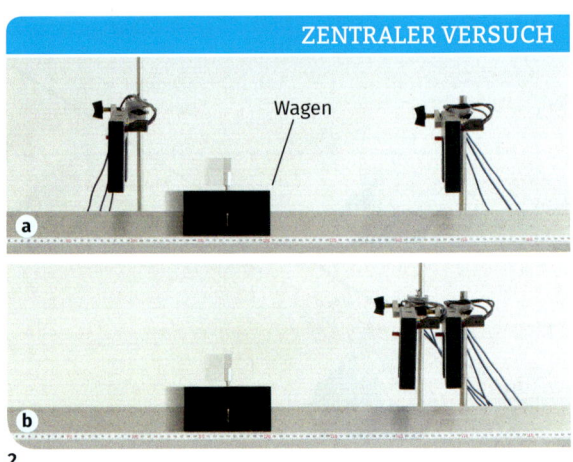

ZENTRALER VERSUCH

2

Für die 15,6 km lange Strecke von Freiburg nach Emmendingen benötigt ein PKW 17 Minuten. Die Geschwindigkeit beträgt somit $v = \frac{s}{t} = \frac{15{,}6\,\text{km}}{17\,\text{min}} = \frac{15{,}6\,\text{km}}{\frac{17}{60}\,\text{h}} = 55{,}1\,\frac{\text{km}}{\text{h}}$.
Es ist klar, dass der PKW nicht die ganzen 17 Minuten mit dieser Geschwindigkeit gefahren ist. Mal musste er bei Rot vor einer Ampel halten, mal konnte der Fahrer auf einer Bundesstraße mit einer deutlich höheren Geschwindigkeit fahren. Der berechnete Wert ist also nur ein Durchschnittswert und sagt über die Geschwindigkeit in einem bestimmten Moment überhaupt nichts aus. Geschwindigkeiten, die jeweils zu einem bestimmten Zeitpunkt vorliegen, heißen **Momentangeschwindigkeiten**.

Bei Geschwindigkeitskontrollen wird die Momentangeschwindigkeit ermittelt. Hierfür werden Messgeräte verwendet, deren Sensoren nahe beieinander liegen → 1. So ändert sich die Geschwindigkeit bei der Messung selbst bei bremsenden Fahrzeugen kaum.
Wenn die Momentangeschwindigkeit eines Körpers mithilfe einer Weg- und Zeitmessung bestimmt werden soll, muss folgendes beachtet werden:

- Das Zeit-Weg-Diagramm einer gleichförmigen Bewegung ist eine Gerade mit gleichbleibender Steigung. Deshalb ist es bei einer solchen Bewegung im Prinzip egal, wie lang die Messstrecke und damit die dazugehörige Zeit ist, der Quotient $\frac{s}{t}$ ist immer gleich.

- Bei ungleichförmigen Bewegungen aber gilt: Zur Messung der Momentangeschwindigkeit muss die Messstrecke und somit das Zeitintervall so klein wie möglich gewählt werden.

Werden die Lichtschranken im zentralen Versuch so eng wie möglich aneinander gestellt, so wird die Messstrecke viel kleiner und damit auch die Zeit, in der sich der Wagen während der Messung bewegt → 2. In dieser kurzen Zeit fährt das Fahrzeug nahezu gleichförmig, seine Geschwindigkeit ist fast konstant.

Bei dieser Messung werden Wegabschnitte, also die Abstände zwischen den Wegpunkten und zugehörige Zeitabschnitte, also die Abstände zwischen den Zeitpunkten, gemessen. Dazu werden die Symbole Δs und Δt verwendet. Das „Delta" (Δ) steht jeweils für eine Differenz zwischen zwei Messwerten. Es ist damit

$$\Delta s = s_2 - s_1.$$

Die Momentangeschwindigkeit eines Körpers wird durch

$$v = \frac{\Delta s}{\Delta t}$$

mit möglichst kleinem Zeitintervall Δt bestimmt.

> Die Momentangeschwindigkeit bezeichnet die Geschwindigkeit eines Körpers zu einem bestimmten Zeitpunkt.

WERKZEUG *Umgang mit Formeln*

Eine Formel – drei Varianten

Eine Formel wie die zur Berechnung der Geschwindigkeit enthält mehrere Unbekannte, die auch Variable genannt werden. Dies wird sofort an den verschiedenen Formelzeichen erkennbar: *v*, *s* und *t*.
Zunächst wurde die Geschwindigkeit aus vorgegebenen Daten für Weg und Zeit bestimmt. Bei vorliegenden Werten für die Geschwindigkeit und die Zeit lässt sich mit der gleichen Formel in einer anderen Form der zurückgelegte Weg berechnen und in einer dritten Variante aus Weg und Geschwindigkeit die benötigte Zeit. So stecken in einer Formel mit drei Variablen eigentlich drei Varianten.

Variante 1
Ein Mädchen fährt mit dem Fahrrad von zuhause zum Baggersee am Stadtrand, der 5 km entfernt ist. Es benötigt für diese Strecke 20 min. Wie kannst du ihre Durchschnittsgeschwindigkeit bestimmen?

Gegeben: s = 5 km, t = 20 min
Gesucht: Geschwindigkeit v
Lösung:
Die passende Formel ist bereits bekannt:
$$v = \frac{s}{t}$$
Zahlen einsetzen: $v = \frac{5\,km}{20\,min}$
Einheiten umrechnen:
$$v = \frac{5\,km}{20\,min} = \frac{5\,km}{\frac{1}{3}h} = \frac{15\,km}{h}$$

Ergebnis: Ihre Durchschnittsgeschwindigkeit beträgt 15 $\frac{km}{h}$.

3

Variante 2
Einem Kind ist vor etwa 45 min sein Meerschweinchen entlaufen →**3**. Das Kind schätzt, dass es sich mit 3 $\frac{km}{h}$ bewegen kann. Wie kannst du berechnen, in welchem Umkreis es sich jetzt befindet?

Gegeben: t = 45 min; v = 3 $\frac{km}{h}$
Gesucht: Weg s
Lösung:
Die passende Formel wird durch Umformung der bekannten Formel für die Geschwindigkeit hergeleitet:
$v = \frac{s}{t}$ multiplizieren mit t
$v \cdot t = s$ Tauschen der Terme auf beiden Seiten

Neue Variante: $\quad s = v \cdot t$

Mit dieser zweiten Variante lässt sich der Weg sofort berechnen.
Zahlen einsetzen:
s = 3 km · 45 min
Einheiten umrechnen:
s = 3 $\frac{km}{h}$ · 0,75 h = 2,25 km
Ergebnis: Das Meerschweinchen kann sich maximal in einem Umkreis mit Radius 2,25 km befinden.

Variante 3
Ein Torwart will seine Chancen beim Elfmeterschießen einschätzen →**4**. Er weiß, dass ein Schütze den Ball mit etwa 100 $\frac{km}{h}$ abschießt. Wieviel Zeit bleibt ihm, um den Ball auf der Torlinie zu erreichen?

Gegeben: s = 11 m; v = 100 $\frac{km}{h}$
Gesucht: Zeit t
Lösung:
Formel herleiten:
$v = \frac{s}{t}$ multiplizieren mit t
$t \cdot v = s$ dividieren durch v

Neue Variante: $\quad t = \frac{s}{v}$

Zahlen einsetzen: $t = \frac{11\,m}{100\,\frac{km}{h}}$
Einheiten umrechnen:
$t = \frac{0{,}011\,km}{100\,\frac{km}{h}} = 0{,}00011\,h = 0{,}396\,s$

Ergebnis: Ihm bleiben etwa 0,4 s.

4

$$v = \frac{s}{t} \qquad\qquad s = v \cdot t \qquad\qquad t = \frac{s}{v}$$

STREIFZUG   *Relative Bewegung*

Nena und Marius sitzen in Zügen, die auf nebeneinander liegenden Gleisen stehen, und warten auf die Abfahrt. Sie schauen aus dem Fenster und beobachten sich gegenseitig.
① Nena fährt noch nicht. Marius Zug fährt gerade ab → **1**.
② Nenas Zug fährt nach rechts, der von Marius nach links ab → **2**.
③ Nenas und Marius Züge setzen sich gleichzeitig gleich schnell in dieselbe Richtung in Bewegung → **3**.

Die unterschiedlichen Deutungen kommen dadurch zustande, dass es verschiedene Sichtweisen darüber gibt, wer sich in Ruhe und wer sich in Bewegung befindet.
Für die Wahrnehmung der Geschwindigkeit bei einer gleichförmigen Bewegung gibt es kein Sinnesorgan. Mit geschlossenen Augen kann niemand beurteilen, wie schnell er sich bewegt. Es ist beispielsweise noch niemandem ohne Messgeräte aufgefallen, dass sich alle Menschen auf der Erde mit etwa 107 000 $\frac{km}{h}$ um die Sonne bewegen → **4**.
Wie schnell sich ein Körper bewegt, wird meist in Bezug zu einem Standpunkt angegeben, der als ruhend betrachtet wird. Dies wird auch ein **Bezugssystem** genannt.

1

2

3

Für unseren Alltag ist das Bezugssystem der Erdboden. Beim Radfahren, Autofahren und Fliegen bewegen sich die Menschen gegenüber festen Orten auf der Erdoberfläche weiter und interessieren sich deshalb für ihre Geschwindigkeit in Bezug zum Erdboden. Für Raumfahrtingenieure, deren Raketen die Erde verlassen, spielen ganz andere Bezugspunkte für ihre Geschwindigkeitsangaben eine Rolle. So muss etwa ein landendes Raumfahrzeug eine Geschwindigkeit haben, die nahe bei der des Kometen oder Mondes liegt, den es besucht → **5**.
Nur die Änderung der Geschwindigkeit, die Beschleunigung oder Abbremsung, wird für uns Menschen spürbar. Genau deshalb haben manche Menschen viel Spaß auf Achterbahnen.
Darin liegt aber auch eine Gefahr beim Autofahren. Hohe Geschwindigkeiten werden manchmal nicht bewusst wahrgenommen, weshalb auf geraden Strecken sorglos und zu schnell gefahren wird.

> Bewegung erfolgt immer nur relativ zwischen zwei Körpern. Die Angabe von Geschwindigkeiten bezieht sich immer auf ein festgelegtes Bezugssystem, in dem gemessen wird.

4

5

AUFGABEN UND VERSUCHE

A1 Ein Radfahrer fährt eine insgesamt 30 Kilometer lange Bergstrecke. Zuerst muss er 12 Kilometer bergauf fahren, was mit einer Geschwindigkeit von 10 $\frac{km}{h}$ geschieht. Dann fährt er den Rest bergab mit einer Geschwindigkeit von 40 $\frac{km}{h}$. Berechne seine Durchschnittsgeschwindigkeit.

A2 Ein LKW-Rad hat einen Umfang von 2,40 m.
Während einer Fahrt dreht sich das Rad 6-mal in der Sekunde. Berechne die Geschwindigkeit, die der Tacho anzeigt.

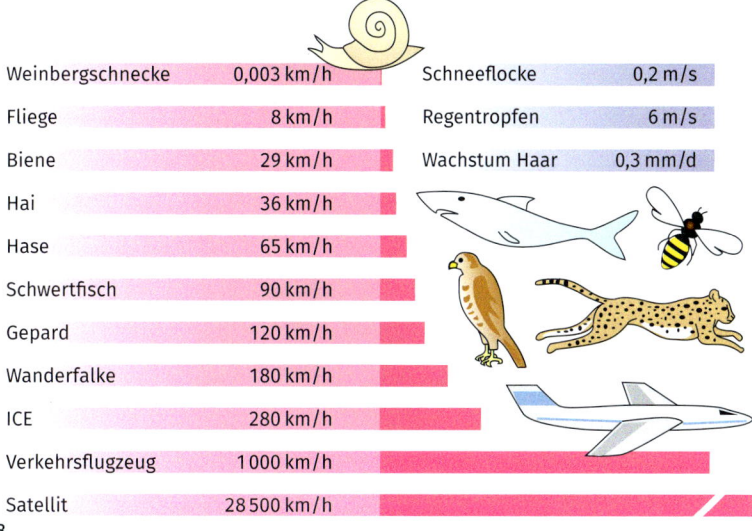

Weinbergschnecke	0,003 km/h
Fliege	8 km/h
Biene	29 km/h
Hai	36 km/h
Hase	65 km/h
Schwertfisch	90 km/h
Gepard	120 km/h
Wanderfalke	180 km/h
ICE	280 km/h
Verkehrsflugzeug	1000 km/h
Satellit	28 500 km/h

Schneeflocke	0,2 m/s
Regentropfen	6 m/s
Wachstum Haar	0,3 mm/d

8

A3 Für ein Fahrzeug wurden folgende Messwerte ermittelt → 6.

Zeit *t* in s	Weg *s* in m
0	10
0,5	15
1,9	24
1,99	39,83
2,0	40

6

a) Bestimme möglichst genau die Momentangeschwindigkeit zur Zeit *t* = 2 s.
b) Begründe dein Vorgehen.

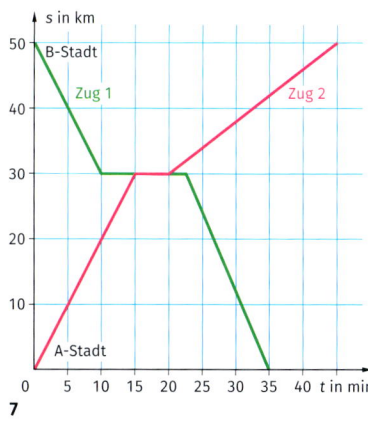

7

A4 Erstelle ein *t*-*s*-Diagramm und ein *t*-*v*-Diagramm der folgenden Bewegung eines Fahrzeugs:
① Das Fahrzeug bewegt sich 10 Minuten mit der konstanten Geschwindigkeit v = 60 $\frac{km}{h}$.
② Dann erhöht es seine Geschwindigkeit und fährt 5 Minuten mit 80 $\frac{km}{h}$.
③ Anschließend macht der Fahrer eine Pause von 7 Minuten.
④ Im Anschluss fährt er eine Strecke von 30 Kilometern mit der konstanten Geschwindigkeit v = 60 $\frac{km}{h}$.
⑤ Die letzten 10 Kilometer kann er noch einmal schneller mit v = 70 $\frac{km}{h}$ fahren.

A5 Das nebenstehende *t*-*s*-Diagramm zeigt den grafischen „Fahrplan" zweier Züge, die zwischen A-Stadt und B-Stadt verkehren → 7.
a) Beschreibe die dargestellte Bewegung mit eigenen Worten.
b) Berechne die Durchschnittsgeschwindigkeit des Zuges 1 zwischen A-Stadt und B-Stadt.

c) Berechne die Durchschnittsgeschwindigkeit von Zug 2 (roter Graph) auf der letzten Teilstrecke.
d) Erläutere ohne Rechnung, welcher der beiden Züge insgesamt die größere Durchschnittsgeschwindigkeit hatte.

A6 Wähle aus der Tabelle sinnvoll drei Tiere oder Gegenstände aus und bestimme die Strecken, die von ihnen in 3 Stunden zurückgelegt werden können → 8.

V1 a) Stellt euch entlang einer Messstrecke von etwa 100 m auf. Die Abstände zwischen den Schülern werden gemessen.
Eine Mitschülerin oder ein Mitschüler fährt mit seinem Rad die Strecke entlang.
Beim Start muss ein lautes Signal ertönen. Gestoppt wird die Zeit, die der Fahrer jeweils bis zum zeitnehmenden Schüler braucht.
b) Berechnet die Durchschnittsgeschwindigkeiten.
c) Diskutiert eure Ergebnisse.

Sicheres Verhalten im Straßenverkehr

1

Kind gerettet – Auto kaputt!
Freiburg: In der Habsburgerstraße fuhr ein Kind mit seinem Fahrrad unter Missachtung der Vorfahrt aus einer Seitenstraße vor ein Auto. Nur der Tatsache, dass der Fahrer die zulässige Höchstgeschwindigkeit eingehalten hatte und reaktionsschnell bremste, ist es zu verdanken, dass das Fahrzeug rechtzeitig zum Stehen kam. Durch die Vollbremsung fuhr ein zweites Fahrzeug auf das erste Fahrzeug auf. Es entstand ein Sachschaden in Höhe von etwa 4000 €.

2

Aus der Sicht des Fahrzeugführers
Immer wieder kommt es vor, dass Fußgänger plötzlich zwischen zwei geparkten Autos auf die Straße laufen, um sie zu überqueren, oder an unübrsichtlichen Stellen Radfahrer einbiegen, oder spielende Kinder die Vorfahrt oder die Geschwindigkeit von Fahrzeugen falsch einschätzen → 2.
Dies muss der Fahrzeugführer während der Fahrt im Auge behalten. Er muss bedenken, dass er für das Erkennen einer gefährlichen Situation, für das Reagieren darauf und für die Bewegungsänderung des Fahrzeugs Zeit braucht, in der sich das Fahrzeug weiter bewegt.

Ein Beispiel zeigt dies genauer:
Ein Autofahrer fährt mit einer Geschwindigkeit von 50 $\frac{km}{h}$ anstelle der erlaubten Geschwindigkeit von 30 $\frac{km}{h}$.
Bei einer Notsituation braucht der Fahrer $t = 1{,}5$ s zum reagieren. Bei der gefahrenen Geschwindigkeit von 50 $\frac{km}{h}$ legt das Auto in dieser Zeit den Weg s_1 zurück:

$s_1 = 50 \frac{km}{h} \cdot 1{,}5\,s$
$ = 13{,}9 \frac{m}{s} \cdot 1{,}5\,s = 20{,}85\,m.$

Würde der Autofahrer sich an die Regeln halten und mit 30 $\frac{km}{h}$ unterwegs sein, würde er in derselben Zeit die Strecke s_2 zurücklegen:

$s_2 = 30 \frac{km}{h} \cdot 1{,}5\,s$
$ = 8{,}3 \frac{m}{s} \cdot 1{,}5\,s = 12{,}45\,m.$

In der Reaktionszeit von 1,5 s legt das Auto mit 50 $\frac{km}{h}$ also einen zusätzlichen Weg $s_1 - s_2 = 8{,}4\,m$ zurück. Dieser Weg kann über Unfall oder nicht Unfall entscheiden.

Aus der Sicht des Fußgängers
Es lässt sich häufig beobachten, dass Schülerinnen und Schüler nach der Schule auf dem Nachhauseweg schnell über die Straße rennen, weil die Straßenbahn oder der Bus sonst losfahren. So kann es zu Unfällen kommen, die bei Einhaltung der Vorschrift vermeidbar wären.

Wenn keine Ampeln in der Nähe sind muss auf ausreichende Entfernung zu den ankommenden Fahrzeugen geachtet werden. Der Fußgänger sollte einkalkulieren, dass er bei normalem Gehtempo für 1 m Fahrbahnbreite etwa 1 s benötigt. Wenn er dann die erlaubte Höchstgeschwindigkeit durch 3 teilt und mit der Zeit für die Straßenüberquerung multipliziert, kennt er die Strecke, die das Auto entfernt sein sollte.
Im Alltag muss diese Rechnung durch die Erfahrung ersetzt werden, das Nachrechnen ist zu zeitaufwändig. Es ist auch damit zu rechnen, dass sich Fahrzeuge schneller als erlaubt bewegen.
Um die Zeit zur Überquerung möglichst gering zu halten, gelten folgende Verhaltensregeln:
- Straße rasch überqueren. Das heißt: zügig gehen und nicht trödeln.
- Straße auf kürzestem Weg überqueren. Das heißt: möglichst rechtwinklig.
- Straße nicht auf verbreiteten Straßenabschnitten überqueren. Das heißt: zum Beispiel nicht dort wo die Straße durch Abbiegespuren verbreitert ist.

Die Formel $t = \frac{s}{v}$ zeigt genau das. Für eine kurze Zeit t auf der Straße muss der Weg s kurz oder die Geschwindigkeit v des überquerenden Fußgängers groß sein.

 Wechselwirkung

Der Reaktionsweg s_R

Selbst wenn ein aufmerksamer Fahrer ein Hindernis bemerkt, dauert es noch eine gewisse Zeit, bis er schließlich reagiert und die Bremse betätigt. Diese Zeitdauer ist die **Reaktionszeit** t_R. Sie liegt normalerweise im Bereich von einer Sekunde.

In der Reaktionszeit bewegt sich das Fahrzeug mit seiner ursprünglichen Geschwindigkeit weiter. Die Länge des dabei zurückgelegten Reaktionswegs s_R lässt sich mit $s_R = v \cdot t_R$ berechnen.

Bei einer Geschwindigkeit von $50 \frac{km}{h} = 13{,}9 \frac{m}{s}$ und einer Reaktionszeit von 1 s beträgt s_R etwa $13{,}9 \frac{m}{s} \cdot 1\,s \approx 14\,m$. Eine Faustformel lautet:

s_R in Metern = Tachoanzeige $\cdot \frac{3}{10}$.

Für $50 \frac{km}{h}$ wären das $50 \cdot \frac{3}{10} = 15$. Das Ergebnis gibt den Reaktionsweg in Metern an. Also wäre der Reaktionsweg $s_R = 15\,m$.

Der Bremsweg s_B

Wird das Bremspedal betätigt, führt das Fahrzeug eine verzögerte Bewegung aus, die sich nicht mehr mit unseren Gleichungen für die gleichförmige Bewegung berechnen lässt. Denn die Geschwindigkeit des Fahrzeuges nimmt ja ab.

Wie schnell das Abbremsen geschieht und wie lang die Strecke bis zum Stillstand ist, hängt vom Fahrzeugtyp und von den Fahrbahnverhältnissen ab → 3.

Es gibt aber eine Faustformel für den Bremsweg, die für die meisten Bremsvorgänge gilt:

s_B in Metern = $\left(\frac{\text{Tachoanzeige}}{10}\right)^2$

Bei $50 \frac{km}{h}$ wären das $\left(\frac{50}{10}\right)^2 = (5)^2 = 25$, also 25 m.

Der Anhalteweg s_A

Die Summe von Reaktionsweg und Bremsweg ergibt den Anhalteweg vom Erkennen der Notwendigkeit zum Bremsen bis zum Stillstand des Fahrzeugs:

$s_A = s_R + s_B$.

Er ist bei $50 \frac{km}{h}$ 40 Meter lang. Bei $30 \frac{km}{h}$ ergibt sich nach den Faustformeln ein Anhalteweg von $s = 18\,m$.

Pkw
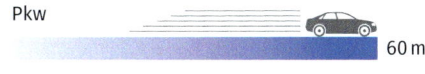
60 m

SUV

62 m

Motorrad

66 m

Kleintransporter

73 m

Wohnmobil

77 m

Lkw

94 m

3

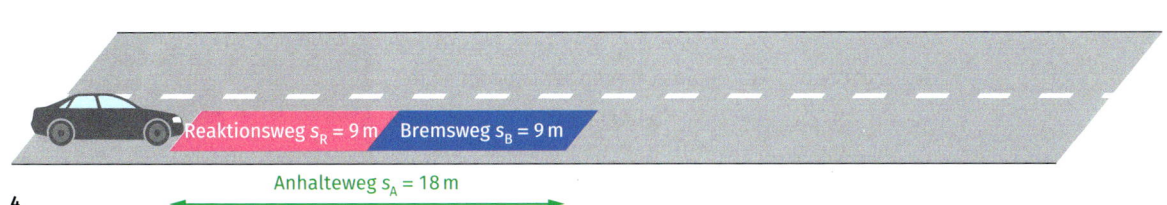

4

STREIFZUG *Geschwindigkeitsmessung im Straßenverkehr*

Bei den meisten Methoden zur Messung der Geschwindigkeit werden kurze Wegstrecken und die dafür benötigten Zeiten gemessen und daraus die Geschwindigkeit errechnet. Die Polizei hat besonderes Interesse daran, diese Geschwindigkeiten zuverlässig zu messen.

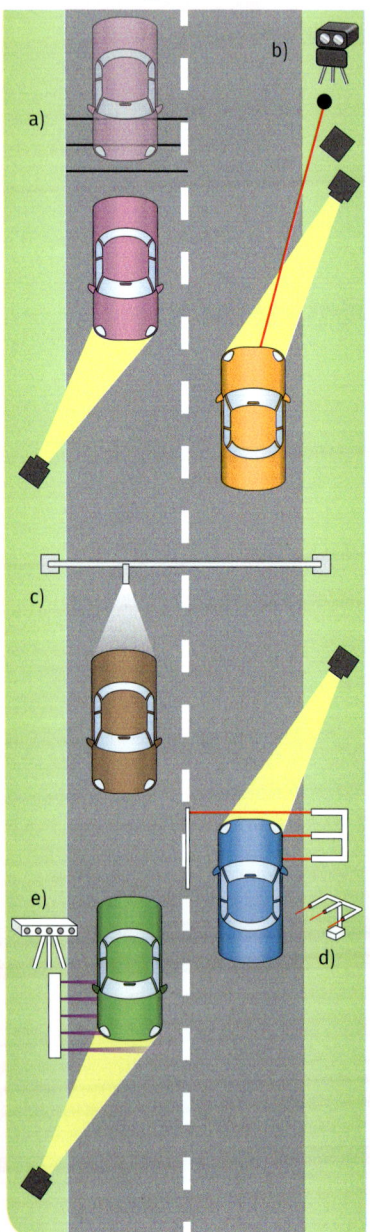

a) Eine Methode ist der Einbau von Sensoren in die Fahrbahn. Diese reagieren auf den Druck, den die darüberfahrenden Fahrzeuge ausüben. Damit können die Zeiten zum Durchfahren einer Strecke gemessen und die Geschwindigkeit berechnet werden.

a

b) Anders funktionieren die Laserpistolen, bei denen Lichtstrahlen an den fahrenden Autos reflektiert werden. Aus den Zeiten zwischen Absenden und Zurückkommen des Lichts kann die Geschwindigkeit bestimmt werden.

b

c) Bei der Section Control werden die Kennzeichen eines Fahrzeugs vor und nach einer längeren Strecke, beispielsweise eines Tunnels, registriert und daraus das Durchschnittstempo berechnet.

c

d) Oft benutzt werden Lichtschranken, die unsichtbare Infrarotstrahlen aussenden. Bei Unterbrechung der Strahlen durch einen PKW wird ein Signal ausgelöst und damit die Geschwindigkeit berechnet.

d

e) Eine weitere Methode ist ein Einseitensensor, der die Helligkeitsänderung durch ein vorbeifahrendes Auto misst. Aus den zugeordneten Zeiten und den Abständen der Sensoren wird wiederum die Geschwindigkeit bestimmt.

Zusätzlich zu den Geschwindigkeitsmessanlagen ist immer noch ein Fotoapparat installiert, der bei Geschwindigkeitsübertretung das entsprechende Auto fotografiert

e

AUFGABEN UND VERSUCHE

A1 Ein Autofahrer fährt mit einer Geschwindigkeit von 90 $\frac{km}{h}$ anstelle der erlaubten Geschwindigkeit von 70 $\frac{km}{h}$. Berechne die Verlängerung seines Anhalteweges, wenn er eine Reaktionszeit von 2 s hat.

A2 Ein Fußgänger, der mit 7 $\frac{km}{h}$ geht, möchte eine 6 m breite Straße überqueren. Berechne die Entfernung, die ein Fahrzeug, das sich mit einer Geschwindigkeit von 80 $\frac{km}{h}$ nähert, mindestens haben muss, damit der Fußgänger die andere Straßenseite erreicht hat, bevor das Auto seinen Weg kreuzt.

A3 Berechne den Anhalteweg eines Fahrzeugs, das sich mit einer Geschwindigkeit von 210 $\frac{km}{h}$ bewegt bei einer Reaktionszeit von 1 Sekunde
a) nur mit Näherungsformeln.
b) so genau wie möglich, wenn bekannt ist, dass die Bremsen die Geschwindigkeit pro Sekunde um 28 $\frac{km}{h}$ verringern können.

A4 a) Vergleiche die Angaben aus der Grafik 3 auf der Seite 183 mit dem Wert, den du mit der Faustformel für Bremswege ausrechnen kannst →3, Seite 183.
b) Nenne Gründe für die Unterschiede.

c) Schreibe eine Erklärung zu dem Begriff „Restgeschwindigkeit". Benutze die Grafik →2.
d) Beschreibe eine Situation, in der die Restgeschwindigkeit zum Unfall führt.

A5 Rechne die Angaben in dem Artikel nach →3.

RISKANT
Wenn das Handy den Autofahrer ablenkt
Selbst kürzeste Ablenkungen können am Steuer katastrophale Folgen haben. Den schnellen Blick aufs Smartphonedisplay sollten sich die Autofahrer daher verkneifen, warnt der Deutsche Verkehrssicherheitsrat (DVR). Denn auch wenn der Handycheck nur zwei Sekunden dauert, legt das Auto mehr als 50 Meter blind zurück. Nach Schätzungen von Experten wird etwa jeder zehnte Unfall durch solche und ähnliche Ablenkungen verursacht, so der DVR. *dpa*

3

A6 Im Bereich einer sehr unübersichtlichen Kurve auf einer schmalen Straße ohne Ausweichmöglichkeit begegnen sich eine Schülerin auf dem Rad mit einer Geschwindigkeit von 20 $\frac{km}{h}$ und ein PKW mit einer Geschwindigkeit von 60 $\frac{km}{h}$. Zum Zeitpunkt, an dem sie sich gegenseitig sehen, sind sie noch 65 m entfernt.
a) Berechne die Anhaltewege mit den Faustformeln.

b) Zeichne das t-v-Diagramm. Rechne hierzu mit Durchschnittsgeschwindigkeiten.
c) Bestimme die Geschwindigkeiten bei der Begegnung.

A7 a) Informiere dich über die Veränderung der Reaktionszeit nach Alkoholkonsum.
b) Finde weitere Umstände, unter denen die Reaktionszeit eines Verkehrsteilnehmers kürzer oder länger als eine Sekunde sein kann.

V1 Führe selbst eine Verkehrskontrolle durch. Suche hierzu einen Ort mit zwei markanten Stellen neben der Straße, beispielsweise Pfosten und Häuser. Stoppe die Zeiten, die Fahrzeuge zum Passieren deiner Messstellen brauchen. Berechne damit und mit dem Abstand der Messstellen die Durchschnittsgeschwindigkeiten.
Passe dabei auf, dass es nicht für dich gefährlich wird!
Bewerte die Ergebnisse.

V2 Miss die Reaktionszeiten von Mitschülern und Bekannten mit einem selbst geplanten Experiment.
Stelle deine Ergebnisse in einem Diagramm zusammen.

V3 Sammelt Zeitungsberichte über Verkehrsunfälle in eurer Umgebung. Ordnet sie nach den Fahrzeugarten der Schuldigen (Auto, Motorrad, ...) und nach den Unfallsachen. Erstellt übersichtliche Grafiken zu euren Ergebnissen.

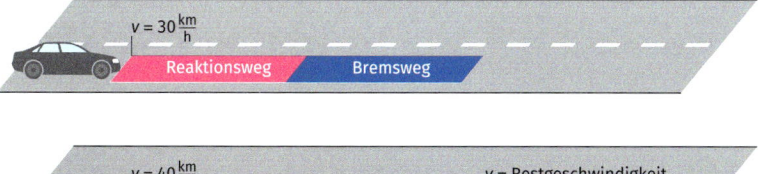
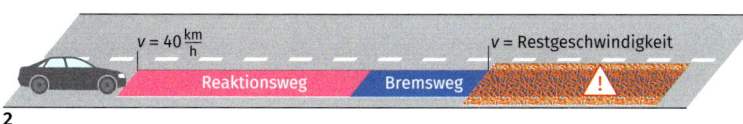

2

Üben und Vertiefen Kinematik

Auf dieser Seite findest du zu allen Themen des Kapitels Aufgaben in drei Anforderungsbereichen. Die jeweiligen Aufgaben **1** sind in der Regel zum Wiedergeben, **2** zum Anwenden und **3** zum Vernetzen oder Vertiefen der Themen.

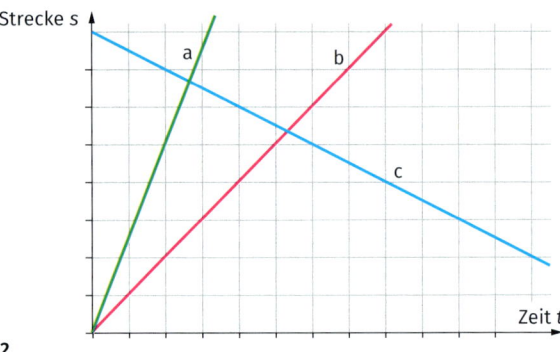

2

A Bewegung und ihre Beschreibung

A1 Nenne die Begriffe, die zur Beschreibung einer Bewegung benutzt werden und notiere jeweils ein Beispiel dazu.

A2a Schildere eine Fahrt auf der Achterbahn mit den entsprechenden physikalischen Begriffen. Beschreibe dazu verschiedene Streckenabschnitte und die Bewegungen auf diesen Abschnitten.

A2b Entscheide jeweils, ob es Bewegungen mit den folgenden Kombinationen von Eigenschaften gibt und nenne zwei Beispiele: Geradlinig-gleichförmig; krummlinig-gebremst; gleichförmig-beschleunigt.

A3a Beschreibe die Bewegung eines Uhrpendels →**1**. Benutze dazu auch Begriffe aus der Akustik.

A3b Nenne eine Bewegung, die sich mit den bisher bekannten Begriffen nicht oder nur schwer beschreiben lässt. Suche oder erfinde passende „Fachbegriffe".

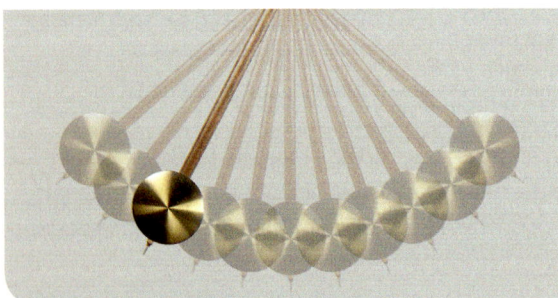

1

B Bewegungsdiagramme

B1 Vergleiche die Bewegungen der drei Fahrzeuge →**2**. Gib dazu an, wie sich die Geschwindigkeiten und die Fahrtrichtungen unterscheiden.

B2a Zeichne das t-s-Diagramm für drei Züge auf der gleichen Strecke:
Zug 1 startet bei $s = 0$ m und $t = 0$ s und bewegt sich gleichförmig so, dass er in 3 Stunden 240 km zurücklegt. Zug 2 startet 30 Minuten später vom gleichen Bahnhof wie Zug 1, bewegt sich aber in 2 Stunden 200 km weit. Zug 3 startet 300 km vom Startpunkt der beiden anderen entfernt und kommt entgegen, so dass er pro Stunde 120 km zurücklegt. Keiner der drei Züge hält unterwegs. Lies aus dem Diagramm ab, wann sie sich wo treffen.

B2b Gib mit Hilfe des Diagramms an, welche Strecke die Fahrzeuge pro Sekunde zurücklegen →**4**.

B3a Skizziere das t-s-Diagramm des schweren Gewichtsstücks am Kuckucksuhrpendel.

B3b Beschreibe die Bewegung eines Körpers, dessen t-s-Diagramm zu dem Diagramm passt →**5**.

C Die Geschwindigkeit

C1a Ein Radfahrer bewegt sich gleichförmig und legt in 20 min eine Strecke von 7 km zurück. Berechne seine Geschwindigkeit.

C1b Ein Schiff fährt mit der Geschwindigkeit $12\frac{km}{h}$. Berechne den in 4 h zurückgelegten Weg und die Zeit, die es für 50 km benötigt.

C2a Die Messung der Bewegung eines Spielzeugautos hat folgende Messwerte ergeben →**3**:

Zeit t in s	Weg s in cm
3	72
7	168
12	288

3

Begründe, dass es sich um eine gleichförmige Bewegung handelt und berechne die Geschwindigkeit.

C2b Ein Regionalzug fährt 30 min mit $90\frac{km}{h}$, bleibt 10 min im Bahnhof stehen und fährt dann 45 min mit $80\frac{km}{h}$ weiter. Nach einem weiteren Halt von 15 min kehrt

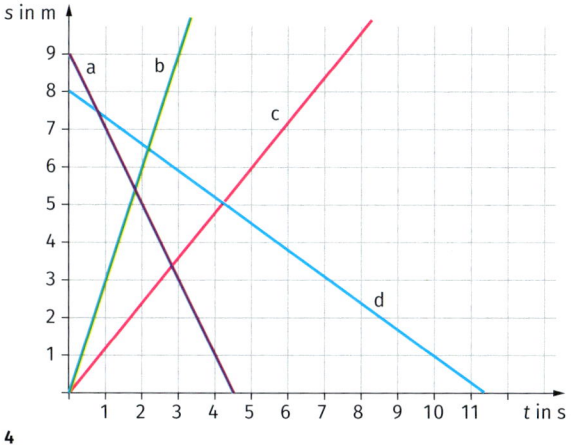
4

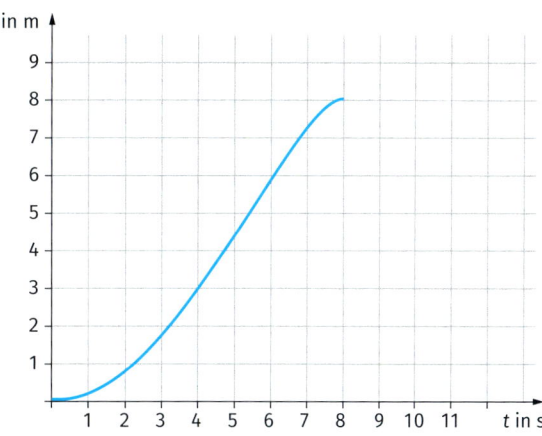
5

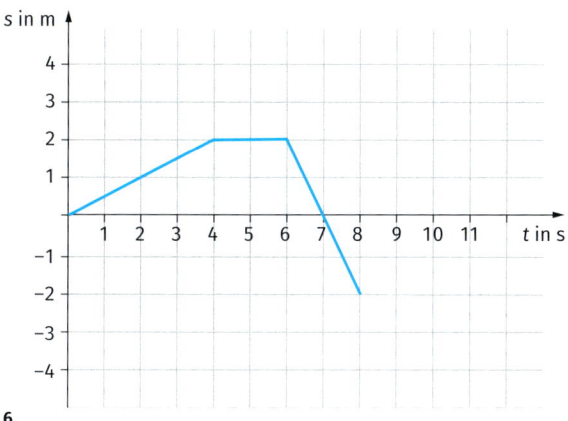
6

7

er mit 100 $\frac{km}{h}$ zum Anfangspunkt seiner Fahrt zurück. Zeichne das *t-s-* und das *t-v-*Diagramm. Berechne dazu alle nötigen Größen.

C2c Entnimm dem Diagramm die benötigten Daten und zeichne das *t-v-*Diagramm der Bewegung →6.

C3 Ein sportlicher Radfahrer liest kurz vor seinem Ziel auf seinem Tacho nach 30 km Fahrt eine Durchschnittsgeschwindigkeit von 30 $\frac{km}{h}$ ab. Kann es ihm gelingen, auf den verbleibenden 5 km den Schnitt auf 32 $\frac{km}{h}$ zu steigern? Begründe.

D Sicheres Verhalten im Strassenverkehr

D1a Nenne Verhaltensregeln für Fußgänger im Straßenverkehr, die für Sicherheit sorgen.

D1b Nenne Verhaltensregeln für Autofahrer im Straßenverkehr, die für Sicherheit sorgen.

D1c Erkläre die Begriffe Anhalteweg, Bremsweg und Reaktionsweg mit eigenen Worten.

D2a Beschreibe, welche Wettereinflüsse die Sicherheit im Straßenverkehr beeinträchtigen können.

D2b Berechne Anhalteweg, Bremsweg und Reaktionsweg für einen PKW, der sich mit 130 km/h bewegt.

D2c Beschreibe die Verbesserung der Sicherheit durch Sicherheitswesten und Reflektoren mit Begriffen aus der Optik →7.

D3a Berechne den Reaktionsweg eines Autos, wenn dessen Fahrer eine Reaktionszeit von 0,2 s hat und mit 50 $\frac{km}{h}$ fährt.

D3b Notiere, welche Verbesserungen du dir für deinen Schulweg wünschst, um ihn sicherer zu machen. Begründe deine Wünsche.

D3c Informiere dich über moderne Assistenzsysteme im Auto und analysiere kritisch die Vor-und Nachteile. Stelle damit ein übersichtliches Plakat oder eine Präsentation zusammen.

Wiederholen und Strukturieren *Kinematik*

Formen der Bahn
- geradlinig
- krumm

→ Seite 170

Art der Bewegung
- gleichförmig
- beschleunigt

→ Seite 170

Bewegungen beschreiben
→ Seite 170–173

Angaben zu
- Weg s
- Zeit t
- Richtung

→ Seite 171

SI-Einheiten

→ Seite 174

Geschwindigkeiten berechnen
→ Seite 176–179

KINEMATIK

gleichförmige Bewegung
$v = \frac{\Delta s}{\Delta t}$
→ Seite 178

Einheiten der Geschwindigkeit
$1 \frac{m}{s} = 3{,}6 \frac{km}{h}$
→ Seite 176

- Durchschnittsgeschwindigkeit
- Momentangeschwindigkeit

→ Seite 178

Nützliche Umstellungen
$s = v \cdot t, \quad t = \frac{s}{v}$
→ Seite 179

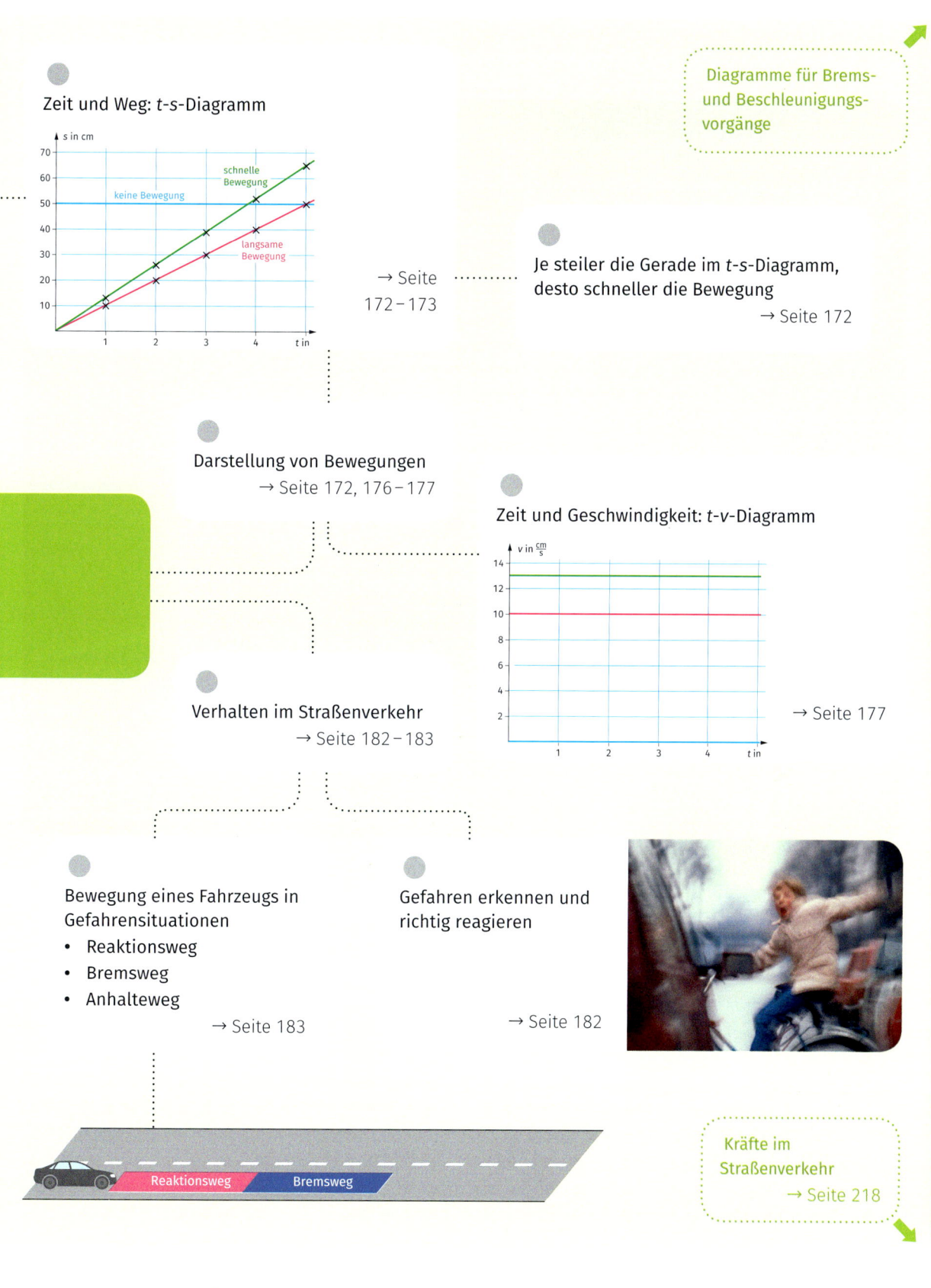

Kräfte und ihre Wirkungen

Wie alles in der Natur ist auch das Innere der Erde in ständiger Bewegung. Ab und zu gibt es dabei spektakuläre Phänomene wie den Ausbruch eines Vulkans. So brach etwa im Jahre 1992 der Ätna, einer der bekanntesten Vulkane Europas, aus. Brocken von Gestein, teils flüssig, teils fest, wurden dabei mit unglaublicher Wucht aus den Tiefen des Vulkans heraus weggeschleudert. In hohem Bogen flogen sie über die Erdoberfläche, bis sie zum Teil weit entfernt auf dem Boden aufschlugen.

Dies ist nur ein Beispiel für die Wirkung von Kräften, die du in diesem Kapitel kennenlernen wirst. Es geht um die Ursachen von Bewegungen und deren Änderungen. Du lernst die verformende Wirkung von Kräften kennen und mit den drei Newtonschen Gesetzen wirst du den grundlegendsten Prinzipien der Natur begegnen. Du wirst erfahren, wie man Kräfte misst, was der Unterschied zwischen Masse und Gewichtskraft ist und wie einfache Maschinen funktionieren.

Meister der Beschleunigung

Sportwagen zeichnen sich unter anderem dadurch aus, dass sie in sehr kurzer Zeit auf eine hohe Geschwindigkeit beschleunigen können. Während gewöhnliche Autos den Sprint von 0 auf 100 $\frac{km}{h}$ in ungefähr 10 Sekunden schaffen, können gute Sportwagen dies schon in weniger als 5 Sekunden. Der Fahrer und natürlich auch der Beifahrer werden dabei mit Wucht in den Sitz gedrückt.

Das Sonnensystem

Seit hunderten Millionen Jahren ziehen die Erde und die anderen sieben großen Planeten des Sonnensystems auf stets gleichen Bahnen um ihren zentralen Stern, die Sonne. Sie werden trotz der langen Zeit nicht müde davon und sie werden aller Voraussicht nach auch noch in vielen Millionen Jahren dasselbe tun. Die Kraft der Sonne zieht sie an und doch stürzen sie nicht in sie hinein. Diese unglaubliche Stabilität eines so komplexen Systems hat die Bewunderung aller Menschen hervorgerufen, die sich damit beschäftigt haben.

Pool-Billard

Beim Pool-Billard kommt es auf jeden Millimeter an. Die Richtungen und die Geschwindigkeiten der Kugeln werden durch die jeweiligen Zusammenstöße mit den anderen Kugeln bestimmt. Der Queue gibt die Anfangsbedingung vor, die erste Kraft, die auf das System der Kugeln wirkt. Nur diese erste Kraft kann vom Spieler beeinflusst werden, der Rest ist reine Physik.

EINSTIEG

1 Lies die Texte dieser beiden Seiten durch und betrachte die zugehörigen Bilder. Schreibe zu den einzelnen Themen Fragen auf, die du dazu hast.

2 Blättere das folgende Kapitel durch, lies die Überschriften und betrachte die Bilder. Notiere neben den Fragen aus **1** die Seitenzahlen, die deiner Meinung nach Antworten zu deinen Fragen liefern könnten.

3 Überlege und schreibe auf, was du in Experimenten untersuchen möchtest. Vielleicht hast du ja schon Ideen, wie die Versuche aussehen könnten

Vorwissen

Bewegungen
Bewegungen werden danach unterschieden, ob sie
- geradlinig oder krummlinig
- gleichförmig oder beschleunigt

sind.

Zur Beschreibung von Bewegungen wird die Größe Geschwindigkeit v verwendet. Sie ist der Quotient aus zurückgelegtem Weg s und dafür benötigter Zeit t.
$v = \frac{s}{t}$.

Geradlinige Bewegungen gehen stets in eine einzige Richtung, bei krummlinigen Bewegungen ändert sich die Richtung immer wieder.
Eine gleichförmige Bewegung liegt vor, wenn die Geschwindigkeit v der Bewegung stets gleich bleibt.
Eine ungleichförmige Bewegung liegt vor, wenn die Geschwindigkeit v einer Bewegung nicht gleich bleibt, wie etwa bei einer Beschleunigung.

Magnetische Anziehung und Abstoßung
Magnete können anziehende oder abstoßende Wirkung auf andere Körper ausüben. Gleiche Pole von Magneten stoßen sich ab, ungleiche ziehen sich an. Diese Wirkungen werden über das magnetische Feld übertragen.

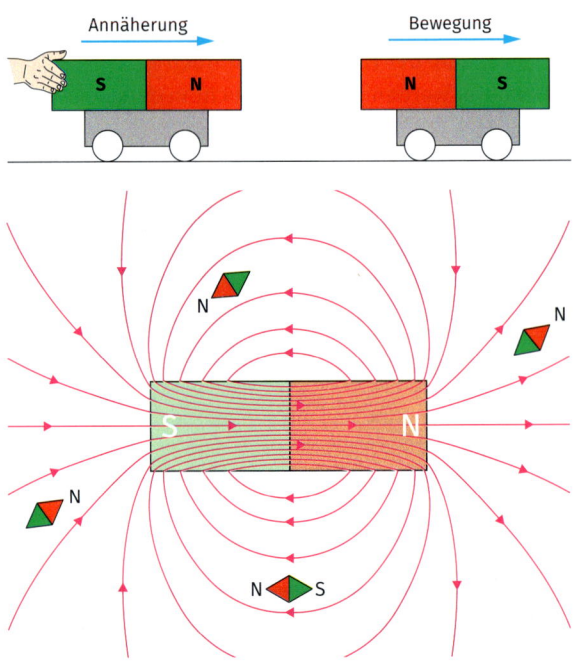

Elektrische Anziehung und Abstoßung
Auch bei der elektrischen Ladung kommt anziehende und abstoßende Wirkung zustande. Die elektrische Ladung ist eine Eigenschaft der Materie. Es gibt positive und negative Ladung. Verschiedenartige Ladung zieht sich an, gleiche Ladung stößt sich ab.

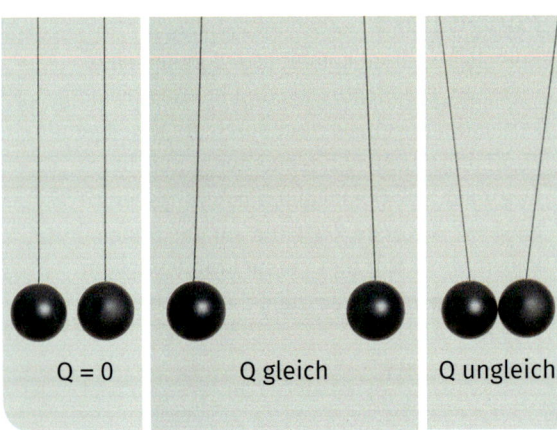

Projekt *Kräfte im Brückenbau*

Erste Überlieferungen von Brückenbauten stammen aus der altassyrischen Zeit (um 1800 v. Chr.). Die Brücken ermöglichten es den Karawanen, Flüsse und Schluchten zu überqueren. Seit dieser Zeit hat sich der Brückenbau sehr gewandelt. Immer schwerere Lasten müssen transportiert werden und stellen damit immer größere Ansprüche an die auf die Brücke wirkenden Kräfte.

P1 Es gibt unterschiedliche Typen von Brücken:
- Balkenbrücke
- Bogenbrücke
- Hängebrücken
- Schrägseilbrücken

a) Sucht in eurer Nähe Brücken, die ihr einem der oben genannten Typen zuordnen könnt.
b) Beschreibt, welche Kräfte an den Brückentypen wo auftreten.
c) Begründet, warum sich im Laufe der Jahrhunderte die Brückenformen so deutlich verändert haben.
d) Recherchiert im Internet nach Brücken der einzelnen Typen in Deutschland.

P2 a) Baut eine Brücke aus Bauklötzen.
b) Baut die abgebildete Brücke von Leonardo da VINCI (1452–1519) nach.
c) Überlegt, wie mit möglichst wenig Material eine stabile und tragfähige Brücke gebaut werden kann.
d) Schreibt in eurer Klasse einen Wettbewerb mit dem Titel „Bau einer möglichst stabilen Brücke aus Zeichenpapier" aus und wertet die Ergebnisse mit einer Jury aus.

Projekt *Maschinen*

Maschinen haben die Entwicklung der Kulturen beeinflusst. Sie ermöglichen es, Kräfte zu wandeln und damit Tätigkeiten zu verrichten, die nur mit der Muskelkraft des Menschen nicht möglich gewesen wären. Auch heute kommen viele „einfache Maschinen" im täglichen Leben zum Einsatz, ohne dass ihre Funktion bedacht wird.

P1 Viele großartige Bauwerke der Menschheit veranlassten nachfolgende Kulturen, über die verwendeten Techniken bei ihrer Entstehung nachzudenken.
Wählt ein Bauwerk aus, etwa die Pyramiden in Ägypten, und erläutert die Schwierigkeiten für die damaligen Menschen und ihre Überwindung.

P2 Im Mittelalter wurden bei der Belagerung von Burgen „Maschinen" eingesetzt. Erstellt eine Präsentation, die auf Funktionsweise und Zweck solcher Maschinen eingeht.

P3 Informiert euch über die Entwicklung von Maschinen und erstellt eine zeitliche Übersicht. Berücksichtigt bei eurer Präsentation auch den Zweck der Maschinen.

P4 Im Haushalt oder bei handwerklichen Tätigkeiten kommen vielfältige Gegenstände zum Einsatz, die als selbstverständliche Helfer die Arbeit erleichtern oder erst ermöglichen. Sucht Euch entsprechende Geräte zusammen und beurteilt sie zum Beispiel unter den Gesichtspunkten Kraftwandlung, Kraftersparnis und so weiter. Erstellt dazu eine geeignete Übersicht.

Trägheit und Masse

1

ZENTRALER VERSUCH

2

Der Kapitän eines Öltankers muss sehr vorausschauend fahren →1. Bei der üblichen Geschwindigkeit von 30 $\frac{km}{h}$ kommt ein Öltanker nach ungefähr 6 km zum Stehen, und das nur, wenn der Kapitän von „Volle Kraft voraus" auf „Volle Kraft zurück" schaltet. Der gesamte Motorantrieb wirkt dann entgegengesetzt zur Fahrtrichtung. Schaltet der Kapitän zum Bremsen einfach nur den Motor aus, kommen noch einmal 20 km Fahrweg dazu.

Es stellt sich die Frage, warum sich das Schiff weiter vorwärts bewegt. Die Ursache für diese Bewegung ist die **Trägheit** der Körper. Diese Trägheit ist von Körper zu Körper verschieden, die Trägheit eines Öltankers ist beispielsweise sehr groß.
Ein Öltanker ist nicht nur besonders träge, er ist auch besonders schwer. Der zentrale Versuch zeigt ein weiteres Beispiel →2. Ein Tischtennisball und eine genau gleich große Stahlkugel werden durch Anpusten in Bewegung versetzt. Der Tischtennisball rollt sofort weg, während sich die Stahlkugel zunächst unbeeindruckt zeigt. Es muss deutlich stärker gepustet werden, um die Stahlkugel in Bewegung zu setzen.
Beim Anhalten ist es genauso – ist die Stahlkugel erst einmal am Rollen, so ist es sehr schwierig, sie durch Pusten abzubremsen oder umzulenken. Sie rollt von alleine immer geradeaus weiter, ähnlich wie der Öltanker. Die beiden Kugeln unterscheiden sich aber auch dadurch, dass die trägere Stahlkugel schwerer ist als der Tischtennisball.
Mit der Trägheit ist ein wichtiges Naturgesetz verknüpft, das eine Aussage über Bewegungen macht. Es gibt Bewegungen, die ohne Antrieb erfolgen, ohne erkennbare Ursache. Das Beispiel des Öltankers, dessen Motor ausgeschaltet wurde, verdeutlicht dies. Er hat keinerlei Antrieb mehr und trotzdem fährt er noch lange Zeit über das Wasser. Natürlich hat auch diese Bewegung eine Ursache, es ist eben die Trägheit. Wenn der Öltanker am Schluss doch zum Stehen kommt, dann nur, weil ihn das Wasser abgebremst hat.

Eine gleichförmige Bewegung benötigt also keinen Antrieb um anzulaufen. Und wenn diese Bewegung nicht durch äußere Einflüsse gebremst oder beschleunigt wird, so geht sie endlos weiter. Diese Gesetzmäßigkeit wird als das **erste Newtonsche Gesetz** bezeichnet, oder auch als **Trägheitsprinzip**.
Beispielsweise bewegt sich die Raumsonde Voyager 2 zur Zeit antriebslos mit einer Geschwindigkeit von 15 $\frac{km}{s}$ durchs All →3. Da im Weltraum nichts Bremsendes vorhanden ist, wird sie mit dieser Geschwindigkeit noch viele Jahrhunderte unterwegs sein.

3

> Wenn ein Körper keinerlei Einflüssen von außen ausgesetzt ist, ändert er seine Geschwindigkeit nicht, weder nach Betrag noch nach Richtung. Er bleibt im Zustand der gleichförmigen Bewegung.

Masse, Schwere und Trägheit

Trägheit und Schwere eines Körpers hängen sehr eng miteinander zusammen. Genaue Messungen haben gezeigt, dass der Zusammenhang zwischen ihnen proportional ist. Ist ein Körper doppelt so träge wie ein anderer, so ist er auch doppelt so schwer. Sehr präzise Messungen haben sogar gezeigt, dass diese beiden Eigenschaften letztlich ein und dasselbe sind. Daher werden beide Eigenschaften in einer Größe zusammengefasst. Sie heißt Masse.

Massenbestimmung

„400 g Mehl, 100 g Zucker ..." sind typische Angaben aus Kochbüchern. Der Buchstabe „g" steht für eine mögliche Einheit der Masse, das Gramm. Die festgelegte Basiseinheit der Masse ist das Kilogramm (kg).
Zur Bestimmung von Massen, also beim „Wiegen", werden beispielsweise Balkenwaagen verwendet → **4**. Auf die eine Waagschale wird der Körper gelegt, dessen Masse bestimmt werden soll. Auf die andere Waagschale werden so lange Wägestücke gelegt, bis sich die Waage im Gleichgewicht befindet. Im Gleichgewichtsfall befindet sich auf beiden Seiten die gleiche Masse.

Die Addition der bekannten Massen auf der einen Waagschale ergibt dann die zu ermittelnde Masse des Körpers auf der anderen Waagschale.

4

Masse

Das Formelzeichen ist m.
Die Einheit ist 1 kg (Kilogramm).
Außerdem wird benutzt:
Tonne: 1 t = 1000 kg
Gramm: $1\,g = \frac{1}{1000}\,kg$

Die Masse eines Körpers gibt an, wie schwer und wie träge er ist.

AUFGABEN UND VERSUCHE

A1 Zwei Kinder sitzen auf einer Wippe im gleichen Abstand zur Mitte.
Erläutere die drei Möglichkeiten, in denen sich die Wippe einstellen kann. Ziehe Schlussfolgerungen jeweils bezüglich der Massen der Kinder und begründe sie.

A2 Nenne Beispiele, wo bei verschiedenen Körpern unterschiedliche Trägheit aufgrund unterschiedlicher Massen zu beobachten ist.

V1 Ein gern gezeigter Trick ist die unter dem Geschirr weggezogene Tischdecke. Wenn er geschickt durchgeführt wird, bleibt das Geschirr trotz des unter ihm weggezogenen Tischtuchs auf dem Tisch → **5**.
a) Erläutere, wie durch diesen Trick das Trägheitsgesetz bestätigt wird.
b) Plane und notiere die genaue Durchführung dieses Versuchs.
c) Probiere den Versuch zu Hause mit Büchern statt Geschirr aus.
d) Eine ähnliche Anordnung ergibt sich mit einem Glas, einer Spielkarte und einer Münze. Plane einen Versuch, mit dem das Trägheitsgesetz demonstriert werden kann.

5

STREIFZUG *Bewegungslehre des ARISTOTELES*

Der erste bekannte Wissenschaftler, der sich intensiv mit Bewegungen und deren Ursachen auseinandergesetzt hat, war ARISTOTELES (384–322 v. Chr.) →1.

1

Himmlische Bewegungen
Er unterschied bei den Bewegungen grundsätzlich zwischen himmlischen und irdischen Bewegungen. Die himmlischen Bewegungen waren die der Himmelskörper, Sonne, Mond und Sterne. Diese zogen in ewigen Kreisbahnen um die Erde →2.

2

Irdische Bewegungen
Diese Bewegungen waren schwieriger zu beschreiben, hier musste Aristoteles drei verschiedenen Klassen aufstellen:

1. Bewegungen von Lebewesen
Lebewesen bewegen sich aus eigenem, innerem Antrieb, beispielsweise um ihren Hunger zu stillen.

2. Natürliche Bewegungen
ARISTOTELES stellte sich die irdische Welt aus vier Kugelschalen aufgebaut vor. Jede Kugelschale stand für eines der vier Elemente: Erde, Wasser, Luft und Feuer. Ganz innen befand sich die riesige Erdkugel, um sie herum war eine Schicht aus Wasser, die Weltmeere, dann kam die Luftschicht, die Atmosphäre, und ganz außen, als Grenze zur Welt der himmlischen Körper, kam die Feuerschicht →3.

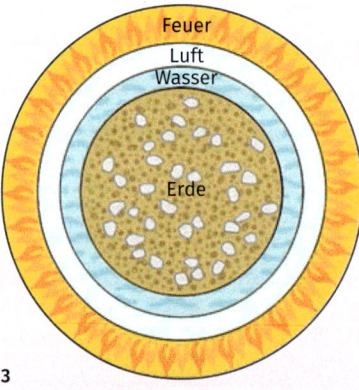

3

Wenn sich ein Körper in der „falschen" Schicht befand, ein angehobener Stein beispielsweise, so „wollte" dieser Stein zurück zu seiner Heimatschicht, in diesem Fall zur Erde. ARISTOTELES sprach hier von einem natürlichen Antrieb, der in jedem Körper steckte.

3. Erzwungene Bewegungen
Hier fasste ARISTOTELES alle übrigen Bewegungen zusammen, etwa das Aufheben eines Steins. Sein wichtigstes Beispiel waren die zu seiner Zeit sehr häufigen Ochsenkarren →4.

4

Hier sah ARISTOTELES den Antrieb von außen, diese Bewegung ging nicht von selbst, wie die natürliche, die einem inneren Antrieb folgt. Solche Bewegungen können nur erfolgen, wenn der Antrieb da ist. Ohne ihn – wenn die Ochsen aufhören zu ziehen – hört die Bewegung sofort auf. Für ARISTOTELES wäre es schwer gewesen, sich so etwas wie das Trägheitsgesetz vorzustellen, denn einen Körper, der sich antriebslos bewegt, konnte es nicht geben.
Ein Problem bei dieser Erklärung war der Wurf. Wenn ein Stein geworfen wird, so besteht der Antrieb nur, solange er sich in der Hand des Werfenden befindet. Danach ist der Antrieb weg. Hier stellte sich Aristoteles vor, dass die beim Wurf mitbewegte Luft den Stein weiter antreibt, eine schwierige Vorstellung. Insgesamt war die Bewegungslehre des ARISTOTELES über Jahrhunderte hinweg Grundlage der Physik, heute sind an ihre Stelle die Mechanik NEWTONS und die Relativitätstheorie EINSTEINS getreten.

STREIFZUG *Geschichte des Trägheitsgesetzes*

Jean Buridan und der Impetus

Die Wissenschaftler des Mittelalters, allen voran Jean BURIDAN (ca. 1295–1360), zweifelten an der Theorie von ARISTOTELES. Wie konnte die Luft einen abgeschossenen Pfeil auf seiner Flugbahn antreiben? Der Einsatz von Kanonen seit 1300, bei der die Geschosse mit noch mehr Wucht durch die Luft flogen, tat ein Übriges, um ARISTOTELES zu widerlegen. BURIDAN entwickelte eine andere Theorie weiter, die besagte, dass beim Abwurf dem geworfenen Körper ein Antrieb übertragen wird, der Impetus genannt wurde. Dieser Impetus wird im Lauf der Zeit immer kleiner. Die Bewegung hört automatisch auf, sobald der Impetus ganz aufgebraucht ist. Durch die Widerstände, denen der Körper bei seiner Bewegung begegnet, wird der Abbau des Impetus verstärkt. Die Flugbahn einer Kanonenkugel stellte sich Buridan aus zwei Teilen zusammengesetzt vor →6.

Im Aufstieg wird der Impetus als alleiniger Antrieb gesehen, er setzt die Bewegung der Kugel geradlinig fort, bis er aufgebraucht ist. Dann übernimmt der natürliche Antrieb der Kugel die Bewegung, sie fällt geradlinig nach unten.

Galileo Galilei und die Trägheit

5

Für Galileo GALILEI (1564–1642, →5) hatte der Impetus immer noch sehr viel mit der Lehre des ARISTOTELES zu tun. Der eingefleischte Gegner des ARISTOTELES wollte aber eine ganz neue Theorie. Er wollte eine Bewegung, die für ARISTOTELES völlig unvorstellbar gewesen wäre. Er wollte eine Bewegung ohne Antrieb.

Dazu ersann GALILEI, nachdem er viele echte Experimente dazu gemacht hatte, ein Gedankenexperiment →7: In einer Rinne rollt eine Kugel auf der linken Seite von oben nach unten und bewegt sich auf der rechten Seite wieder nach oben. Die Kugel wird auf der anderen Seite nicht mehr dieselbe Höhe erreichen, auf der sie zuvor gestartet ist. Nach der Impetus-Theorie gab es zwei Gründe für diese geringere Höhe: Die Widerstände, die die Kugel überwinden muss, und die Abnahme des Impetus mit der Zeit. GALILEI überlegte nun, was passieren würde, wenn alle Widerstände beseitigt würden. Es sollte keine Luft geben und die Oberflächen der Kugel und der Rinne sollten perfekt glatt sein, so dass keinerlei Reibung auftreten könnte. Dann, so Galilei, müsste doch die Kugel wieder die gleiche Höhe erreichen wie vorher. Wenn sich nun die rechte Seite der Rinne immer stärker absenken würde, sollte die Kugel bei ihrem Lauf immer weitere Strecken zurücklegen, bis sie schließlich, wenn der rechte Teil horizontal laufen würde, mit ihrer Bewegung gar nicht mehr aufhören würde – GALILEI hatte das Trägheitsgesetz entdeckt.

6

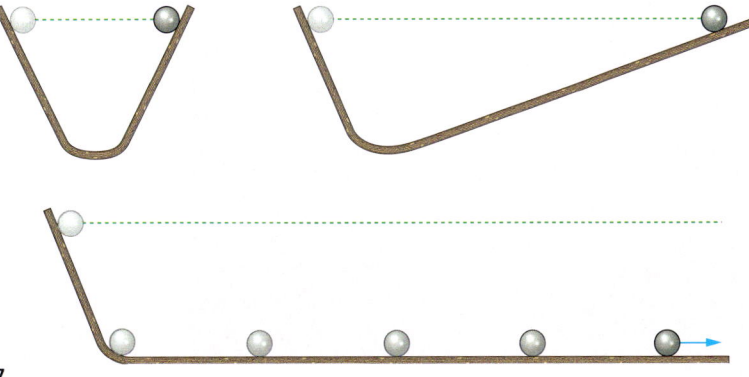

7

Kraft und Bewegungsänderung

1

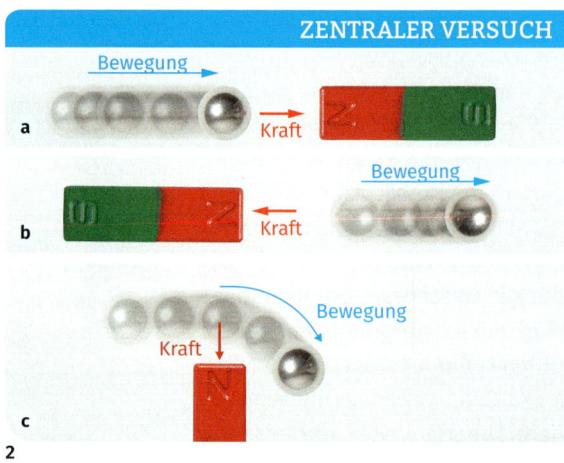

2

Am 19. Januar 2006 startete die Raumsonde New Horizons mit einer Trägerrakete Typ Atlas V mit dem Ziel, zehn Jahre später den rund 6 Milliarden km entfernten Zwergplaneten Pluto zu erreichen. Mittlerweile hat sie ihr Ziel erreicht. Die Atlas V war 2006 die stärkste Trägerrakete der Welt, sie konnte die Sonde mit ungeheurer Kraft von der Erde wegkatapultieren.

Die Rakete musste aus dem Ruhezustand auf eine hohe Geschwindigkeit gebracht werden. Dazu war der Antrieb der Triebwerke nötig. Wenn eine Bewegung gleichförmig ist, wird kein Antrieb gebraucht, doch für eine Änderung dieser Bewegung schon. Physiker sprechen anstelle des Antriebs oft von einer **Kraft**, die auf den Körper wirken muss, damit sich seine Bewegung verändert.

3

Die Rakete wird durch die Kraft der Triebwerke beschleunigt. Auch für das Gegenteil, das Abbremsen von Körpern, ist eine Kraft nötig, wie beispielsweise Spinnennetze deutlich machen, die eine Wespe in vollem Fluge einfangen sollen →3. Da die Wespe mit relativ hoher Geschwindigkeit ankommt, muss das Netz der Spinne eine hohe Kraft ausüben, um sie abzubremsen. Daher nimmt die Wespe das Netz durch ihre Trägheit noch ein gutes Stück mit.

Auch um nur die Richtung einer Bewegung zu ändern, bedarf es einer Kraft. Die Erde würde schließlich aufgrund ihrer großen Trägheit einfach geradeaus in den Weltraum eilen, würde die Sonne sie mit ihrer Anziehungskraft nicht immer dazu zwingen, in einer Kreisbahn um sie herum zu laufen.

Im zentralen Versuch werden diese Kraftwirkungen unter die Lupe genommen →2. Ein Magnet kann auf eine Stahlkugel in dreierlei Weise einwirken:
- Er kann sie beschleunigen, wenn der Magnet vor die Stahlkugel gehalten wird.
- Er kann sie verzögern, wenn er hinter die sich bewegende Kugel gehalten wird.
- Er kann die Bewegungsrichtung der Kugel ändern, wenn er quer zur Bewegungsrichtung gehalten wird.

Kräfte ändern die Bewegung von Körpern.
Sie können Körper beschleunigen, verzögern oder die Richtung der Bewegung verändern.

4

Zweites Newtonsches Gesetz

Eine Kraft ist also die Ursache einer Bewegungsänderung. Wenn keine Kraft wirkt, bleibt der Körper in seinem Bewegungszustand, so sagt es schon das erste Newtonsche Gesetz. Das zweite Newtonsche Gesetz sagt etwas über die Kraft beziehungsweise über ihre Wirkung auf Körper aus. Beide Gesetze ergänzen sich gegenseitig.

Wenn ein Körper seine Bewegung verändert, muss immer eine Kraft im Spiel sein. Je größer diese Kraft ist, desto größer wird auch die Änderung der Bewegung. Muss ein Auto beispielsweise angeschleppt werden, damit es trotz leerer Batterie wieder starten kann, so kann dies umso einfacher geschehen, je mehr Personen den Wagen schieben →4. Die Bewegungsänderung bei sechs Personen ist eben sechsmal so groß wie bei einer, vorausgesetzt, dass alle sechs die gleiche Kraft aufbringen.

In einem Versuch kann dies gut demonstriert werden →5. Ein Wagen wird auf eine Luftkissenfahrbahn gestellt. Durch das Luftkissen wirken fast keine Widerstände auf den Wagen. Am Ende der Fahrbahn wird seine Geschwindigkeit durch eine Lichtschranke gemessen.

Auf den Wagen werden zwei Gebläse angebracht. Diese sollen als Antrieb dienen. Jedes Gebläse kann die gleiche Kraft auf den Wagen ausüben. Klar zu erkennen ist, dass bei Betrieb beider Gebläse der Wagen viel schneller wird als bei Betrieb nur eines Gebläses.

Doch nicht nur die Kraft allein ist verantwortlich für die Größe der Bewegungsänderung. Auch die Trägheit oder die Masse des Körpers spielen eine wichtige Rolle. Wenn ein Lkw angeschoben werden soll, müssen entweder mehr oder kräftigere Personen eingesetzt werden als beim Auto. Auch beim Versuch mit den Grillgebläsen kann dies untersucht werden. Nach Auflegen von zusätzlichen Massen erreicht der Wagen seine ursprüngliche Geschwindigkeit nicht mehr.

> Immer, wenn sich die Bewegung eines Körpers verändert, ist eine Kraft die Ursache.
> Je größer die Kraft ist, desto größer ist auch die Bewegungsänderung. Je größer die Masse des Körpers ist, desto kleiner ist die Bewegungsänderung bei gleicher Kraft.

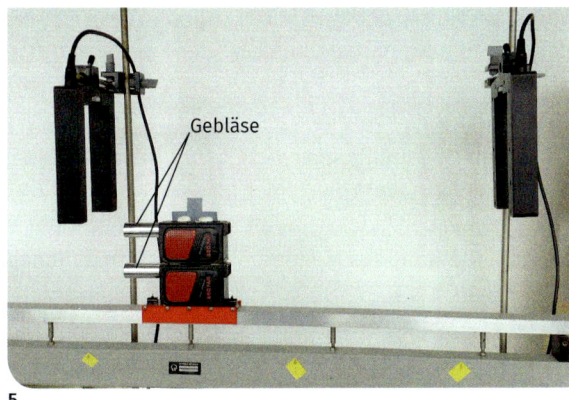

5

Eigenschaften von Kräften

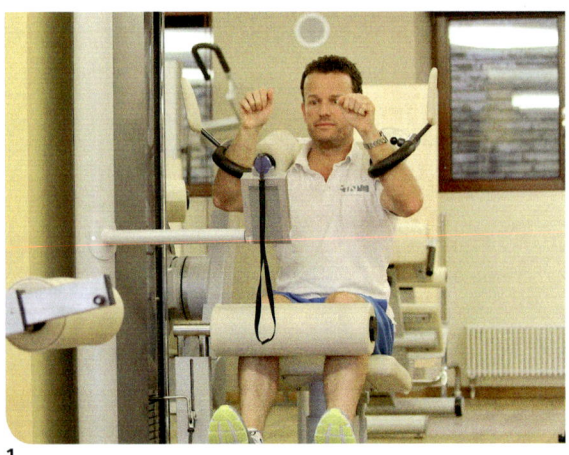

1

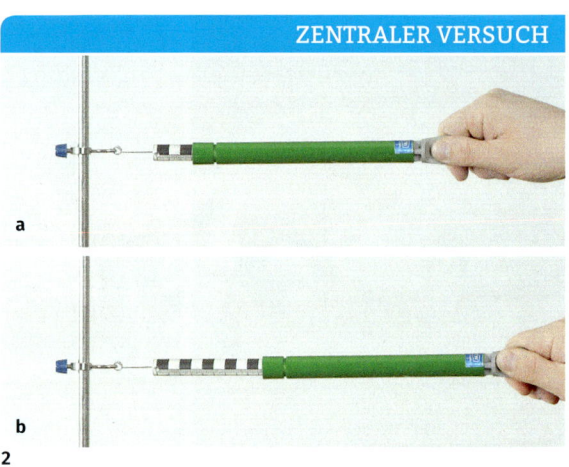

ZENTRALER VERSUCH

a

b

2

Viele Menschen möchten gerne wissen, wie viel Kraft ihr Körper aufbringen kann, wie stark sie also sind. Mittlerweile gibt es eine ganze Menge von Apparaturen, die es ermöglichen, von fast jedem einzelnen Muskel die Kraft zu messen →1. Diese Apparate werden überwiegend für die Überwachung von Rehabilitationsmaßnahmen nach Unfällen oder Krankheiten eingesetzt und sind für den Eigengebrauch zu kostspielig. Kräfte werden in diesen Geräten durch verschiedene Sensoren gemessen.

In der Schule werden einfachere Kraftmesser eingesetzt, im zentralen Versuch wird an solch einem Gerät gezogen →2. So kann festgestellt werden, wie stark eine Versuchsperson ziehen kann. Je länger der Kraftmesser gezogen wird, umso größer ist die wirkende Kraft.

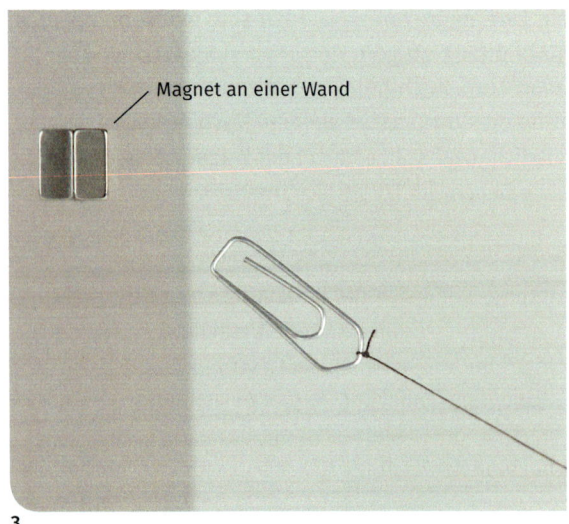

Magnet an einer Wand

3

Wie für alle physikalischen Größen gibt es auch für die Kraft ein Formelzeichen, das F, und eine Einheit. Auf Latein heißt Kraft „fortitudo", auf Englisch „force". Für die Einheit wurde der Physiker Isaac NEWTON (1642–1727) geehrt, der sich um den Kraftbegriff am meisten bemüht hat.

Kraft
Das Formelzeichen ist F.
Die Einheit ist 1 N (Newton).

Im Gegensatz zu physikalischen Größen wie Masse oder Zeit gibt es bei der Kraft einiges mehr zu beachten. Eine Kraft wirkt nicht aus dem Nichts heraus. Es gibt immer einen Urheber der Kraft und sie wirkt immer auf einen Körper. Es gibt also einen verursachenden Körper und einen, auf den die Kraft wirkt. So übt ein Magnet beispielsweise eine Kraft auf eine Büroklammer aus und lässt sie schweben →3. Der Urheber der Kraft ist der Magnet, die Büroklammer ist der Körper auf den die Kraft wirkt.

Dies kann durch eine geeignete Schreibweise ausgedrückt werden, indem die beiden an einer Kraft beteiligten Körper in den Index der Kraftabkürzung geschrieben werden. Die Kraft des Magneten auf die Büroklammer würde dann als $F_{\text{Magnet auf Büroklammer}}$ geschrieben werden, kürzer $F_{\text{M auf B}}$, ganz allgemein als $F_{1 \text{ auf } 2}$, wobei die 1 für den die Kraft verursachenden Körper steht, die 2 für den Körper, auf den die Kraft wirkt.

● **W**echselwirkung

Richtung und Angriffspunkt von Kräften

Bei der Büroklammer, die vom Magnet angezogen wird, ist noch eine weitere Eigenschaft der Kraft zu sehen. Kräfte haben immer eine Richtung, so wird etwa die Büroklammer in Richtung des Magneten gezogen → 3. Eine gute Möglichkeit, sowohl die Größe als auch die Richtung einer Kraft darzustellen, ergibt sich durch Verwendung eines Pfeils. Er zeigt in die Richtung der Kraft. Die Größe der Kraft wird über die Länge des Pfeils dargestellt, je länger der Pfeil, umso größer die Kraft → 4.

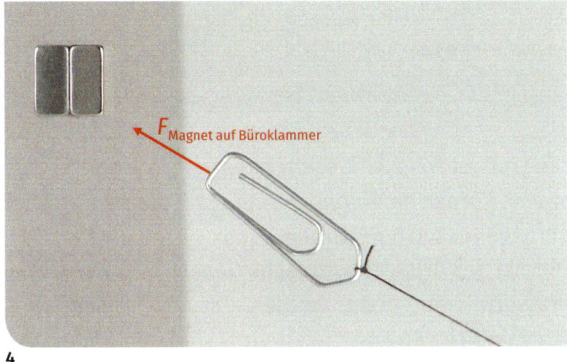

4

Schließlich muss noch eine weitere Eigenschaft von Kräften beachtet werden: Während die magnetische Kraft auf die gesamte Büroklammer wirkt, wirken viele Kräfte zunächst nicht auf einen Körper insgesamt ein, sondern nur auf einen Teil. Ein gutes Beispiel liefert ein Boxsack, auf den eingeschlagen wird → 5. Nicht der ganze Boxsack wird von der Kraft der Faust angegriffen, sondern nur der Teil, der von der Faust getroffen wird. Dieser Teil wird Angriffspunkt der Kraft genannt.

Besser verdeutlicht werden kann dieser Sachverhalt mit den Kraftpfeilen. Denn irgendwo müssen die Pfeile ihren Anfang nehmen. Dieser Anfang wird praktischerweise in den Angriffspunkt gelegt.

Anhand eines Apfelsaftkartons können verschiedene Fälle der Krafteinwirkung genauer dargestellt werden → 6. Alle wesentlichen Bestimmungsgrößen der Kraft, die eine Hand auf den Karton ausüben kann, werden verändert, entsprechend ergeben sich Veränderungen in den Auswirkungen der Kraft. Hier lässt sich insbesondere die Veränderung des Versuchsergebnisses bei verändertem Angriffspunkt zeigen: Ist der Angriffspunkt einer horizontal gerichteten Kraft relativ weit unten am Karton, so wird diese Kraft den Karton über den Tisch gleiten lassen. Sitzt der Angriffspunkt aber weit oben am Karton, so wird der Karton zum Umfallen gebracht.

Alle drei Eigenschaften, Größe, Richtung und Angriffspunkt, sind gleichermaßen wichtig, um die Wirkung einer Kraft zu erklären. Daher müssen alle drei sorgfältig ermittelt werden.

Kräfte werden durch Pfeile dargestellt, deren Länge der Größe der Kraft entspricht und die in die Richtung der Kraft zeigen. Sie beginnen am Angriffspunkt der Kraft.

5

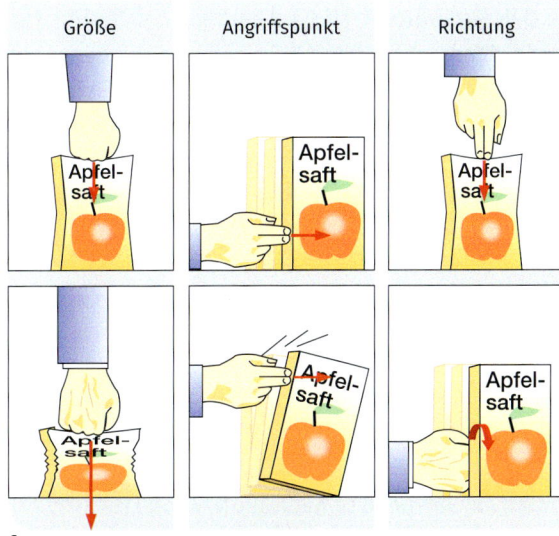

6

Wechselwirkung

Die Wechselwirkung

1

2

Stoßen zwei Autos bei einem Unfall zusammen, so wird eine verformende Wirkung bei beiden beteiligten Fahrzeugen festgestellt. Im Beispiel rammte der graue Wagen den roten beim Überqueren der Kreuzung →1. Das graue Auto übte also eine Kraft auf das rote aus, daher wurde das rote verformt. Doch auch das graue Auto wurde verformt. Offensichtlich wurde auch auf dieses eine Kraft ausgeübt, die eine Verformung bewirkte. Diese Kraft kann nur von dem roten Auto ausgegangen sein. Hier ist ein interessantes Naturgesetz am Werk, das **Wechselwirkungsprinzip**.

Der zentrale Versuch soll diese Wechselwirkung genauer erläutern →2. Zwei etwa gleich schwere Mädchen stehen auf Rollerskates und sind mit einem Seil verbunden. Meike steht auf der rechten Seite und soll Lisa zu sich heranziehen. Lisa auf der linken Seite soll das Seil nur festhalten. Tatsächlich setzen sich aber beide in Bewegung und treffen sich in der Mitte. Meike hat die Kraft $F_{\text{Meike auf Lisa}}$ ausgeübt und Lisa übt alleine durch das Festhalten die gleich große, aber entgegengesetzt gerichtete Kraft $F_{\text{Lisa auf Meike}}$ aus. Dadurch werden beide beschleunigt und treffen sich in der Mitte.

Es ist allgemein immer so: Jede Kraft hat eine weitere Kraft als Partner – eine Kraft alleine gibt es nicht. Wenn ein Körper auf einen anderen eine Kraft ausübt, dann übt der andere Körper auf jenen auch eine Kraft aus: Es gibt eine Wechselwirkung. Oft wird dabei von der Gegenkraft gesprochen, die der zweite Körper auf den ersten ausübt. Denn so hat Isaac NEWTON (1643–1727) dieses Naturgesetz als erster beschrieben:

Die Kraft ist stets der Gegenkraft gleich, oder die Kräfte zweier Körper aufeinander sind stets gleich und von entgegengesetzter Richtung.

Dies ist das **dritte Newtonsche Gesetz**. Mit zwei Kraftmessern kann gezeigt werden, dass die Wechselwirkungskräfte wirklich gleich groß sind →3. Ein erster Kraftmesser ist an einer Wand befestigt. Mit einem zweiten Kraftmesser wird an ihm gezogen. Ein Vergleich zeigt, dass die beiden Kräfte immer gleich groß sind. Noch nie wurde beobachtet, dass es eine Ausnahme zum Wechselwirkungsprinzip gibt. Ganz im Gegenteil wurde immer eine Gegenkraft zu jeder Kraft gefunden. Daher gilt das Wechselwirkungsprinzip als Naturgesetz.

Wenn ein Körper A auf einen Körper B eine Kraft $F_{\text{A auf B}}$ ausübt, so übt auch Körper B auf Körper A eine Kraft $F_{\text{B auf A}}$ aus. Beide Kräfte sind gleich groß, aber entgegengesetzt gerichtet.

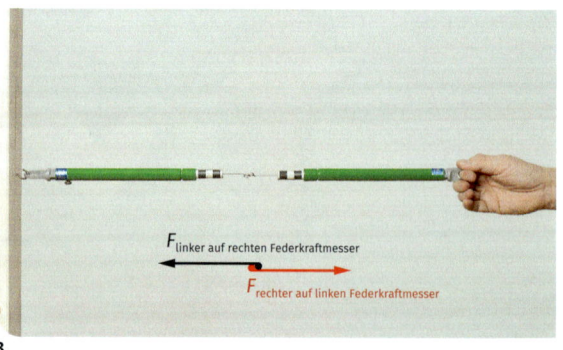

3

Wechselwirkung

Wechselwirkung und Bewegung

Das Wechselwirkungsgesetz ist insbesondere für das Zustandekommen von Bewegung erforderlich. Nichts wäre in der Lage, auch nur einen Zentimeter voranzukommen, wenn dieses Naturgesetz nicht gelten würde. Schon ganz normales Laufen würde nicht funktionieren, denn bei jedem Schritt üben Menschen und Tiere eine Kraft auf den Erdboden aus. Die Erde übt eine Gegenkraft auf die Menschen oder Tiere aus, und mit dieser Gegenkraft erst kommen die Lebewesen vorwärts.

Gut sichtbar ist dies bei den Startblöcken der Leichtathletik → 4. An diesen kann die Kraft auf die Erde besonders gut ausgeübt werden, entsprechend groß ist die Wirkung der Gegenkraft. Vor 1937, als es die Startblöcke noch nicht gab, gruben die Athleten Startlöcher, um die Gegenkraft der Erde besser in die Laufrichtung zu bekommen. Auch beim Rudern kann das Wechselwirkungsprinzip gut beobachtet werden: das Ruder drückt Wasser nach hinten, durch die Gegenkraft des Wassers auf das Ruder bewegt sich das Boot nach vorn → 5.

4

5

AUFGABEN UND VERSUCHE

A1 Vergleiche die Startblocktechnik der Leichtathletik mit dem Versuch, auf Glatteis schnell loszulaufen.

A2 a) Du willst von einem Ruderboot, das nicht festgebunden ist, ans Ufer springen. Erkläre, was passieren kann.
b) Überlege dir die Unterschiede zur Situation in a), wenn das Boot festgemacht ist.
c) Nun das umgekehrte Problem: Du steigst vom Steg ins Boot. Erkläre, was geschehen kann.

A3 Beschreibe, was mit dem Schwamm passiert, wenn nacheinander die Kräfte F_1, F_2, F_3 und F_4 auf ihn wirken → 6.

A4 a) Gib an, in welche Richtung die Muskelkraft wirkt, wenn du
• einen Einkaufskorb anhebst,
• dein Fahrrad schiebst,
• mit dem Fahrrad bergauf fährst
• einen waagrecht geworfenen Ball auffängst.
b) Fertige jeweils eine Skizze an und zeichne die Kraftpfeile ein.

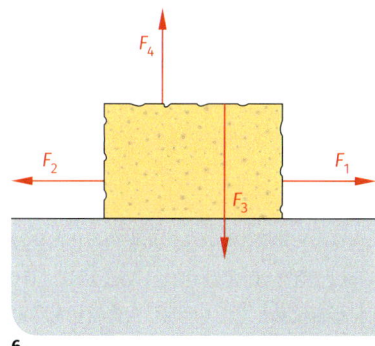

6

A5 Erläutere weitere Beispiele, bei denen die Wirkung einer Kraft von ihrer Größe, ihrer Richtung oder ihrem Angriffspunkt abhängt.

A6 Erkläre, wie sich eine Rakete im Weltraum bewegt und wie sie ihre Bewegung ändern kann.

V1 a) Überlege dir eine Versuchsanordnung, mit der du das Wechselwirkungsprinzip bei magnetischen Kräften nachweisen kannst. Zur Verfügung stehen dir zwei Magnete und zwei Wägelchen aus der Physiksammlung.
b) Finde eine Möglichkeit, die Größe der magnetischen Kräfte zu bestimmen.

DURCHBLICK *Die Newtonschen Gesetze*

Die Grundlagen für die Beschreibung und Erklärung von Bewegungen sind schon im 17. Jahrhundert von Isaac NEWTON in drei Naturgesetzen zusammengefasst worden. Sie sollen an dieser Stelle noch einmal dargestellt und mit Beispielen illustriert werden:

Erstes Newtonsches Gesetz
Hier handelt es sich um das Trägheitsgesetz, das schon GALILEI entdeckt hatte:

Wirkt auf einen Körper keine Kraft, so bleibt er in Ruhe oder in seiner geradlinig gleichförmigen Bewegung.

Zweites Newtonsches Gesetz
Hier handelt es sich um eine Definition der Kraft:

Immer, wenn sich die Bewegung eines Körpers verändert, ist eine Kraft die Ursache. Je größer die Kraft ist, desto größer ist auch die Bewegungsänderung. Je größer die Masse des Körpers ist, desto kleiner ist die Bewegungsänderung bei gleicher Kraft.

Drittes Newtonsches Gesetz
Hier handelt es sich um das Wechselwirkungsgesetz:

Wenn ein Körper A auf einen Körper B eine Kraft $F_{A\,auf\,B}$ ausübt, so übt auch Körper B auf Körper A eine Kraft $F_{B\,auf\,A}$ aus. Beide Kräfte sind gleich groß, aber entgegengesetzt gerichtet.

Beispiel 1
An einem Wagen wird ruckartig gezogen →1. Auf dem Wagen sind zwei Holzkugeln, eine davon ist mit Klebeband fest mit dem Wagen verbunden, die andere liegt nur locker auf. Da zwischen der linken Kugel und dem Wagen keine Kraft wirkt, bleibt die Kugel in Ruhe und fällt beim Ziehen nach hinten vom Wagen, da sie nach dem ersten Newtonschen Gesetz in Ruhe verbleibt. Bei einer Kurvenfahrt rollt sie seitlich herunter, da ihre Trägheit sie gemäß dem ersten Newtonschen Gesetz auf einer geraden Bahn hält.

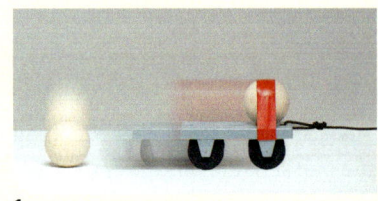

1

Beispiel 2
Zwei Wagen sind mit einer gespannten Schraubenfeder und einem Faden miteinander verbunden →2. Die Wagen haben gleich große Masse. Wird der Faden zwischen ihnen durchtrennt, so bewegen sie sich in entgegengesetzter Richtung und mit gleicher Geschwindigkeit davon. Da die Feder nur zwischen die Wagen geklemmt war, haben nur die Wagen aufeinander eingewirkt. Die Krafteinwirkung dauert nur so lange, wie die Feder beide Körper berührt. Also ist die Zeit der Krafteinwirkung für beide Wägelchen gleich lang.

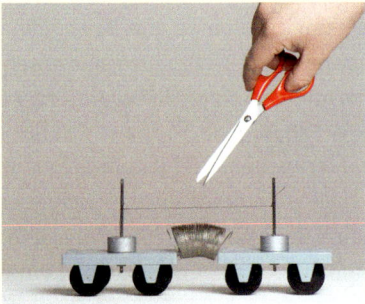

2

Das Wechselwirkungsgesetz sagt, dass die beiden Kräfte gleich groß sind. Das zweite Newtonsche Gesetz sagt dann, dass die Änderung der Geschwindigkeit bei beiden gleich groß sein muss, da beide die gleiche Masse haben.

Beispiel 3
Jetzt sind die Massen der beiden Wägelchen unterschiedlich groß →3. Wenn der Faden durchtrennt wird, wird der leichtere Wagen schneller als der schwerere. Mit den Newtonschen Gesetzen ist das leicht zu verstehen: Die Kräfte, die auf beide wirken, sind gleich groß wie in Beispiel 2, die Einwirkzeit ebenso. Doch da die Masse des einen Wagens kleiner ist, muss seine Geschwindigkeitsänderung nach dem zweiten Newtonschen Gesetz größer sein.

3

STREIFZUG *Isaac NEWTON*

Die Physik vor NEWTON

Um das Jahr 1650 war die Physik in einem bedauernswerten Zustand: Die aristotelische Weltsicht mit ihren Einteilungen der Bewegungen hatte solch heftige Kritik einstecken müssen, dass sie nicht mehr aufrecht zu halten war. Schon das von GALILEI entdeckte Trägheitsprinzip war durch die aristotelische Physik nicht erklärbar. Auch die Ansicht, dass die Erde im Mittelpunkt des Kosmos lag, konnte nicht mehr mit guten Gründen vertreten werden. Schon 100 Jahre vorher hatte Nikolaus KOPERNIKUS ein Weltsystem aufgestellt, das die Sonne in der Mitte hatte →4.

4

Und GALILEI fand zahlreiche Argumente für diese neue Vorstellung, beispielsweise die Jupitermonde, die sich eben um Jupiter und nicht um die Erde bewegten. Damit allerdings zerbrach auch die gesamte Vorstellung der Bewegungsursachen, die ARISTOTELES aufgestellt hatte.

Bestes Beispiel: Der Fall eines Steins. Nach ARISTOTELES fällt der Stein, weil er zum Zentrum des Kosmos strebt. Denn dort ist der Ort, an dem sich Erde aufhält, das Element, aus dem der Stein hauptsächlich besteht. Doch im Zentrum der Welt war jetzt die Sonne. Was konnte die Schwere eines Steines denn verursachen?

Das Gedankengebäude der Physik lag in Trümmern, ein neues war noch nicht in Sichtweite. Doch dann kam NEWTON ...

Isaac NEWTON

Es war das Genie Isaac NEWTONS (1643–1727, →3), das das neue Weltbild brachte. NEWTON dachte über die Kraft nach, die den Mond auf seiner Bahn um die Erde hält. Eine Legende, die er selbst in Umlauf brachte, schrieb den Beginn seiner dafür aufgestellten Theorie einem fallenden Apfel zu. Als er im Alter von 22 Jahren eines Abends in einem Garten gesessen und über die Bewegung von Körpern nachgedacht habe, sei dicht neben ihm ein Apfel zu Boden gefallen. Nicht auf den Kopf, wie das später oft behauptet wurde. Zur gleichen Zeit sei der Mond deutlich über dem Horizont zu sehen gewesen. In diesem Augenblick sei NEWTON die Idee gekommen, dass ein und dieselbe Ursache den Apfel zu Boden fallen lasse und den Mond auf seiner Umlaufbahn halte – eine Kraft, die von der Erde ausgeht und jeden schweren Körper erfasst. Mit diesen Gedanken hob er die Trennung von himmlischen und irdischen Gesetzen auf: Für beide gibt es nur ein und dieselbe Physik.

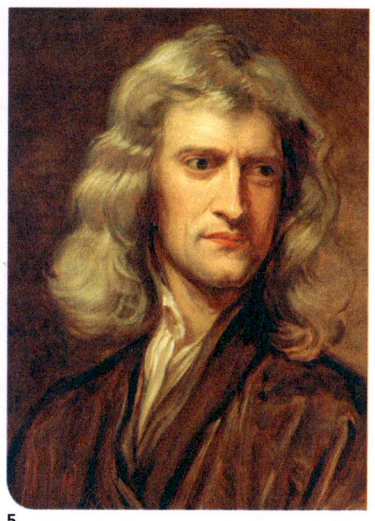

5

Die Kraft, die den Mond auf seiner Bahn um die Erde hält, lässt auch einen Apfel zu Boden fallen. NEWTON gab auch ein Gesetz für diese Kraft an: das Gravitationsgesetz. Gleichzeitig gab NEWTON eine klare Vorstellung von Kräften im Allgemeinen, die er mit seinen drei Gesetzen beschrieb.

Ursache aller Bewegungen sind nach NEWTON Kräfte, mit Ausnahme der gleichförmigen Bewegung, die ganz ohne Kräfte auskommen kann. Isaac NEWTON stellte das Programm der neuen Physik auf sehr einfache Weise zusammen: Bei allen beobachteten Bewegungen müssen die Kräfte, die sie verursachen oder ändern, entdeckt und beschrieben werden. Egal ob es sich um Planetenbewegungen handelt – diese waren durch NEWTON selbst schon sehr gut erklärt worden – oder um die Strömungen von Flüssen oder von elektrischen Strömen. All diesen Phänomenen müssen NEWTON zufolge Kräfte zugrunde liegen; sie liefern den Schlüssel zu ihrem Verständnis.

Kraft und Gravitation

1

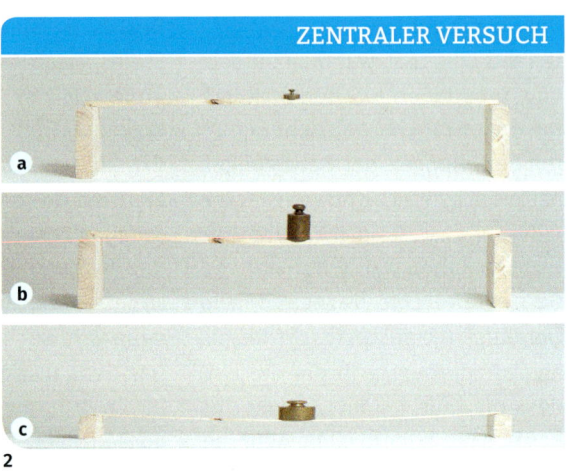

ZENTRALER VERSUCH

2

Am 27. Juli 1993 sprang der Kubaner Javier Sotomayor in Salamanca über eine Höhe von 2,45 m, ein bisher (2017) unübertroffener Weltrekord →1. Doch selbst der „Prince of Heights", wie er oft genannt wird, musste auf den Erdboden zurück. Die Gravitation der Erde zog ihn wieder hinunter auf die Matten.

Alle Körper sind schwer, weil sie von der Erde angezogen werden. Die stets wirkende Kraft $F_{\text{Erde auf Körper}}$, die die Erde auf alle Körper ausübt, hat viele Namen, Erdanziehungskraft, Schwerkraft, Gewichtskraft oder Gravitationskraft. Sobald ein Körper hochgehoben werden soll, muss diese Kraft überwunden werden.

Die Eisenkörper im zentralen Versuch werden von der Erde mit der Kraft $F_{\text{Erde auf Körper}}$ angezogen. Das Brett hindert sie jedoch am Fallen →2. Daher drückt der Körper mit der Gewichtskraft $F_{\text{Körper auf Brett}}$ auf diese Unterlage. Dies ist an der Wirkung, dem Durchbiegen des Brettes zu erkennen. Die verschiedenen Eisenkörper wurden im Experiment jeweils auf das gleiche Brett gestellt. Das Brett biegt sich umso stärker durch, je mehr Masse der Eisenkörper hat.

> Die Gewichtskraft ist die Kraft, mit der ein Körper von der Erde angezogen wird. Wird ein Körper am Fallen durch eine Unterlage oder Aufhängung gehindert, so drückt er mit dieser Kraft auf seine Unterlage oder zieht an seiner Aufhängung.

Die Richtung der Gewichtskraft

Die Richtung der Gewichtskraft empfinden alle Erdbewohner als „nach unten", auf die Erdoberfläche zu. Die Gewichtskraft ist „nach unten" gerichtet. Wird die Richtung der Gewichtskraft von außerhalb der Erde betrachtet, so ist zu sehen: Die Gewichtskraft hat an den unterschiedlichen Punkten der Erde jeweils eine andere Richtung. Aber die Richtungen der verschiedenen Gewichtskräfte weisen eine Gemeinsamkeit auf: Sie zeigen alle – unabhängig vom Ort – auf den Erdmittelpunkt.

3

> An jedem Ort auf der Erdoberfläche ist die Gewichtskraft stets zum Erdmittelpunkt hin gerichtet.

Wechselwirkung

4

5

Größe der Gewichtskraft

Die Gewichtskraft ist von zwei Faktoren abhängig. Der erste Faktor ist offensichtlich die Masse. Je größer die Masse eines Körpers ist, desto stärker wird er von der Erde angezogen. Auf einen Argentinosaurus der Kreidezeit wirkte die 1000-fache Gewichtskraft im Vergleich zu einem Menschen → 4. Der Argentinosaurus hatte eben die etwa 1000-fache Masse eines Menschen.

Doch die Masse ist nicht allein für die Gewichtskraft verantwortlich. Der zweite Faktor, von dem die Gewichtskraft abhängt, ist der Ort, an dem der Körper sich befindet. Entfernt sich ein Körper immer weiter von der Erdoberfläche, so nimmt auch die Kraft, die die Erde auf ihn ausübt, immer weiter ab. In sehr großer Entfernung ist sie kaum noch zu spüren. Die Masse des Körpers bleibt dabei aber natürlich gleich.

Wegen der Ortsabhängigkeit ist die Gewichtskraft auch nicht an allen Stellen der Erdoberfläche gleich stark. Unter anderem hängt es davon ab, wie weit der Erdmittelpunkt von dem Körper entfernt ist. Die Erde ist am Äquator etwas dicker als an ihren Polen, daher ist ein Körper am Äquator ein wenig weiter vom Erdmittelpunkt entfernt als an den Polen, etwa 20 km.

Der Faktor, der diese Abhängigkeit der Gewichtskraft vom Ort zum Ausdruck bringt, wird **Ortsfaktor** genannt, sein Formelsymbol ist g. Obwohl ein Körper seine Masse immer mit sich nimmt, kann sich die Gewichtskraft, die er erfährt, ändern, wenn er seinen Ort wechselt.

Bislang wurde nichts darüber gesagt, wie die Einheit der Kraft, das Newton, festgelegt wurde. Eine solche Festlegung gelingt über die Gewichtskraft. Dazu muss lediglich festgehalten werden, wie viel Kraft auf einen Körper der Masse 1 kg von der Erde an einem bestimmten Ort ausgeübt wird → 5. Es wird festgelegt, dass in mittleren Breiten auf einen Körper mit der Masse 1 kg eine Kraft von 9,81 N wirkt. 1 N ist dann die Kraft, die auf einen Körper der Masse 102 g, beispielsweise eine Tafel Schokolade mit ihrer Verpackung, auf der Erdoberfläche in mittleren Breiten wirkt. Auf einen Körper der doppelten Masse wirkt die doppelte Gewichtskraft. Auf einen Mensch mit 70 kg Masse beispielsweise wirkt die Kraft 70 · 9,81 N ≈ 687 N.

Aufgrund der großen Bedeutung der Gewichtskraft wird häufig statt $F_{\text{Erde auf Körper}}$ abkürzend F_G geschrieben. F_G berechnet sich durch Multiplikation der Masse m eines Körpers mit dem Ortsfaktor g nach der Formel:

$$F_G = m \cdot g.$$

Die Einheit des Ortsfaktors g muss demnach $\frac{N}{kg}$ sein. In Mitteleuropa hat der Ortsfaktor g also per Definition den Wert 9,81 $\frac{N}{kg}$. Am Nordpol wird ein Wert von 9,83 $\frac{N}{kg}$ gemessen, am Äquator ein Wert von 9,78 $\frac{N}{kg}$. Die etwas krumme Festlegung des Wertes des Ortsfaktors in mittleren Breiten wird erst in einer späteren Jahrgangsstufe erklärt werden.

Die Gewichtskraft lässt sich berechnen als Produkt aus der Masse m und dem ortsabhängigen Faktor g. Der Ortsfaktor g hat auf der Erdoberfläche in mittleren Breiten den Wert 9,81 $\frac{N}{kg}$.

Wechselwirkung

STREIFZUG *Gravitation im Weltraum*

Schon auf der Erdoberfläche gibt es Unterschiede der Gewichtskraft, die ein Körper erfährt. Außerhalb der Erde sind die Unterschiede noch viel deutlicher, beispielsweise auf dem einzigen außerirdischen Himmelskörper, den Menschen bisher betreten haben, dem Mond.

Bei den Exkursionen auf dem Mond hatten die Astronauten einen großen Rucksack auf dem Rücken → 1. In ihm befanden sich alle Geräte, die für sie zum Leben notwendig waren. Seine Masse betrug etwa 80 kg. Trotzdem waren die Astronauten in der Lage, auf dem Mond mit dem Gepäck große Sprünge zu machen. Der Rucksack schien gar nicht so schwer!

Wenn der Rucksack auf dem Mond auf eine Balkenwaage gestellt würde, ergäbe der Massenvergleich wieder 80 kg. Die Masse des Rucksacks

1

ist die gleiche wie auf der Erde. Das ist auch leicht verständlich, denn die Masse ist eine Eigenschaft des Körpers, die sich durch den Transport von der Erde zum Mond nicht verändert.

Anders aber ist es bei den Gewichtskräften. Im einen Fall ist F_G ja $F_{\text{Erde auf Körper}}$, im anderen Fall aber $F_{\text{Mond auf Körper}}$. Die Erde ist viel größer als der Mond → 3. Daher kann der Mond die Gegenstände an seiner

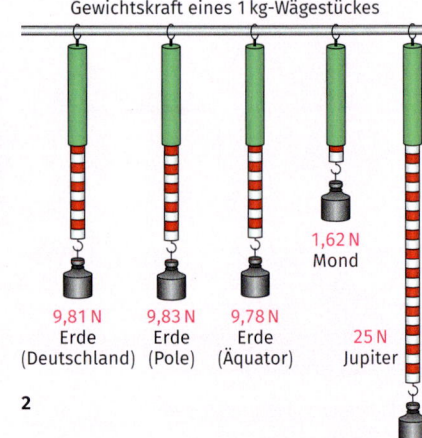

Gewichtskraft eines 1 kg-Wägestückes

9,81 N Erde (Deutschland) | 9,83 N Erde (Pole) | 9,78 N Erde (Äquator) | 1,62 N Mond | 25 N Jupiter

2

Oberfläche nicht so stark anziehen wie die Erde. Genaue Messungen zeigen, dass der Ortsfaktor g auf dem Mond nur 1,62 $\frac{N}{kg}$ beträgt, also nur ungefähr ein Sechstel des Ortsfaktors der Erde. Die Schwere eines Körpers ist dort also auf ein Sechstel reduziert. Die 80 kg des Rucksacks kommen dem Astronaut so vor, als wären sie nur noch 14 kg. Beim Körpergewicht gibt es denselben Effekt. Aus den 70 kg scheinen 12 kg geworden zu sein. Und mit 26 kg kann man selbstverständlich noch sehr gut springen. Wie hoch Javier SOTOMAYOR wohl auf dem Mond gesprungen wäre?

Daneben gibt es aber auch Himmelskörper mit deutlich größeren Ortsfaktoren. Neptun, Uranus, Saturn und Jupiter sind viel größer als die Erde und haben mehr Masse. Der Riesenplanet Jupiter hat einen Ortsfaktor von etwa 25 $\frac{N}{kg}$, also etwa das Zweieinhalbfache der Erde → 2. Ein Astronaut würde seine Masse (70 kg Körpermasse + 80 kg Rucksack) dort wie 375 kg auf der Erde spüren. Große Sprünge sind auf dem Jupiter daher wohl eher nicht zu erwarten, nicht einmal von Javier SOTOMAYOR.

3

STREIFZUG *Schwerelosigkeit*

Auch wenn die Erdanziehung an der Erdoberfläche immer wirkt, gibt es Situationen, in denen sie nur noch teilweise oder gar nicht mehr zu spüren ist. In einem Fahrstuhl beim Beginn der Fahrt nach oben fühlt sich eine Person kurzzeitig etwas schwerer, beim Anhalten dagegen etwas leichter.

Menschen haben sich an die Wahrnehmung ihrer Gewichtskraft gewöhnt. Erst, wenn diese Wahrnehmung nicht mehr da ist, entsteht ein seltsames, flaues Gefühl. Die Gewichtskraft, die nur dann wahrnehmbar ist, wenn der Körper auf die Unterlage drückt, wird in erster Linie durch das Drücken aller Organe aufeinander wahrgenommen. Der Kopf drückt auf den Nacken, beide zusammen auf die Brust, alle drei auf den Bauch, diese alle auf die Beine und die Füße müssen alles tragen. Wenn ein Mensch aber frei fällt, so hört dieses Drücken auf, er kann seine Gewichtskraft nicht mehr wahrnehmen.

Der Kopf kann nicht mehr auf den Nacken drücken, da dieser ja gleich schnell wie der ganze Rest des Körpers nach unten fällt. Beim Sprung vom 5-m-Turm in ein Schwimmbecken kann dieser Zustand für ganz kurze Zeit erreicht werden.

Der Begriff Schwerelosigkeit ist dabei irreführend, denn die Schwere des Körpers ist keineswegs verloren gegangen. Ansonsten würde der Körper ja nicht auf den Boden gezogen werden. Schwerelosigkeit bezeichnet lediglich die Wahrnehmung, die sich einstellt, wenn der Körper auf nichts drückt oder an nichts zieht.

4

Besonders lange Fallzeiten ergeben sich bei Raumschiffen in einer Umlaufbahn um die Erde. Sie fallen ständig um die Erde herum, so dass in ihnen Schwerelosigkeit herrscht. In der Internationalen Raumstation ISS können Astronauten diesen Zustand viele Wochen lang erfahren → **4**.

AUFGABEN UND VERSUCHE

A1 a) Rechne in N um:
4 kN; 0,73 MN; 3076 kN; 765 mN.
b) Rechne in kN um:
0,64 N; 400 MN; 645 N; 0,53 MN.

A2 Berechne, wie viele Menschen mit einer Schubkraft von jeweils ungefähr 500 N nötig sind, um dieselbe Schubkraft zu erreichen wie:
- ein PKW-Motor (5 kN),
- eine Lok (0,2 MN),
- eine Boeing 747 (280 kN),
- eine Atlas-V-Rakete (1700 kN).

A3 Begründe, warum zum Start gleicher Raumsonden vom Mond aus viel weniger Treibstoff notwendig wäre als zum Start von der Erde aus.

A4 a) Berechne für folgende Massen die zugehörigen Gewichtskräfte:
- ein Stück Butter (250 g),
- eine Tafel Schokolade (100 g),
- ein LKW (7,5 t),
- ein Gewichtheber (120 kg),
- eine Schülerin (42 kg).

b) Berechne die Massen der Körper, die folgende Gewichtskräfte haben: ein PKW mit 12 kN; eine Tüte Mehl mit 9,8 N; ein Blauwal mit 1,3 MN.

A5 Recherchiere im Internet die Durchmesser der acht Planeten des Sonnensystems. Prüfe nach, ob es richtig ist wenn gesagt wird: „Größere Planeten haben einen größeren Ortsfaktor."

V1 a) Lege zunächst in deinem Heft eine dreispaltige Tabelle an. Suche dir dann mindestens fünf verschiedene Gegenstände aus deiner Schultasche zusammen und trage sie in die erste Tabellenspalte ein. Besorge dir von deinem Lehrer einen Kraftmesser und notiere in der zweiten Spalte die jeweilige Gewichtskraft der ausgewählten Körper. Berechne die zugehörigen Massen und notiere sie in der dritten Spalte.
b) Erstelle ein Diagramm, in dem du die Messwerte für die Gewichtskraft F_G (y-Achse) über den Werten der Masse m aufträgst.
c) Beschreibe, welchen Verlauf die Werte beschreiben und bestimme die Steigung.

Kraft und Verformung

1

ZENTRALER VERSUCH

2

Kräfte sind nicht nur für Bewegungsänderungen verantwortlich, oft bewirken sie auch Verformungen, wie eine Abrissbirne eindrucksvoll zeigt →1. Die Birne übt eine Kraft auf die Hauswand aus, die dabei zerbricht. Hier liegt der Extremfall einer Verformung vor, eine Zerstörung.

Im zentralen Versuch wird ein Wagen über eine Schraubenfeder an ein Stativ gebunden. Auch bei laufendem Gebläse bewegt sich der Wagen nicht →2. Aber der Wagen übt seinerseits eine Kraft auf die Schraubenfeder aus. Die Feder wird durch diese Kraft gespannt und in die Länge gezogen. Im Unterschied zur Abrissbirne geht aber nach der Krafteinwirkung die Verformung der Schraubenfeder wieder zurück. Wenn Körper nach der Krafteinwirkung in ihre ursprüngliche Form zurückgehen, so wird dies als **elastische Verformung** bezeichnet. Wenn der Körper aber die veränderte Form beibehält, so wird diese Verformung als **plastisch** oder **inelastisch** bezeichnet.

Zwei weitere Beispiele sind ein Gummiball und eine Knetkugel →3. Der Gummiball nimmt nach der Krafteinwirkung seine ursprüngliche Form wieder an, es liegt eine elastische Verformung vor. Die Knetkugel dagegen behält die veränderte Form bei, wenn die Hand nicht mehr darauf drückt. Hier liegt eine plastische Verformung vor.

Elastische Verformung tritt bei Körpern aus Gummi und einigen Kunststoffen auf und bei bestimmten Stofffasern; aber auch Körper aus Stahl, Glas und Holz können elastisch verformt werden. Überschreitet die einwirkende Kraft aber bestimmte Grenzen, dann kann der Körper sich plastisch verformen oder er geht kaputt, wie etwa eine Fensterscheibe.

> Kräfte können Körper verformen. Zeitweilige Verformungen werden elastisch genannt, dauerhafte plastisch oder inelastisch.

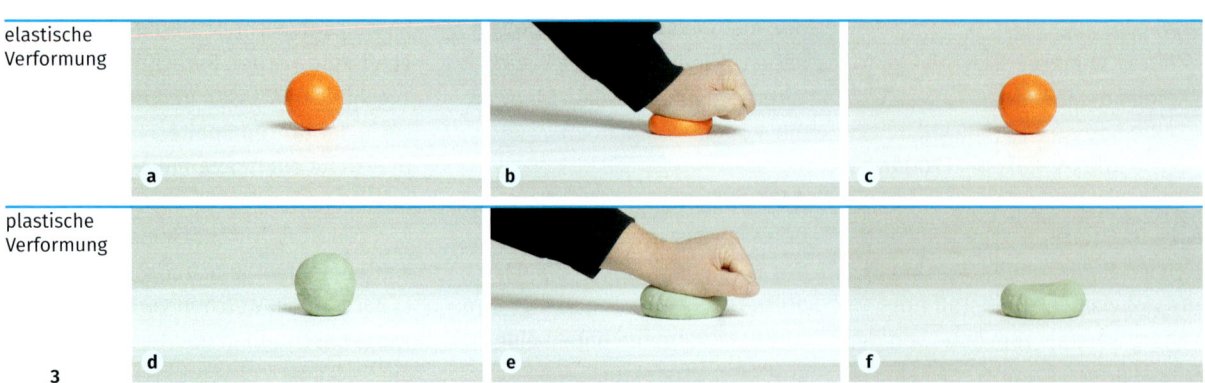

3 elastische Verformung: a, b, c — plastische Verformung: d, e, f

Wechselwirkung

Das Hookesche Gesetz

Eine größere Kraft bewirkt bei ein und demselben Körper eine größere Verformung. Der genaue Zusammenhang zwischen Kraft und Verformung kann an zwei verschiedenen Schraubenfedern untersucht werden. Die Federn werden an einer Stange aufgehängt. Nun werden Körper mit verschiedenen Massen und damit verschiedenen nach unten ziehenden Gewichtskräften angehängt →4. Bei jedem Massestück stellen sich bestimmte Verlängerungen der Federn ein, die leicht gemessen werden können →5.

Die Messwerte werden als Punkte (s|F) in ein Koordinatensystem eingetragen. Die Punkte liegen entlang einer Ausgleichsgeraden, die im Diagramm eingetragen wird →6. Hier liefern beide Graphen eine Ursprungsgerade. Dass nicht alle Punkte genau auf der Ausgleichsgeraden liegen, kann durch Messfehler erklärt werden. Der Graph zeigt, dass zur doppelten oder dreifachen Dehnung einer Schraubenfeder eine genau doppelt oder dreimal so große Kraft nötig ist. Die beiden Größen Kraft und Verlängerung sind also zueinander proportional: $F \sim s$.

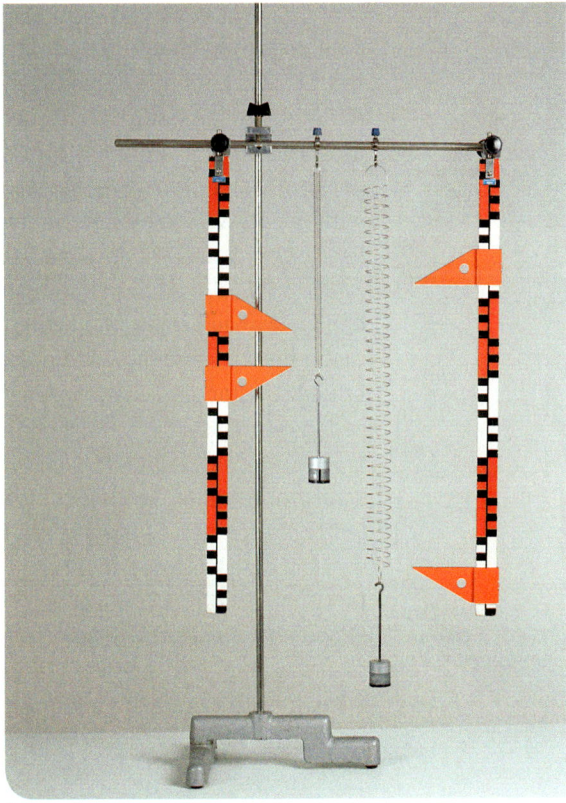

4

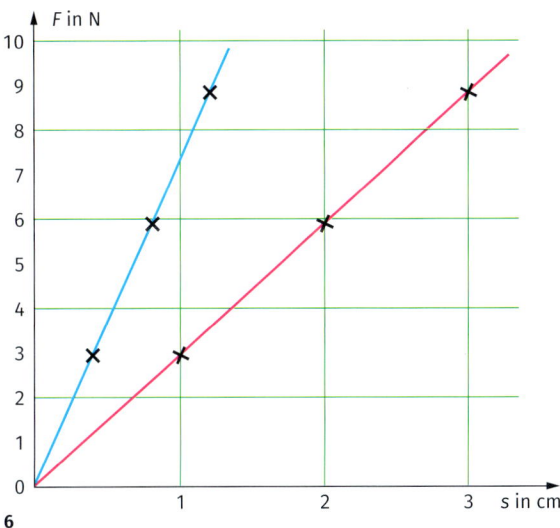

6

Die Steigung der Geraden gibt an, wie viel Kraft gebraucht wird, um die Federn um einen Zentimeter zu verlängern. Je steiler die Gerade ist, umso mehr Kraft wird bei einer Feder dafür benötigt. Da der Quotient $\frac{F}{s}$ für jede Feder konstant ist, wird er als **Federkonstante** bezeichnet und mit D abgekürzt. Dadurch entsteht die Formel

$$F = D \cdot s$$

Für $D = \frac{F}{s}$ ergibt sich die Einheit $1\,\frac{N}{m}$. Die Federkonstante D gibt an, welche Kraft nötig ist, um eine Feder um einen Meter zu dehnen. Dieses Gesetz wurde vom englischen Naturforscher Robert HOOKE (1635–1703) formuliert und nach ihm **Hookesches Gesetz** genannt.

Masse m in g	300	600	900
Gewichtskraft F_G in N	2,94	5,88	8,82
Verlängerung der ersten Feder s_1 in cm	1,0	2,0	3,0
Verlängerung der zweiten Feder s_2 in cm	0,4	0,8	1,2

5

Für die Kraft F, die eine elastisch verformbare Schraubenfeder mit der Federkonstanten D um das Stück s verlängert, gilt $F = D \cdot s$.

Wechselwirkung

Grenzen des Hookeschen Gesetzes

Verformungen von Körpern folgen nicht immer dem Hookeschen Gesetz, auch bei Schraubenfedern gilt es nicht immer. Denn wenn eine Schraubenfeder über eine gewisse Grenze hinaus gedehnt wird, bleibt die Verformung bestehen. Der Elastizitätsbereich wurde überschritten →7.

7

Es gibt aber auch Körper, die dem Hookeschen Gesetz von Anfang an nicht folgen, ein Gummiband ist dafür ein gutes Beispiel →8. Werden an ein solches Band verschiedene Massestücke angehängt, so verlängert es sich. Nach Abnahme der Massen geht die Verlängerung wieder zurück. Doch diesmal ergeben die Messwerte keine Ursprungsgerade, das Hookesche Gesetz ist also nicht erfüllt.

Kraftmesser

Körper, die dem Hookeschen Gesetz gehorchen, eignen sich sehr gut, um Kräfte zu messen. Wenn eine solche Kraft auf eine Schraubenfeder einwirkt, kann durch deren Verlängerung s und die Federkonstante D problemlos auf die Größe der Kraft geschlossen werden. Nach diesem Prinzip sind die **Federkraftmesser** aufgebaut →9.

Eine Schraubenfeder ist an ihren beiden Enden jeweils an einer Metallhülse befestigt. An der inneren Hülse ist eine Kraftskala angebracht. Je weiter sie aus der äußeren Hülse über einen Haken herausgezogen wird, umso größer ist die Kraft, die dann bequem an der Skala abgelesen werden kann. Durch die Verwendung von unterschiedlich starken Federn können Federkraftmesser für verschieden große Kräfte hergestellt werden. Für sehr große Kräfte im Bereich von 100 N muss eine Feder verwendet werden, die eine große Federkonstante hat, für kleine Kräfte entsprechend umgekehrt.

Wichtig bei der Arbeit mit dem Federkraftmesser:

- Vor der Messung den Nullpunkt exakt einstellen. Dazu kann die Hülse durch Lösung einer Schraube verstellt werden.
- Den angegebenen Messbereich nicht überschreiten.

> Für die Messung von Kräften wird ihre verformende Wirkung benutzt. Oft wird dazu eine Schraubenfeder verwendet, für die das Hookesche Gesetz gilt. Über die Verlängerung der Feder kann die wirkende Kraft bestimmt werden.

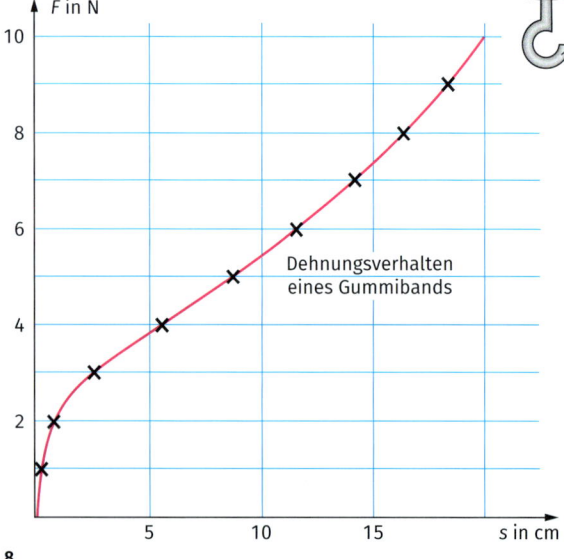

8 Dehnungsverhalten eines Gummibands

9

Wechselwirkung

AUFGABEN UND VERSUCHE

A1 Lies die Federkraftmesser ab →**10**.

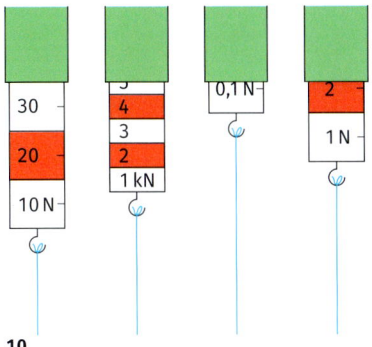

10

A2 Ein Freischwingsessel hängt im leeren Zustand 40 cm über dem Boden →**11**. Mit Kind wird die Feder mit einer Kraft von 450 N gedehnt, der Abstand zwischen Boden und Sessel verringert sich auf 25 cm.

11

a) Berechne die Federkonstante der Sesselfeder.
b) Erkläre, ob sich der Vater mit in den Sessel setzen kann, ohne dass der Boden berührt wird, wenn durch ihn die Feder zusätzlich mit 900 N belastet wird.

A3 An einer Feder hängt ein Plastikbecher. Wird ein 100-g-Massestück in den Becher gelegt, so dehnt sich die Feder um 3 cm.
a) Wird der leere Becher mit Wasser gefüllt, so verlängert sich die Feder um 9,5 cm. Berechne das Volumen des eingefüllten Wassers. Beachte dabei, dass 100 ml Wasser eine Masse von 100 g haben.
b) Nun soll in diesem Wasser ein Holzquader der Masse 30 g schwimmen. Berechne, um welche Strecke s die Feder dadurch zusätzlich verlängert wird.
c) Erläutere, welchen Einfluss die Masse des Bechers auf die Ergebnisse der Aufgabe hat.

A4 Ein Kraftmesser zeigt auf der Erdoberfläche eine Kraft von 8 N bei einer Dehnung von 5 cm an. Der Kraftmesser wird von einer Expedition zum Mars gebracht. Die Wissenschaftler stellen fest, dass ein Massestück von 4 kg den Kraftmesser dort um 9,75 cm dehnt. Berechne den Ortsfaktor auf der Marsoberfläche.

A5 Berechne die Federkonstante, die eine Schraubenfeder haben müsste, um auf der Venus bei einem angehängten Gewichtsstück von 300 g eine Verlängerung von 20 cm erfahren würde. Der Ortsfaktor auf der Venus ist $8{,}9\,\frac{N}{kg}$.

V1 In gewisser Weise sind Schraubenfedern verdrillte Metalldrähte. Auch Gummibänder lassen sich verdrillen. Die Frage ist nun, ob bei verdrillten Gummibändern das Hookesche Gesetz gilt. Führe hierzu folgenden Versuch durch:

12

Befestige ein Gummiband an einem Nagel oder einer Türklinke und verdrille es →**12**. Am unteren Ende des Gummibandes hängt das Unterteil einer Milchverpackung. Die Bücher sollen dabei verhindern, dass sich die Verdrillung auflöst. Als Last können z. B. verschiedene Steine oder Gegenstände aus dem Haushalt verwendet werden, auch Wasser eignet sich.
Lege dann folgende Tabelle an:

Masse m in g	Kraft F in N	Verlängerung s in cm

13

Miss die Dehnung des Gummibandes für verschiedene Kräfte. Trage die Messwerte in die Tabelle und in ein F-s-Diagramm ein. Interpretiere das Diagramm und erkläre, ob das Hookesche Gesetz hier gilt.

Mehrere Kräfte im Zusammenspiel

1

ZENTRALER VERSUCH

2

Beim Fallschirmsprung gibt es vor dem Öffnen des Fallschirms eine längere Phase des freien Falles → **1**. Viele Fallschirmspringer bezeichnen diese als die beste und erlebnisreichste. Weit über der Erdoberfläche überlässt sich der Springer der Gewichtskraft $F_{\text{Erde auf Springer}}$. Doch obwohl diese immer wirkt, kann der Springer nicht ständig schneller werden. Schon nach kurzer Zeit, etwa 10 Sekunden, wird eine Geschwindigkeit von ungefähr 200 $\frac{km}{h}$ erreicht, die nicht mehr überschritten wird, zumindest, wenn der Springer in der im Bild gezeigten Körperhaltung bleibt. Der Fallschirmspringer führt dann eine gleichförmige Bewegung aus, Richtung und Geschwindigkeit bleiben unverändert.

Auf den ersten Blick ergibt sich ein Widerspruch mit den Newtonschen Gesetzen. Wenn auf einen Körper eine Kraft wirkt, so muss er ja beschleunigt werden und kann keinesfalls eine gleichförmige Bewegung ausführen. Doch es gibt noch eine zweite Möglichkeit, wie ein Körper zu einer gleichförmigen Bewegung kommen kann. Wenn zu der einen Kraft, die auf den Körper wirkt, noch eine zweite dazu kommt, die gleich groß ist wie die erste, aber in die entgegengesetzte Richtung wirkt, so heben sich die beiden Kräfte auf!

Der zentrale Versuch zeigt solch ein Kräftegleichgewicht → **2**. Auf ein Wägelchen werden über zwei Kraftmesser Kräfte ausgeübt. Wenn die beiden Kräfte in die entgegengesetzte Richtung wirken und die gleiche Größe haben, ist das Wägelchen in Ruhe. Ansonsten bewegt es sich in die Richtung der stärkeren der beiden Kräfte. Es befindet sich dann nicht mehr im Zustand des Kräftegleichgewichts.

Bei dem Fallschirmspringer ist die zweite Kraft der Luftwiderstand, also die Kraft der Luft auf den Springer $F_{\text{Luft auf Springer}}$. Sie nimmt mit wachsender Geschwindigkeit zu. Bei einer Geschwindigkeit von etwa 200 $\frac{km}{h}$ wird $F_{\text{Luft auf Springer}}$ genau so groß wie die Gewichtskraft F_G, also $F_{\text{Erde auf Springer}}$. Die Kräfte auf den Fallschirmspringer heben sich dann gegenseitig auf → **3**. Dieser Zustand wird **Kräftegleichgewicht** genannt. Auf der Erde sind alle Körper, die sich gleichförmig bewegen oder in Ruhe sind, im Zustand des Kräftegleichgewichts.

> Wenn auf einen Körper zwei Kräfte einwirken, die gleich groß sind, aber in genau entgegengesetzter Richtung zeigen, heben sie sich in ihrer Wirkung auf. Der Körper befindet sich dann im Zustand des Kräftegleichgewichts.

3

Wechselwirkung

Zwei Kräfte an einem Körper

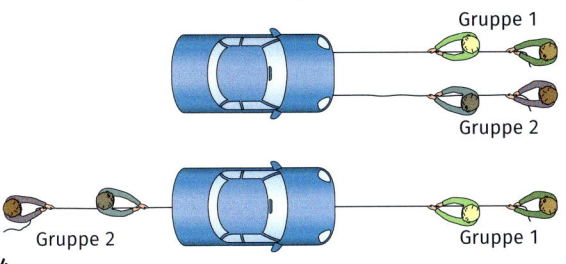

4

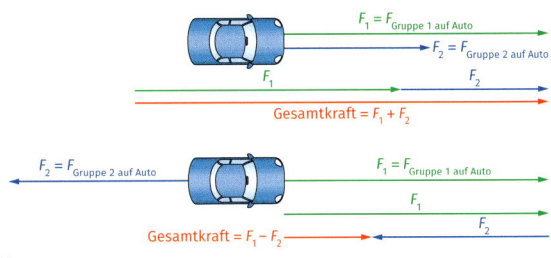

5

Mit der Pfeildarstellung kann auch das Wirken mehrerer Kräfte auf einen Körper dargestellt werden, auch wenn dieser sich nicht im Kräftegleichgewicht befindet. Ziehen oder drücken mehrere Leute in die gleiche Richtung, beispielsweise um einen liegen gebliebenen PKW wieder flott zu bekommen, dann addieren sich die einzelnen Kräfte zu einer Gesamtkraft →4a, 5a. Ziehen die zwei Gruppen entgegengesetzt an dem Auto, dann wird es zu der Gruppe gezogen, die die größere Kraft aufbringen kann →4b, 5b. Der kleine „Kraftüberschuss", den das stärkere Team gegenüber dem anderen hat, beschleunigt das Auto. Hier wirken zwei Kräfte entgegengesetzt. Was übrig bleibt, also die Differenz der beiden, hat die gleiche Richtung wie die stärkere Kraft. Um die Gesamtkraft zu bekommen, werden die Kraftpfeile aneinandergelegt. Dabei wird der Anfang des zweiten Pfeils an die Spitze des ersten gelegt. Aus den beiden Pfeilen ergibt sich dann der Pfeil der Gesamtkraft. Der Anfang dieses Pfeils befindet sich am Anfang des ersten Pfeils. Die Spitze des Gesamtkraftpfeils dagegen liegt bei der Spitze des zweiten Pfeils.

> Durch Hintereinanderlegen von Kraftpfeilen kann die Gesamtkraft auf einen Körper ermittelt werden, auf den mehrere Kräfte wirken.

AUFGABEN UND VERSUCHE

A1 Zwei Kräfte mit gleicher Richtung und den Beträgen $F_1 = 5{,}5\ \text{N}$ und $F_2 = 3{,}8\ \text{N}$ wirken auf einen Körper. Beide haben denselben Angriffspunkt.
a) Berechne den Betrag der Gesamtkraft.
b) Bestimme den Betrag der Gesamtkraft zeichnerisch mit Hilfe der Kraftpfeile.
c) Führe das gleiche wie bei a) und b) mit entgegengesetzten Kräften aus.

A2 Nicht nur auf Fallschirmspringer wirkt die Widerstandskraft der Luft (der „Luftwiderstand") als bewegungshemmende Kraft. Auch für Fahrzeuge jedweder Art erweist sich die Luft als größtes Bewegungshindernis.
a) Erläutere, was vergleichend über die Antriebskraft und die Luftwiderstandskraft ausgesagt werden kann, wenn ein Fahrrad auf horizontaler Straße seine Geschwindigkeit erhöht, beibehält, vermindert.
b) Ein Fahrradfahrer tritt stark in die Pedale. Erläutere, warum er zunächst immer schneller wird, aber schließlich eine konstante Höchstgeschwindigkeit erreicht.

V1 Eine Versuchsanordnung soll bestehen aus
- einem Kraftmesser,
- zwei Rollen,
- zwei Massestücken mit jeweils 250 g, die über Schnüre an den beiden Enden des Kraftmessers befestigt sind →6.

a) Baue die Anordnung auf und lies die Kraft ab, die der Kraftmesser zeigt.
b) Erkläre das Ergebnis.

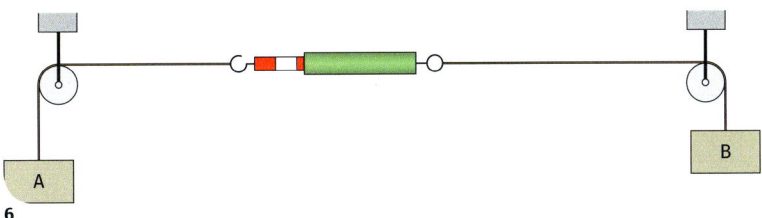

6

Wechselwirkungskräfte und Kräftegleichgewicht

1

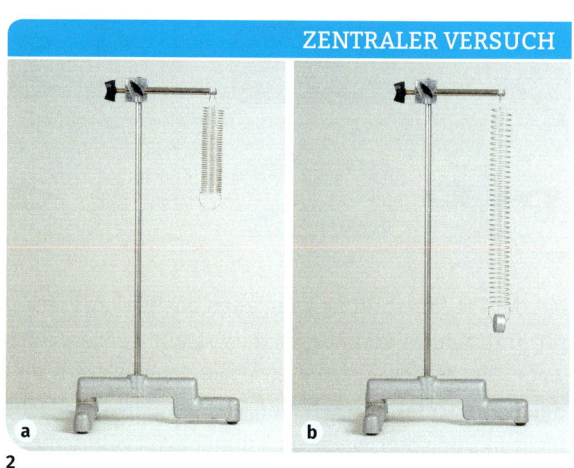

ZENTRALER VERSUCH

2

Immer wieder wird das Kräftegleichgewicht mit den Wechselwirkungskräften des dritten Newtonschen Gesetzes verwechselt. Das liegt daran, dass es in beiden Fällen um zwei Kräfte geht, die einander entgegen wirken. Als Beispiel soll eine Katze auf einem Tisch dienen →1. Auf die Katze wirkt die Gewichtskraft F_G. Anstelle von F_G müsste ja eigentlich $F_{\text{Erde auf Katze}}$ geschrieben werden, denn es ist die Kraft, die von der Erde auf die Katze ausgeübt wird. Die Katze ist in Ruhe, da der Tisch auf die Katze eine Kraft $F_{\text{Tisch auf Katze}}$ ausübt, die genau so groß ist wie F_G →3.

Diese Kraft $F_{\text{Tisch auf Katze}}$ ist aber keineswegs die Gegenkraft zu $F_{\text{Erde auf Katze}}$, was an der Bezeichnung schon deutlich wird. Die Gegenkraft zu $F_{\text{Erde auf Katze}}$ ist $F_{\text{Katze auf Erde}}$, also die Kraft der Katze auf die Erde.

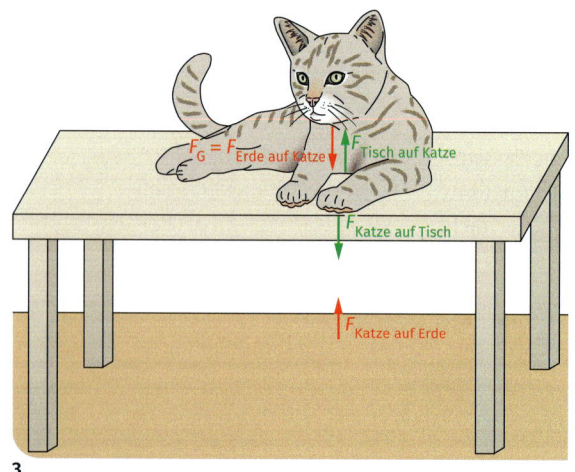

3

Diese Kraft gibt es tatsächlich, zum dritten Newtonschen Gesetz gibt es keine Ausnahme. Sie hat mit dem Kräftegleichgewicht nichts zu tun, denn bei einem Kräftegleichgewicht wirken die Kräfte auf den gleichen Körper. Die Gegenkraft zu F_G, also die Kraft $F_{\text{Katze auf Erde}}$, greift an der Erde an, die jedoch wegen ihrer großen Masse keine spürbare Wirkung dieser Kraft zeigt.

Der zentrale Versuch zeigt ein solches Kräftegleichgewicht noch deutlicher →2. Ein Massestück wird an eine Schraubenfeder gehängt. Die vorher recht kurze Feder wird genau so weit um die Strecke s verlängert, dass die Federkraft $F_{\text{Feder auf Massestück}} = D \cdot s$ genau so groß wird wie die Gewichtskraft $F_G = F_{\text{Erde auf Massestück}}$.

Die Kräfte $F_{\text{Erde auf Massestück}}$ und $F_{\text{Feder auf Massestück}}$ sind entgegengesetzt gerichtet und gleich groß, weshalb ein Kräftegleichgewicht vorliegt. Ein Kräftegleichgewicht ist nur ein Spezialfall des Zusammenwirkens von Kräften an einem Körper, das auch in solchen Fällen bestehen kann in denen mehr als zwei Kräfte am Körper angreifen. Mit den Wechselwirkungskräften, die an verschiedenen Körpern angreifen, und immer zu zweit vorliegen, hat das nichts zu tun.

> Wechselwirkungskräfte wirken immer auf zwei verschiedene Körper. Kräfte, die zu einem Kräftegleichgewicht führen, greifen am gleichen Körper an.

● **W**echselwirkung

DURCHBLICK Anwendung von Kraftpfeilen

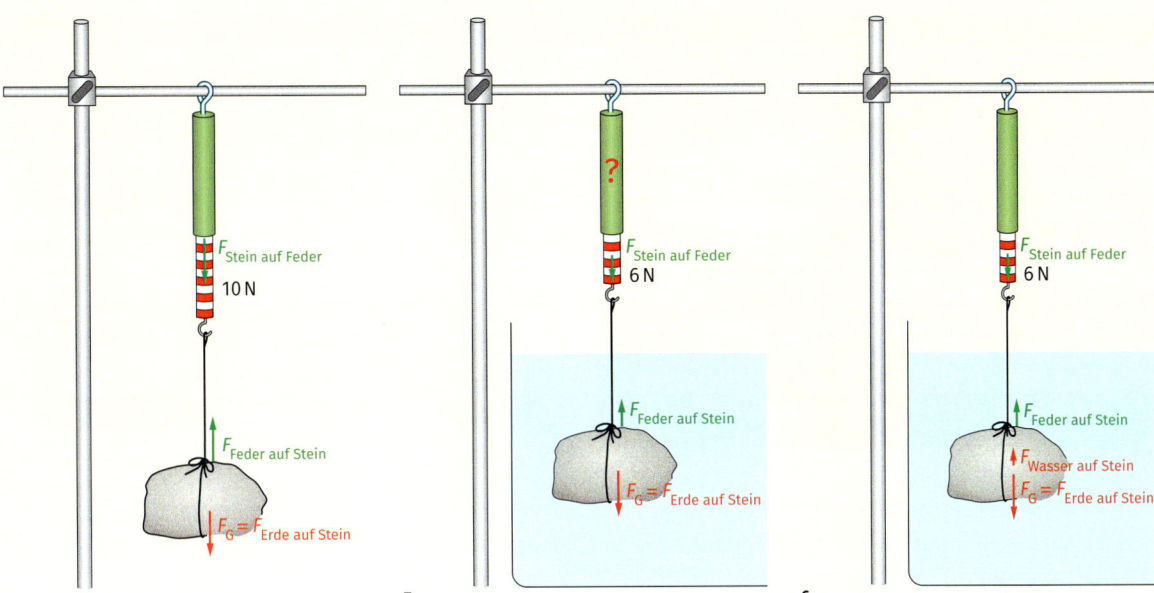

4

5

6

Die Kraftpfeile erweisen sich als sehr gut geeignet, um viele verschiedene Kraftsituationen in Natur und Technik zu veranschaulichen und zu erklären. Sie erleichtern das Verständnis gerade für kompliziertere Anordnungen.

Insbesondere, wenn die Zahl der Kräfte zunimmt, zeigen die Kraftpfeile ihre große Anschaulichkeit. Als Beispiel soll ein Stein gewählt werden, der zunächst an einer Feder hängt. Diese Feder soll in einem Kraftmesser eingebaut sein, so dass die Kraft, mit der an der Feder gezogen wird, jederzeit ablesbar ist → 4. Der Kraftmesser selbst hängt an einem Stativ.

Im Beispiel wirken auf den Stein zwei Kräfte, $F_{\text{Feder auf Stein}}$ und $F_{\text{Erde auf Stein}}$. Der Stein ist im Kräftegleichgewicht. Am Kraftmesser lassen sich die Größen beider Kräfte ablesen, es sind 10 N.

Nun wird ein Becherglas mit Wasser unter den Stein gestellt. Die Anordnung Kraftmesser und Stein wird nach unten verlagert, so dass der Stein in das Wasser eintaucht → 5. Der Kraftmesser zeigt während des Eintauchens eine immer kleinere Kraft an, bis sie bei vollständigem Eintauchen bei 6 N liegt. Das bedeutet, dass die Kraft $F_{\text{Stein auf Feder}}$ um 4 N kleiner geworden ist.
Die Gewichtskraft $F_{\text{Erde auf Stein}}$ hat sich aber nicht verändert, denn nach wie vor hat der Stein seine Masse von etwa 1 kg behalten, und auch der Ort auf der Erdoberfläche hat sich nicht verändert, mit $F_G = m \cdot g$ errechnet sich also nach wie vor dieselbe Gewichtskraft F_G. Andererseits ist der Stein immer noch im Zustand des Kräftegleichgewichts, es kann also keine Gesamtkraft geben, die größer ist als Null. Wenn es aber nur die beiden Kräfte F_G und $F_{\text{Feder auf Stein}}$ gibt, müsste sich der Stein nach unten bewegen.

Es muss also eine dritte Kraft geben, die auf den Stein wirkt, und wie aus der Pfeildarstellung entnommen werden kann, muss diese Kraft nach oben wirken. Auch der Betrag dieser Kraft kann aus der Pfeildarstellung abgelesen werden. Die nach oben wirkende Kraft muss 4 N groß sein. Diese dritte Kraft ist die so genannte Auftriebskraft, die jeder Körper erfährt, der in Wasser oder eine andere Flüssigkeit eintaucht. Diese Kraft ist oft so groß, dass Körper, wie beispielsweise Schiffe, auf der Wasseroberfläche schwimmen können. Die Kraft wird von der Flüssigkeit verursacht und wirkt auf den Körper, im Beispiel vom Wasser im Becherglas auf den Stein, diese Kraft wird dann mit $F_{\text{Wasser auf Stein}}$ symbolisiert.
Die Darstellung der Pfeile muss also ergänzt werden um einen dritten Pfeil, der nach oben zeigt → 6. Jetzt ist das Kräftegleichgewicht wieder vollständig.

Kräfte im Straßenverkehr

1

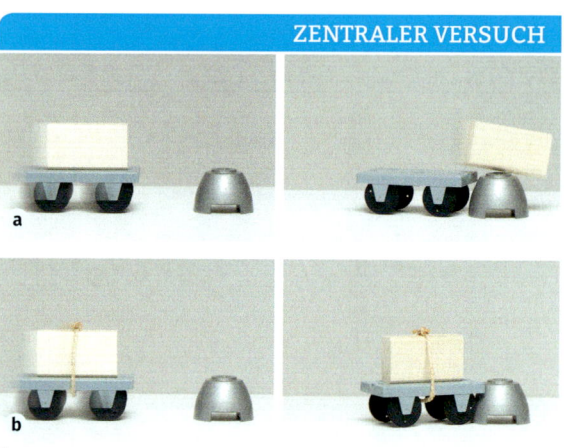

ZENTRALER VERSUCH

2

Seit vielen Jahren ist es selbstverständlich, dass sich alle im Auto anschnallen →1. Der Gurt erhöht die Sicherheit der Fahrenden, denn bei Verkehrsunfällen kommt es oft zu abruptem Abbremsen des Autos. Dem Trägheitsprinzip nach wird sich aber alles innerhalb des Autos, das nicht festgemacht ist, mit seiner vorherigen Geschwindigkeit weiterbewegen. Für einen nicht angeschnallten Fahrer oder Beifahrer bedeutet das einen Aufprall auf Lenkrad und Windschutzscheibe →3. Insbesondere die Kollision mit dem Lenkrad ist lebensgefährlich. Ein angeschnallter Mitfahrer wird zwar in den Gurt gedrückt, bleibt aber auf seinem Platz sitzen.

Im zentralen Versuch wird das Prinzip eines Sicherheitsgurts untersucht →2. Ein Wägelchen mit einem aufgesetzten Klotz fährt mit relativ hoher Geschwindigkeit auf ein Hindernis. Wenn der Klotz einfach nur aufliegt, wird er über das Hindernis geschleudert →2a.

Durch eine Befestigung mit einem Band, dem „Sicherheitsgurt", wird dies vermieden: der Klotz bleibt auf dem Wägelchen →2b.
Voraussetzung für die Schutzwirkung des Sicherheitsgurtes ist allerdings ein richtig angelegter, straff sitzender Gurt. Ein zu lockerer Gurt kann auch schwere Verletzungen verursachen, wenn der Körper mit hoher Geschwindigkeit plötzlich gegen den Gurt knallt.

Kopfstütze

Ebenso wichtig ist auch die Kopfstütze, die das heftige Zurückfallen des Kopfes bei einem Auffahrunfall abmildert. So kann sich die Halswirbelsäule nicht verrenken und es wird ein Schleudertrauma vermieden. Doch die Kopfstütze muss korrekt eingestellt werden. Sie darf nur höchstens drei Zentimeter vom Kopf entfernt sein und muss genau auf der Höhe des Kopfes liegen →4.

3

4

System, **W**echselwirkung

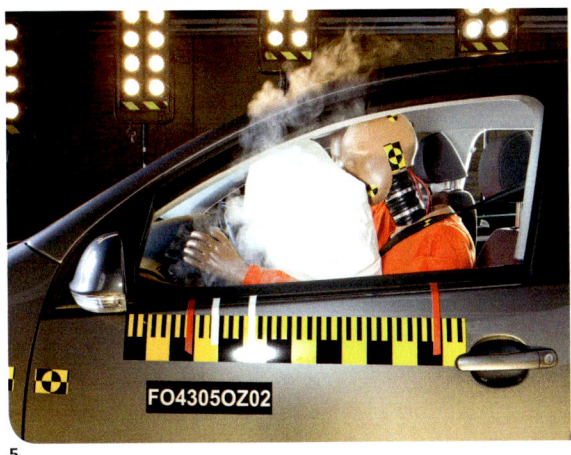

Schutz für Fahrradfahrer

Bei Fahrradunfällen sterben in Deutschland im Durchschnitt täglich zwei Menschen. Viele von ihnen könnten noch am Leben sein, wenn sie einen Helm getragen hätten. Es ist daher keineswegs uncool, einen Fahrradhelm zu tragen. Es ist viel uncooler, mit einer schweren Kopfverletzung viele Wochen im Krankenhaus zu verbringen und vielleicht nie wieder ein normales Leben führen zu können. Der Helm dient zum Schutz vor den Folgen der Trägheit bei einem Sturz oder Auffahrunfall.

Ein Versuch mit einer Melone zeigt die Wirkung des Helms. Fällt eine Melone aus zwei Meter Höhe, so platzt sie ohne Helm auf. Mit einem Helm geschützt, hält sie den Fall unbeschädigt aus →6.
Fahrradhelme sollten allerdings sorgfältig aufgesetzt und festgeschnallt werden. Auch sollten sie in der Größe passen, sonst schützen sie nicht.

Airbag

Eine weitere wirksame Sicherheitsmaßnahme ist der Airbag: Je ein großer Ballon, der sich zusammengefaltet im Lenkrad, hinter dem Armaturenbrett und in den seitlichen Türen befindet und bei einem Aufprall in einer Zehntelsekunde mit Luft gefüllt wird →5. Die Insassen des PKW können so nicht mehr gegen Lenkrad oder Armaturenbrett geschleudert werden und sich verletzen, da sie durch das Luftkissen abgebremst werden.

Bremsen

Eine wichtige Maßnahme zur Vermeidung von Unfällen sind gute Bremsen, sowohl für Autos als auch für Zweiräder. Bremsen funktionieren über Reibungskräfte, die die Bewegung verzögern. Bei Scheibenbremsen wird der Bremssattel bei der Betätigung des Bremshebels an die Bremsscheibe angepresst, die fest mit dem Rahmen verbunden ist →7. Das Rad kommt zum Stehen.

Wie stark sich insbesondere bei den Automobilen die Bremsen in den letzten Jahren verbessert haben, zeigen die Bremswege von $100\frac{km}{h}$ auf $0\frac{km}{h}$: Im Jahr 1970 lagen diese noch bei etwa 50 m, moderne Autos benötigen nur noch 35 m. Die 15 m Unterschied können Leben retten.

> Um die Folgen des Trägheitsprinzips bei Unfällen zu mildern oder zu beseitigen, werden Hilfsmaßnahmen ergriffen; Sicherheitsgurt oder Helme sind die wichtigsten Beispiele. Sie sollen unbedingt benutzt werden.

Seilmaschinen

1

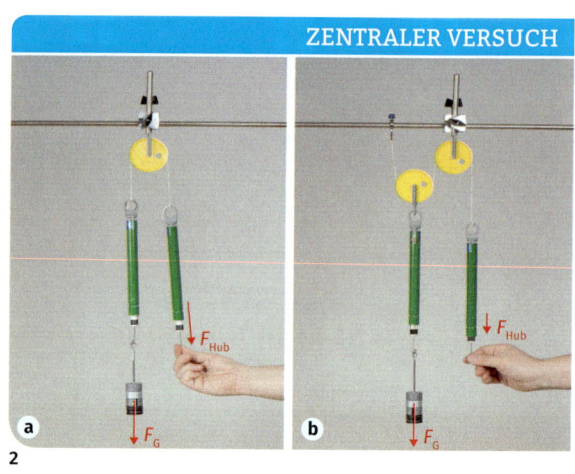

2

Wenn schwere Lasten gehoben werden müssen, werden oft Kräne verwendet →1. Diese benutzen so genannte **Flaschenzüge** für ihre Arbeit. Sie dienen dazu, die zum Heben benötigte Kraft stark zu reduzieren. Flaschenzüge gehören zu den Seilmaschinen. Dies sind Maschinen, die nur aus einem Seil und mehreren Rollen bestehen.

Feste Rolle

Die einfachste Seilmaschine ist die **feste Rolle**, die im ersten Teil des zentralen Versuchs gezeigt wird →2a. Bei einer festen Rolle wird das über sie geführte Seil in eine andere Richtung umgelenkt. Die **Zugkraft** F_{Zug}, mit der ein Mensch am Seil zieht, und die **Hubkraft** F_{Hub}, mit der der Körper angehoben wird, sind unter Vernachlässigung der Reibung gleich groß. F_{Zug} ist dabei die Kraft des ziehenden Menschen auf das Seil, also $F_{Mensch\ auf\ Seil}$. Die Hubkraft ist die Kraft des Seils auf den zu hebenden Körper, $F_{Seil\ auf\ Körper}$. Die Hubkraft F_{Hub} muss mindestens so groß sein wie die Gewichtskraft F_G des Körpers. Mit der festen Rolle kann also nur die Richtung der Kraft geändert werden. Die Größe der Kraft bleibt unverändert. Wird ein Meter Seil gezogen, wird der Körper auch einen Meter gehoben.

Lose Rolle

Der zweite Teil des zentralen Versuchs zeigt eine **lose Rolle** →2b. Sie wird stets mit einer festen Rolle zusammen benutzt, da es viel leichter ist, eine große Kraft nach unten auszuüben anstatt nach oben. Die feste Rolle erlaubt, die Zugkraft nach unten umzulenken.

Bei der losen Rolle wird die aufzuwendende Hubkraft F_{Hub} auf zwei Seilabschnitte aufgeteilt, von denen einer oben an der Stativstange befestigt ist. Am Seilende, an dem gezogen wird, muss nur die Hälfte der Hubkraft aufgewendet werden, die andere Hälfte übernimmt die Stange.

Ein kleiner Nachteil ist die Tatsache, dass auch die Masse der losen Rolle noch mit nach oben gezogen werden muss, die Hubkraft wird also größer.

Da zwei Seilabschnitte nach oben gezogen werden müssen, ist es nötig, die doppelte Seillänge zu ziehen, um den Körper auf eine bestimmte Höhe zu ziehen. Der Zugweg ist daher doppelt so lang wie der Hubweg.

Bei der festen Rolle sind Zugkraft und Hubkraft gleich groß:
$F_{Zug} = F_{Hub}$.
Zugweg und Hubweg sind gleich lang:
$s_{Zug} = s_{Hub}$.

Bei der losen Rolle ist die Zugkraft halb so groß wie die Hubkraft:
$F_{Zug} = \frac{1}{2} F_{Hub}$.
Der Zugweg ist doppelt so lang wie der Hubweg:
$s_{Zug} = 2\, s_{Hub}$.

Energie, **W**echselwirkung

Der Flaschenzug

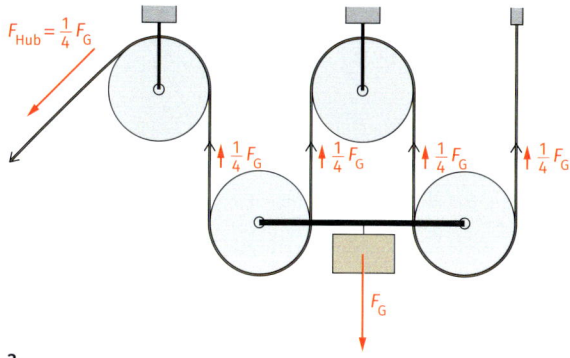

3

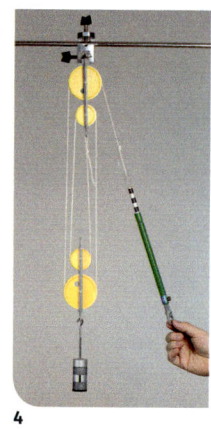

4

Das Prinzip der Kraftaufteilung bei der losen Rolle kann erweitert werden, indem immer mehr Rollen zur Anwendung kommen. Die nächste einfache Form besteht aus zwei losen und zwei festen Rollen → 3. Die beiden losen Rollen sind dabei zusammengefasst zu einer Rollenkombination, die aus historischen Gründen *Flasche* genannt wird. Der Körper wird nun nicht mehr nur von zwei Seilabschnitten gehalten. Es sind vier Seilabschnitte, auf die die Hubkraft aufgeteilt wird.

Nur an einem der Seilstücke muss gezogen werden, also wird die Zugkraft auf ein Viertel der Hubkraft reduziert. Der Nachteil des zusätzlichen Hebens der losen Rollen muss dabei in Kauf genommen werden. Ein weiterer Nachteil ist, dass viel mehr Seil gezogen werden muss, denn jeder der vier Seilabschnitte muss schließlich hochgezogen werden. In realen Flaschenzügen werden die Rollen oft senkrecht untereinander angeordnet → 4. Durch Zusatz weiterer Paare loser und fester Rollen kann die Hubkraft noch weiter verringert werden.

> Für einen einfachen Flaschenzug mit n tragenden Seilabschnitten gilt: $F_{Zug} = \frac{1}{n} \cdot F_{Hub}$;
> Der Zugweg ist *n*-mal so lang wie der Hubweg
> $s_{Zug} = n \cdot s_{Hub}$.

AUFGABEN UND VERSUCHE

A1 Stelle die Gleichungen für einen Flaschenzug mit vier und einen mit fünf losen Rollen auf.

A2 Mit einem Flaschenzug (sechs tragende Seilabschnitte) soll ein Kübel mit der Masse $m = 25\,kg$ um 6,0 m angehoben werden.
a) Berechne die mindestens erforderliche Zugkraft.
b) Berechne, wie lang das Seil mindestens sein muss.

A3 Ein Flaschenzug mit drei losen Rollen wurde mit einem Seil gebaut, das eine Reißfestigkeit von 110 N hat. Erkläre, ob mit diesem Flaschenzug ein Körper der Masse 25 kg hochgezogen werden kann.

A4 a) Ergänze die Seilführung in dem rechts dargestellten Flaschenzug → 5.
b) Bestimme die zum Heben notwendige Zugkraft, wenn die Gewichtskraft der Last 5 kg und die der losen Rollen 0,5 kg beträgt.
c) Bestimme die Länge des einzuholenden Seiles, wenn die Last um 5 m gehoben werden soll.

A5 Ein Flaschenzug steht auf dem Eismond Europa, einem Mond, der den Jupiter umkreist. Der Ortsfaktor ist dort $g = 1{,}32\,\frac{N}{kg}$. Berechne, wie viele Rollen der Flaschenzug haben muss, damit ein Körper der Masse 200 kg mit der Kraft 33 N nach oben gezogen werden kann.

V1 Baue nacheinander die Anordnungen
- feste Rolle,
- lose Rolle,
- Flaschenzug mit 4 Rollen

auf. Hänge jeweils ein Massenstück mit 200 g daran.
a) Bestimme die Zugkraft mit einem Kraftmesser und vergleiche mit dem Wert, der theoretisch zu erwarten wäre.
b) Bestimme den Zugweg, wenn du das Massestück jeweils einen Meter anhebst und vergleiche den Wert mit dem theoretisch zu erwartenden Ergebnis.

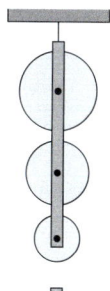
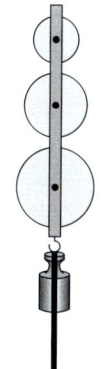

5

Hebel

1

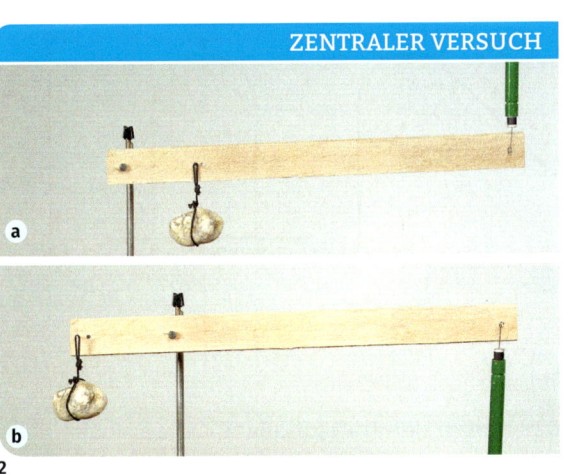

2

Eine harte Nuss zu knacken ist nicht immer einfach. Ohne einen Nussknacker ist das kaum zu schaffen → 1. Ähnlich wie beim Flaschenzug, der die nötige Kraft zum Heben eines Gegenstands verringert, kann ein Nussknacker die Kraft zum Knacken der Nuss deutlich verkleinern. Er nutzt dazu das schon vor tausenden von Jahren entdeckte Prinzip des Hebels.

Als **Hebel** wird jeder starre Körper bezeichnet, der um eine Achse drehbar ist. In der einfachsten Form sind Hebel gerade Stangen, aber es gibt sie auch in anderen Formen. Allen gemeinsam ist, dass immer eine Kraft an einem Punkt des Hebels angreift und eine zweite Kraft an einem zweiten, vom ersten verschiedenen, Punkt eingesetzt wird. Der zentrale Versuch zeigt die Wirkung der beiden verschiedenen Arten von Hebeln → 2.

Einseitiger Hebel

Als Hebel wird eine Holzschiene benutzt, die zunächst an einem ihrer Endpunkte an einer Stativstange drehbar aufgehängt ist → 2a. Einige Zentimeter entfernt von dieser Drehachse wird ein Stein angehängt, dessen Gewichtskraft ungefähr 5 N beträgt und die Holzschiene als Zugkraft nach unten zieht. Die Holzschiene würde ohne eine weitere Kraft dadurch nach unten klappen. Doch eine weitere Kraft, die am anderen Ende der Holzschiene angreift, hält den Hebel im Gleichgewicht. Der dort angebrachte Kraftmesser zeigt im Gleichgewicht nicht 5 N an, sondern deutlich weniger, ungefähr 2 N.

Der Hebel ermöglicht es also, einen Stein mit der Gewichtskraft von 5 N mit einer Kraft von 2 N zu halten oder auch zu heben.

Da die Gewichtskraft F_G des Steines und die Zugkraft F_{Zug} am Federkraftmesser auf derselben Seite der Drehachse wirken, heißt der so genutzte Hebel **einseitiger Hebel**. Der Nussknacker ist dafür ein schönes Beispiel. Die Kraft, um die Nuss zu brechen, greift näher am Drehpunkt dieses Doppelhebels an als die Kraft, die tatsächlich am Ende des Knackers aufgebracht werden muss.

Auch Flaschenöffner sind solche einseitigen Hebel → 3. Die aufgewendete Kraft wirkt am der Drehachse gegenüberliegenden Ende und ergibt dadurch in der Nähe des Drehpunkts am Deckel der Flasche eine große Wirkung.

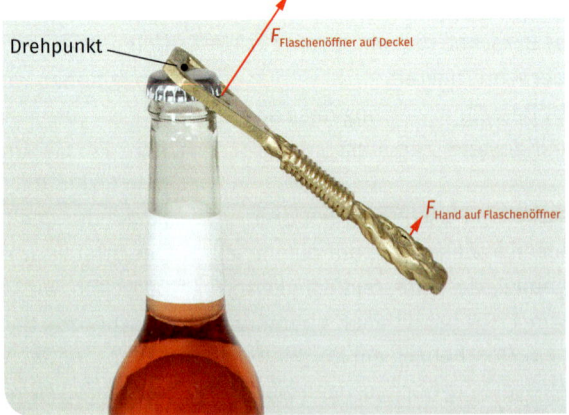

3

4

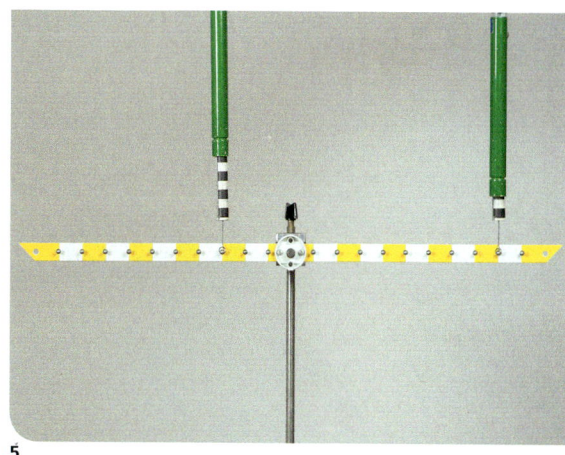
5

Zweiseitiger Hebel

Die Holzschiene kann auch an jedem anderen ihrer Punkte aufgehängt werden →2 b. Wenn nun der Stein auf die linke Seite gehängt wird und der Kraftmesser auf der anderen Seite zieht, liegt ein **zweiseitiger Hebel** vor. Auch hier ist gut zu erkennen, dass die Zugkraft bei entsprechend größerer Entfernung von der Drehachse deutlich kleiner ist als die Gewichtskraft des Körpers auf der anderen Seite. Ein Beispiel für solch einen zweiseitigen Hebel ist eine Astschere →4.
Hier kann mit einer verhältnismäßig kleinen Kraft F_1 eine große Kraft F_2 auf den Ast ausgeübt werden.

Hebelgesetz

Um eine genauere Aussage über die Größe der Kräfte am Hebel machen zu können, wird ein Versuch durchgeführt →5. Dazu wird eine Holzschiene mit genauer Zentimeter-Einteilung als Hebel benutzt. Die Entfernungen der Angriffspunkte der Kräfte, die so genannten **Hebelarme**, können damit leicht abgelesen werden. Die Kräfte selbst werden über Kraftmesser an verschiedenen Stellen des Hebels sichtbar. Die Messergebnisse zeigt Tabelle →6.

Das Produkt aus Hebellänge und Kraft ist immer gleich groß, wenn der Hebel im Gleichgewicht ist, das zeigen die letzten beiden Spalten der Tabelle. Je länger der Hebelarm, desto kleiner ist die notwendige Kraft, die gebraucht wird, um den Hebel im Gleichgewicht zu halten und umgekehrt. Mathematisch ausgedrückt:

$$F_1 \cdot \ell_1 = F_2 \cdot \ell_2$$

Das Produkt aus Kraft und Hebelarm ist also im Gleichgewichtsfall immer gleich. Diese Gesetzmäßigkeit wird **Hebelgesetz** genannt. Der Entdecker des Hebelgesetzes war ARCHIMEDES von Syrakus (287–212 v. Chr.). Er war der beste Mathematiker der Antike und der erste, der Mathematik und Physik konsequent zusammen brachte. Mit seinen zahllosen Erfindungen machte er den Römern große Schwierigkeiten bei der Eroberung seiner Heimatstadt Syrakus, die sich dadurch drei Jahre in die Länge zog. Von ihm stammt der berühmte Spruch: *„Gebt mir einen Hebel, der lang genug, und einen Ansatzpunkt, der stark genug ist, dann kann ich die Welt mit einer Hand bewegen."* Dies drückt die Bedeutung des Hebelgesetzes in Natur und Technik gut aus.

ℓ_1 in cm	ℓ_2 in cm	F_1 in N	F_2 in N	$F_1 \cdot \ell_1$ in N·cm	$F_2 \cdot \ell_2$ in N·cm
3,0	9,0	6,5	2,2	19,5	19,8
1,0	5,0	5,0	1,0	5,0	5,0
0,5	8,0	9,0	0,6	4,5	4,8

6

> Mit einem Hebel kann eine vergrößerte Kraftwirkung erzielt werden. Je länger der Hebelarm ist, umso weniger Kraft muss aufgewendet werden. Es gilt das Hebelgesetz, nach dem das Produkt aus Kraft und Hebelarm im Gleichgewicht immer gleich groß ist.

Goldene Regel der Mechanik

1

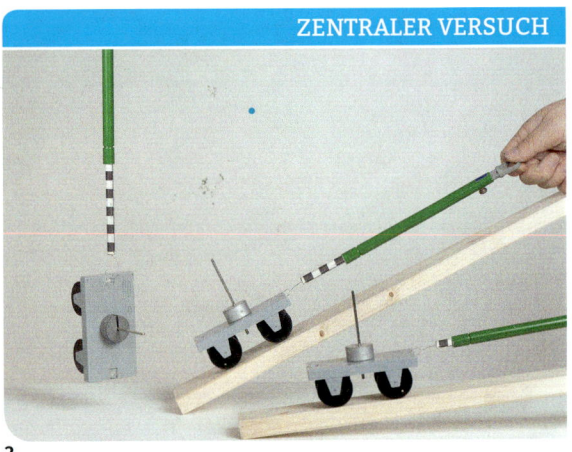

ZENTRALER VERSUCH

2

Damit Kinderwagen und Rollstuhlfahrer Treppen passieren können, aber auch um schwere Gegenstände über kleine Höhen hinweg zu bringen, werden oft Rampen verwendet →1. In der Physik werden sie als **schiefe Ebenen** bezeichnet. Ihr Sinn besteht unter anderem darin, ähnlich wie bei Flaschenzug oder Hebel, die aufzuwendende Kraft zum Verschieben oder Anheben eines Gegenstandes zu verringern.

Im zentralen Versuch wird dies anhand eines mit einem Massenstück beschwerten Wagens nachgemessen →2. Die Gewichtskraft des Wägelchens beträgt etwa 8 N. Diese Kraft muss aufgebracht werden, wenn das Wägelchen direkt angehoben wird. Wird es aber über eine Rampe nach oben gezogen, so ist die Kraft, die dafür gebraucht wird, wesentlich niedriger, abhängig von der Steilheit der Rampe. Bei einer Rampe mit einem Winkel von 30° ist die Zugkraft gerade noch die Hälfte der Gewichtskraft, bei kleinerem Winkel wird sie immer kleiner, bei 10° beträgt sie nur noch etwa 1,5 N.

Weg und Kraft
Es wird aber auch bei der schiefen Ebene deutlich, dass die Ersparnis an Kraft mit einem gewissen Nachteil verbunden ist, was letztlich auf die Erhaltung der Energie zurückgeführt werden kann. Zwar ist die benötigte Kraft bei einer Rampe viel kleiner als beim direkten Hochheben des Körpers, doch der Weg, den der Gegenstand bis zur gewünschten Höhe zurücklegen muss, ist größer geworden. Wenn genau nachgemessen wird, kommt heraus: Bei halber Zugkraft muss genau der doppelte Weg zurückgelegt werden, bei einem Viertel der Zugkraft der vierfache.

Genau dasselbe Ergebnis gab es schon bei den Seilmaschinen. Je kleiner die benötigte Zugkraft war, desto mehr Seil musste gezogen werden, und zwar immer so, dass das Produkt aus Zugkraft und Weg gleich groß blieb →3. Und schließlich gilt das Gesagte auch für den Hebel. Denn die kleine Kraft am langen Hebelarm legt auch den längeren Weg zurück, wie jeder schon mal beim Flaschenöffner nachvollzogen hat. Obwohl der Deckel nur wenige Millimeter nach oben geht, legt die Hand am anderen Ende des Flaschenöffners einige Zentimeter zurück.

3

> Für einfache Maschinen gilt die **Goldene Regel der Mechanik**: Je mehr Kraft eingespart wird, desto mehr Weg muss zurückgelegt werden. Das Produkt aus Kraft und Weg bleibt konstant.

AUFGABEN UND VERSUCHE

Hebel

A1 Vergleiche verschiedene Scherenarten in ihrem Aufbau. Begründe die unterschiedliche Länge der Griffe und Schneiden.

A2 Mit zunehmender Größe der Muttern werden die dazugehörigen Schraubenschlüssel immer länger → 4. Begründe.

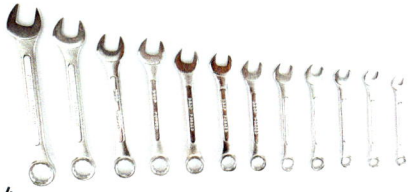

4

A3 Erläutere, warum man sich in dem Spalt zwischen Anschlagseite der Tür, also dort, wo sich die Tür dreht, und Zarge, die Finger gefährlicher quetschen kann als zwischen der Schlossseite und der Zarge.

A4 Zeichne einen Handnussknacker, eine Pinzette und eine Zange; trage Hebelarme und Kräfte ein.

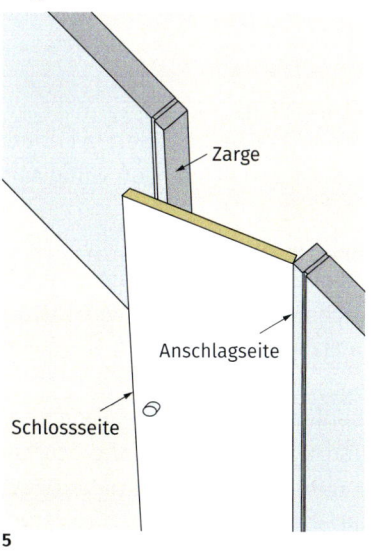

5

A5 a) An einem Hebel ist $F_1 = 25$ N und $l_1 = 8{,}0$ cm. Berechne jeweils F_2 für Fälle, in denen $l_1 = l_2$, $l_1 < l_2$ und $l_1 > l_2$.
b) Zeichne für die in a) genannten Fälle je ein Beispiel für einen einseitigen und einen zweiseitigen Hebel.

A6 Erkläre physikalisch den Spruch: „Es ist besser, am längeren Hebel zu sitzen."

A7 Thomas möchte mithilfe eines Hebels einen Stein der Masse 0,15 t wegrollen. Der Stein liegt 15 cm vom Drehpunkt entfernt auf.
a) Berechne, ob Thomas das gelingt, wenn er in 1 m Entfernung mit seiner ganzen Kraft (150 N) drückt.
b) Da der Hebel lang genug ist, kann Petra helfen. Berechne, mit welcher Kraft sie in 1,5 m Entfernung zusätzlich drücken muss.
c) Thomas will es aber allein schaffen. Erkläre, was er tun muss.

V1 Baue einen Hebel aus einem stabilen Lineal, unter dessen Mitte ein Bleistift als Drehpunkt liegt. Stelle einen Körper auf eine Seite des Hebels und hebe ihn aus unterschiedlichen Entfernungen an. Vergleiche.

V2 Hänge eine mit mehreren Flaschen gefüllte Einkaufstasche an verschiedene Stellen des waagrecht gehaltenen Armes. Bestimme die Zeiten, die du die Tasche halten kannst. Erkläre die Ergebnisse.

Goldene Regel der Mechanik

A1 a) Beim Verladen wird ein Fass auf einen Anhänger gerollt. Statt der angebauten Rampe werden viermal so lange Balken benutzt. Berechne die aufzubringende Kraft im Vergleich zur Schubkraft auf der Rampe.
b) Berechne die benötigten Kräfte, wenn das Fass eine Masse von 125 kg hat und die Balken bei einer Länge von 4,0 m einen Höhenunterschied von 50 cm überwinden.

A2 Begründe, warum Straßen in den Bergen nicht steil bergauf sondern in Serpentinen verlaufen → 6.

6

A3 a) Betrachte das Foto und bestimme, um welche Art Hebel es sich hier handelt → 7.
b) Fertige eine Schemazeichnung an.
c) Erläutere anhand deiner Schemazeichnung die Goldene Regel.

7

Üben und Vertiefen *Kräfte und ihre Wirkungen*

Auf dieser Seite findest du zu allen Themen des Kapitels Aufgaben in drei Anforderungsbereichen. Die jeweiligen Aufgaben 1 sind in der Regel zum Wiedergeben, 2 zum Anwenden und 3 zum Vernetzen oder Vertiefen der Themen.

A Trägheitsprinzip
A1 Beschreibe das Trägheitsprinzip in eigenen Worten.
A2 Erläutere, was passieren wird, wenn der prall gefüllte Einkaufswagen gegen ein Hindernis gefahren wird → 1.
A3 In einem sehr schnellen Auto wird ein Heliumballon an der Kopfstütze des Beifahrersitzes befestigt. Er schwebt knapp unterhalb des Daches im Auto. Erläutere, was mit dem Ballon geschieht, wenn der Wagen mit Vollgas anfährt und danach eine Vollbremsung ausführt.

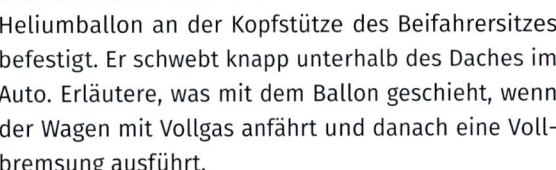
1

B Bewegungsänderung durch Kräfte
B1 Erläutere, woran bei einem Körper erkennbar ist, dass eine Kraft auf ihn wirkt.
B2 Erläutere, warum bei dem Versuch mit dem Grillgebläse von Anfang an beide Grillgebläse auf dem Wagen montiert wurden, auch wenn zunächst nur ein einziges in Betrieb war (→ 2, S. 210).
B3 Ein t-s-Diagramm zeigt die Bewegung eines Körpers → 2. Erkläre, in welcher Zeit Kräfte auf den Körper gewirkt haben müssen.

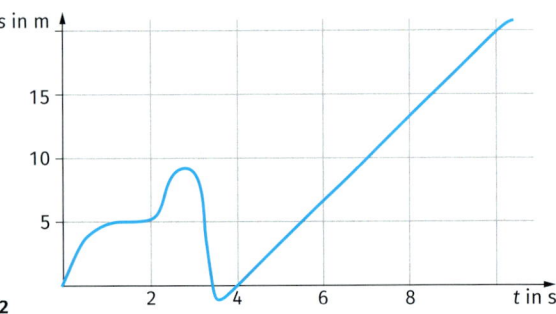
2

C Wechselwirkungsprinzip
C1 Die Erde zieht durch ihre Gravitationswirkung den Mond an. Erläutere, was das Wechselwirkungsprinzip dann über die Kraft des Mondes auf die Erde aussagt.
C2 Erläutere, wie das Wechselwirkungsprinzip benutzt werden kann, um die Fortbewegung beim Rudern zu erklären.
C3 Ein Becherglas mit Wasser steht auf einer ausgewogenen Balkenwaage. Ein an einem Faden hängender Stein wird in das Becherglas gehalten, ohne dass der Stein den Boden des Glases berührt. Er wird aber vollständig in das Wasser eingetaucht und nach wie vor am Faden festgehalten. Führe das Experiment durch und erkläre das Verhalten der Waage.

D Masse und Gewichtskraft
D1 Berechne, welche Gewichtskraft auf einen Eimer mit 10 Liter Wasser wirkt. Der Eimer allein soll 550 g Masse haben.
D2 Erkläre, warum am Äquator die Gewichtskraft eines Körpers kleiner ist als am Nordpol.
D3 Auf einer Mondstation, also in ferner Zukunft, hat ein Besatzungsmitglied eine Personenwaage von der Erde mitgebracht ohne sie vorher auf Mondverhältnisse umzustellen. Auf der Erde hat die Waage ihm eine Masse von 86,2 kg angezeigt. Berechne, welche Masse dem Besatzungsmitglied jetzt auf dem Mond vorgegaukelt wird. Erläutere, wie er die Waage doch noch benutzen kann, um seine Masse während des Mondaufenthalts zu bestimmen.

E Kraft und Verformung
E1 Erkläre, warum das Hookesche Gesetz bei keiner Schraubenfeder bei allen Verlängerungen gültig sein kann.
E2 Eine Schraubenfeder wird durch ein Massestück von 50 g um 4,3 cm verlängert. Berechne die Federkonstante der Schraubenfeder und bestimme, wie stark die Feder durch ein Massestück mit 250 g verlängert wird.
E3a Zwei Schraubenfedern haben die Federkonstanten $D_1 = 5\,\frac{N}{cm}$ und $D_2 = 3\,\frac{N}{cm}$. Die zweite Schraubenfeder wird nun unter die erste Schraubenfeder gehängt → 3. An diese Anordnung wird ein Massestück

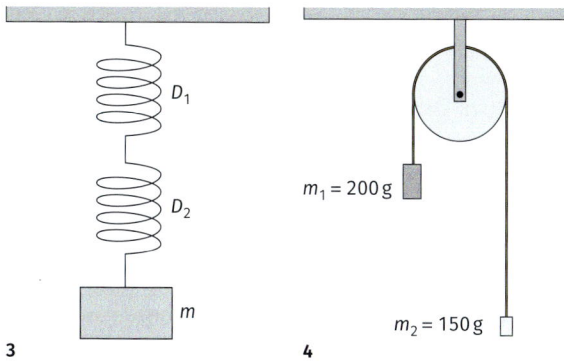
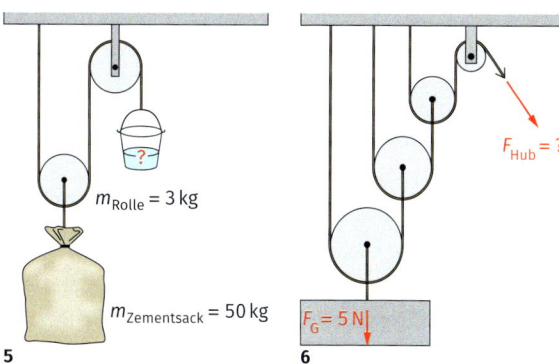

mit $m = 200\,g$ gehängt. Berechne, wie stark sich diese „Reihenschaltung" der Federn verlängert. Vernachlässige dabei den Umstand, dass die zweite Feder mit ihrer Gewichtskraft die erste Feder auch ein wenig verlängert.
E3b Berechne mit den Werten aus E3a die Federkonstante der Reihenschaltung.

F Zusammenwirken von Kräften
F1 Zwei gleich große Kräfte sollen auf einen Körper einwirken. Erläutere die verschiedenen Möglichkeiten, die es geben kann.
F2 Zwei Körper mit den Massen $m_1 = 200\,g$ und $m_2 = 150\,g$ hängen an einem Seil, das über eine feste Rolle gelegt ist →4. Berechne, mit welcher Kraft der Körper mit der Masse m_2 nach oben gezogen wird.
F3 Überlege und beschreibe, was geschieht, wenn zwei Kräfte auf einen Körper wirken, die weder in die gleiche, noch in die entgegengesetzte Richtung wirken.

G Verhalten im Straßenverkehr
G1 Erläutere, warum es auch für den Fahrer lebenswichtig ist, dass sich die hinten mitfahrenden Insassen anschnallen.
G2 Fahrzeuginsassen fallen nach einem Auffahrunfall heftig in den Sitz zurück, daraus ergibt sich unter anderem die Wichtigkeit von Kopfstützen. Erkläre, wie es zu dem heftigen Zurückfallen kommt.
G3 Erkläre, ob es möglich wäre, bei Vorhandensein eines Airbags auf die Sicherheitsgurte zu verzichten.

H Einfache Maschinen: Seilmaschinen
H1 Die lose Rolle hat gegenüber der festen Rolle den Vorteil der Zugkraftminderung. Überlege, warum trotzdem oft nur mit einer festen Rolle gearbeitet wird.
H2 An einer losen Rolle hängt ein Zementsack der Masse 50 kg →5. Die Rolle hat eine Masse von 3 kg. An das unbefestigte Seilende wird ein Eimer der Masse 500 g befestigt. Berechne, wie viel Liter Wasser in den Eimer gefüllt werden müssen, damit der Sack im Gleichgewicht bleibt.
H3a Berechne, mit welcher Kraft an einem Potenzflaschenzug gezogen werden muss, um eine Gewichtskraft von 5 N zu überwinden →6.
H3b Berechne, wie viel Seil gezogen werden muss, um damit einen Gegenstand um 2 m anzuheben.

I Einfache Maschinen: Hebel
I1 Finde weitere Beispiele für Hebel im Alltag.
I2 Meike und Lisa wollen auf eine Wippe gehen →7. Meike mit einer Masse von 45 kg setzt sich in einer Entfernung von 1,8 m vom Drehpunkt auf den Balken. Berechne, in welcher Entfernung sich Lisa mit ihren 39 kg hinsetzen muss, damit die Wippe im Gleichgewicht ist.
I3 Zwei Personen tragen ein 5 m langes Brett, das an einem Ende schmaler ist als am anderen. Beide Personen befinden sich dabei direkt am jeweiligen Ende des Brettes, eine Person muss 200 N, die andere 100 N Kraft aufbringen. Erkläre, warum die beiden eine so unterschiedliche Kraft aufbringen müssen. Fertige dazu eine Skizze an und berechne die Masse des Bretts.

Wiederholen und Strukturieren *Kräfte und ihre Wirkungen*

1. Trägheit

Wirkt auf einen Körper keine Kraft, so bleibt er in Ruhe oder in seiner geradlinig gleichförmigen Bewegung.

→ Seite 194, 204

2. Kraft als Ursache für Bewegungsänderung

Immer, wenn sich die Bewegung eines Körpers verändert, ist eine Kraft die Ursache. Je größer die Kraft ist, desto größer ist auch die Bewegungsänderung. Je größer die Masse des Körpers ist, desto kleiner ist die Bewegungsänderung bei gleicher Kraft.

→ Seite 199, 204

Die drei Newtonschen Gesetze
→ Seite 194, 199, 202, 204

KRÄFTE UND IHRE WIRKUNGEN

3. Wechselwirkung

Wenn ein Körper A auf einen Körper B eine Kraft $F_{A\,auf\,B}$ ausübt, so übt auch Körper B auf Körper A eine Kraft $F_{B\,auf\,A}$ aus. Beide Kräfte sind gleich groß, aber entgegengesetzt gerichtet.

→ Seite 202, 204

Mehrere Kräfte an einem Körper

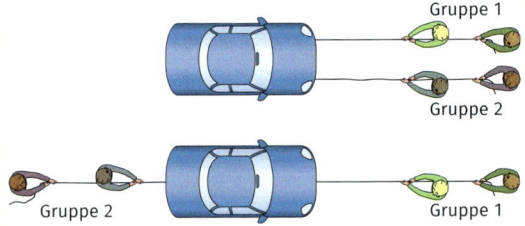

→ Seite 214 – 215

Sicherheit im Straßenverkehr

→ Seite 218 – 219

Kräftegleichgewicht
→ Seite 216

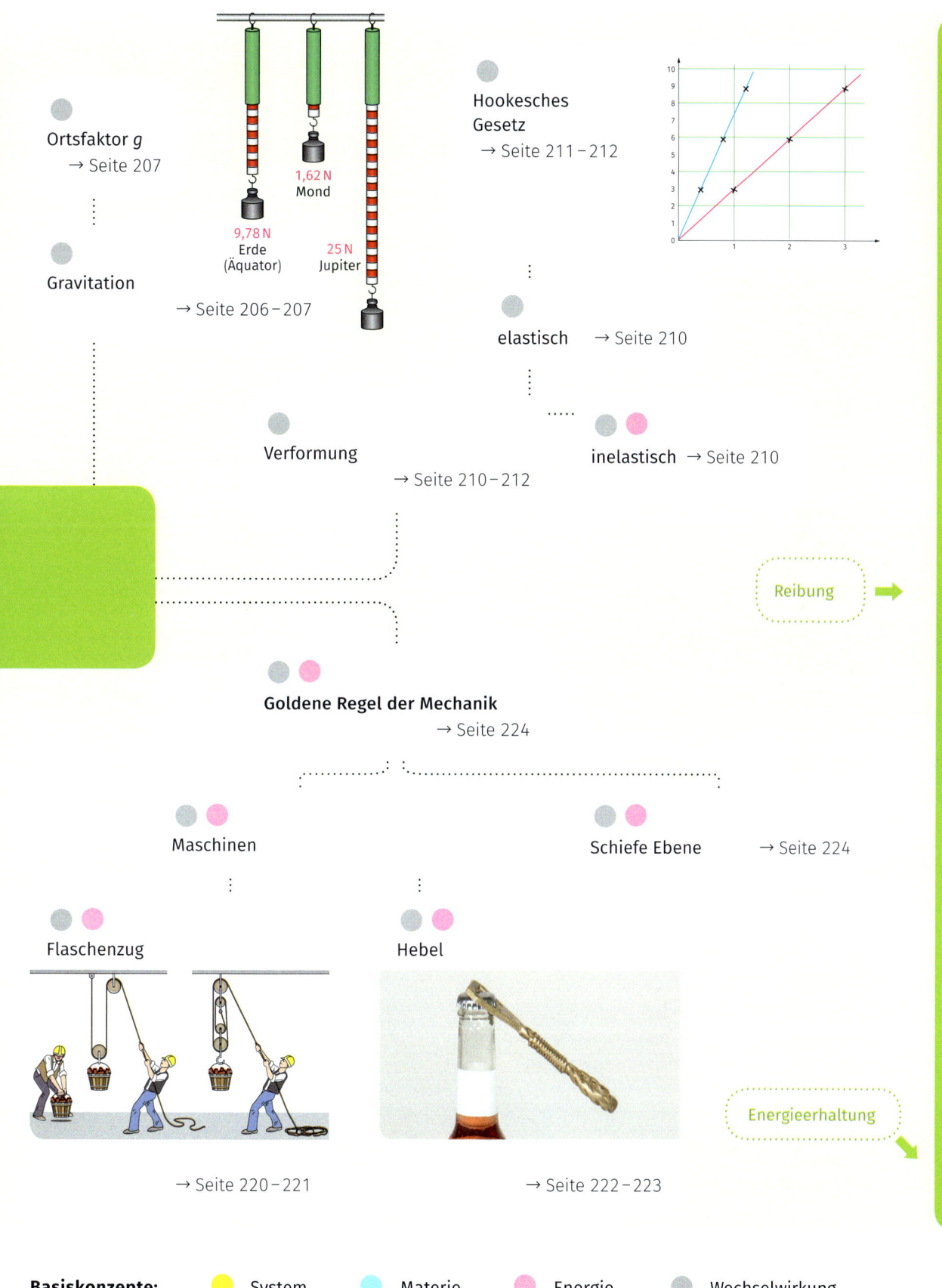

Stichwörter

A

Absorption 37
Abwärme 37
Airbag 219
Akkus 84
Akustik 10
Amplitude 12, 13, 14, 15, 58
Anhalteweg 183
Atome 137
Auge
 — Aufbau 48
 — blinder Fleck 53
 — Fehlsichtigkeiten und ihre Korrektur 48
Ausgleichsgerade 81

B

Bewegungen 170
 — Änderungen von 198, 199
 — beschleunigte 170
 — Bremsen (Straßenverkehr) 183, 219
 — geradlinige 170
 — gleichförmige 170
 — krummlinige 170
 — Lehre des ARISTOTELES 196
 — relative 180
 — t-s-Diagramm 172, 173
 — t-v-Diagramm 177
 — Wechselwirkung 203
Bewegungsenergie 67
Bezugssystem 180
Bild
 — Spiegelbild 38
 — virtuelles Bild 38
blinder Fleck 53
Brechung (Licht) 40
 — scheibchenweise 45
Brechungswinkel 40
Bremsweg 183
Brennpunkt 44
Brennstrahl 49
Brennweite 44
 — Einheit (m) 44

C

Camera Obscura 49
Chemische Energie 68

D

Dampfturbine 75
Deklination (magnetische) 114
Drehspule 110
drittes Newtonsches Gesetz siehe Newtonsche Gesetze

E

Einfallslot 36
Einfallswinkel 36, 40
Einheiten
 — Brennweite (m) 44
 — elektrische Energie (kWh) 152
 — elektrische Ladung (C) 136
 — elektrische Spannung (V) 140
 — elektrische Stromstärke (A) 138
 — Energie (J) 62
 — Energiestromstärke (W) 78
 — Geschwindigkeit ($\frac{m}{s}$) 176
 — Kraft (N) 200
 — Lautstärke (dB) 23
 — Leistung (W) 78
 — Masse (kg) 195
 — Meter (m) 171
 — SI-Einheitensystem 174
 — Zeit (s) 171
einseitiger Hebel 222 siehe auch Hebel
elastische Verformung 210
elektrische Energie 68, 150
 — Einheit (kWh) 152
 — Quelle 126
elektrische Ladung 136
 — Einheit (C) 136
 — Ladungsträger 136
elektrische Leitfähigkeit 128
elektrische Leitungsvorgänge 134
elektrischer Stromkreis 126
 — Energieflussdiagramm 131
 — Gefahren 158
 — Gefahren und Schutzmaßnahmen 160
 — im Haushalt 156
 — Isolator 128
 — Ladung 137
 — Leistung 152, 154
 — Leiter 128
 — Nennspannung 140
 — Nichtleiter 128
 — Parallelschaltung 144
 — Quellenspannung siehe elektrischer Stromkreis
 — Reihenschaltung 146
 — Schaltplan 127
 — Spannung 131, 137, 140
 — Spannung (Einheit V) 140
 — Spannungsabfall 147
 — Spannungsteiler 148
 — Strom 137
 — Stromstärke 138, 154
 — Stromstärke (Beispiele) 142
 — Stromstärke (Einheit A) 138
 — Teilspannung 147
 — Widerstand 131
Elektrodenschweißen 142
Elektrogeräte
 — als Energiewandler 150
 — Energiebedarf 90
 — Typenschilder 154
Elektromagnet 108
Elektromotor 110
Elektron 129, 136, 137
 — Größe 129
 — Strömungsgeschwindigkeit in Kupfer 142
Elementarmagnete 104
Endoskop 43
Energie 64
 — als Verwandlungskünstlerin 71
 — effizienz 88
 — Einheit (J) 62
 — erhaltung 64
 — erneuerbare 76
 — im Haushalt 88
 — Nutzenergie 86
 — Primärenergie 86
 — Primärenergieträger 74
 — speicher 72
 — transport 72, 151
 — übertragungskette 74
 — versorgung 74
 — wandlungen 70
 — What is energy? 65
 — Wirkungsgrad 83
Energieentwertung 82
 — Wirkungsgrad 83
Energiefluss
 — diagramme 70
Energieformen
 — Bewegungsenergie 67
 — chemische Energie 68
 — elektrische Energie 68, 150
 — Energiewandlungen 70, 150
 — Lageenergie 66
 — Lichtenergie 68
 — mechanische Energie 67
 — Spannenergie 67
 — thermische Energie 68
Energiesparen 91
Energiestromstärke 78
 — Einheit (W) 78
Energiewandler 70, 150
Entfernung eines Gewitters 19
entmagnetisieren 104
Erdanziehungskraft siehe Gewichtskraft

Erdmagnetfeld 114
 — Inklination 114
 — magnetische 114
 — Missweisung 114
Erdschluss 160
erneuerbare Energien 76
 — Fotovoltaikanlagen 84
 — Solarthermie 77
 — Solarzellen 91
 — Wasserkraft 76
Erscheinungsformen der Energie siehe Energieformen
erstes Newtonsches Gesetz siehe Newtonsche Gesetze

F

Fahrradhelm 219
Farbaddition 51
Farben 50
 — Spektralfarben 50
Fata Morgana 43
Federkonstante 211
Federkraftmesser 212
Feldlinien siehe Magnetfeld
feste Körper
 — im Teilchenmodell 21
feste Rolle 220 siehe auch Seilmaschinen
Flaschenzug 221 siehe auch Seilmaschinen
flüssige Körper
 — im Teilchenmodell 21
Fotovoltaikanlagen 84
Free-Fall-Tower 61
Frequenz 12, 13, 14, 15, 22, 56, 58
Funkenbildung 158

G

Gasförmige Körper
 — im Teilchenmodell 21
Geräusch 15
Geschwindigkeit 176
 — Bezugssystem 180
 — Einheit ($\frac{m}{s}$) 176
 — Elektronenstrom in Kupfer 142
 — Gepard 167
 — Licht 29
 — Magnetschwebebahn 167
 — Messung im Straßenverkehr 184
 — Momentangeschwindigkeit 178
 — Schall 19
Gewichtskraft 206
 — Größe 207
 — im Weltraum 208

— Ortsfaktor 207, 208
— Richtung 206
— Schwerelosigkeit 209
Gewitter
— Entfernung 19
Glasfasertechnik 42
Goldene Regel der Mechanik 224
Gravitationskraft *siehe* Gewichtskraft
Grenzflächen
— Licht an 40
Grundumsatz 80

H

Halbschatten 31
Hebel 222
— einseitiger Hebel 222
— gesetz 223
— zweiseitiger Hebel 223
Heizen 90
homogenes Magnetfeld 113
Hookesches Gesetz 211
— Grenzen 212
Hörbereich 22
Hubkraft 220

I

inelastische Verformung 210
Infrarot 52
Inklination (magnetische) 114
Ionen 134, 137
Isolatoren 128

K

Kernschatten 31
Kernspintomografie 99
Kilowattstunde 152
Klang 15
Knall 15
Kohlekraftwerk 75
Kompass
— Navigation mit dem 116
Kondensator 89
Kraft 198
— Anwendung von Kraftpfeilen 217
— Bewegunsänderung 198
— Einheit (N) 200
— Federkraftmesser 212
— Hookesches Gesetz 211
— im Straßenverkehr 218
— Richtung und Angriffspunkt 201
— Verformung 210
Kräftegleichgewicht 214
Kraft-Wärme-Kopplung 87
Kraftwerk
— Kohlekraftwerk 75
— Laufwasserkraftwerk 76
— Speicherkraftwerk 76

— Pumpspeicherkraftwerk 76
Kurbelgenerator 157
Kurzschluss 158
Kurzsichtigkeit 48

L

L-Leiter 160
Ladung *siehe* elektrische Ladung
Ladungsträger *siehe* elektrische Ladung
Lageenergie 66
Lärm 24
Lärmschutz 25
— aktiver 25
— passiver 25
Lautstärke 22
— Einheit (dB) 23
Leistung
— des Menschen 80
— Einheit (W) 78
— elektrische *siehe* elektrischer Stromkreis
Leistungsumsatz 80
Leiter *siehe* elektrischer Stromkreis
Licht
— Absorption 37
— ausbreitung 28
— Ausbreitung 54
— ausbreitung (geradlinig) 28
— brechung 40
— bündel 28
— empfänger 26
— energie 68, 150
— Farbaddition 51
— Farben 50
— geschwindigkeit 29
— Infrarot 52
— leiter 42
— quelle 26
— Reflexionsgesetz 36
— Spektralfarben 50
— Spektrum 50
— Spiegelbild 37
— strahl 28
— strahlmodell 33
— Streuung 37
— Ultraviolett 52
Lichtstrahlmodell 33
Lichtweg 27
Linsen
— Brennpunkt 44
— Brennweite 44
— Sammellinsen 44, 47
— Verwendung von 45
— Zerstreuungslinsen 44
Lochblende 28, 46
Lochkamera 46
lose Rolle 220 *siehe auch* Seilmaschinen

M

Magnete
— Dauermagnet 102
— Elektromagnet 108
Magnetfeld 112
— der Erde *siehe* Erdmagnetfeld
— Feldlinien 112, 113, 114
— homogenes 113
magnetisieren 104
Magnetpole 102
— Nordpol 102
— Südpol 102
Magnetschwebebahn 167
Magnetsinn 117
Maschinen 193
— Hebel *siehe* Hebel
— Seilmaschinen *siehe* Seilmaschinen
Masse 195
— Einheit (kg) 195
— Schwere 195
— Trägheit 194, 195
mechanische Energie 67
Messergebnisse
— Darstellung und Messwerte 81
Missweisung (magnetische) 102, 114
Mittelpunktstrahl 49
Modelle
— Denken in Modellen 132
— Elementarmagnete 105
— Lichtstrahlmodell 33
— Teilchenmodell 21
— Wasserkreislauf 133
Momentangeschwindigkeit 178
Mondfinsternis 35
Mondphasen 34

N

N-Leiter 160
Nennspannung *siehe* elektrischer Stromkreis
Netzspannung 154, 155
Neutronen 137
Newtonsche Gesetze 204
— erstes (Trägheitsprinzip) 194, 204
— zweites 199, 204
— drittes (Wechselwirkungsprinzip) 202, 204
Nichtleiter *siehe* elektrischer Stromkreis
Nordpol (magnetischer) 102
Nutzenergie 86

O

Obertöne 14

Ohr
— Aufbau 23
— Schädigung des Gehörs 25
Ortsfaktor 207, 208

P

Parallelschaltung *siehe* elektrischer Stromkreis
Parallelstrahl 49
plastische Verformung *siehe* inelastische Verformung
Primärenergie 74, 75, 86
Primärenergieträger 74
Protokoll 20
Protonen 137

Q

Quellenspannung *siehe* elektrischer Stromkreis

R

räumliche Wahrnehmung 54
Reaktionsweg 183
Reaktionszeit 183
Reflexionsgesetz 36
— Totalreflexion 42
Reflexionswinkel 36
Regenbogen 53
Regensensor 43
Reihenschaltung *siehe* elektrischer Stromkreis
Ruhelage 12, 17

S

s-t-Diagramm
siehe t-s-Diagramm
Sammellinsen 44, 47
— Bildkonstruktion 49
Schädigung des Gehörs 25
Schall
— ausbreitung 16, 54
— ausbreitung im Teilchenmodell 21
— empfänger 10, 11, 16, 22, 54, 56
— entstehung 10, 11, 21, 56
— geschwindigkeit 18
— pegel 23
— quelle 10, 11, 16, 17, 18, 22, 23, 25, 54, 56
— träger 16
Schaltplan (elektrischer)
— zeichnen 127
Schatten
— ausgedehnte Lichtquellen 31
— bild 30
— Halbschatten 31

— Kernschatten 31
— Mondfinsternis 35
— Mondphasen 34
— punktförmige Lichtquelle 30
— raum 30
— Sonnenfinsternis 35
— vorhersage 32
— zwei Punktlichtquellen 31
schiefe Ebene 224
Schwere 195 *siehe auch* Masse
Schwerelosigkeit 209
Schwerkraft *siehe* Gewichtskraft
Schwingungen 11, 12, 13, 15, 23
Schwingungsdauer 12, 13, 14, 15, 56
Seilmaschinen
— feste Rolle 220
— Flaschenzug 221
— lose Rolle *siehe auch* Seilmaschinen
SI-Einheitensystem 174
Solarthermie 77
Solarzellen 91
Sonnenfinsternis 35
Spannenergie 67
Spannung (elektrische) *siehe* elektrischer Stromkreis
Spannungsabfall (elektrischer) *siehe* elektrischer Stromkreis
Spannungsteiler *siehe* elektrischer Stromkreis
Spektralfarben 50
Spektrum
— des weißen Lichts 50
Spiegelbild 37
— Lage des Spiegelbilds 38
Spule 106
Straßenverkehr
— Airbag 219
— Anhalteweg 183
— Bremsen 219
— Bremsweg 183
— Fahrradhelm 219
— Geschwindigkeitsmessung 184
— Kopfstütze 218
— Kräfte im 218
— Reaktionsweg 183
— Reaktionszeit 183
— sicheres Verhalten 182, 218
Streuung 37
Strom
— elektrischer *siehe* elektrischer Stromkreis
— Energiestrom 78
Stromrechnung 153

Stromschlag 158
Südpol (magnetischer) 102

T

t-s-Diagramm 172, 173, 176, 177
t-v-Diagramm 176, 177
Teilchenmodell 21
— feste Körper 21
— flüssige Körper 21
— gasförmige Körper 21
— Schallausbreitung 21
Teilspannung *siehe* elektrischer Stromkreis
thermische Energie 68
Ton 15
Totalreflexion 42
Träger
— Schallträger 16
Trägheit 194 *siehe auch* Masse
Trägheitsprinzip *siehe* Newtonsche Gesetze
— GALILEI 197

U

Überlastung 158
Übertragungskette 74
Ultraviolett 52
Urkilogramm 174
Urmeter 174

V

v-t-Diagramm
siehe t-v-Diagramm
Verformung
— elastische 210
— inelastische 210
virtuelles Bild 38

W

Warmwasser 90
Wasserkraft 76
Wasserräder 61
Wechselwirkungskräfte 216
Wechselwirkungsprinzip
siehe Newtonsche Gesetze
Wechselwirkung und Bewegung 203
Weg 171
— Einheit (m) 171
— und Kraft 224
Weitsichtigkeit 48
Widerstand (elektrischer) *siehe* elektrischer Stromkreis
Wirkungsgrad 83

Z

Zeit
— Einheit (s) 171
Zerstreuungslinsen 44
Zugkraft 220
zweiseitiger Hebel 223 *siehe auch* Hebel
zweites Newtonsches Gesetz *siehe* Newtonsche Gesetze

Bildquellen

Titel (Blitz): Thinkstock, Sandyford/Dublin (Johannes Gerhardus Swanepoel); Titel (Leuchtstab): Thinkstock, Sandyford/Dublin (Janka Dharmasena); Titel (Solarzellen): Thinkstock, Sandyford/Dublin (snowflock); Titel (Windräder): Thinkstock, Sandyford/Dublin (Hemera); 6.1: iStockphoto.com, Calgary (Yuri_Arcurs); 7.1: Jochen Tack Fotografie, Essen; 7.2: Picture-Alliance, Frankfurt (dpa); 7.3: iStockphoto.com, Calgary (Predrag Vuckovic); 9.1: Visum, Hannover (Thies Raetzke); 9.2: Getty Images, München (altrendo images); 9.3: Chromorange, Berlin (Marc Heiligenstein); 9.4: Interfoto, München (TV Yesterday); 10.1: fotolia.com, New York (roxcon); 12.1: Martin, Hans-Jürgen, Solingen; 14.1: PhotoAlto, Berlin; 14.3: iStockphoto.com, Calgary (vitranc); 15.5-6: CMS, Würzburg; 16.1: fotolia.com, New York (S.Kobold); 17.5: Science Photo Library, München; 18.1: fotolia.com, New York (Smileus); 19.5: plainpicture, Hamburg (Design Pics); 21.1: fotolia.com, New York (playstuff); 21.3: iStockphoto.com, Calgary (zentilia); 22.1: fotolia.com, New York (zwolafasola); 23.4: Hans Tegen, Hambühren; 23.7: Science Photo Library, München (Dr. Goran Bredberg); 24.1: Picture-Alliance, Frankfurt (dpa); 25.4a: fotolia.com, New York (Robert Kneschke); 25.4b: Shutterstock.com, New York (Barnaby Chambers); 26.1: Getty Images, München (Christie Goodwin); 27.6: alamy images, Abingdon/Oxfordshire (Jaspal Jandu); 27.7: mauritius images, Mittenwald (imagebroker/Thomas Frey); 28.1: mauritius images, Mittenwald (Thonig); 29.5: wikipedia.commons (Adam Evans/CC-Lizenz 2.0); 30.1: The Diet Wiegman Group, Rotterdam; 33.4: Michael Fabian, Hannover; 34.1: Getty Images, München (Naoyuki Noda); 35.7: Astrofoto, Sörth (Detlev van Ravenswaay); 36.1: panthermedia.net, München (Lindrik); 37.5: Thea Wolf; 39.11: Okapia, Frankfurt (Régis Cavignaux/BIOS); 39.12: Druwe & Polastri, Cremlingen/Weddel; 39.13: Hans Tegen, Hambühren; 40.1: Dirk Wenderoth, Braunschweig; 41.8a-b, 42.1: Hans Tegen, Hambühren; 42.2: Reinhard Stumpf, Neuss; 43.1: dreamstime.com, Brentwood (Prillfoto); 43.2: Imago, Berlin (Schöning); 43.3: Imago, Berlin (Schöning); 44.1: Dr. Hermann Krekeler, Hanstedt; 45.6: Nature Picture Library, Bristol (Loic Poidevin); 46.3: wikimedia commons; 48.4: Okapia, Frankfurt (G.I. Bernard/OSF); 49.3: akg-images, Berlin; 50.2: Hans Tegen, Hambühren; 51.7: Science Photo Library, München (Alfred Pasieka); 51.8: Science Photo Library, München (Look At Sciences); 52.2: alamy images, Abingdon/Oxfordshire (Construction Photography); 52.3: Imago, Berlin (Gustavo Alabiso); 53.4: TopicMedia Service, Mehring-Öd (J. & C. Sohns); 53.5: Anna Katharina Hudert, Braunschweig; 56.2: Salomea, in Anlehnung an eine Idee von Quirin/dieKleinert, München; 57.4: Micha Winkler, Berlin; 57.5: Ulf Marckwort, Kassel; 60.1: Hans-Günther Oed, Unkel; 61.1: Picture-Alliance, Frankfurt (KPA/Schwind); 61.2: Michael Fabian, Hannover; 61.3: fotolia.com, New York (SakisPagonas); 62.1: Phywe Systeme, Göttingen; 62.1b: CMS, Würzburg; 62.2: vario images, Bonn; 62.3: adpic, Bonn (H. Dora); 63.1: EnBW Energie Baden-Württemberg, Karlsruhe; 64.1: Lars-Patrick May, Ingelheim; 65.4: Getty Images, München (Joe Munroe/Hulton Archive); 66.1: © Only France/Fotofinder.com, Berlin; 66.3: Michael Fabian, Hannover; 67.6a:-b: Laura Schaper, Schaafheim; 69.10: fotolia.com, New York (PhotographyByMK); 69.9: panthermedia.net, München (Dr-Lange); 70.1: vario images, Bonn; 73.11: Imago, Berlin (Baering); 74.1: fotolia.com, New York (Smileus); 77.10: Smart Hydro Power/www.smart-hydro.de, Feldafing (Garatshausen); 78.1: Lars-Patrick May, Ingelheim; 80.1: CMS, Würzburg; 82.1: Lars-Patrick May, Ingelheim; 83.5a: Hans Tegen, Hambühren; 83.5b: panthermedia.net, München (Siegfried Kopp); 84.1: Thinkstock, Sandyford/Dublin (snowflock); 84.2: iStockphoto.com, Calgary (Eivaisla); 84.3: Markus Rutz-Lewandowski; 84.4: Frank Küchenberg, Solingen; 85.1: mauritius images, Mittenwald (ib/Thomas Schneider); 85.3: photothek.net, Radevormwald (Thomas Trutschel); 86.1: RWE AG, Konzernpresse, Essen/www.rweimages.com; 89.4: DARC Verlag, Baunatal (Stefan Hüpper, Amateurfunkmagazin CQ DL); 90.1a-b: Lars-Patrick May, Ingelheim; 91.3: Zoonar.com, Hamburg (Dagmar Schneider); 91.4: üstra Hannoversche Verkehrsbetriebe, Hannover; 91.5: Picture-Alliance, Frankfurt (dpa/Hyungwon Kang); 92.1: Dr. Karl Sarnow, Hannover; 93.1: Dipl.-Ing. Hagen Marx, Andernach; 94.1: iStockphoto.com, Calgary (VisualCommunications); 94.2: CMS, Würzburg; 95.3a: fotolia.com, New York (Maria P.); 95.3b: Getty Images, München (Bongarts); 98.1: vario images, Bonn (Robert Niedring/MITO images); 99.1: Science Photo Library, München; 99.2: Michael Fabian, Hannover; 99.3: Keystone, Hamburg (Jochen Zick); 99.4: Getty Images, München (Zhang Peng); 100.2. 108.1: Michael Fabian, Hannover; 101.9: iStockphoto.com, Calgary (hanibaram); 102.1: Shutterstock.com, New York (Poprotskiy Alexey); 102.2: Hans Tegen, Hambühren; 102.4: fotolia.com, New York (Jörg Vollmer); 104.3: Hans Tegen, Hambühren; 105.5, 118.3b: Michael Fabian, Hannover; 106.1: fotolia.com, New York (Otto Durst); 107.6: Interfoto, München (Danita Delimont/Prisma Archivo); 110.1: BionX, Haar/Salmdorf; 111.5: wikipedia.commons (Sebastian Stabinger Paethon/CC-Lizenz CC BY-SA 3.0); 112.4: Hans Tegen, Hambühren; 114.1: panthermedia.net, München (lebanmax); 116.1: van Eupen Fotografie u. Werbung, Hemmingen; 116.4: Chromorange, Berlin (Bernd Ellerbrock); 117.7: Picture-Alliance, Frankfurt (chromorange); 117.8: Goethe-Universität, Frankfurt am Main; 117.9: Okapia, Frankfurt (Cyril Ruoso/BIOS); 118.3a: Michael Fabian, Hannover; 120.1: fotolia.com, New York (jaddingt); 120.2: Michael Fabian, Hannover; 122.1: Thinkstock, Sandyford/Dublin (Johannes Gerhardus Swanepoel); 123.1: ullstein bild, Berlin (VWPics/Kino); 123.2: Imago, Berlin (PAN-IMAGES/Nordmann); 123.3: fotolia.com, New York (Tyler Olson); 124.1: Michael Fabian, Hannover; 125.1: CMS, Würzburg; 125.2: Karin Mall, Berlin; 126.1: Colourbox.com, Odense (Sergej Razvodovskij); 126.1b: Helukabel, Hemmingen; 128.1: fotolia.com, New York (asadykov); 130.1: Michael Leonhard/Bildbroker, Köln; 132.1: panthermedia.net, München (indigolotos); 134.2-3: Hans Tegen, Hambühren; 134.4: Science Photo Library, München (SPL/Cordelia Molloy); 134.5: fotolia.com, New York (crimson); 135.6a: Getty Images, München (Weekend Images Inc.); 135.6b: Getty Images, München (Hero Images); 135.6c: fotolia.com, New York; 135.6d: Getty Images, München (Car Culture); 136.1, 164.1: iStockphoto.com, Calgary (SbytovaMN); 138.1: iStockphoto.com, Calgary (skynesher); 140.1: iStockphoto.com, Calgary (mikkelwilliam); 142.1: Kurt Fuchs, Erlangen; 144.1: Getty Images, München (photo division); 145.1: Michael Fabian, Hannover; 146.1: Druwe & Polastri, Cremlingen/Weddel; 148.1: fotolia.com, New York (Roman Kurowiak); 148.2: mauritius images, Mittenwald (imageBROKER/michael steiner); 148.3: Hans Tegen, Hambühren; 149.1: panthermedia.net, München (totalpics); 150.1, 165.1: vario images, Bonn; 151.4: Karin Mall, Berlin; 154.1a-b: Anna Katharina Hudert, Braunschweig; 161.4a: iStockphoto.com, Calgary (Innershadows); 161.4b: Science Photo Library, München (Martyn F. Chillmaid); 161.5: Chromorange, Berlin (Tobias Flaccus); 166.1: iStockphoto.com, Calgary (Somogyvari); 167.1: wikipedia.commons (Saruno Hirobano/CC-Lizenz CC BY-SA 3.0); 167.2: TopicMedia Service, Mehring-Öd (Pölking); 167.3: Europa-Park, Rust; 168.1: Wilhelm Lambrecht, Göttingen; 168.2: Rainer Serret, Kassel; 169.1: fotolia.com, New York (Monkey Business); 169.2: Colourbox.com, Odense (Anders petersen); 169.3: Shutterstock.com, New York (Radu Razvan); 169.4:

LOOK-foto, München (Leo Himsl); 170.1, 192.1: Simon Nieborak, Leeds; 170.2: fotolia.com, New York (mirpic); 170.3a, 188.1: Caro, Berlin (Heinrich); 170.3b, 188.2: Okapia, Frankfurt (Stephan Goerlich/imageBROKER); 170.3c, 188.3: PhotoAlto, Berlin; 171.5: wikipedia.commons (Hubert Berberich (HubiB)/CC-Lizenz 3.0 Unported CC BY 3.0); 171.6: adpic, Bonn (H. Mahsen); 171.7: iStockphoto.com, Calgary; 172.1a: fotolia.com, New York; 172.1b: Regina Samland, Braunschweig; 174.1a, 188.4: Deutsches Museum, München; 174.1b, 188.5: AFP Agence France-Presse, Berlin; 174.3: Picture-Alliance, Frankfurt (dpa/Julian Stratenschulte); 176.1: panthermedia.net, München (Rebell); 178.1: fotolia.com, New York (RRF); 179.3: iStockphoto.com, Calgary (Mellimage); 179.4: Imago, Berlin (Sven Simon); 180.4, 191.2: Astrofoto, Sörth; 180.5: Picture-Alliance, Frankfurt (dpa/ESA); 182.1, 189.1: Picture-Alliance, Frankfurt (Schulz/Helga Lade); 184.1a: alamy images, Abingdon/Oxfordshire (Richard Coombs); 184.1b: Jochen Eckel, Berlin; 184.1c: EFKON, Raaba/www.efkon.com; 184.1e: vario images, Bonn (Raimund Kutter/imageBROKER); 187.7: fotolia.com, New York (Dieter Hawlan); 190.1: Picture-Alliance, Frankfurt (akg-images/Alfio Garozzo); 191.1: Christoph Hermann, Filderstadt; 191.3: Zoonar.com, Hamburg (H Landshoeft); 193.1: Getty Images, München (Gregor Schuster); 193.2: Superbild - Your Photo Today, Ottobrunn (EAD/Bernd Ducke); 194.1: iStockphoto.com, Calgary (maryTR); 194.3: Astrofoto, Sörth (NASA); 195.4: Hans Tegen, Hambühren; 195.5: BMW Group, München (Bereitstellung durch BMW Motorrad, München - https://www.youtube.com/bmwmotorrad); 196.1: Interfoto, München (PHOTOAISA); 196.4: Liselotte Lüddecke, Hannover; 197.5: bpk, Berlin (RMN); 198.1: Science Photo Library, München (NASA); 198.3: Framepool, München; 199.5: Markus Rutz-Lewandowski; 200.1: in-signo.de, Hamburg /elbcarma-bgm.de; 201.5: panthermedia.net, München (Lamarinx); 202.1, 228.1: Karsten Thielker, Berlin; 202.2: Michael Fabian, Hannover; 203.4: Picture-Alliance, Frankfurt; 203.5: Xinhua, Berlin; 203.7: Franziska Kalch, Gornau; 205.5: akg-images, Berlin; 206.1: Picture-Alliance, Frankfurt (dpa); 206.3: diGraph Medienservice Fontner-Forget, Merzhausen; 207.5: fotolia.com, New York (dispicture); 208.1: akg-images, Berlin; 208.3a: iStockphoto.com, Calgary (guvendemir); 208.3b: dreamstime.com, Brentwood (James York); 209.4: NASA, Houston/Texas; 210.1: mauritius images, Mittenwald (Photri); 210.2: Markus Rutz-Lewandowski; 212.7: Interfoto, München (Neon 2); 213.11: 123RF, Berlin; 213.12: Michael Fabian, Hannover; 214.1+3: Getty Images, München (Steve Fitchett); 216.1, 228.3: dreamstime.com, Brentwood (Dashabelozerova); 218.1, 228.2: 123RF, Berlin (Martin Novak); 218.3: ADAC Verlag, München; 218.4: AUTO BILD, Hamburg (Ralf Timm); 219.5: alamy images, Abingdon/Oxfordshire (fStop); 219.6: Main-Post, Würzburg (Sonja Demmler); 219.7: Ingo Wandmacher, Bad Schwartau; 220.1: iStockphoto.com, Calgary (PhilAugustavo); 222.1: Karlheinz Oster, Mettmann; 223.4: fotolia.com, New York (Dan Race); 224.1: panthermedia.net, München (Baloncici); 225.4: panthermedia.net, München (belchonock); 225.6: panthermedia.net, München (Kiefer); 226.1: iStockphoto.com, Calgary (gerenme); 227.7: iStockphoto.com, Calgary (cenkertekin).

Es war nicht in allen Fällen möglich, die Inhaber der Bildrechte ausfindig zu machen und um Abdruckgenehmigung zu bitten. Berechtigte Ansprüche werden selbstverständlich im Rahmen der üblichen Konditionen abgegolten.